建筑智能设计

——计算机辅助建筑性能的模拟与分析

余 庄 编著

中国建筑工业出版社

图书在版编目（CIP）数据

建筑智能设计——计算机辅助建筑性能的模拟与分析/余庄编著. －北京：中国建筑工业出版社，2006
　ISBN 7-112-08049-5

Ⅰ.建... Ⅱ.余... Ⅲ.建筑设计：计算机辅助设计－应用软件－高等学校－教学参考资料 Ⅳ.TU201.4

中国版本图书馆CIP数据核字（2005）第155784号

责任编辑：陈　桦　牛　松
责任设计：赵　力
责任校对：刘　梅　张　虹

建筑智能设计
——计算机辅助建筑性能的模拟与分析

余　庄　编著

*

中国建筑工业出版社出版、发行（北京西郊百万庄）
新华书店经销
北京华艺制版公司制版
世界知识印刷厂印刷

*

开本：787×1092毫米　1/16　印张：27½　字数：668千字
2006年2月第一版　　2006年2月第一次印刷
印数：1—3000册　　定价：**38.00**元
ISBN 7-112-08049-5
　　（14003）

版权所有　翻印必究
如有印装质量问题，可寄本社退换
（邮政编码100037）

本社网址：http://www.cabp.com.cn
网上书店：http://www.china-building.com.cn

计算机辅助建筑性能设计，或者说是建筑性能的模拟设计，是在各建筑性能的数学模型的基础上，通过计算机的数值计算和图像显示的方法，在时间和空间上定量描述建筑性能的数值解，从而得到对各种建筑性能的仿真结果。本书介绍在计算机辅助建筑性能设计中，几个有代表性的软件，如气象计算软件Meteonorm，DOE-PLUS软件、Ecotect软件等，它们在国内外使用比较普遍，其计算结果的正确性也得到世界上的承认。本书适合建筑学、城市规划、建筑技术科学、土木工程等相关专业工程和设计人员使用，也可供大学本科和研究生教学使用。

前 言

计算机辅助建筑性能设计，或者说是建筑性能的模拟设计，是在各建筑性能的数学模型的基础上，通过计算机的数值计算和图像显示的方法，在时间和空间上定量描述建筑性能的数值解，从而得到对各种建筑性能的仿真结果。

在国内外，计算机辅助建筑性能设计，一般都是在建筑热工计算、建筑光学、建筑声学以及与这些建筑性能相关因素（如太阳运行图、气象数据的参数、舒适度）的研究等设计上进行模拟。时下为了更好地研究建筑节能，用 CFD（Computational Fluid Dynamics）的方法，使用相关软件，对建筑内、外的环境进行风洞模拟，也属于这部分的工作。现在，国内外都开发了很多的软件，作了许多有关方面的研究。使用建筑性能的模拟设计，无论是在建筑设计中，还是建筑设计后，都能较为清晰的了解建筑性能的变化情况，对建筑设计有很好的辅助作用。这些软件的编制基础，都是在有关方面多年来的研究上，首先建立数学模型，然后根据这些数学模型编制软件的计算部分，再用计算机的图形显示功能，或者说是利用计算机虚拟现实的技术，将结果在屏幕上显示出来。显然，这对于需要满足具体建筑性能要求的建筑设计，比如要满足建筑节能的要求，是极为有用，也是极为必要的手段。

本书介绍在计算机辅助建筑性能设计中几个比较有代表性的软件。它们在国内外使用比较普遍，其计算结果的正确性也得到世界上的承认。其中，主要介绍 Ecotect 软件和它的使用方法。Ecotect 软件非常适合初学建筑性能设计的建筑设计师，或者说非常适合建筑学、城市规划、建筑技术科学、建筑历史、土木工程等相关专业的工程人员和设计人员使用，也可供大学本科生和研究生教学使用。

第 1 章介绍瑞士联邦能源部（Swiss Federal Office of Energy）所开发的气象计算软件 Meteonorm，它是一种可以计算全球任何地理位置的太阳辐射和气象资料的软件。由于气象情况是所有建筑性能计算的基础条件，所以几乎所有的建筑性能模拟都需要气象条件作为支撑。Meteonorm 的计算首先依赖于一些预先设定的数据库和运算法则，它包含了对全球 906 个地区至少长达 10 年的气象监测资料，其中亚洲有 73 个地区。用户要为想获得气象资料的地区指定关键的地理位置的信息，如海拔高度和经纬度，然后根据实际情况选择该地区的地形（如城市、山顶、山谷、南坡、东西坡、湖海边等等），并指定所希望获得的气象资料的输出格式。该程序依据其所处气候区域的气象资料库，通过一定的计算法则与插件计算模拟，即可得到每个月、每天、每个小时的气象资料，然后根据海拔、地形及其他一些因素进行修正。

第 2 章介绍 DOE-PLUS 软件，也就是 DOE-2 软件的较为高级的版本，尽管还是在 DOS 状态下运行，但有输入的界面。DOE-2 是一个由加利福尼亚大学管理的美国能源部实验室——劳伦斯·伯克利国家实验室（LBNL）开发的用于公共领域的能源分析计算机程序。程序根据建筑物的位置、结构、运行和空气调节系统，计算它的能量使用及其寿命周期成本，很适合于大型商业建筑。它在评价建筑物系统设计、建筑物改造、能源预算以及寿命周期成本和收益时很有用。程序能够在各种设计选择中搜索折衷方案，对建筑物各系统变量进行详细的参数研究，使得设计者提高收益并降低初投资。DOE-2.1E 于 1994 年发行，它包括 4 个主要的计算部分：负荷、系统、设备和经济。程序能计算多达 128 个区域的每小时的加热和制冷负荷。它利用每小时的气象数据，与建筑构件的蓄热效应相结合。它也能模拟所选的昼光照明系统和电气照明控制。系统模块结合室外空气需求、操作和控制计划模拟二次空气调节系统的运行并提供多种系统选项。程序的设备组件模拟一幢建筑物空气调节系统的运行，包括传统的中央机组和带有现场发电、废热回收和电力回售的机组。程序的经济模块分析一幢建筑物的能源费用，并计算其包括燃料、电力、设备、运行和维护在内的寿命周期成本的现值。这些特性在确定不同的设计和装修方案以及计算公用事业的折扣优惠时是非常有用的。

第 3～5 章介绍英国 Ecotect 软件的使用和界面。该软件是为建筑师在设计中的应用而开发的。使用该软件，建筑师可以方便地在设计过程中的任何阶段对设计进行评估。建筑师只需要输入一次模型，即可在软件中完成对设计方案的热工性能、天然光和人工照明、日照、混响时间、声音传播和经济进行分析以及了解建筑对环境的影响。这些分析结果可以帮助建筑师在设计阶段时对建筑方案做出评估，或从建筑环境角度比较不同方案的优劣，从而做出更加有利于生态的选择。Ecotect 的计算得到了国外专业评估组织的认可，被广泛的运用到建筑设计中。欧洲已有大量的建筑在设计中使用了该软件，如英国威尔士加的夫港的政府办公楼、英格兰赫尔市的大型露天体育场、西部澳大利亚大学的社会科学馆、西澳大利亚佩思的圣玛丽剧场等等。目前，Ecotect 在全世界已经发行了 2000 多个独立的使用版权，此外，在澳大利亚、英国和美国有超过 60 个大学里正在教授学生使用该软件。

第 6～12 章分别介绍 Ecotect 软件的具体举例说明，用具体的例子，较为详细的介绍了 Ecotect 软件在建模、光学分析、热工分析、声学分析以及综合分析应用。这些例子也是软件自带的教程。

第十三章是对一个较为复杂的建筑计算光、热环境等建筑性能的实例，也是我们自己在学习 Ecotect 过程中的具体实践。

本书提到的软件，也是编者本人在国外学习时经常使用的软件，书中提到的一些具体计算例子，其中部分就是在国外学习作研究时的具体算例。在此，特别感谢我在美国卡内基-梅隆大学建筑系建筑物性能测试中心（Center for Performance and Diagnostics, Department of Architecture, Carnegie Mellon University, US）和英国谢菲尔德大学建筑学院（School of Architecture, University of Sheffield, UK）学习和研究期间，各位老师和同学所给予的巨大帮助。

参加本书编写的有李鹍、肖凤、肖琼、夏博、闻锋、高威、魏伟、张辉、李蔚等人。

  本书有关 Ecotect 部分，是参照该软件的 Help 文件和 Tutorial 文件，然后编写而成的，不可避免有许多词不达意和错误的地方。希望读者在使用过程中批评、指正，以便大家都能在计算机辅助建筑性能设计上共同进步。

  欢迎提出宝贵意见，联系方式：yu_zhuang@126.com

余 庄

华中科技大学建筑与城市规划学院智能建筑研究所

2006 年 1 月

目 录

1 数值模拟气象资料的应用 ……………………………………………………（1）
　1.1 太阳辐射 …………………………………………………………………（2）
　1.2 大气温度 …………………………………………………………………（2）
　1.3 附加参数（云量，风）……………………………………………………（3）
　1.4 度日数 ……………………………………………………………………（3）
　1.5 与实测数据的比较 ………………………………………………………（4）
　1.6 用气象资料计算节能综合指标模拟实例 ………………………………（6）
2 能耗数值模拟 …………………………………………………………………（9）
　2.1 DOE 简介 ………………………………………………………………（9）
　2.2 DOE-PLUS 的参量描述及输入 ………………………………………（12）
　2.3 关于气象数据 …………………………………………………………（14）
　2.4 DOE 在建筑节能标准计算中的应用 …………………………………（14）
3 用户界面 ………………………………………………………………………（22）
　3.1 概述 ………………………………………………………………………（22）
　3.2 三维坐标 …………………………………………………………………（24）
　3.3 命令菜单 …………………………………………………………………（30）
　3.4 对话框描述 ………………………………………………………………（55）
　3.5 控制面板 …………………………………………………………………（137）
　3.6 用户参数选择 ……………………………………………………………（169）
　3.7 操作模式 …………………………………………………………………（169）
　3.8 输入数据 …………………………………………………………………（171）
　3.9 键盘快捷键 ………………………………………………………………（173）
　3.10 命令入口框 ……………………………………………………………（177）
　3.11 视图控制 ………………………………………………………………（178）
　3.12 显示选项 ………………………………………………………………（181）
　3.13 工具栏 …………………………………………………………………（183）
4 Ecotect 建模 …………………………………………………………………（184）
　4.1 创建实体 …………………………………………………………………（184）
　4.2 更改物体 …………………………………………………………………（204）
　4.3 对象信息 …………………………………………………………………（221）
　4.4 修改节点 …………………………………………………………………（225）
　4.5 材质分配 …………………………………………………………………（230）

目 录

- 5 结果分析 (234)
  - 5.1 日光分析 (234)
  - 5.2 照明模拟 (262)
  - 5.3 热性能 (271)
  - 5.4 花费和环境的影响 (290)
  - 5.5 声学分析 (292)
- 6 模型的基本原理 (304)
  - 6.1 简单房屋的建模 (304)
  - 6.2 教室 (316)
  - 6.3 会堂 (324)
- 7 高级模型 (345)
  - 7.1 导入 CAD 图 (345)
  - 7.2 背景位图 (348)
  - 7.3 物体变形 (351)
- 8 太阳光分析 (355)
  - 8.1 内部太阳光透射 (355)
  - 8.2 优化阴影设计 (358)
  - 8.3 完全阴影和位置分析 (361)
  - 8.4 创建一个连接的栅板 (364)
- 9 灯光设计 (368)
  - 9.1 内部灯光计算 (368)
  - 9.2 输出辐射率 (374)
  - 9.3 辐射材料 (377)
- 10 热的性能介绍 (382)
  - 10.1 运行热量模型 (382)
  - 10.2 计算内部温度 (383)
  - 10.3 模型中的材料 (386)
  - 10.4 统计性分析 (387)
- 11 声学分析 (390)
  - 11.1 混响时间 (390)
  - 11.2 设计声学反射器 (394)
  - 11.3 设计倾斜的观众座位 (399)
- 12 综合分析 (404)
  - 12.1 成本和环境影响 (404)
  - 12.2 转换气象数据 (406)
  - 12.3 从 ECOTECT 中输出 (414)
- 13 建筑的光、热环境模拟实例 (416)
  - 13.1 ECOTECT 对光环境的模拟实例 (416)
  - 13.2 ECOTECT 软件的建筑热工分析 (423)
- 参考文献 (431)

1 数值模拟气象资料的应用

人、建筑和环境长期以来一直紧密相关。其中，气候对建筑的影响无疑是深刻而久远的。为达到相同的舒适度，同一个建筑在不同的气象条件下其能量消耗差异很大。因此，为不同地区制定适合当地的节能标准就成为非常紧迫的问题。

人们要想得到某个地区的气象资料和建筑的能耗值，除通过实测外，还可以采用计算机数值模拟的方法获得。把计算机数值模拟引入到节能设计中，尤其是用在模拟地区气象资料上，是一种尝试。它避免了采用真实数据的不易操作性和不确定性，同时又可以方便快捷地针对不同地区进行模拟。瑞士联邦能源部（Swiss Federal Office of Energy）所开发的气象计算软件 Meteonorm 就是一种可以计算全球任何地理位置的太阳辐射和气象资料的软件。这种软件的计算首先依赖于一些预先设定的数据库和运算法则，（它包含了对全球 906 个地区至少长达十年的气象监测资料，其中亚洲有 73 个地区）。用户为想获得气象资料的地区指定关键的地理位置的信息，（如海拔高度和经纬度），然后根据实际情况选择该地区的地形（如城市、山顶、山谷、南坡、东西坡、湖\海边等等），并指定所希望获得的气象资料的输出格式。该程序依据其所处气候区域的气象资料库，通过一定的计算法则与插件计算模拟可得到每个月、每天、每个小时的气象资料，然后根据海拔、地形及其他一些因素进行修正，如图 1-1 所示。

它的计算是以当地获得的太阳辐射为基准。对于不同的参数，它给出了不同的计算法则。

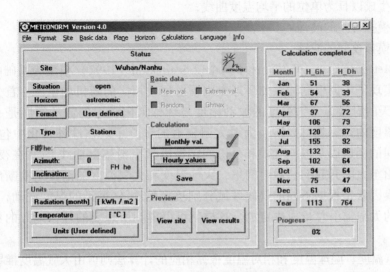

图 1-1　Meteonorm 软件输出信息屏面

1.1 太阳辐射

首先，计算每月的平均值。输入地球上任何一个地方的经纬度和海拔，根据计算法则，可以得到该地点的地球外部太阳辐射和最大太阳辐射值（晴朗条件下）。依据所得到的最大太阳辐射值（即环球太阳辐射），使用 Perez（1991）模型，加入一系列浑浊因素的影响（如海拔、平均水容量、粉尘浓度等），就可以得到该地直接太阳辐射和散射太阳辐射的值。

第二步，计算日平均辐射和每小时辐射。为了获得这些参数，使用了 Aguiar and Collares-Pereira（1992）模型（时间决定的、自回归、高斯模型）。模型的计算分为两个步骤：先根据月平均值计算得到日平均值，然后添加一个程序模拟每小时的变化，获得每个小时的太阳辐射。这个模型基于这样的假定：辐射的频数分布仅依赖于过去资料的平均值；而每一天的平均辐射值也仅仅依赖于每个月的平均晴朗指数。这些分布系数已输入到一个 $10 \times 10 \times 10$ 的 Markov 矩阵之中。该矩阵的定义是以全球多个地区几十年的实测数据为依据的，经验证可以适用于全球的各个地区，计算结果的误差在平均偏差之内。

1.2 大气温度

大气温度一直是气象资料计算的瓶颈。在 Meteonorm 中，包含了 359 个城市，626 个气象站，3020 个自治地区的固定气象资料。在气象站中，存有每个月的平均值。只要知道一个地理位置的经纬度和海拔，可以根据其所处的气候区域，采用线性插入或者直接引用的方法即可获得该地每个月的平均气温。

每日的大气温度是由月平均气温，依据太阳辐射的波动幅度，修正气温产生波动而计算出来的。步骤为：

- 生成以日为单位的平均温度曲线；
- 模拟日间的波动；
- 模拟夜间的波动。

在 Meteonorm 中，开发设计了一个以 Scartezzini（1992）模型为基础的程序，该程序实现了可以根据输入的环球太阳辐射生成相应的随机的温度。首先假定：① 在白天的时候，大气温度的波动幅度与环球太阳辐射的波动幅度是一致的。这样，温度的计算就可以转换为对太阳辐射的计算了。在这种转化中包含了拉伸、时间的延迟以及根据气候和月份的转换因素平滑辐射曲线。② 在夜间，即太阳落山至太阳升起的这段时间里，大气温度和大气温度的渐变是推断出来的。它的转换因素是根据不同的气候区域分别决定的。③ 每天的温度波动，是由每天不同的太阳辐射总量所决定的。这样就可以得到所想要的任何地方的数据了，见图 1-2。

露点温度、湿球温度和相对温度根据相应的计算法则可由大气温度推导出来。

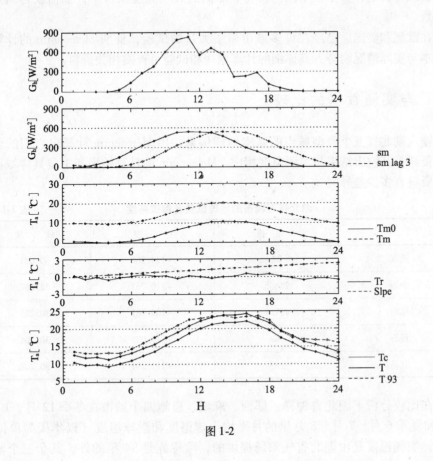

图 1-2

1.3 附加参数（云量，风）

云量的值与所选地区的太阳高度角和晴朗指数有关，并以太阳辐射来评价。Meteonorm 中自带一个以不同的区域为单位的云量数据库。

风的变化是非常难预料的，也不是计算中主要因素。在 Meteonorm 中，也并不意图提供非常精确的月平均值和每小时的值。Meteonorm 本身自建了一个庞大的数据库，分析了不同的地理环境、气候条件、天气状况下的风速值。在计算风速时，Meteonorm 使用一个计算模型，包括一个基于日平均太阳辐射的日风速模型和一个独立的随机性模型。根据该模型和数据库，加入晴朗指数和环球辐射的影响，可以计算出任何地区的日平均风速和每小时的风速。风向也是依据平均风向和风玫瑰图，采用随机性模型产生的。

1.4 度日数

因为 Meteonorm 中的温度计算是以月平均值为基准的，所以它的度日数也是根据月平均值计算得到的。在分析大量统计数据的基础上，Meteonorm 给出了一套回归公式，分别计算了在不同的月份、不同的大气温度条件下，如何获得当月的度日数。

在欧洲和美国，已经在许多城市做了大量的试验，证明 Meteonorm 的计算结果基本与实际情况吻合。其详细的计算原理和试验可查阅相关资料。

1.5 与实测数据的比较

输入湖北省五个典型城市的基本地理信息，用 Meteonorm 计算出它们的全年气象资料，其输出结果与实测温度相比，Meteonorm 的计算结果和中国具体城市的气象资料有多少差异呢？

湖北省五城市的地理位置及海拔高度　　　　　　　　　　表1-1

	海拔	经度	纬度
武汉	23	-114.268	30.623
十堰	286.5	-110.761	32.667
恩施	457.1	-109.481	30.275
黄石	22	-115.075	30.204
宜昌	133	-111.291	30.708

在比较分析了湖北省钟祥、郧西、麻城、恩施四个城市在冬季12月、1月、2月和夏季6月、7月、8月里的月平均干球温度和湿球温度（以华氏为单位）。其中，实测温度是由湖北省气象局提供的，除恩施是94年的外，其余三个城市都是92年的气象资料，这些气象资料是由当地的气象站每天逐时进行统计的。Meteonorm 的计算结果则是根据长期的统计资料计算所得到的典型气象年的平均温度。

干球温度的比较　　　　　　　　　　表1-2

	12月	1月	2月	6月	7月	8月
钟祥（实测）	43.2	39.7	45.4	76.0	81.2	81.9
钟祥（计算值）	42.2	38.4	41.4	77.9	82.8	82.2
郧西（实测）	39.7	36.9	41.8	75.1	79.7	79.6
郧西（计算值）	38.2	34.9	38.4	76.4	80	78.9
麻城（实测）	44.6	40.7	46.0	76.7	83.5	82.8
麻城（计算值）	43.5	39.3	41.9	77.1	83.1	83.3
恩施（实测）	47.3	40.5	43.7	75.7	80.5	83.1
恩施（计算值）	41.4	37.5	39.8	73.5	78.3	78.1

干球温度的比较：

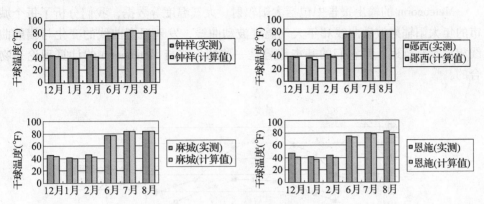

图 1-3

湿球温度的比较　　　　　　　　　　　　　　　　　　　　表 1-3

	12月	1月	2月	6月	7月	8月
钟祥（实测）	40.0	37.2	40.4	70.9	75.5	76.0
钟祥（计算值）	38.7	35.0	37.7	72.4	77.5	76.7
郧西（实测）	36.8	34.4	36.7	66.6	73.1	73.3
郧西（计算值）	35.2	31.4	34.7	70.8	74.8	78.9
麻城（实测）	41.1	37.7	40.9	71.1	76.5	76.1
麻城（计算值）	39.6	36.1	38.6	72.1	77.9	77.7
恩施（实测）	45.6	38.7	41.1	70.2	74.4	74.8
恩施（计算值）	38.3	33.8	35.8	68.0	73.1	72.6

湿球温度比较：

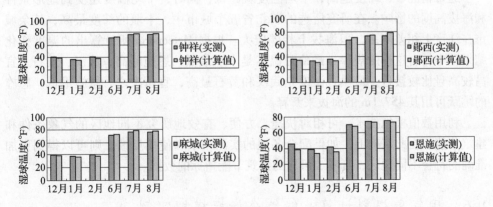

图 1-4

从表 1-3 我们可以看到，在各城市中用 Meteonorm 计算出的温度（干球或湿球）与当地的实测结果是非常相近的，大部分的月份里两者只相差华氏的 1～2 度，个别月相差较大一点，但也只有 4～5 度。实际上，年与年之间的温度肯定会有所浮动，与典型气象年之间也不会完全吻合。Meteonorm 的计算结果与实测结果的差值在可以接受的范围内。

  Meteonorm 的输出报告中包括太阳辐射、大气温度等数据，我们分析了每个城市的年太阳辐射波动曲线和年大气温度波动曲线，发现温度曲线的变化与辐射曲线相比稍有延迟，但它们的基本趋势是一致的。这与 Meteonorm 的计算理论是吻合的。

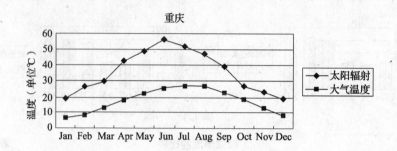

图 1-5   Meteonorm 计算所得重庆的太阳辐射和大气温度比较

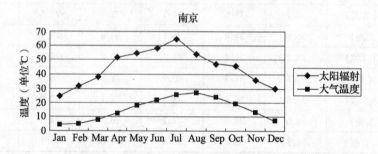

图 1-6   Meteonorm 计算所得南京的太阳辐射和大气温度比较

  通常情况下，纬度越高，平均温度就越低；同时，平均温度还受到地形条件和海拔高度的影响。在研究所选的湖北省五个城市中，十堰的纬度最高，其余城市在纬度上相差不多，但海拔上相差较大。根据 Meteonorm 所计算出的温度变化结果基本符合这样的规律：最冷月温度是十堰最低，恩施略高，武汉、黄石、宜昌较高且比较接近；最热月温度是武汉和黄石最高，宜昌次之，恩施最低。恩施的跳跃可用其 457.1m 的海拔来解释。

  利用数值模拟技术，可相对快捷、方便、有效地研究不同地区的气象条件和建筑节能。在此基础上，如果配合各地的实测结果和使用反馈，则可以得到更加准确的符合不同地区、真实、可靠的建筑节能指标的数据。

1.6   用气象资料计算节能综合指标模拟实例

  先用 Meteonorm 生成的、且经过验证的郧西、钟祥、麻城、恩施四个地点以及 Meteonorm 本身所带的武汉和宜昌的气象数据，输入到住宅建筑模型的能耗计算中，得到该建筑在这六个地点的采暖耗电量，将六个地点的采暖耗电量除以武汉的采暖耗电量，就有以武汉为基准的一组比例值。以湖北气象局提供的各地点的 HDD18 的数值，同样除以武汉市的 HDD18 的数值，得到以武汉为基准的一组度日数比例值，将两组数据合并，得到下表：（采用比例值是为了数据处理的方便和最终结果的需要）

表 1-4

	采暖耗电量（kWh）	耗电量与武汉的比值	气象局度日数	度日数与武汉的比值
郧西	43952	1.34	2004	1.19
钟祥	37508	1.15	1765	1.04
麻城	39643	1.21	1749	1.03
武汉	32705	1.00	1690	1.00
恩施	34142	1.04	1620	0.96
宜昌	23914	0.73	1552	0.92

以度日数比例为 X 轴，采暖耗电量比例值为 Y 轴，可以得到耗电量与度日数之间的关系折线。将该折线进行多项式回归，就可以得到图 1-7 中的曲线和回归的方程式。

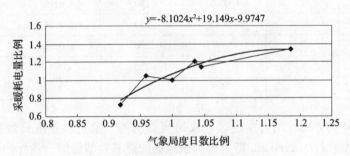

图 1-7　采暖耗电量与度日数曲线图

由图 1-7 得到度日数与采暖耗电量的数学关系为：

$y = -8.1024x^2 + 19.149x - 9.9747$（其中：$x$ 为当地 HDD18 值与武汉的比值），那么，代入具体的 HDD18 的数值，就可算出度日数与采暖耗电量的对应值为：

表 1-5

HDD18（℃·d）	采暖年耗电量与武汉比值
1500	0.6385
1600	0.8921
1700	1.0890
1800	1.2292
1900	1.3126
2000	1.3393
2100	1.3093
武汉	1

武汉市的比例值始终为1，其采暖耗电量值采用《夏热冬冷地区居住建筑节能设计标准》（JGJ 134—2001）中所确定的值。各地点的采暖耗电量即用上表的比例值乘以武汉市的标准值。

用同样的方法，可以求出耗热量、制冷耗电量比值、耗冷量与度日数比值之间的关系。最后可以得到湖北省建筑物节能综合指标项指表（表中的值相对于武汉的比值），如表1-6所示：

表1-6

HDD18（℃·d）	耗热量指标	采暖年耗电量	CDD26（℃·d）	耗冷量指标	制冷年耗电量
1500	0.899	0.6385	50	0.7051	0.2113
1600	0.982	0.8921	70	0.7912	0.4733
1700	1.0501	1.0890	90	0.864	0.6936
1800	1.1032	1.2292	110	0.9236	0.8725
1900	1.1414	1.3126	130	0.9699	1.0097
2000	1.1645	1.3393	150	1.003	1.1055
2100	1.1727	1.3093	170	1.0229	1.1597
武汉	1	1.0000	190	1.0295	1.1723
			210	1.0229	1.1434
			230	1.0031	1.073
			250	0.97	0.961
			武汉	1	1.0000

通过这样的方法，结合本地区气象局所提供的气象资料和度日数参数，使用气象数值模拟软件 Meteonorm 即可得到该地区的建筑物节能综合指标的限值。

2 能耗数值模拟

2.1 DOE 简介

DOE-2 可模拟建筑物在使用过程中各种设备、系统的能耗状况，还可对建筑进行经济分析和评价。DOE 采用动态计算方法-反应系数计算方法，计算大楼中在各种条件下的能耗。它要求输入建筑模型，建筑物应按房间或其他某种单位分割成空间（space），每个空间有自己的空间条件（space condition）、使用情况的周期（schedule）、墙体、窗户、外门、遮阳板、设备等特征，然后根据该地区全年每天24 小时的气象资料，可得到每个空间、每个小时的报告。图 2-1 为 DOE-2 程序界面。

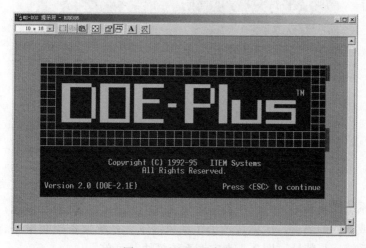

图 2-1 DOE-2 程序界面

DOE 计算包括负荷计算模块（load）、空调系统模块（system）、机房模块（plant）、经济分析模块（economy）。其流程如图 2-2 所示。在它的输出报告菜单中有建筑耗能情况的分析，在 load、system、plant、economy 等菜单下，可以分析不同的空间和系统，获得每个空间的能耗指标，如耗冷量、耗热量、耗电量、使用小时等及其统计分析；并且还有相关的峰值和峰值出现的时间的报告。

负荷计算模块利用建筑描述信息以及气象数据计算建筑全年逐时冷热负荷。冷热负荷，包括显热和潜热负荷，与室外气温、湿度、风速、太阳辐射、人员、灯光、设备、渗透、建筑结构的传热延迟以及遮阳等因素有关。负荷计算模块总菜单如图 2-3 所示。

2 能耗数值模拟

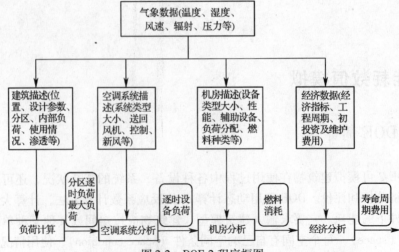

图 2-2 DOE-2 程序框图

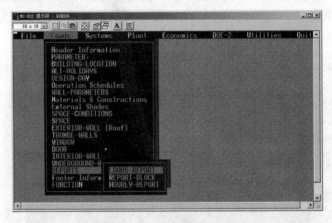

图 2-3 负荷计算模块总菜单

空调系统模块利用负荷模块的结果以及用户输入的系统描述信息,确定需要系统移去或加入的热量。该模块考虑了新风需求、系统设备控制策略、送回风机功率以及系统运行特性。图 2-4 为空调系统模块总菜单。

图 2-4 空调系统模块总菜单

机房模块利用系统模块结果以及用户输入的设备信息，考虑了部分负荷性能。计算建筑及能量系统的燃料耗量和耗电量。图 2-5 为机房模块总菜单。

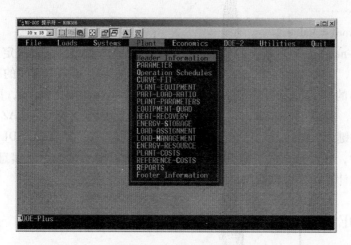

图 2-5　机房模块总菜单

经济分析模块进行寿命周期分析。输入数据通常包括建筑及设备成本、维护费用、利率等。图 2-6 为经济分析模块总菜单。

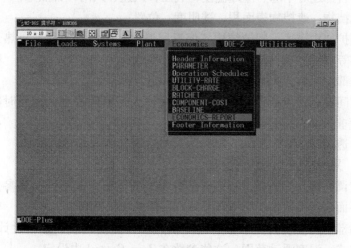

图 2-6　经济分析模块总菜单

以上 4 个模块按顺序执行，后面模块要利用前面模块的结果。每次不一定要运行全部 4 个模块，这取决于目标。假设只考虑建筑本身的冷热负荷，只需运行第 1 个模块。

相应于以上 4 个模块，DOE 分别有 LDL、SDL、PDL 以及 EDL 等执行程序，由总控程序 BDLCTL 协调完成所有工作。用 DOE 进行建筑能耗模拟时，除了气象数据保存在单独的文件外，所有的信息，包括地理位置、建筑描述、材料特性、运行班次、设备性能等都存储在 1 个文件名后缀为 inp 的文件里。所有的指令、输入信息都用建筑描述语言 BDL 描写。

BDL 指令格式为：

```
U-name = Command
    Keyword = Value
    .........
    Keyword = Value ..
```

其中 U-name 是用户指定的名称，Command 是指令类型，它也决定了下面的数据输入，".."是指令结束符，是必需的。比如，如果定义 1 个房间的 4 面墙，其东南西北墙的 U-name 可以分别指为 wall-e、wall-s、wall-w、wall-n，而 Command 就是 WALL，对应于 WALL，有 X、Y（坐标）、WIDTH（宽度）、AZ（方位角）等定义的关键词。描述其他信息的指令也是类似的格式。在 LDL、SDL、PDL 以及 EDL 模块中，各自有非常丰富 BDL 指令类型。除了输入模拟需要信息的指令外，每个模块的计算结果可以按用户要求通过相应的指令输出。

2.2　DOE-PLUS 的参量描述及输入

2.2.1　建筑描述

建筑位置：包括经纬度、海拔、时区、朝向等；

气象资料：逐时干球、湿球温度，气压、风速、风向、日照等；

建筑遮挡物：遮挡物表面积、透明度、位置；

建筑围护结构描述：围护结构各保温层厚度、次序以及材料导热系数、干密度、比热容等特性，家具及结构的热延迟系数等；

建筑内部空间位置关系：内外墙构造、定位等；

运行时间设定：包括建筑各空间占用（住人）时间序列，照明时间列表，设备（风机等非供能设备）时间表；

空气渗透参量。

2.2.2　采暖空调管网系统设置

采暖空调管网系统的类型很多，各种类型的运行方式不同，其参数设定也因而互异。下面给出一般情况下所有系统都必需的参数及其输入方法。

建筑内部空间温度设定参数：逐时供热设计温度列表、空调设计温度列表、温度调节方式、温度浮动范围，这些参数在 Zone-Control 内设定；

运行参数列表：加热参数列表和制冷参数列表，在 SYSTEN-CONTROL 和 FAN-CONTROL（SYSTEN-FAN）中设定；

SYSTEM 系统设计温度，在下列指令中输入：

ZONE-CTR：采暖设计温度、制冷设计温度；

SYSTEM-CTR：系统最高（低）供热（制冷）温度；

室外温度质量：根据室内人数确定的空调系统送风风速、换气次数（在 Zone-Air 内输入），系统送风量、回风量、最小室外通风占系统总送风量的比例，自然通风时间列表，自然通风换气率，自然通风换气温度列表（设定窗户启闭的温度）。

风机特性：须根据情况设定，一般包括风机效率、满供风负荷的单位能耗、风机运行静态压力、风机运行控制方式、夜间通风控制。

设定室内空间名称和服务空间的管网系统：在 Zone-Names 中确定各空间的名称和属性；在 Plenum-Names 中确定系统服务的空间。

2.2.3 供热、制冷设备特性参数输入

对设备参数的设定分两个部分：① 设备运行参数；② 设备经济属性参数。详细描述如下：

选定设备类型，通常常用的设备有：锅炉、蒸汽设备、火炉、冷（热）凝器、太阳能收集器、热恢复装备；冷凝器、吸收式冷凝器等；各种设备所用能源是不同的，锅炉常用燃料和电，冷凝器常用电能等等。

设定设备运行的时间列表；

设备种类设定：在 PLANT-EQUIPMENT 中输入设备类型、容量、数量；

设备运行负荷率：在 PART-LOAD-RATIO 中输入设备运行最大、最小和运行效率以及辅助设备电输入效率；

设备参数：设备运行容量确定依据（根据当前负荷或天气状况两种方式确定），能源效率；

运行负荷的设备分配：确定满足建筑负荷所需运行的设备的顺序。在 Load-Assignment 中输入设备类型（供冷、供热）、负荷范围、设备、数量、运行方式等参数；

负荷管理：确定设备的季节性运行顺序以及管理冷、热和电负荷。

设备经济参数输入：在 PLANT-EQUIPMENT 中输入设备初期投资、安装费、设备运行费用（润滑油、电、水等）、维护费、设备寿命、设备运行时间、检查停运期限以及检修费用等，在 plant-cost 和 reference-cost 中对设备寿命、投资、安装和运行费用等参数进行详细设定；在 energy-resource 中输入能源种类、能源输送效率、单位能源含热量等参数。

2.2.4 经济性能模拟参数

在 plant 输入建筑采暖空调能耗量和设备费用的基础上，与 economics 中的建筑经济参量、能源费用及其他参数一起对节能建筑生命周期费用进行综合验算。相关参数如下：

能源效用率：能源种类、价格、价格浮动参量等，在 utility-rate 中设定；

非设备部分费用参数（初期投资、安装费、年运行维护费、主要检修期费用）。这里的非设备投资费用指除将初始能源转化为采暖空调能量和电的设备（锅炉、冷凝器等），它可以是包括屋顶绝热部件、HVAC 系统、太阳能收集系统，甚至是整个建筑费用。相关参数有以下几种：初期投资、数量、安装费、年维护费用、检修间隔及费用和部位寿命；

节能经济效益比较：节能建筑收益比较基准模型参数包括初期投资、置换费、能源效率、年能耗量以及计算年限内逐年运行费、能耗费用。

上文较详细地列出 DOE-2 能耗和建筑生命周期费用模拟计算的主要参数。在此基础上，可以对建筑能耗、设备运行费用以及建筑、设备运行维护费用进行计算机模拟。经济性能模拟过程处于整个过程的最上层，它必须以能耗、设备、系统的模拟结果为基础，因为节能建筑收益中节能效益占主要部分，所以，能耗模

拟结果的精确性确定了最终结果的准确可靠性。因此，在 loads、systems、plants 模块中的参数输入和控制必须准确可靠，并且应该在充分的分析比较基础上，确定参量的取值和控制策略。

2.3 关于气象数据

用 DOE 进行建筑能耗模拟，一个基本前提是具备所在地区的全年气象数据。DOE 需要的每天 24 小时的逐时气象数据，才能进行计算。逐时气象数据包括：① 湿球温度；② 干球温度；③ 大气压；④ 云量；⑤ 降雪量；⑥ 降雨量；⑦ 风向；⑧ 含湿量；⑨ 室外空气密度；⑩ 室外空气焓；⑪ 太阳总射强度；⑫ 太阳直射强度；⑬ 云类；⑭ 风速。另外还需要 12 个月的地面温度数据。实际上以上参数并不完全独立，有的可根据其他参数计算。DOE 也没有使用以上全部数据，如果原始资料有太阳辐射数据，则 DOE 不使用云量、云态、降雨和降雪数据；只有在原始资料缺少太阳辐射数据的情况下，DOE 才根据这些数据估计辐射。DOE 采用的时间是地区标准时间，对中国而言就是北京时间。

由于种种原因，我国缺乏足够的全年的逐时气象数据，我们是采用当地气象局提供的典型年温度、湿度等气象数据，太阳辐射数据由第一章所述的 Meteonorm 软件产生，然后合并成本地的气象数据，作为 DOE 计算的输入条件。

经过 20 多年的发展完善检验，DOE 本身的准确可靠性是得到世界认可的。由 K. J. Lomas 等在 1997 年第 26 期"Energy and Building"上发表的文章"Empirical validation of building energy simulation programs"，将 DOE 与欧洲、澳大利亚和美国同类软件，在相同输入环境下的运算结果与实际测量值进行比较，各软件都有自己的特点，DOE 的结果也得到世界上的公认。

2.4 DOE 在建筑节能标准计算中的应用

夏热冬冷地区是指长江中下游及其周围地区。湖北省全省均在该地区范围内。绝大部分地区夏季炎热，冬季寒冷。近年来，随着我国经济的高速增长，该地区的城镇居民纷纷采取措施，自行解决住宅的冬夏季的室内热环境问题，夏季使用空调和冬季使用采暖设备成了一种很普遍的现象。由于该地区的各种原因，居住建筑的设计对保温隔热问题不够重视，维护结构的热工性能普遍较差。主要采暖设备是电暖器和暖风机，能效比很低，电能浪费很大。这种状况如不改变，该地区的采暖、空调能源消耗必然急剧上升，将会阻碍社会经济的发展，且不利于环境保护。

本例的内容即是针对湖北省地区居住建筑，从建筑、热工和暖通空调设计方面提出节能措施，对采暖和空调能耗规定控制指标。

2.4.1 传统制定标准的方法与使用 DOE 制定标准的比较

过去制定建筑节能标准的方法主要是依赖于人工计算。以采暖设计标准为例，其建筑物耗热量指标是根据下式计算的：

2.4 DOE在建筑节能标准计算中的应用

$$q_H = q_{HT} + q_{INF} - q_{IH}$$

式中　q_H——建筑物耗热量指标（W/m²）；

　　　q_{HT}——单位建筑面积通过围护结构的传热耗热量（W/m²）；

　　　q_{INF}——单位建筑面积的空气渗透耗热量（W/m²）；

　　　q_{IH}——单位建筑面积的建筑物内部得热（包括炊事、照明、家电和人体散热），住宅建筑，取3.80W/m²。

q_{HT}和q_{INF}则是依据计算温度、平均温度、建筑面积、建筑体积、围护结构的传热系数、换气次数等参数计算出来的。得到建筑物耗热量指标后，根据下式可以计算出采暖耗煤量指标：

$$q_c = 24 \times Z \times q_H / H_c \times \eta_1 \times \eta_2$$

式中　q_c——采暖耗煤量指标（kg/m² 标准煤）；

　　　q_H——建筑物耗热量指标（W/m²）；

　　　Z——采暖期天数；

　　　H_c——标准煤热值，取8.14×10^3 Wh/kg；

　　　η_1——室外管网输送效率；

　　　η_2——锅炉运行效率。

相关的数据可以从设计手册中查到。

这种方法计算起来比较简单，便于各个设计单位自行检验其节能指标。但是，因为它所考虑到的因素较少，所以有如下的一些缺陷：

（1）计算中使用的温度是采暖期室外平均温度和平均室内计算温度，无法准确考察温度变化对建筑物性能指标的影响和不同月份的具体指标；

（2）计算中未考虑气象资料中其他因素对建筑物节能指标的影响，如经度、纬度、风向、风速等；

（3）这种计算方法只能考虑整栋建筑物均处于采暖、制冷条件下的能耗指标，不能计算住宅内只有部分房间采暖和制冷的情况，且没有考虑内墙的传热系数；

（4）若要计算相似条件下、不同地区的建筑的节能性能指标，要进行多次重复的计算，且不便于检查。

DOE-2软件所采用的是反应系数计算方法，与前者的静态相比，是更合理的动态的计算方法。与传统的人工计算方式相比，它有如下优点：

（1）充分考虑到了各种因素的影响，使结果更加准确；

（2）由于计算单位是空间，计算起来更加灵活，可以考虑不同性质空间的不同情况，如某些空间使用空调，某些空间不使用空调；不同的空间又有不同的室内条件，还可以根据室内人物活动的情况，安排空间每天的使用设备的时间。这样的计算，其实更加接近实际的生活情况；

（3）充分考虑了内墙、楼板、屋顶、地基等建筑结构，以及建筑材料的相关热工性能（如热阻、比热）对建筑物节能指标的影响；

（4）只要建立了一个模型之后，修改其空间性质和气象资料，就可以计算出不同地区的节能指标；

（5）输出报告中的结果非常丰富，可以查到每个空间的耗冷量、耗热量、耗电量、能耗、使用小时数等指标及其总和；并且还有相关的峰值、峰值出现时间的报告，这对于调配用电量有很大意义。图2-7为DOE-Plus在"Load"菜单下有关墙的参数的输入界面。

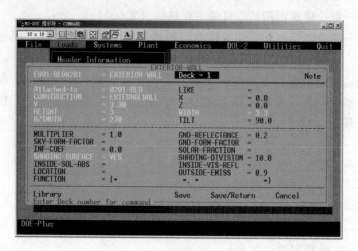

图2-7 墙参数的输入界面

2.4.2 模拟条件

居室室内计算温度，冬季为18℃；夏季为26℃。

室外气象计算参数采用武汉典型年的气象报告。

采暖和空调使用时，换气次数为1.0次/h。

采暖、空调设备为家用气源热泵空调器，空调额定能量转换率（cooling-eir）取0.37，采暖额定能量转换率（heating-eir）取0.36。

室内照明得热为每平方米每天0.0141kWh。室内其他得热平均强度为4.3W/m^2。

采用这样的模拟条件，一方面是依据《夏热冬冷地区居住建筑节能设计标准》（JGJ 134—2001）中的相关要求，另一方面也是根据武汉地区的实际情况和人体工程学制定的。室内热环境质量的指针体系包括温度、湿度、风速、壁面湿度等多项指标。本例只提供了温度指标和换气指标，原因是考虑到一般住宅较少配备集中空调系统，湿度、风速等参数实际上无法控制。另一方面，在室内热环境的诸多指标中，最起作用的是温度指标，换气指标则是从人体卫生角度考虑必不可少的指标。

居室温度夏季控制在26℃，冬季控制在18℃，与目前该地区住宅的夏热冬冷状况相比，提高幅度较大，考虑到了该地区经济发展比较快，居民对改善居住条件的要求很迫切，而建筑物的设计基准期为50年，也是《夏热冬冷地区居住建筑节能设计标准》的要求。调查表明，目前使用空调器的家庭，空调运行的设定温度大多数为26℃左右，也有一些年轻家庭空调设定温度为24℃。冬季采暖的室温还很少有18℃那么高，但在以坐姿为主的室内活动的情况下，维持室内冬季的热舒适，18℃是必要的。

换气次数是室内热环境的另外一个重要的设计指标，冬、夏季室外的新鲜空气进入室内一方面有利于确保室内的卫生条件，但另一方面又要消耗大量的能量，因此要确定一个合理的换气次数。住宅建筑的层高在2.5m以上，按人均居住面积15m^2计算，1小时换气一次，人均占有新风37.5m^3，接近《旅游旅馆建筑热工与空气调节节能设计标准》（GB—50189—93）中规定的二级客房的换气量标准（每人每小时40m^3），是比较合适的。

空调额定能量转换率（cooling-eir）取0.37，采暖额定能量转换率（heating-eir）取0.36，这主要是考虑家用空调器国家标准规定的最低能效比。由于夏热冬冷地区室内采暖、空调设备的配置实际上能够控制的主要是建筑围护结构，所以在计算中适当降低设备的额定能效比对居住建筑实际达到节能50%的目标是有利的。在计算中取空调的最低能效比，有利于突出建筑围护结构在建筑节能中的作用。

居住建筑的内部得热在冬季可以减小采暖负荷，在夏季则增大空调负荷。在计算时将内部得热分为照明和其他（人员、家电、炊事等）两类来考虑。对人员、炊事和家电得热还分别考虑采暖和非采暖空调房间的情况。室内得热的多少随机性很强，在计算中取定值，与实际情况是有出入的。但是为了使不同的建筑之间有可比性，本标准规定在计算中取定值。在计算中室内照明得热按每平方米每天耗电0.0141kWh取值。室内人员、炊事和视听设备等的其他得热，分为显热和潜热两部分。对卧室和起居室，显热按每天4.33kWh，潜热按每天1.69kWh取值。对厨房和卫生间，显热按每天2.9kWh，潜热按每天1.76kWh取值。

2.4.3 模拟周期

本例没有明确划定采暖期和空调期，而是用空调和采暖年耗电量作为控制指标，主要原因是湖北地区居住建筑目前较少配备集中供热和供冷系统，降温和采暖基本上是居民的个人行为，春、秋两季，气温突降或骤升时，不论是否已到了所谓的采暖期或空调期，居民都有可能开启冷暖型空调器采暖或降温。

本标准模拟了一个普通家庭，家庭成员白天工作，晚上回家。因此假定房间内的设备有其自身的使用周期。具体的使用周期如下：

卧室：每天晚上十一点至次日早上七点，照明仅在晚上十一点使用；

起居室，餐厅：平时从晚上七点到十点，周末和节假日的时候从早上八点到晚上十点；

厨房：每天早上八点和晚上十点；

其中，仅考虑卧室、起居室和餐厅有空调制冷，并且平均每小时换一次气。

2.4.4 模型参数

建筑模型

输入的建筑模型是由湖北省居住建筑节能标准制定小组所提供的，户型结构在湖北地区具有一定的代表性。板式住宅是一梯两户，建筑面积为1140m^2，体型系数0.349，层高3m，窗墙比34.9%，单元标准层建筑面积104m^2，三室两厅一厨两卫。点式建筑是一梯三户，T型，建筑面积为2208m^2，体型系数0.402，窗墙比35%，标准层建筑面积141m^2，四室两厅一厨两卫。模型的主立面均朝向正南。

运行周期

照明和设备的使用周期,是根据房间不同的使用性质,分别进行了设定。空调采暖和制冷仅考虑在卧室、起居室和餐厅内,平均每小时换一次气。居室内计算温度,采暖为18℃,制冷为26℃。

围护结构

外墙采用250mm厚的复合墙体,内墙采用240mm厚的分户墙和120mm厚的隔墙。各项围护结构的热工参数,根据相关节能的要求输入。

采暖和制冷设备系统

假定每家使用一套独立的热泵空调系统,采暖与制冷均以电力为能源。按照节能标准,我们设定了该系统在采暖和制冷时的能量转换效率,余热回收率,热容量;并为不同的房间的空调系统指定了它的工作时间,工作设定温度,房间的通风方式和通风周期,自然通风率,最大通风率等等。

目前,武汉商品住宅的套型,以三室二厅和二室二厅居多,一室二厅的越来越少,四室二厅的有发展趋势。计算因此依据一武汉地区比较典型的五层住宅建筑模型。这栋建筑正南正北,建筑面积为1150m^2,体型系数0.349,层高3m,每层两户,每户建筑面积稍小于100m^2,分为3个卧室,1个起居室,1个餐厅,1个厨房,两个厕所(平面图如图2-8所示)。卧室和起居室控制温度和换气次数,卫生间和厨房不控温。

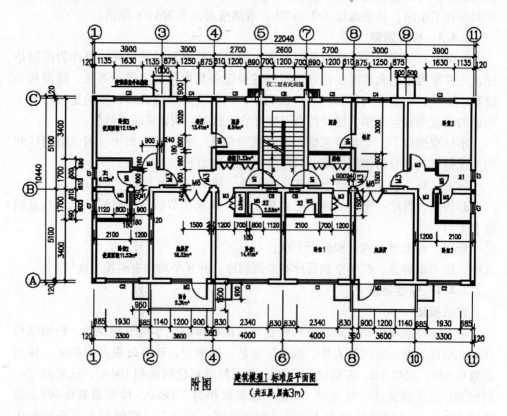

图2-8 建筑平面图

结构上采用240mm厚的承重墙和120mm厚的隔墙，外墙采用250mm厚的复合材料。围护结构的热工参数表如表2-1所示：

围护结构热工参数表　　　　表2-1

名　称	材料厚度 (m)	材料导热系数 W/(m²·K)	材料密度 kg/m³	材料比热容 J/kg·K	材料热阻 m²·k/W
外墙	0.29	(0.5613)	(1700)	—	0.5167
水泥砂浆外粉刷墙	0.02	0.93	1800	1050	0.0215
墙体（复合）	0.25	0.5313	1700	1050	0.4705
石灰砂浆内粉刷层	0.02	0.81	1600	1050	0.02469
屋面	0.21	(0.24706)	(1530)	—	0.850
水泥砂浆面层	0.02	0.93	1800	1050	0.0215
保温防水层等	0.09	0.1167	400	1550	0.7712
混凝土屋面板	0.10	1.74	2500	920	0.0575
内墙　240内墙	0.29	(0.878)	(1880)	—	0.30278
①水泥砂浆粉刷层（两面）	0.025×2	0.93	1800	1050	0.3056×2
②墙体	0.24	1.10	1800	1050	3.065
120内墙	0.16	(0.8845)	(1800)	—	1.3463
①水泥砂浆粉刷层（两面）	0.02×2	0.93	1800	1050	0.1528×2
②墙体	0.12	1.10	1800	1050	3.065
4.楼板	0.138	(0.4911)	(1980)	—	0.281
①木地板	0.022	0.17	700	2510	0.1294
②保温材料	0.016	0.19	500	1170	0.0941
③混凝土搂板	0.10	1.74	2500	920	0.0575
5.一层地面：	—				
①混凝土面层及地坪	0.10	1.51	2300	920	1.0172
②素土夯实	(3.6)	1.16	2000	1010	(40.2)

在决定这些热工数据时，既考虑了满足冬季保温，又考虑到满足夏季隔热的要求。这里采用的是平均传热系数，即按面积加权法求得外墙的传热系数。考虑了围护结构周边的混凝土梁、柱等热桥的影响，以保证建筑在夏季空调和冬季采暖时通过维护结构的传热损失与传热量小于标准的要求，不致于造成建筑耗热量或耗冷量的计算值偏小，使设计的建筑物达不到预期的节能效果。屋面和外墙的传热系数值定为1.0W/(m²·K)和1.5W/(m²·K)即是在此基础上根据湖北地区的气候状况而制定的。

这里需要注意的是，在划分空间的时候，我们是以房间为单位的。整栋建筑共有五层，共划分了91个空间。至于外墙、内墙的数目就更多了。因此，为了清晰地体现建筑的结构，合理地为这些构件命名，是非常重要的。

2.4.5 模拟结果

在评价建筑物能耗水平时，建筑物耗热量指标、采暖耗电量指标、耗冷量指标、空调耗电量指标是重要的评价标准。它们的物理意义分别是：

建筑物耗热量指标：按照冬季室内热环境标准设定的计算条件，计算出的单位建筑面积在单位时间内消耗的需要由空调设备提供的冷量，单位：W/m^2。

采暖年耗电量：按照冬季室内热环境设计标准和设定的计算条件，计算出的单位建筑面积在单位时间内消耗的需要由采暖设备个年个的热量，单位：$kW\cdot h/m^2$。

建筑物耗冷量指标：按照夏季室内热环境设计标准和设定的条件，计算出的单位建筑面积在单位时间内消耗的需要由空调设备提供的冷量，单位：W/m^2。

空调年耗电量：按照夏季室内热环境设计标准和设定的计算条件，计算出的单位建筑面积采暖设备每年所要消耗的电能，单位：$kW\cdot h/m^2$。

我们主要参考 DOE 的输出报告中的相关数据，来求出这四个指标。

根据其 LS-D，SS-D 两份报告，我们可以得出：

（1）建筑物耗热量指标：

采暖耗电量指标：

$$\frac{25159（全年采暖耗电量）}{772（采暖部分建筑面积）}=32.59 kWh/m^2$$

（2）建筑物耗冷量指标：

$$\frac{10.4557\times1000,000（最热月耗冷量）}{744（该月小时数）\times 772（制冷部分建筑面积）}$$
$$+4.3（单位建筑面积的建筑内部得热量）$$
$$=22.50 W/m^2$$

（3）采暖耗电量指标：

$$\frac{20214（全年采暖耗电量）}{772（采暖部分建筑面积）}=26.18 kWh/m^2$$

这样，我们便得到了所需的指标参数。

2.4.6 影响指标的几个因素

根据 DOE 的计算，我们发现影响指标的主要因素有下列几个：

维护结构的热阻

各朝向外墙热阻值增加时，建筑物的热负荷和冷负荷都有所降低。例如，根据 SS-H 报告，当外墙热阻值从 0.34（普通 240 砖墙）增至 $0.4705 m^2\cdot K/W$，热负荷降低 12% 左右，冷负荷降低 4% 左右；当外墙热阻值从 0.4705 增至 1.00（250 加气混凝土）$m^2\cdot K/W$，热负荷降低 20% 左右，冷负荷降低 6% 左右，节能效果明显。见图 2-9、图 2-10。

（1）房间的朝向

房间的朝向对建筑的耗电量的影响很大。根据 SS-A 报告，不论围护结构的热阻和比热容如何，顶层住户的耗电量要比非顶层住户的采暖耗电量大 25% 左右，空调耗电量大 10% 左右。西边住户的采暖耗电量比东边的住户的耗电量大 20%，制冷耗电量相差不多。

(2) 通过门窗缝隙的空气渗透

通过门窗缝隙的空气渗透对耗电量有一定的影响。当房间的换气次数由1.0次/小时增加到2.0次/小时，根据SS-D报告，采暖耗电量和制冷耗电量分别增加了4.9%和6.2%。因此，加强门窗的气密性，对建筑节能有一定意义。

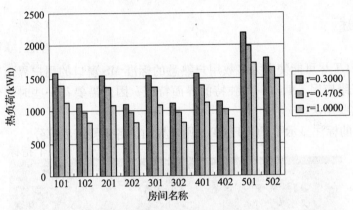

图2-9 热阻值对热负荷的影响

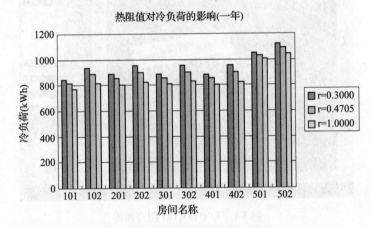

图2-10 热阻值对冷负荷的影响

(3) 窗户遮阳情况和窗墙面积比

从DOE的报告中，我们可以看到随着窗墙面积比的增大，建筑的采暖和制冷耗电量也在增大。根据SS-H的报告，当建筑物的窗墙比从34.9%增到50.4%时，建筑物的冷、热负荷会增大5%左右。使用遮阳板也能降低制冷的能耗。从SS-D报告中可发现，当仅在起居室外的窗户上考虑遮阳板的因素时，建筑的制冷耗电量就减少了1.6%。若在所有的窗户外均使用遮阳板，节省的能量将会更多。

3 用户界面

3.1 概述

ECOTECT 尽可能使用大多数用户熟悉的标准 MS 窗口的用户界面。由于有一些复杂的三维应用,就有一些独特的界面特征,因此需要花一些时间学习,才能逐渐习惯这些用法。

图 3-1 的标注显示了 ECOTECTv5 用户界面的各主要组成部分。

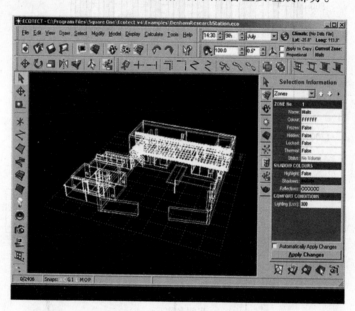

图 3-1 ECOTECTv5 用户界面

3.1.1 主菜单

主菜单里的各项包括绝大多数操作程序的命令。可以用鼠标直接点击各项来打开菜单,也可同时按下每项标题的一个下划字母和 Alt 键,或者使用列于大多数菜单项右侧旁的快捷键。

3.1.2 主工具栏、附加工具栏、模型工具栏和视图工具栏

主工具栏包含一些操作项,它们是影响物体属性或指导程序操作的图标。

附加工具栏在主工具栏下面,包含很多刚开始运行 ECOTECT 所不能见到的部分。可通过在主窗口顶部的任何工具栏中右击鼠标来打开或关闭它们。

模型工具栏在应用窗口的左下边,包括模型按钮,模型按钮可决定鼠标位于绘图面板时要做什么。你可多次使用这个工具栏来创建或操作物体模型。

视图工具栏在应用窗口底部的右下角处,包含可供操作和改变目前视图大小

的五个按钮。

如果将鼠标停在任何工具栏按钮上超过一秒钟，就会出现一个描述这个按钮的简短的解释。如果需要更详细的帮助，可用鼠标右击此按钮，在出现的菜单中选择"What's This?"项。

3.1.3 状态栏

状态栏由很多子面板组成，操作程序处于不同状态时，会显示相应的信息。第一个操作面板显示组成模型的物体个数和现在所选定的物体个数。

第二个操作子面板显示现在的捕获设置。用鼠标左键点击恰当的字符就能确定这些设置。

第三个和第四个子面板显示如警告或计算进程的状态信息。

第一个状态栏子面板也包含一个命令引入背景框。这就允许输入基于ECO-TECT脚本命令的快捷命令。通过工具菜单的命令引入框或在状态栏中双击鼠标左键可打开或关闭这个特征。要获得更多信息请查看命令引入框的帮助页。

3.1.4 控制面板

控制面板在主应用窗口的右下边，每一个标识的面板包括对模型的不同方面的控制和它的分析。如下所示：

选择信息

关于现在所选定物体或节点的信息和设置。在这个面板中的信息各自会很不相同，例如区域数据、占用信息和测量距离。

区域操作

现有模型中的区域列表。

材质分配

显示和分配选定物体主要的和替代的材质分配。

阴影设定

对显示阴影和阴影功能的控制。

栅格分析

对位置和计算栅格分析的控制。

光线和粒子

对模型中的光线和粒子的控制。

参量物体

对位置的控制和对创建参量几何形状和斜屋顶的控制。

物体变换

对数值变换选定物体和节点的的控制。

输出界面

包括快速进入模型输出选项。

3.1.5 日期—时间和光标输入工具栏

这两个工具栏在界面中变换显示，在恰当的时候还显示相关的工具栏。缺省时显示日期-时间工具栏，允许改变日期和时间，可以进行阴影计算以及其他的基于时间的计算。

当用鼠标交互地绘图或操作物体时就显示光标输入工具栏。你可以不用鼠标直接输入坐标值,另外可使用鼠标操作。想获得关于这些控制的更多的信息,请看光标输入工具栏主题。

3.1.6 选项工具栏

选项工具栏在日期-时间和光标输入工具栏下面,可把它移动到任何所需的位置。它包括影响程序交互特征的控制,如捕获设定、栅格大小和变换设定。如果将鼠标放在这个工具栏的任何控制键上超过一秒钟,一个描述这一项的简短说明将会显示出来。

3.1.7 绘图区

在应用窗口中心的主要区域提供编辑现有建筑模型的视图。你可以选择不同的二维或三维视图,或用鼠标或键盘旋转现有视图。想获得关于控制视图的更多的信息,请看用户界面部分的视图控制主题。

3.2 三维坐标

3.2.1 概述

(1) 三维坐标系统

为 ECOTECT 第四版本设计的三维光标系统在设计者中应用得非常广泛。ECOTECT 第五版本有一些改进,如果你熟悉原来的版本,将发现新版本与之几乎没有不同,只是更灵敏些。如果以前没有使用过这个系统,你应该熟悉下面的对三维坐标输入系统的描述,按照一些快速几何图形介绍来实践这个技术。

坐标平面

要把一个二维坐标放置在一个透视观察的三维模型中,在用户的眼睛和鼠标箭头之间必须要画一条虚直线。这条直线要投影到模型中,并插入到现在的坐标平面中。缺省时地平面 Z = 0,当移动鼠标时按下 Control 键可以把这个平面上下移动,见图 3-2。

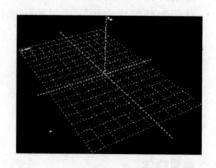

图 3-2 坐标平面

有时可能坐标平面被锁定而不能被改变,如果在一个封闭的二维物体中移动点或交互式地添加一个子物体到一个存在的平面中,就会发生这种情况。在这些情况下,坐标平面被束缚在所编辑的物体上。只有转到另一个物体时才能移出这个平面。

(2) 绝对点坐标和相对点坐标

当输入一个新物体的点坐标时,在坐标输入工具栏中第一个点往往显示为绝对点坐标,这意味着可相对于世界坐标原点 (0, 0, 0) 输入 x、y 和 z 值。

所有的后来的点是基于前面的点以相对坐标输入的。这意味着在 X 轴上输入的值 5000 实际上表示在 X 轴方向离最后输入的一个点是 5000mm。

(3) 笛卡儿坐标和极坐标

缺省的 ECOTECT 坐标系统是笛卡儿坐标系统。一个笛卡儿坐标系统有三个轴，X、Y 和 Z。当输入坐标值时，表明一个点的距离（以单位长度）和沿 X、Y 和 Z 轴的方向（+或-），相对于坐标原点（0，0，0）或前一点的距离见（图3-3）。

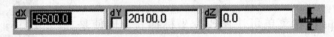

图 3-3

按 F12 可进入或跳出极坐标，也可以在选择菜单中选择极坐标项，或点击坐标输入工具栏右边的坐标按钮。极坐标由基于单位长度的距离、方位角和水平角组成。极角是数学角度，而不是地图中用的方向角，这是说方位角是从 X 轴正向逆时针方向给出的，水平角是从水平面（$Z=0$）向前的方向给出的（图3-4）。

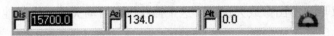

图 3-4

可以从锁定检查框上面的小标记和上面所示的坐标图标来判别出处于哪一个模型中。

(4) 输入中心

ECOTECT 三维坐标系统的一个主要目标是使它尽可能直观。为了使键盘输入和鼠标移动尽可能一体化，在坐标输入工具栏的键盘输入中心是跟随着鼠标移动的。如果将鼠标沿 X 轴移动更多的距离，中心将移至 dX 主题区，对于 Y 和 Z 轴也是一样的。随着中心的改变，每个区域的主题也被选定。这就使得改变值就只需简单地输入一个新的数，当输入值时，应注意到坐标自动进行了修改，反映出新的坐标值。

例如，将一个物体沿 Y 轴移动一特定的距离，（使用移动工具和物体选择）左击第一个参考位置，沿 Y 轴（正向或负向）拖动坐标，此时，坐标输入工具栏的 Y 输入框就以现在选择值为中心（如图 3-5 所示），这样就可以往这个框里输入一个数值，而不需要以任何方式点击或移动鼠标。

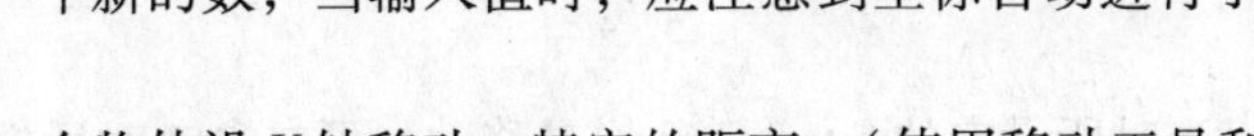

图 3-5

要获得关于怎样有效使用输入系统的更多的信息，请进入三维坐标部分的坐标输入工具栏，或参考 Simple House 简介。

3.2.2 捕获物体和坐标

ECOTECT 提供捕获物体和坐标的功能，还有一个暂时的约束系统来帮助你精确快速地绘图。通过这些工具你可以精确地绘图而不需直接输入绝对坐标或进行繁琐的计算来确定模型中的点。在 ECOTECT 里，精确的绘制是特别重要的，因为最终计算结果是与模型自身的精确度相关的。

捕获坐标可在用户参考对话框的捕获坐标的图标里定义，或在选择工具栏的捕获按钮菜单（如下图所示）里设定，如果以用户参考对话框的缺省设定进行确定和保存，就将成为全局设定，在载入 ECOTECT 时，每次都将使用它们（图3-6）。

使用 Snaps 按钮菜单可快速改变坐标捕获，即使是在执行命令的过程中。按下其名字的第一个字母（a, c, g, i, l, m, n, o 或 p）的键，如上面菜单所示，任何时候包括在执行命令或拖动坐标的过程中，都可以转换捕获类型。

各种捕获选项的描述如下：

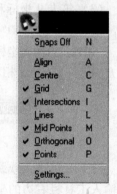

图 3-6

关闭捕获

坐标位置是不严格限定的，以何种增量移动取决于屏幕的二维图像频率，二维图像频率又取决于图像放大设定。这个捕获设定自动关掉所有其他的捕获。

对准

在这个设定里，当移动坐标的任何时候，ECOTECT 搜索模型里沿三个主坐标轴形成直线的其他的点，如果找到一个点，坐标就会捕获到那个轴，同样地，坐标可能捕获到两个或三个轴。当在一个坐标轴上对准时，X、Y 或 Z 的符号出现在坐标轴指向的上方，表明找到一个捕获。在正视图（平面、侧视或前视）中，轴捕获不考虑点的高度。在透视图和轴测视图中，只测试大致上在同一水平面上的点。

中心

在这个捕获模型中，坐标捕获最近物体的几何中心，这是组成物体的所有角的空间的平均。一个小的 C 字母出现在坐标轴上。

栅格

坐标只会以当时所设定的 Snap Grid 增量移动。可在参考对话框中或在选项工具栏中设定（图3-7）。

图 3-7

交叉

捕获在两直线间最近的交叉。当有一个小的垂直误差时，两直线必须实际上交叉在三维空间中。这个模型将交叉在它们终点的直线与那些交叉在其他位置的直线区分开，并对两者进行了检查，用小的 I 和 P 符号表明是何种类型。

直线

如果在一定范围内，坐标捕获距离它最近的物体的直线部分的最近的点，否则它捕获现在的栅格设定。一个小的 L 符号出现在坐标指向的上方表明它已经找到一条要捕获的直线。

中间点

确定一个物体最近的直线部分的几何中间点，一个小的 M 符号出现在坐标指向的上方，表明它已经找到一条确定直线的中点。

正交

在这个捕获模型中，坐标捕获距离最近的主坐标轴，X、Y 或 Z。这基于鼠标最先点击的点，如果拖动一个物体的点，就基于前一点，如果旋转、测量或反射一个物体就基于球原点。

点

在允许的缺省选定范围内，坐标将捕获最近的可见物体的点，否则它将捕获现在的栅格设定。一个小的 P 符号出现在坐标指向的上方表明它已经找到一个捕获的点。

熟悉这些各种各样的捕获模型很重要，这样你可以在任何时候改变模型，甚至是在进入一个物体的过程中，这可以简化模型化的过程并大大增加模型化的精确性。

3.2.3 坐标输入工具

坐标输入工具栏位于日期/时间工具栏后，显示在外面的是缺省时的工具栏，只有用户需要时才能看见，比如当在模型中创建或修改物体时。其中的控制部分，在交互地添加新物体节点或进行物体转换时，允许进行手动输入尺寸和距离（图3-8）。

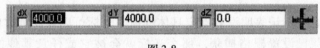

图 3-8

输入中心跟踪

为了使输入尺度更简单，当 Cursor Input 工具栏是可视时，输入中心应跟随光标的移动，这样，当在绘图区移动鼠标时，输入中心在三个轴的输入框间跳动，这意味着要输入一个尺度，所要做的就是朝正确的方向拖动鼠标，并输入一个值。

在任何物体的创建和转换中输入的第一个点通常是以绝对坐标给出的，也就是说，坐标输入是相对于原点（0，0，0）。此后，所有的输入都是相对于最后输入的那个点。

这样，要在笛卡儿坐标系中的 X 轴上移动 500，只需在 X 轴上移动光标（相对于最后输入的节点），并输入 500。当输入时，应注意到光标将自动进行更新，来反映新的轴坐标值。此时，ECOTECT 将检测到 X 轴上的距离比其他两个轴的大，于是就自动将输入中心移到 dX 的文本输入框中，将 500 个单位值输入到 dX 的输入框时，通过移动鼠标到第一个点的相反的一侧，就可以朝正向和负向动了。所有的这三轴都相互独立地以这种方式工作。

一旦在任何输入框中输入一个值，三维光标在设定轴上锁定在输入的距离处，直到输入一个新的点，在相同的框中按下 Space Bar，或是在相关的检查框中不用鼠标进行勾划标记。可以在绘图区中移动鼠标，或用 Tab 键移动输入中心到一个新的输入框中。

进行操作时，要做一些假设，从而使进行不同修改时能有效地工作，在不同视图中（特别是在透视图中）时，也是同样的，以使它更可靠。

这些假设是：

在透视图中，移动只在 X 轴和 Y 轴上注册，要移动输入中心到 Z 轴上，需要按下 Control 键并移动鼠标，释放 Control 键，就锁定在新的高度了，从而又可以在 X 轴和 Y 轴上进行移动，返回到光标输入处，又可以输入一个新的值了。

不同的正视图只允许在三个轴中的两个轴上进行移动。这就是说，前视图在 X 和 Z 轴上，侧视图 Y 和 Z 轴上，plan 平面视图在 X 和 Y 轴上。即使你使用物体捕获功能点击一个三维点，以上准则也是正确的。

当在透视图中交互地旋转一个物体时，ECOTECT 假定旋转的中心轴是 Z 轴。当在透视图中时，可能要绕一个不同的轴进行旋转，但是这必须手工操作，或通过使用 Object Transformation 面板（使用 Tab 键在光标输入框之间移动，或用鼠标放置光标在正确的输入框中）进行操作。

当工作在极坐标中时，输入中心系统通常首先对距离进行操作，然后是方位角，最后是海拔高度。

轴锁定

轴锁定从本质上说，是对于使用者决定具体的尺度或者是否已经输入任意的输入框中的一个可视化向导。使用者可以在任何时候标记它们或进行清除，尽管大多数的环境中已设计为不需要用户介入。可以清除轴锁定或使用 Space 工具条输入文本。

☐ 一个空白的标记表明没有确定具体的值，光标可以在任意方向以任意距离进行移动，如果已设置栅格捕获，那么光标就会被它或任意其他的捕获设置所限制。

☐ 一个灰色的标记表明已输入一具体的值，只是暂时被下一个功能所限制。如果点击 Escape 键或鼠标左键，它将被清除。当输入一个值后，ECOTECT 将自动添加一个灰色的标记。

● 一个黑色的标记表明已输入一具体的值并且在任何地方都被索定，输入的值将被连续使用，直到标记被用户清除，用户要用鼠标点击它才能勾划一个黑色的标记。

坐标类型

使用这个工具栏右侧的这个图标，可以在笛卡儿坐标和极坐标之间进行转换，笛卡儿坐标使用一个 X、Y 和 Z 值来在空间确定一个点，而极坐标使用一个距离、方位角和海拔高度来确定一个点。也可以使用功能键 F12 来转换这个模型，或通过在 Select 菜单中选择 Polar Coordinates 项，参考三维坐标系统主题，可以获得关于这两种类型的坐标的更多信息。

3.2.4 原点（转换原点）

转换原点（有时候称为相关原点）代表例如旋转和测量等转换相关的三维点。它可设在模型的任何地方并影响所有的子序列的转换。见图 3-9。

有三种不同的原点变化情况：

图 3-9　原点

👤 用户定义类型：存在于三维空间的任何位置；

🔲 选择中心类型：基于几何中心计算得出；

🔲 被选定物体的独立中心：基于每个被选定物体的几何中心计算得出。

通过 Options 工具栏的 Origin 转换按钮，可确定具体使用三种不同的原点类型中的哪一种，每种不同的原点图标可显示出来，这取决于哪种原点类型被激活。

这些选项也可在 Object Transformation 面板中找到，还有一个附加的 Display Origin 图标 ▨ ，通过它用户可以设定原点为永久显示的形式（图 3-10）。

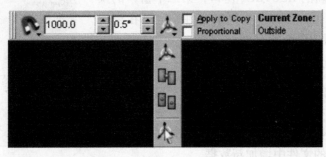

图 3-10

（1）设定原点

当处于一个转换功能时，可以交互式选择和拖动原点到某一位置。

1）在主应用窗口左边的工具栏中选择旋转、测量或镜像转换图标。

2）原点将以一个小的导向叶片的形式出现，最初处于绝对坐标原点（0，0，0）处。可能要四周移动视图来放置原点，使其可见，这取决于现在的栅格设定。

3）在原点的中心处移动光标（将出现一个小的 O，这表明原点被选定），并击鼠标左键。

4）原点现在附在光标上，可放在三维空间的任何一点处，捕获存在的几何图形，或在坐标输入工具栏输入绝对坐标。

5）要接受新的位置，点击鼠标左键或按返回键（取决于一个值是否是由键盘输入还是用鼠标交互式插入）。

（2）进入转换工具前设定原点

1）从原点菜单或转换工具栏选择 Set Origin 按钮 👤 。

2）移动光标到绘图面板原点将附在光标上，可放在三维空间的任何一点处，捕获存在的几何图形，或在坐标输入工具栏输入绝对坐标。

3）要接受新的位置，点击鼠标左键或按返回键（取决于一个值是否是由键盘输入还是用鼠标交互式插入）。

4）一旦设定，直到使用一个转换工具，这个原点才会消失。

3.3 命令菜单

3.3.1 文件菜单（图 3-11）

🔲 新建

重新开始操作，清空存储并重新载入缺省的物质和设定。如果现在模型已经改变，应迅速地保存或丢弃这些改动。可使用用户参考菜单项设置成缺省的设定（图 3-11）。

新建窗口…

载入一个新的 ECOTECT 窗口，第二个窗口的操作独立于第一个，可打开不同的文件，也可在窗口之间复制几何图形。

🔲 打开…

显示窗口的 File Open 对话框，用于选择一个新的模型文件进行载入。打开的文件会完全取代存储中的任何模型数据。使用下面的 Import… 菜单项可以向现在载入的文件中增加新数据。

图 3-11

打开最近文件

这些菜单项列出最近使用过的文件，选择这些项的任何一个将会重新载入相应文件，当选择其中一项同时按下 Control 键，就可将其清除。

转到

转到现在载入文件最后保存的版本，当测试一个模型的变化时这是很有用的。

🔲 保存

保存现在的模型。如果模型第一次被保存，将显示窗口 Save As 对话框来创建一个新文件。

保存为

保存一个新的模型或一个已存在模型的新的版本。必须在 Save As 对话框中输入一个具体的新文件名，只能使用这个命令来保存整个建筑模型。如果只想保存模型的一部分或将它以不同的形式输出，使用下面的 Export… 菜单项。

输入…

在一个已存在模型中插入新数据。输入一个文件后，将选定所有新物体，视图对应于结果模型的范围。

输出…

在一个所选定文件中输出现在所有可视物体。在 CAD 和其他分析工具中提供了大范围的输出形式。在模型间转移物体，要使用 ASCII 的模型文件形式（MOD）。

3.3 命令菜单

打印设备...

使用这个命令可在打印模型前选择想要使用的打印机和打印选项,可在 Print Setup 对话框中设置这些选项,这个对话框的结构取决于操作系统和安装的打印驱动器,可以参考一些关于操作系统和人工打印的更多具体的介绍。

打印

根据在上面的所设定的 Print Setup 选项打印现在的模型视图。使用 Model Settings 对话框的 Project 图标进入页面标题实体描述和归档数据。

项目信息

显示项目信息对话框,可在里面添加随同模型被存储的项目信息。当直接从 ECOTECT 打印时会显示项目的标题和参考数目。

用户参考

使用这个命令来设定和保存全局应用参数,每次启动 ECOTECT 时作为缺省参数使用。它们包括:面板和绘图颜色、坐标捕捉、测量单位、缺省的区域高度、程序目录和缺省的材质库。

退出

结束现在的进程。最后保存模型之后如果又作了更改,在退出之前要迅速保存那些更改。

3.3.2 编辑菜单(图 3-12)

撤消

使用这一项来撤消对于模型操作的最后一项命令。

恢复模型

撤消一个操作后,这一项才显现。使用它可很快将模型恢复到撤消前的状态。

重复最后命令

这个命令重复最后由系统菜单、工具栏或功能键激发而完成的命令。使用这个命令重新激发上一个对话框或在一系列不同的选择设置中开始同样的命令。

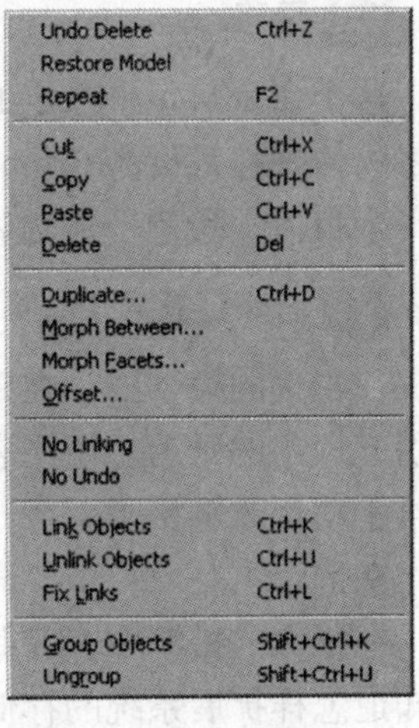

如果要使用同样的命令很多次,这将非常有用,如画线段来描一个结构,只需每次按 F2 键或右击绘图面板并从背景菜单中选择这个命令。

图 3-12

剪切

只有当选定一个或更多物体时才提供这一项。它将被选定项的临时的复件存储在粘贴板上,接着又从模型中删除。

复制

只有当选定一个或更多物体时才提供这一项。它将被选定的项的临时的复件存储在粘贴板上，在以后某个时间可将其粘贴到模型中。

粘贴

选择这个命令可插入任何先前剪切或被复制的物体到现在的模型中。重新定义栅格大小使其与模型匹配，并重新绘制整个场景。

删除

从模型中移走所有选定项。物体一旦被删除就不能重新放回。

复件…

选择这个命令可创建现在选择的物体的复件，最初在复件偏移对话框中详细设定的矢量可代替它。如果选择 Link Duplicates 选项，每一个复制物体作为一个偏差子物体与原来的物体相连接，这就是说对于原物体的更改将会在复件中反映出来。

在…之间的变体（Morph Between）

当选定两个物体时这个命令才被激活，它通过具体的几步完成一个在两物体之间的线性的变体。物体不需要有相同数目的顶角，但是相关的顶角指令很重要。

变体面…

这与上面的 Morph Between 命令相似，但是在插入点之间创建三角面，而不是在每个物体的复件间创建，在两物体之间形成一个插入的伸展表面，物体不需要有相同数目的顶角，但是相关的顶角指令很重要。

平移…

这个命令对每个选定的物体提供一个具体的偏移，或向里或向外。例如，如果将物体平移量设为 600mm，可将一个房顶上移，如果平移方向错误，需重新设置一个负值。参考平移物体主题获得更多详细信息。

消除链接

在很大的模型中，在每个命令后，动态地检查和修改所有模型中物体的联系会引起微小的延迟。使用它可以暂消除动态物体的链接，当要求使用 Fix Links 项，就可手动修改链接了。

撤消

在很大的模型中，一些操作需要很大的存储量来保持一个撤消历史纪录。如果知道怎样扩展系统的存储容量，就可以使用这个选项，这里有一个有用的实例，当载入一个 65MB 的三角形的三维工作空间，接着删除了大量的不需要的图形，撤消是不需要的，因为如果出了一些错是没有关系的（不管怎样都一直存有原始的 3DS 文件），而不需要几个这样处于不同状态大模型的复件，因为它们占用了宝贵的存储空间。

链接物体

选择这个命令可将选定的物体链接在一起，这将创建一个双亲/孩子关系，它的性质取决于每个物体的元素类型，例如，如果一个是墙、地板、屋顶或天花板，另一个是窗户、地板、空面或面板，共面和包含关系就建立起来了。如果不是,最先创建的物体就成为双亲,最后创建的就成为孩子。在物体最初创建时链接就自动建立了,尽管可以使用这个工具创建新的或恢复被破坏的链接。

删除物体链接

为了提高模型的可编辑性,ECOTECT 创建了一个物体之间的内在联系系统。在某阶段可从一些物体中删除链接。选择这个命令可从选定的物体中移走任何链接,可在操作过程中清除任何有双亲和无双亲的物体。

固定链接

因为物体之间的内在联系在一些时候会变得非常复杂,可能发生这样的情形,移动物体时破坏了一个或更多的链接,这时物体以红颜色强调,在状态栏中将出现一个信息。选择破坏了链接的物体,再选择这个命令,将会自动定位于这个问题。

物体组

使用这个命令可将选定的物体组成一个组。一个组是对物体的一个设定,它们将一直被选定和编辑,直到释放组,当选择的物体时,可使用 Shift 键仍然可以选择组里面的单个成员。

释放组

使用这个命令可将释放任何选定的组中的物体。这样就可以单个地选择和编辑这些物体。

3.3.3 视图菜单(图 3-13)

撤消视图修改

使用这一项来撤消对于模型最后的视图修改。包括旋转、放大和显示全景。ECOTECT 只存储最后 8 个视图的历史列表。

平面

在平面视图中显示模型。这是一个直接从(0,0,1)坐标上面观察的正投影图,只有 X 和 Y 轴是可视的。

侧面

在侧视图中显示模型。这是一个从正 X 轴(1,0,0)坐标处观察的正投影图,只有 Y 和 Z 轴是可视的。

图 3-13

前面

在前视图中显示模型。这是一个从 Y 轴(0,-1,0)坐标处观察的正投影图,只有 X 和 Z 轴是可视的。

透视

在透视投影中显示模型。视图已从眼睛点的距离一直集中于模型栅格的中心,是栅格大小和透视镜头设定的一个功能。

轴测
在轴测投影中显示模型。这是一个正投影图，也称为平测图，因为平面在三维场景中观察但没有透视衰减。也可以调整观察的方位角，但高度一直限制在成45°角处。

放大窗口
使用这个命令可用鼠标放大视图的一些部分。要进行放大，选择这一项并在绘图区的某一部分处左击鼠标。下一步，拖动矩形框来捕获想要在绘图区放大的视图的那部分。一旦释放鼠标，视图将移向选定区域。

放大物体
将图像放大到能显示所有当前可视物体。当前的栅格大小不受影响。

放大栅格
图像放大来适合于绘图区中所有显示栅格的大小。在放大或缩小后使用这个命令来复位。除可使用 Home 键之外，也可使用 + 和 – 键。在图纸中拖动右鼠标按钮时按下 Shift 键，可以交互式地放大或缩小。

使栅格与模型匹配
使用这个命令使显示的栅格适合于现在模型中所有可视物体的最大和最小范围。栅格单位的允许值包含在 X 和 Y 轴的边缘。

点击和拖动栅格
让用户交互式地设置栅格的边界尺寸。配合 Zoom Grid 项，使用起来更好一些，特别是对于大模型的小部分。

栅格设置...
这个菜单项可打开模型设置对话框的 Grid 图标，编辑绘图区中显示的栅格和相关的显示参数的范围。

复制到粘贴板
这个命令保存一个现在视图的复件到粘贴板，作为 Windows metafile（EMF）文件或者作为窗口二进制位图（BMP）文件。

接着可以将它们粘贴到其他图上或需要的工作面上（图3-14）。

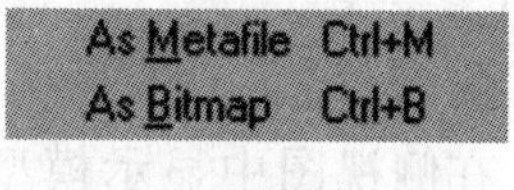

图3-14

背景二进制位图
显示模型设置对话框的二进制位图图标，可载入一个图形或是一个三维物体，在平面视图中进行追踪。事实上，系统中有一个很容易理解的关于追踪二进制图的简介，深入地介绍了载入和显示的整个过程，在那里可获得更多的信息。

3.3 命令菜单

工具栏

显示所有工具栏的列表。每个工具栏旁边的钩号标志表明现在显示为用户界面的一部分。复位项可以将位置和所有可视工具栏的状态重置。这是很有用的,当工作在一个 800×600 的荧幕上,工具栏刚好与其匹配,所以改变大小会使工具栏跳至各处。右击应用窗口顶的主工具栏也可进入这个菜单(图 3-15)。

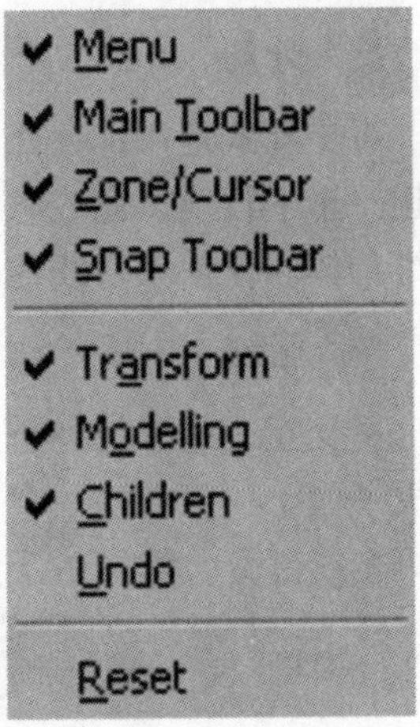

保存视图

保存现在的视图、保持投影、大小比例、栅格和透视设置。也可使用快捷键 Ctrl + 1 到 Ctrl + 5 来保存视图(图 3-16)。

恢复视图

恢复以前用存储命令保存的视图(图 3-17)。

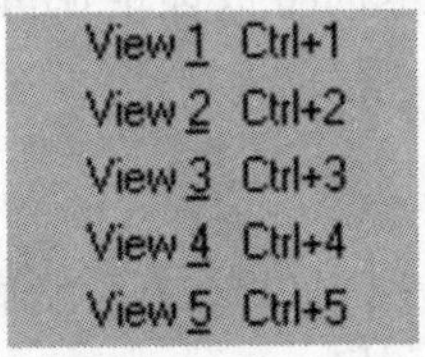

图 3-15

图 3-16

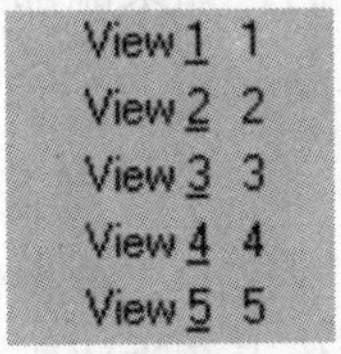

图 3-17

也可使用没有修改的数字键 1~5 来恢复存储的视图。

视图设置

当手工创建和编辑三维模型视图时,显示 Model Settings 对话框的视图图标。

3.3.4 绘图菜单(图 3-18)

这些项可用来交互式地添加具体类型的物体到现在的模型中。参考模型部分的添加物体中有关于这个过程的详细信息。

点

可交互式地添加一个新的点到现在的模型中。一旦选择了这一项,在主模型中点击和拖动鼠标就会创建和放置新的点。

线

可交互式地添加一条新的线到现在的模型中。一个线物体是一个多点线,对点的位置没有限制。

面

可交互式地添加一个新的面到现在的模型中。一个面包含有任何数目的共面点,最后的一个点链接回到第一个点。面的平衡源于第一个三个不共线的点,从而所有子序列的点在向定义的面移动时,

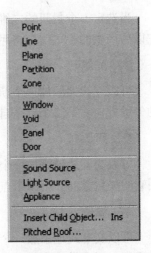

图 3-18

其运动是严格限制。

分割

可交互式地添加一个分割物体到现在的模型中。这是一个被拉伸的线物体，创建一个平行线，完成时 ECOTECT 自动地根据线的部分数拉伸出一定数目的垂直二维物体。任何平行线的改变将会自动改变子分割。

区域

可交互式地添加一个区域物体到现在的模型中。一个区域物体是一个拉伸的地板平面。一旦创建一个母地板面，ECOTECT 自动地创建一个新的模型区域。拉伸每个线部分，添加一个天花板平面。区域完成时，要取一个新的区域名。

子面板物体

这些项可用来添加子物体到存在的物体中，如果没有选择任何物体，就作为分离元素创建它们，如果添加到存在的物体中，坐标将被锁定在母物体的平面上，并且只允许加入点。

窗户

当选定一个封闭的二维物体时才可选择这一项。可交互式地插入一个窗户到选定物体中。它代表新物体所在的母物体的一个洞口。

空洞

当选定一个封闭的二维物体时才可选择这一项。一个空洞是母物质的一个打开的洞。可以使用一个空洞来确定两个区域是邻近的但不交叠。

面板

当选定一个封闭的二维物体时才可选择这一项。一个面板是一个在大平面中有不同物质的一个区域。一个大的砖墙中插入的木板就是一个面板的例子。

门

当选定一个封闭的二维物体时才可选择这一项。门代表提供区域的出、入口，它以后产生的一些信息将用作代码应用测试。改变透明度就可得到一个玻璃门。

光源

可以互式地添加一个新的光源到模型中。这是一个点物体，第二个点表明它的矢量方向。第二个点是自动添加的，物体自动朝向 Z 轴的负向。

声源

可以交互式地添加一个新的扬声器到模型中。这是一个点物体，第二个点表明它的矢量方向。第二个点是自动添加的，物体自动朝向 X 轴的负向。

设备

可以交互式地添加一个新的设备到模型中。设备是消耗能源（电、燃料或水）的设备，用于供热或制冷使用。

3.3 命令菜单

插入子物体

这个菜单项打开插入子物体对话框来插入上面画出轮廓线的子物体。如果在模型中选定任何封闭的二维物体，就可作为子物体自动插入标准的窗户、门和面板。

斜屋顶

可以交互式地添加一个新的屋顶到模型中。绘图区右边的参量物体面板提供了所有有效创建一个屋顶的参数。参考斜屋顶帮助主题有关于屋顶物体的更多信息。

3.3.5 选择菜单（图3-19）

物体/点

在点和物体间捕捉节点，在整体中或通过单个节点来编辑物体。双击现在选择的物体进入点选择模型，要重新进入物体模型，点击离开键或在选定物体中点击物体的一条线。

极坐标

在笛卡儿坐标和极坐标之间转换，通过交互式的光标和手工输入。参考坐标输入工具栏，有更多信息。

测量距离

在绘图区中点击和拖动，来显示点之间的距离和角度。在拖动时显示其数值，也可在选择信息控制面板中显示。

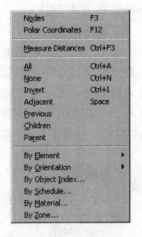

图 3-19

全部

在模型中选择所有可视的和没被锁定的物体。这个命令也在点选择模型中使用，可以选定所有被强调的点。

清除

清除对物体的选择。这个命令也在点选择模型中使用，可以撤消对点的选定操作。

倒置

倒置所有可视物体的选择状态，解除物体或点的封锁。基本上来说，撤消对物体的选定和选择没有选定的物体和点。

以前的

这个命令只用于物体选择模型。用紧接着的前面的选择来代替现在的选择。

子体

选择现在选定物体的子体。用选择的孩子来代替现在的选择设置。如果想增加子体到现在的选择设置中，那么在选择这个命令时按下 Shift 键。

母体

选择现在选定物体的母体。用选择的母体来代替现在的选择设置。如果想增加母体到现在的选择中，那么选择这个命令时按下 Shift 键。

以元素方式

显示一个子菜单,从里面可选择元素类型。这将选择模型中那种元素类型的所有可视元素。如果要从一个已存在的设置中增加或移走这些物体,按下 Shift 或 Control 键(图 3-20)。

以方向方式

这个菜单中的项可选择模型中的所有可见表面法线在选定方向的物体。允许的误差为 ±30°。如果要从一个已存在的设置中增加或移走这些物体,按下 Shift 或 Control 键(图 3-21)。

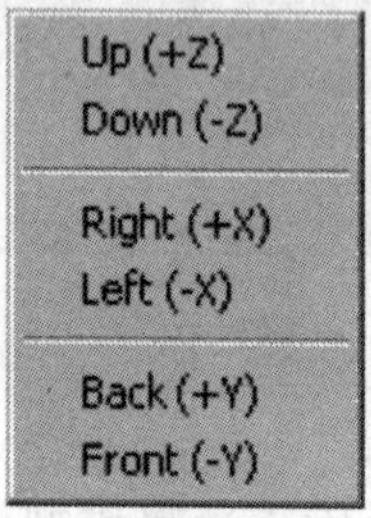

以物体索引方式...

显示一个输入对话框,可输入将要被选择物体的索引数。索引显示在选择信息控制面板中,通过包含每个输入数目之间的一个空间,可以选择多个物体。如果要从一个已存在的选择设置中增加或移走这些物体,选择 OK 按钮时,按下 Shift 或 Control 键。

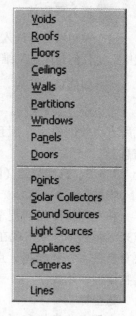

图 3-20

以细目方式...

显示现在模型中所有细目的一个列表。点击一个细目将选择模型中的所有可视物体,细目已经被分配到这些物体中。如果要从一个已存在的选择设置中增加或移走这些物体,当选择 OK 按钮时,要按下 Shift 或 Control 键。

以物质方式...

显示现在模型中所有物质的一个列表。点击一个物质将选择模型中的所有可视物体,物质已经被分配到这些物体中。如果要从一个已存在的选择设置中增加或移走这些物体,当选择 OK 按钮时,要按下 Shift 或 Control 键。

图 3-21

以区域方式...

这一项显示模型中区域的一个列表。点击一个区域将选择模型中的所有物体,物质已经被分配到这些物体中。如果要从一个已存在的选择设置中增加或移走这些物体,当选择 OK 按钮时,按下 Shift 或 Control 键。

3.3.6 修改菜单(图 3-22)

移到区域...

显示 Zone Selector 列表,显示模型中的所有区域。如果从列表中选择一个区域,所有现在选定的物体要移至那个区域。

移到现在区域...

移动所有选中物体到当前区域。

变换

当选定一个或更多的物体时才提供本项。使用这些命令来对选定的物体进行精确的交互式的转换,并提供多种转换物体的方式(图 3-23)。

3.3 命令菜单

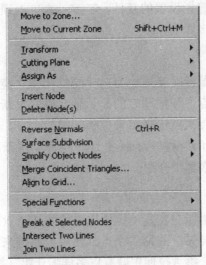

图 3-22

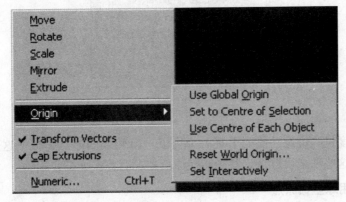

图 3-23

移动

用鼠标移动选择设置。点击绘图区来定义一个基点，再次点击来定义位移的第二个点，也可使用窗口顶的坐标输入编辑框。如果标记了 Apply to Copy 框，转换将应用于新创建的选择设置的复件。参考移动主题有更多详细介绍。

旋转

通过鼠标交互式地将选择的物体绕转换原点旋转。点击和拖动它的显示轴，可以重新放置转换原点。点击绘图区来定义一个基点，再次点击来定义旋转角度，也可使用窗口顶的坐标输入编辑框。如果标记了 Apply to Copy 框，转换将应用于新创建的选择设置的复件。参考旋转主题有更多详细介绍。

放大缩小

通过鼠标相对于原点交互式地放大或缩小选择设置。点击和拖动它的显示轴，可以重新放置转换原点。点击绘图区来定义一个基点，再次点击来定义度量矢量的第二个点，也可使用窗口顶的坐标输入编辑框。如果标记了 Apply to Copy 框，转换将应用于新创建的选择设置的复件。Proportional 框锁定选择的物体的比例情况。参考度量主题有更多详细介绍。

镜像

使用这个命令通过鼠标交互式地为选择的物体建立镜像。通过连接现在光标位置的线来定义镜像。点击和拖动它的显示轴，可以重新放置转换原点。点击绘图区来定义一个基点，再次点击来定义位移的第二个点，也可使用窗口顶的坐标输入编辑框。如果标记了 Apply to Copy 框，转换将应用于新创建的选择设置的复件。参考度量主题有更多详细介绍。

拉伸

使用这个命令通过鼠标交互式地拉伸选择的物体。点击绘图区来定义一个基点，再次点击来定义拉伸矢量的第二个点，使用控制键来垂直移动。也可使用窗口顶的坐标输入编辑框，参考拉伸主题有更多详细介绍（图3-24）。

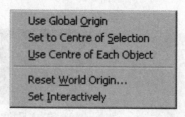

图 3-24

原点

旋转、度量和镜像功能要求有一个可以进行转换的原点，根据这个原点进行转换。使用这些项来设置点，参考转换原点主题有更多详细介绍。

使用球坐标原点

使用球坐标转换原点。使用时，显示为一个红色坐标图标，如下所示。如果它是可视的，可以用鼠标点击和拖动它到一定位置（图3-25）。

图 3-25

设置为选择的中心

移动球坐标原点到现在选择设置的几何中心。

使用每个物体的中心

使用每个独立物体的几何中心。这个模型不影响球原点。

复位全局坐标原点

复位全局坐标原点（0，0，0）到现在的转换原点位置。这基本上与移动整个模型一样，转换原点在世界坐标系中变为（0，0，0）。

交互式设置

使用这个功能来交互式移动球坐标原点。如果在绘图区中原点轴图标可视，在转换模型中可点击和拖动它到一定位置。

3.3 命令菜单

转换矢量

转换矢量项决定是否像物体一样拉伸矢量。这是很重要的，例如，如果要倾斜一地板，但保持它的墙与 Z 轴垂直。

上部拉伸

在一个拉伸转换中，上部拉伸选项决定一个顶部物体是否对于原点和边产生偏移。这只应用于相邻的二维物体。

数值...

激活物体转换面板来排列和旋转物体。这个面板中的选项首先看起来好像有限，但是实际上几种简单转换的结合可完成很多操作。

剪切平面（图 3-26）

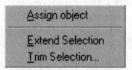

图 3-26

指定物体

指定现在选定的物体作为剪切平面。如果是二维的或是单个部分的线，可以调整或扩展其他物体来适应这个平面。如果物体是单个部分的线，那么平面来自于现在的视图，在透视图中，经常在 Z 轴上。剪切平面来自于大小是有限的选定的物体。

当指定时，显示出一个箭头来给出剪切平面方向，可倒置物体表面来改变箭头方向（Ctrl + R）。

延长选择

这个功能可增加一个物体的大小来适合于现在指定的剪切平面。这一项只应用于与剪切平面小于 45°的线和平面部分。

裁剪选择

这个功能调整插入剪切平面的任何物体，应注意到剪切平面假定是无限大的。显示在剪切平面的箭头决定物体的哪一部分要修整掉，如果一个选定物体全是箭头，就要被删除。

指定为

图 3-27

遮阳面

本项将选定的二维物体标为遮阳面。当显示阴影时，只有那些标为被遮蔽的表面与地面才假定为接受阴影面。因为 ECOTECT 只显示一个线框模型，当考虑完全阴影和太阳光反射时，只标出你所感兴趣的平面。对使用物体属性对话框也可这样标出各个物体。

太阳光反射物体

本项将选定的二维物体标为太阳光反射物体。当显示阴影时，只有太阳光反

3 用户界面

射物体产生一个太阳路径,所有的材料都有用于光和热计算的反射属性。本项只影响阴影的计算。

声反射物体

将选定的表面标出作为声学计算特别重要的部分。在这些计算中,可以选择只考虑具体的首先反射声音的声反射物体。

声源（Sound Source）

当在线和粒子面板中计算声线和粒子时,一次只认为有一个声源。这一项将模型中的一个物体标为声源。这意味着是可建立多个声源,但任何时候只使用一个。如果不特别指定一个声源,ECOTECT将在模型中搜索可以找到的第一个发声物体。

插入点（Insert Node）

只有选定一个或多个物体时这一项才是激活的。可在一个选定物体中交互式地插入一个新点,在存在的点或一个物体的线部分左击鼠标并拖动新的点到插入位置,就可插入点了。

删除点（Delete Node (s)）

只有在点模型中才有这个功能,如果选定一个或多个点,它们将从一个或多个物体中删除。如果不是,将迅速删除物体。

倒置法线（Reverse Normal）

选择这个命令,倒置所有选定的二维物体的法线。当计算入射的太阳光辐射的方向、热分析和输出到其他应用中时,物体的法线是重要的。因此,确保所有显露的表面的法线从区域的中心朝外,是很重要的。

图 3-28

表面子划分

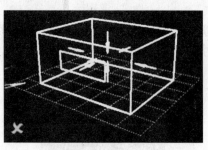

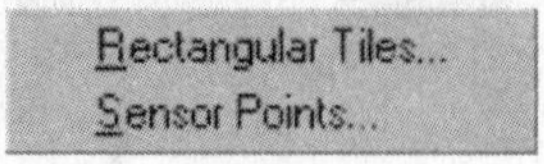

图 3-29

长方形标题（Rectangular Tiles）

这一项为选定的二维物体划分许多小的长方形物体。这个功能将很大的表面分解为许多小表面,为了在程序中获得更精确的的无线值,如辐射。参考表面子划分对话框有更多信息。

感应点（Sensor Points）
在选定物体区域中创建一个长方形的感应点栅格。
简单的物体点
这个子菜单的选项可减少一个物体中的节点数。对于从其他模型工具中输入的物体用得较多。

图 3-30

通过点数…（By Node Count…）
从基于它们的索引数字中删除选定的物体中的节点。这样可保留每次的第二个点或每次的第五个点。
通过角度…（By Angle…）
在物体的三个节点中选定一个最小的角，每三个点的中间点所对的角如果大于物体的角，将被删除。
合并共面的角（Merge Coincident Triangles）
这个命令作用于现在的选择设置，为了合并共面的角，成为更复杂的多边形，在一种情形下，独立平面的个数会直接影响到所有基于追踪线的计算，所以这个命令是很重要的。从 AutoCAD 或三维工作空间中载入一个三维角度的网格后，这个命令可以显著地减少模型中物体的个数。
向栅格对准（Align to grid）
捕获任何选定物体的点到最近的栅格点处。使用了现在设置捕获栅格的大小。这样所有的点坐标成为每个轴上值的整体的乘积。
特殊功能

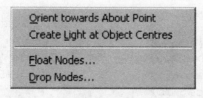

图 3-31

朝点的方向（Orient Towards About Point）
旋转选定物体使它们的表面法线点直接朝向现在的转换原点的位置。
创建物体中心的光线（Create Light at Object Centers）
当追踪输入的三维面时，这个功能是非常有用的。大多数的时间是将光线显示为小圆圈。如果想在 ECOTECT 中复制一个光线的分布，通过单独地捕捉每个圆的中心来创建每条光线很费力。在这种情况下，选择这个选项，用圆圈来代表光线。
漂浮点…（Float Nodes…）
这个选项要求模型中选定一个或多个物体，当选择这个选项后，ECOTECT 将垂直向前移动选定的点插入到其他图形（通常是天花板），你可以在图形下给物体一个偏移量，点将放置在此处。如果你创建了一系列的光，例如，在一个曲线天花板下面并希望将它们偏移一个具体的距离，使用这个选项是非常有用的。如果没插入图形，就不移动点。

删除点…（Drop Nodes…）

这个选项要求模型中选定一个或多个物体，当选择这个选项后，ECOTECT 将垂直向后移动选定的点插入到其他图形（通常是地板），你可以在图形下给物体一个偏移量，点将放置在此处。如果你创建了一系列的椅子，例如，在一倾斜的地板上，并希望将它们偏移一个具体的距离，如果没插入图形，就不移动点。

在选择的点处截断（Break at Selected Nodes）

只有选定一个或多个物体和点时这一项才是激活的。在选择的点处将选择的物体分解为两个或更多分离的线。

相交两条线（Intersect Two Lines）

只有选定两个断开的线时这一项才是激活的。测试每条线的端点，扩展或修剪包含两个很近的点，使它们相交。进入模型后，在用这个功能之前，选择每条线的一个端点，就可控制从那些端点的插入。

连接两条线（Join Two Lines）

只有选定两条线的物体时这一项才是激活的。把第二条线添加到第一条线的末端，如果两个点不是重合的，就插入一个连接线部分，并创建一个单个的物体。

删除原来的物体，这样就不会保持任何原来的链接。缺省时，两个最近的端点被连接起来，进入模型，在使用这个功能之前，选择每条线的一个端点，就可控制连接哪些端点。

3.3.7 模型菜单

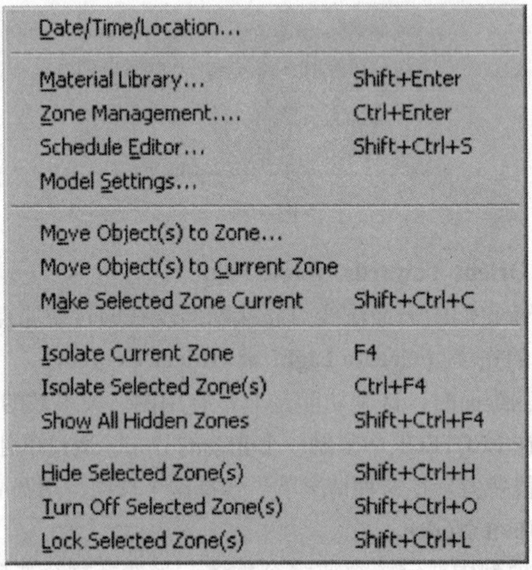

图 3-32

3.3 命令菜单

日期/时间/位置…（Date/Time/Location…）
显示模型物体对话框的位置标识，可设置物体现在的日期、时间、经度、纬度、时间区域和方向。

材料库…（MaterialLibrary…）
显示材料属性对话框，在现在的模型和整个库中管理物质。

区域管理…（Zone Management…）
为物体模型区域属性显示区域管理对话框。

计划编辑器…（Schedule Editor…）
显示计划编辑对话框，管理操作和耗费计划库。

模型设置…（Model Settings…）
显示模型设置对话框，可改变模型设置。

移动物体到区域…（Move Object（s）to Zone…）
显示区域选择对话框，选择选定物体将移入的区域。

移动物体到现在区域（Move Object（s）to Current Zone）
移动选定物体使它们到现在区域。参考现在区域选项有更多信息。

使选定区域为现在区域（Make Selected Zone Current）
选定单个区域的物体，能使那个区域成为现在区域。参考现在区域选项有更多信息。

分离现在区域（Isolate Current Zone）
隐藏现在区域外的所有区域。

分离选定区域（Isolate Selected Zone（s））
隐藏包括选定物体区域外的所有区域。

显示所有隐藏区域（Show All Hidden Zones）
使所有隐藏区域出现。

隐藏选定区域（Hide Selected Zone（s））
区域可暂时隐藏用来简化模型的几何编辑。一个隐藏区域与一个关闭区域不同在于它没有显示，在所有其他方面它仍然认为是模型的一部分。它隐藏了所有包括选定物体区域。

关闭选定区域（Turn Off Selected Zone（s））
关闭区域被认为不存在于模型中，在计算中忽略。使用这个物体来保持结构线和不同的设计选项，使其不影响计算。

锁定选择区域（Lock Selected Zone（s））
锁定一个区域，防止其中物体被交互式编辑。锁定区域一直以白色显示，当它们在被捕获时，不能被选定。

3.3.8 显示菜单

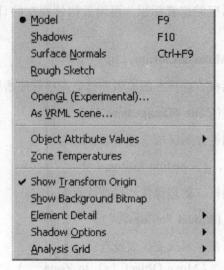

图 3-33

模型

物体模型的标准线框表示。这是缺省设置时的视图，一旦设定，将清除所有其他显示。

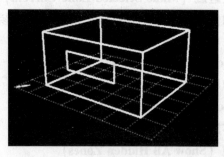

图 3-34

阴影

显示模型中物体的阴影，作为缺省时的物体，如果没有标识一个或更多的物体为被遮蔽的表面时，只显示投射到地面上的阴影，在阴影物体面板和下面描述的阴影选择子菜单决定阴影显示的本质。

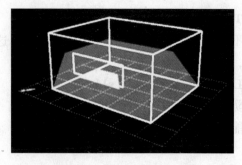

图 3-35

3.3 命令菜单

表面法线

显示所有封闭的二维物体的计算法线。法线显示为原点在每个物体的几何中心的矢量箭头。选择一个物体也就选择了它的法线,这样就可以以这种方式集中于具体物体。要在相反的方向倒置一个物体的法线,在修改菜单中使用倒置法线项(Ctrl+R)。

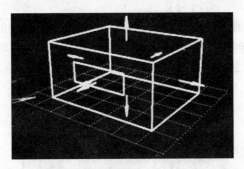

图 3-36

草图

显示现在的模型中的只有软件的隐藏线的略图。在示意图上显示的图,其特征是粗略的和描绘性的,毕竟只是使用在略图设计阶段。在用户参考对话框中使用草图。精确物体可增加显示(和在相关的重新绘制的时间里)的精确度。

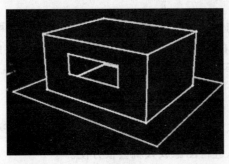

图 3-37

OpenGL 视图(试验性的)

这一项显示 OpenGL 面板。在 5.20 版本中是一个新特征,显著的提高了 ECOTECT 的视觉效果和图形输出能力。在这个阶段 OpenGL 的补充是非常广泛的,但也是很独特和带有试验性质的。

作为 VRML 的情景

这个命令首先显示 VRML 输出对话框,接着保存一个暂时的 WRL 文件并自动打开一个网页浏览来显示它。这意味着需要带有 VRML 插件的 Netscape 或 Internet Explorer,或一个单独存在的 VRML 视图应用。当 IE5 配上一个 VRML 视图器,Cosmo Player 是一个更好的浏览插件,可从 http://www.cosmosoftware.com/的网页上下载。

注意: 任何时候在对话框中选择 OK 键时同时按下 Control 键就可改变 VRML 浏览器,还会显示一个对话框可以把路径放在想要使用的新浏览器中。类似地,选择这个菜单项时,按下 Control 键就会显示 VRML 对话框,即使选择了"'Don't prompt me for this again'"。

3 用户界面

也可以在文件中选择输出...项和选择 VRML 情形选项保存现在的模型为一个命名为 VRML 的文件，将会创建一个在另外应用中使用的一个 WRL 文件。也可以使用输出管理面板完成。

物体属性值

在一些计算中，如增加日照，结果对应于模型中的每个物体。要显示这些结果，它们是作为每个物体的属性进行存储。这个子菜单可以控制这些是如何显示的。

这些选项影响在前面计算中存储在物体之中的数据属性的显示。类型和每种属性的标题决定进行何种计算。如果现在显示属性值，它们将作为每个表面的颜色值以任何的 VRML 文件输出。

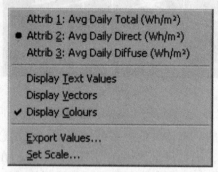

图 3-38

属性 1~3：

这些项表明三种物体属性中存储了何种信息。如果没有可用的，将会显示 No Data。否则，就如上面的情况，就会显示对数据和它的单位的描述。选择这些项中的一项，就可以选择要显示的属性。在显示菜单中选择一不同的项，就可清除属性显示。

显示文本值

在每个物体的中心以文本形式显示实际的属性。显然在复杂的模型中会难于阅读，但是如果将信息进行图像放大就会很方便。

显示矢量

把属性值作为一个度量矢量从每个物体的中心凸出而进行显示，在 OpenGL 面板中观察时这将会很有用。

显示颜色

基于属性值的尺度为每个表面涂色。在正常的模型视图中，ECOTECT 不会隐藏线的移动，所以结果会有一些混淆，但在一般情况下很有用。

然而，当表面显示物体为如右所示的物质颜色时，在 OpenGL 面板中的物体将从属性值的尺度中获取它们的颜色。

输出值...

使用这一项来保存一个文本文件，包含模型中每个表面的属性值、面积和方向。这对于保存记录

图 3-39

和在扩展版的应用中进行分析时是很有用的。

设置尺度...

使用这一项来设置颜色范围和显示颜色的最大/最小值,也可用来打开颜色尺度对话框。

区域温度

如果分析栅格包含热舒适值,这个显示选项将显示现在日期和时间的舒适值,如果日期或时间改变了,将自动重新计算显示的值。

如果不显示分析栅格,或不包括热舒适数据,每个区域的地板物体将会被涂上颜色来表明区域现在的温度。在激活一栋大的建筑物的温度范围时这是很有用的。

显示转换原点

当选定了这一项时,模型中任何时候都显示转换原点。否则只有在要求有原点的转换如旋转、度量和镜像时才显示转换原点。

显示背景二进制图

使用这一项来显示和隐藏任何用于构成建筑模型的背景图。如果没有载入二进制图,将显示模型物体对话框的二进制图的图标。

元素详图

决定显示模型中几何图形的精细程度。例如,一个声源或一个光源可显示为单个的矢量(无)、一个虚点锥形(部分)或带有它的分配物质的完全极输出的分布。利用这个特点可在非常复杂的模型中控制重画的次数。

Show Nodes 选项显示模型中每个点为一个小的红圈。当追踪复杂物体和输入的曲线时是很有用的。

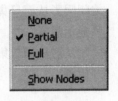

图 3-40

阴影选项

参考阴影显示选项帮助页,可获得更多关于每一项的描述。

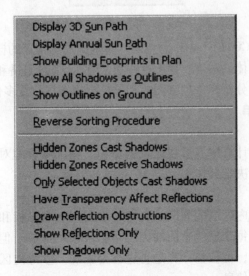

图 3-41

49

3 用户界面

显示三维太阳路径
显示现在这一天的三维太阳路径为一条穿过模型的虚线。

显示周期太阳路径
显示一年的每一个月的第一天太阳经过空中的路径。

在平面中显示建筑物的轨迹
在平面图里，不将阴影投射到建筑物区域的地板平面上。

显示地面上的轮廓线
显示地面上的和选定物体上的阴影的轮廓线。

倒置分类过程
倒置透明度和颜色分类算法来显示额外的完全阴影。

隐藏区域投射阴影
让隐藏区域仍然能够向可视物体投射阴影。

隐藏区域接受阴影
让隐藏区域仍然能够接收到可视物体投射的阴影。

显示反射干扰
当显示反射时包括介入的干扰作用。

只显示反射
关闭阴影从而只集中于反射斑点。

只显示阴影
关闭反射从而只集中于阴影和太阳斑点。

分析栅格

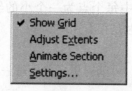

图 3-42

分析栅格是在 ECOTECT 中作为空间计算基础的三维点的栅格。这些计算包括光水平、声反射和人体舒适度。使用这些项来显示/隐藏栅格和控制它的参数。参考模型物体对话框的分析栅格控制图标和分析栅格图标有更多信息。

3.3.9 计算菜单

区域体积
这一项用于重新计算所有可视区域的体积。在区域管理对话框中设置被每个区域所使用的方法来决定其体积。

内区域间距...
这一项重新计算内区域的间距，决定区域与门、窗、板和阻隔物的建筑元素间插入的面积，还有每个显示平面的完全阴影表格的计算。但计算进行时，突出了每个相联系的元素，可检查计算是否进行得正确。参考内区域间距主题或内区域间距对话框有更多信息。

3.3 命令菜单

图 3-43

遮蔽和阴影

这一项显示遮蔽设计和关于太阳光的详细菜单。

图 3-44

设计遮阳装置...

如果选定单个二维物体,这一项显示优化阴影设计对话框。可为窗户和墙快速地设计各种类型的阴影装置。

投射选择的物体

这个子菜单作用于现在的选择设置,在选择的时间和日期里,向太阳投射。

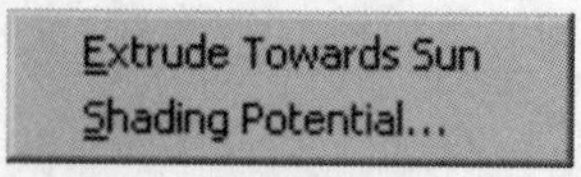

图 3-45

朝太阳拉伸

当选择的物体为一个或更多物体时这一项才被激活。通过朝向现在太阳位置直接拉伸物体，来创建一个新平面的物体。

投射阴影潜能...

这一项使现在选择的物体和从其表面射出的光线朝向太阳。如果分析栅格项可视，它就记录了穿过每个栅格元的每条光线的太阳光强度。如果分析栅格不可视，每条光线的插入点和其他的模型表面及其太阳光强度就存储在一起。可以看到哪些物体遮蔽了选定物体和它们阻挡的太阳光辐射量。参考项目阴影潜能主题和投射阴影潜能对话框。

投射转换原点

这个子菜单的项都作用于现在的转换原点，朝选定的物体进行投射。

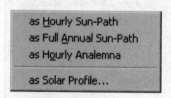

图 3-46

作为小时太阳路径

只有当选择一个或更多平面时，这一项才是激活的，它通过追踪在当前天的穿过天空的小时太阳路径，来创建新的线物体。在现在的转换原点和太阳之间绘一条线。在现在的选择设置中，这条线与任意平面的任何交叉处都会添加节点，可以使用这些新创建的线来形成复杂的优化阴影平面。

作为完全周期太阳路径

只有当选择一个或更多平面时，这一项才是激活的，它通过追踪穿过天空的一天的每个小时和一年的每个月的太阳路径，来创建新的线物体。此刻，每条线是相同的颜色，所以要知道一些关于太阳位置的知识以便于理解所得的结果（下一个版本希望能显示彩色区域）。

作为小时赤纬时差图

只有当选择一个或更多平面时，这一项才是激活的，它通过追踪全年的现在时刻的太阳路径，来创建新的线物体。在现在的转换原点和太阳之间绘一条线形成一个数字 8 的形状，称为一个赤纬时差图。在现在的选择设置中，这条线与任意平面的任何交叉处都会添加节点，可以使用这些新创建的线来形成复杂的优化阴影平面。

作为太阳光侧面...

使用这一项可以将想在的转换原点投影在任何现选的表面上。选择时会打一个对话框用于定义作用于投影的日期/时间范围，要获取更多的信息，参考 Cutting Solar Profiles 主题。

显示阴影范围

阴影范围涉及到在一给定天中阴影显示的时间范围。这种显示通常作为一种蝴蝶图案被提及到。要获得关于此种显示的参数设置信息，参考 Shadow Setting 控制面板。

显示太阳光线

此项显示被投射到现在标识为太阳光反射体的物体上的太阳光线。连续光线间的距离和反射体的数目可以在 Shadow Settings 控制面板中具体设定。通过创建和标记线物体可以获得最有用的结果。然后可以设定光线切过所感兴趣的区域的一个侧面。为了能使光线穿过二维表面，要保证它们是有一定透明度的窗户或空面元素类型。要获得关于此种显示的参数设置信息，参考 Shadow Setting 控制面板。

显示太阳光投影

这个显示选项基本上与阴影相反。在这种情况下，将选定的物体反向朝太阳投射，落在任何所遇见的标记为阴影的表面。要获得更多信息，参考 Solar Projection 帮助主题。

从太阳所在位置观测

此项功能可以在一个正投影中显示模型，是在现在的日期和时间里，以与太阳相同的方位角和高度进行显示。当设计复杂的阴影装置时，这会非常有用，因为可以手动地编辑阴影，所以它们可以与所要投射阴影的物体可见地排成一列。因为你观察模型如同处在太阳的位置，所以得到的阴影装置会非常精确。

当处在这种场景中并操作物体节点时，关掉一些物体的捕获设置是很重要的，否则你将直接捕获到在阴影物体上的节点而不是将阴影物体移到顶部。

累积日照……

显示 Solar Insolation 对话框用于计算一年中不同时期多少太阳辐射投射到分析栅格或在模型中暴露的物体上。

太阳路径图

在一个非模态对话框中显示一个对于现在位置的交互的太阳路径图，如果一个物体被选定，或者被移动，而同时这个对话框是激活的，那么在模型中将显示其他的物体的完全阴影。

太阳光照射……

对于这个汇报信息的对话框，你必须也只能选一个计划或题目。用这些定量分析遮蔽的效果太阳能收集器和最优化倾斜角的大小和位置。

灯光等级

显示灯光等级对话框，用来计算指定接收点的所有自然和人工的灯光等级。

日光自主性……

这一项只适用于灯光等级计算已经完成、在分析表中或在个别点上，它们用白天所产生的日光来计算全年每个在指定照明等级点上的时间段。

3 用户界面

选择这一项时会出现 Daylight Autonomy 对话框

建筑规则

下一个版本，ECOTECT 将会包含更多的建筑规则编码，这是对节能的 UK 向导做的广泛和细致的分析后得到的。

UK Part-L 摘要…

做出一个最近的模型以及它配合 UK 建筑节能新的部分印制的摘要。这样可以检验已经核准过的文件 L1＋L2、L1 文件的目标 U 价值以及商业楼的整个建筑方式。想要得到更多的信息看 UK-PART-L. SUMMARY 帮助栏。

热性能

打开热性能栏，用来计算模型各个区的热、冷负荷以及内部温度。

空间舒适度…

当显示分解栅格的时候，该项目才是可见的。通过它可以计算模型的每个表面和每个节点之间的空间视图因素，该结果被保存为一个 MRT 文件，并以当前模型的名字命名。

任何一个平均数辐射温度都包含了几何信息，可以在任何时候快速的在格子中做出计算。

一旦计算出结果后，你就可以轻易的通过更改时间和日期来升高温度。——表格中如果现在的显示的是区域温度的话，数据库会每天自动更新。

链接声线…

调用 SPRAY RAYS 对话框可以在模型中产生可刷新的交互式的声音反射线。要产生这种交互式的声音线，你必须至少要有一个 SPEAKER 可视项目。

统计混响…

打开 REVERBERATION TIME 工作条对话框。可以计算模型区域中的混响时间，这些适用于 SABINE. MILLINGTON/SETTE 或者 NORRIS/EYRING 公式。这都取决于吸收的形状和分类。

声音反馈

这个项目栏可以用来分析当四周有围墙时，当前存储器以及随机产生的声波反射的衰减。详情请看 ACOUSTIC RESPONSE 对话框。

主导风…

显示风速和方向的曲线图覆盖模型，调用主导风的对话框。

资源消费…

显示绘制图表结果对话框的资源消费栏。允许你计算长期操作的能量和资源使用。

原料成本…

显示绘图结果对话框中的原料成本栏。允许你计算模型中使用的经济和环境的原料成本。

错误消息…

该条目重新显示错误消息对话框。这只显示模型在计算过程中出现的错误和可能的错误。

3.4 对话框描述

3.4.1 分析栅格对话框

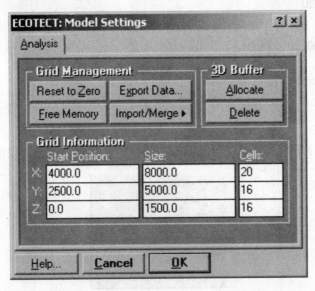

图 3-47

这个对话框可以通过选择 Display 菜单的 Analysis Grid 的 Settings... 来激发，或是在分析栅格面板中点击 Grid Management... 按钮。

分析栅格是一个简单的点的栅格，在 ECOTECT 中作为空间计算的基础使用。这些计算包括光线水平、声反映和人体舒适度。这个对话框提供一些对于这个栅格的一些基本控制。栅格自身可以是二维的或三维的。如果它是三维的，在任何主坐标轴上仍然以二维片显示，但是当二维片穿过三维栅格时将其激活。

复位到零

点击这个按钮将所有栅格点值重置为零并清除所有的数据保存标志。

释放存储

点击这个按钮可释放任何用于放置栅格点值的存储空间。当完成分析栅格而不希望将结果随模型存储，但下一步将保存它时，就使用这一项。

输出数据...

使用这个按钮来保存现在显示于栅格中的值。如在版本 5.20 中，可以把这个数据作为二进制 GRD 文件和 ASCII 文本文件保存，包括逗号隔离的值。使用输入/合并功能重新载入这些文件或直接在扩展板表程序中，以文本形式打开它们。GRD 形式是二进制分析栅格数据结构的堆，因为它是有空间效率的，能被瞬间载入（即使是很大的栅格），所以很有用，对于激活很重要的。

文本文件对重新载入也是非常重要。它包括 4 个独立的数据行，并有数据，如下所示。以行开始的解释文字没有意义，但是 DATA、COLS 和 ROWS（包括逗

3 用户界面

号）必须作为一个相异的串（在每边的空间）。数据序列在行和列上以相同形式进入下一行数据。每一排被一个回车隔开。

//ECOTECT ANALYSIS GRID DATA
//DATA, Mean Radiant Temp
//COLS, 20
//ROWS, 16
0.00, 0.00, ...［COLS］
.
.
［ROWS］

输入/合并

这个按钮显示输入菜单。可以以现在的栅格形式输入或合并以前保存的数据。

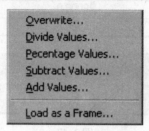

图 3-48

覆盖…

用选定文件中的栅格数据替换现在显示的栅格数据。

分离数值…

通过相应文件中点的数据把现在显示的数值在每个栅格点处分离。

百分制数值…

除结果乘以 100 给出一个百分数外，其余与分离项的相同。

减数值…

从现在每个栅格点的值中减去在文件中的点数据。

加数值…

每个栅格点的值加上在文件中的点数据。

作为一个框架载入…

当在同样模型中使用 Control Scripting 项来显示一定范围的栅格分析结果时，这一项才需要。基本上说，三维栅格变成一个对于二维栅格的活动的缓冲器，存储的不是三维数据而是独立的框架数据。使用这一项可以从存在的 GRD 和 ECO 文件中预先载入二维栅格数据到三维缓冲器中。迅速获得框架数，进入其中可以载入输入的数据。此时，只有一个原稿可以循环通过框架缓冲器。

特别注意：在 5.20 版本中，可以从另外一个模型文件中载入栅格分析数据，但是这对 5.20 或更高版本保存的模型才有效。这样，如果有旧的文件，把它们载入 5.20 版本并重新保存它们，就输入了它们的栅格分析数据。

3.4 对话框描述

三维栅格

分配

使用这个按钮可为满的三维分析栅格分配存储空间。当进行光线、日照和舒适度分析时，这将自动完成。

删除

释放用于存储三维栅格值的任何存储空间。在下一步保存模型之前，使用这个按钮来删除三维栅格。

栅格信息

开始位置

三个数值在 X、Y 和 Z 轴上定义第一个栅格点的位置，可在绘图区中交互地点击和拖动栅格，使用这些编辑框就可以确定一个精确的绝对位置。

大小

三个数值各自定义在 X、Y 和 Z 轴第一个栅格点的长度、宽度和高度。可在绘图区中交互地点击和拖动栅格，使用这些编辑框就可以确定一个相对于第一个栅格点的绝对大小。

栅元

定义栅格在每个主轴上的独立栅元个数。它的数目越大，栅格计算的精确度就越高，但是所需时间就越长。

3.4.2 色彩对话框

在计算显示控制组的范围内选择 Custom Colours... 项就可打开这个对话框，例如，当显示分析栅格时，在图片结果对话框中使用程度图标，或使用显示 > 物体 > 属性 > 物体程度... 菜单。

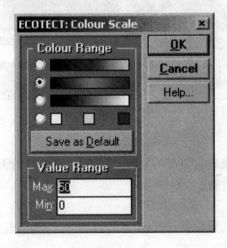

图 3-49

色彩范围

可以用来选择表示栅格和图片显示的值。底部的尺度和三个色彩框可以用来充分的定制你自己的尺度，可以选择底部、中间和顶部的色彩。点击每个框，打开色彩选择对话框，就可定义它的颜色。

作为缺省值进行保存

这个按钮把现在选择的颜色程度作为应用的缺省值进行存储，每次应用过程开始时就从寄存中载入。

值范围

这一项并不一直显示，取决于结果显示允许的常规水平。两个编辑框可以用来控制值范围，颜色程度的应用将基于此。

3.4.3 日光对话框

这个对话框可以通过在计算菜单中选择 Daylight Autonomy... 项打开。只有当完成一个光水平计算并显示日光系数值后这一项才被激活。

日光系数是用来计算一年的任何一天任何时间的每个分析点的光照强度。这样它可以决定每一点的光照强度高于某一值的频率。这被称为日光自主性，它是以一年的百分比给出，每一点不需要额外的光来保持在被选定的水平上。

天空光照度使用下面的天空漫射公式，由 Tregenza 提出式（3-1）如下。

$$E = 0.0106(\gamma° + 6)^{2.6} \quad (-5° < \gamma° \leqslant 5°)$$
$$= 48.8\text{SIN}(\gamma°)^{1.106} \quad (5° < \gamma° \leqslant 60°) \tag{3-1}$$

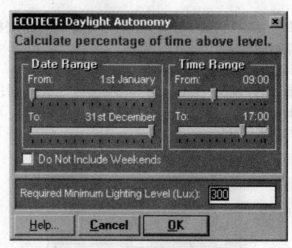

图 3-50

日期范围

这一组的游标用来确定要计算的范围或天。如果起始天在终止天后，计算将转回到一月一日继续进行。

时间范围

使用这些游标来具体化要计算的每一天的时辰，如果起始时间在终止时间后，将作为第二天继续计算。

不包括周末

当被钩划标记时，计算中只有每周的前五天。当不被钩划标记时，一年中的每一天都包含在其中。

要求的最小的光照水平

这个值是已获得自主性的点的光照度水平。如果用于工作平面，这个值就是在其表面上执行的任务所要求的光照度。

3.4.4 设计遮阳装置

在计算菜单中选择 Shading and Shadows，再在这个子菜单中选择 Design Shading Device...项就可以打开这个对话框。设计阴影装置对话框包括为窗口自动创建优化阴影装置的控制。

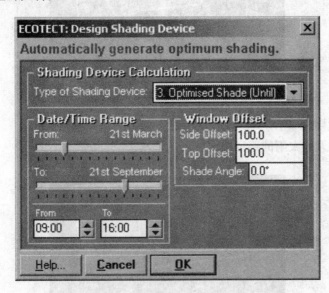

图 3-51

相关的帮助主题：

优化阴影

关于创建阴影中有更详细的信息。

阴影装置类型

这个选择框决定所选定的窗口将创建的阴影类型。这个装置设计为从一月一日到选定日期完全遮蔽窗口（这对于南半球是非常具体的，但是全球性的版本将记录这个结果）。

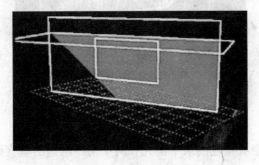

图 3-52

（1）长方形阴影

一个长方形阴影以具体的角度创建。

3 用户界面

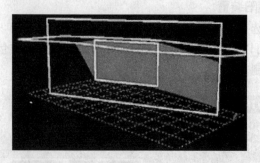

图 3-53

（2）优化阴影（在）
选定的一天的太阳的路径决定阴影的形状。

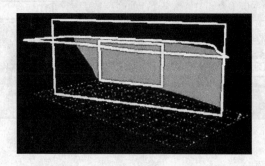

图 3-54

（3）优化阴影（直到）
从一月一日到选定日期太阳的路径决定阴影的形状。

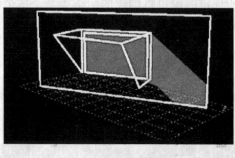

图 3-55

（4）环绕阴影
这种阴影由一个有角度的水平面元和两个窗户两边的垂直面元组成。
（5）太阳藤架
这种类型的阴影包括许多凸棱、角度，这样可获得冬天最大的太阳渗透，同时完全遮蔽窗户到所选择的日期。

3.4 对话框描述

日期/时间范围

这部分控制阴影装置被优化的时间和日期。使用从 From 和 To 项来定义次数，使用日期游标来选择日期。

从/到日期

你将注意到当拖动两个游标的任何一个时，两个都移动。这是因为太阳的位置在天空中基于季节轮转。这样太阳将每年穿过同样的路径两次，第一次是从冬天到夏天，第二次是当返回冬天。这样任何阴影装置一直有两日期之间的阴影。例如，如果在南半球对于 3 月 21 日优化一个阴影，它将精确地从 3 月 21 日遮蔽，经过 6 月，直到 9 月 21 日。在南半球，同样，遮蔽要从 7 月 21 日经过 12 月到 3 月 21 日。

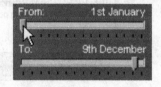

图 3-56

从/到时间

定义一天中阴影开始和结束遮蔽窗口的时间，基于 24 小时的时钟。

窗口顶部偏移

定义窗口顶部到阴影装置开始处的距离。可以确定阴影在窗口上的距离。

边偏移

定义窗口每边和阴影装置开始处的距离。可以确定阴影对于窗口的距离。

阴影角度

这个值表示阴影装置对于水平面的角度。0 度角表示它是水平的，负角度值时阴影将会下移。

3.4.5 复制选择对话框

图 3-57

在编辑菜单中选择复制项可打开这个对话框。可创建一个在模型中选定物体的复件，在每个轴上定义偏移距离。

复制选择

x、y、z 偏移量：

这些值代表在每个主轴上距离原物体的偏移距离，以现在的尺度单位给出。

作为子物体链接复件

当被钩划标记时，基于偏移关系，复制物体作为原物体的子物体进行链接。这意味着如果它们保持链接，原物体的变化将反映在复制物体中。在创建遮阳栅板时，这是一个有用的特征。如果链接，改变原来遮阳栅板的角度时，就会修改其他的。

3.4.6 错误信息对话框

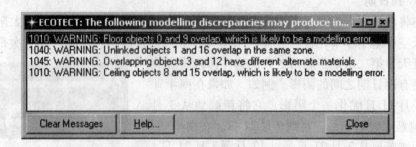

图 3-58

当计算时检测到一个隐藏的错误时，就显示这个对话框。这些情况大多数发生在进行内区域相邻计算和输出到外部应用时。任何时候也可以在计算菜单中选择错误信息…项来显示。

查出问题

为帮助找出产生显示的问题的物体和区域，点击错误信息，ECOTECT 将显示出模型中产生问题的物体和区域，如果一错误信息涉及一个区域，那么区域里所有物体将被选定。

（1）模型错误信息

当识别建筑物形状来获取具体计算所需信息时，ECOTECT 在模型中有时候可能遇到它认为是不一致或错误的信息。但是，由于模型可能是任意形状和任意复杂度的，对于 ECOTECT 的这种潜在的作用，就要靠自己的判断力。大体上讲，即使这样，当一个警告信息出现时，模型区域经常是值得察看一下的。为了帮助理解这些信息，所有信息的详细描述给出如下。

1010 警告：地板/天花板物体 0 和 9 交叠，很可能是一个模型错误。

如果两个区域里的地板或天花板相互交叠，如紧接的下图所示。在这种情况下，两个区域共享相同的空间容量部分，显然是一个模型错误。

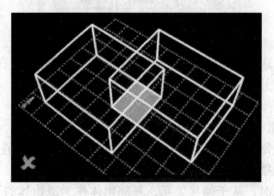

图 3-59

但是，如果有两个区域以一些复杂的几何形状接合，仅仅是由于小的两毫米的不精确的交叠，接着可以做出判断，其影响是如此之小而不值得另外对执行模型争论。但是如果得到这个信息，还是需要选择和察看一下的。

1030 警告：窗户物体交叠不传热物体 1，但不是一个子物体。

要使生成模型快速和简单，ECOTECT 中可以插入一个物体（通常是一个窗户和门）到另外一个物体（通常是一个墙或顶）中。这样插入的物体成为另外一个物体的子体，这意味着 ECOTECT 要从父物体的表面积里减去子物体的表面积，任何光线照射到父物体上，也将透射到子物体紧邻物体表面的任何表面上。所有这些要求建立两者之间的链接。

如果链接被打破，窗户和墙将存在于同一平面上。要获得关于物体链接的更多信息，以及怎样模拟模型而不需要链接关系，请参考基本概念部分的物体关系主题。

1040 警告：没有链接的物体 1 和 16 在同一区域交叠

ECOTECT 利用两个表面相互交叠并在不同的区域来决定在两个区域内定义的两个空间之间的邻接面积。当计算热流和物质耗费时 ECOTECT 就知道了邻接面积由两个区域共享。然而，如果两个物体交叠但在同一区域，这就是一个错误，例如不能再一个地方建两面墙，但是可以把窗户作为子物体或将墙环绕在窗户的外部（参考物体关系主题可获得更多详细介绍）。

1045 警告：交叠物体 45 和 76 有不同的代替材料

在材料分配主题中是这样解释的，当 ECOTECT 在不同区域发现两个邻接表面时，就把指定的代替材料用于每个物体，从而决定物体的邻接面积的热和耗费属性。如果给每个物体分配一种不同的代替物质，ECOTECT 就不知道你是想用哪一种，所以就产生这个警告。在计算中 ECOTECT 使用两物质的平均值（$[v1+v2]/2$）。为了恰当地控制将被使用的值，应该为每个邻接物体分配同样的代替物质。

这可以通过选择警告信息来完成，按次序选择模型中的两个物体，接着转到物质分配面板，选择底部代替列表的相同物质。记住，如果自动供应选项没被检查时要按下供应按钮。使用选择按元素类型菜单项，可以交替的选择相同元素类型的所有物体。

更进一步，在用户参考/固定链接对话框中有一个选项可自动地为邻接物体分配代替物质，在这种情况下，ECOTECT 常常使分配给一个天花板的代替物质与地板上的相同。

1050 警告：区域 3 的外部表面区域（主空间）对于其容积好像太低

ECOTECT 要求所有的热区域要恰当地定义三维空间使其几何封闭，使用任何区域间的邻接表面来识别内区域的热流路径等。作为一个三维物体，容积最小的表面积的是球体。如果一个区域比一个与它相同容积的球体有更小的表面积，那么在错误信息中，它的一些几何定义就会丢失结果。参考基本概念部分的层次和区域主体有更多热和非热区域的信息。

要确定这个问题，选择警告信息（使得被告知的区域是现在的区域），使用

F4 键或在区域面板的范围菜单选择找出选定区域项。如果使用 Ctrl + PageUp/PageDn 键轮换，也能够进行查看的。

如果区域不是要定义一个空间，应使它为一个非热区域。如果是，必须找出哪里丢失了几何图形，或为什么容积太大或创建一个新的平面来填充空隙。由于取决于区域的分布，不恰当的轴用于创建容量线是不恰当的，参考区域管理对话框的区域容量部分有更多关于此的信息。

1051 警告：热区域 3（主区域）有零体积

当 ECOTECT 不能决定一热区域体积时，警告就会发生。因为热区域就是要定义一个封闭空间，所以它们必须要有体积。参考基本概念部分的层次和区域主体有更多详细信息。

要确定这个问题，使用如上面的 1050 警告中列出的相同技术。

1100 警告：物体 6 又有一个不相容的基础材料通过/分配。

1101 警告：物体 6 又有一个不相容的代替材料通过/分配。

1102 警告：窗户物体 65 被分配一个非窗户基础材料。

1103 警告：物体 43 被分配一个窗户基础材料但它自己不是一个窗户。

1104 警告：窗户物体 65 被分配一个非窗户代替材料。

在一个模型中的不同的元素类型要求不同的材料信息来计算。例如一个照相机没有 U-值，但有透镜类型和视角。同样的一个窗户物质与墙一样有 U-值和允许值，但是有一个阴影共效率和轮换太阳增益而不是太阳吸收和热滞后/衰减值。这样如果分配以窗户材料给一面墙，或一照相机材料给一窗户物体，很可能要得到无效结果。

ECOTECT 允许通过墙分配、地板、天花板、顶、地板和门。因为它们的材料都有相同的信息类型，而窗户、空隙、扬声器、灯、电气设备，线和点都有独一无二的材料信息，于是通过分配造成错误信息。参考材料分配主题的通过-分配部分有更多关于此的信息。

（2）模型输出警告

ECOTECT 设计为对丢失的模型信息有很强的容纳性，更集中的外在分析工具常常弱一点。这样，当 ECOTECT 以这些工具所使用的形式输出信息到文件中时要进行更严格的检查。下面的错误信息就是具体的这种输出类型。

2010 错误：材料 5 有没定义的层信息。

外部的热分析工具如 NatHERS，HTB2，EnergyPlus 和 ESP-r 不像 ECOTECT 使用相同的材料热值。它们要求组成每层的具体信息，这样可以获得自己的反应系数。当一材料没有任何定义层时这种错误信息就会发生。要定义层，参考元素库对话框的标记。

2020 错误：物体 45 有多于四个的点，这不被 EnergyPlus 所支持。

当一些热工具在一个区域中需要每个表面的面积和方向时，EnergyPlus 也要求表面多边形的形状。不幸的是 EnergyPlus 不支持多于四边的表面。因此需要将任何复杂边的表面分解成许多子表面，如下面的例子所示。

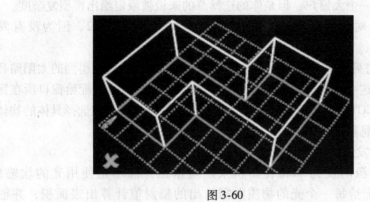

图 3-60

2030 警告：物体 87 与另一区域邻接，部分露出，你必须把它分开。

2035 警告：物体 87 与多于一个的物体邻接，你必须把它分开。

在一个 ECOTECT 模型中，任何表面可以以任何数目的方式交叠任何数目的其他表面。ECOTECT 算出两交叠物体邻接的面积，但是不需要知道交叠的具体形状，只需知道它的表面积。但是，EnergyPlus 和 ESP-r 要求暴露的和非暴露的表面要完全分开物体，任何物体只能与单一的其他物体邻接。意思是说在一个 ECOTECT 模型中，需要物理上分解大物体，来适合这两个工具的要求。

这意味着在一个区域中增加新的物体来配重叠的任何面积，如下所示。这是以自动进行的方式工作，但是两个工具都要求每个物体的具体形状，正被测试的系统很容易被更复杂的表面混淆。

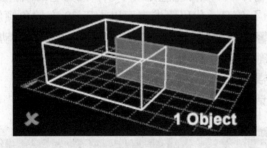

图 3-61

2040 警告：阴影表格与模型不相配，须修改。

ECOTECT 可直接输出前面创建的阴影避光框到 HTB2，当模型的几何形状改变时，错误信息就会发生但阴影避光框还没修改，这通常在输出之前的内区域邻接计算中出现，如果已经复制一个模型而不是新的阴影文件也可能发生这种错误。

要确定这个问题，应该在计算菜单中使用内区域邻接…项来简单运行一个新的内区域邻接计算。

2050 警告：最大数量的窗口数量表越界

标准的 HTB2 版本之能存储 100 个阴影避光框。当模型包含多于 100 个不同窗口时就会发生这种错误。要人工编辑 HTB2 文件来重新使用一些相同方向窗口的避光框，阴影样式基本上对于每个窗口是惟一的。可以试着在同一墙中将几个独立的窗户合并成一个大窗户，但是你的选择总的来说被限定给出模型复杂度。

2060 警告：对于窗口物体 87 的太阳路径分配给物体 52，因为没有发现地板。

HTB2 要求将另外一个物体的索引号分配给每个窗口，假定得到的太阳路径和太阳辐射将落在这个物体上。ECOTECT 错误地将这个索引号分配给窗口所在区域的地板，由于 ECOTECT 不能找到一个相联系的地板物体所以就选择具体的物体代替，这个错误信息就产生了。

3010 警告：发光物体没有辐射，不能作为光输出。

辐射使用光源的发光率和表面积来产生输出，而不是使用光的坎输出。ECOTECT 从分配给每一个光的物质数据给出的辐射值计算出表面积，并创建一个辐射光实体。如果光的辐射是零，计算不能进行，所以特定的光不能被输出。

3020 警告：发光物体没发出光，检查光输出。

来自辐射的光的辐射通量是光源的光输出，它的表面积和产生的光颜色的结合，如果把黑色分配给光，将明显不产生光，相似地，即使给光一个坎值，如果是零，辐射只使用光输出，光源仍不产生光输出。

4010 警告：墙物体 182 是透明的，所以它加到了整个窗户区域。

当计算 UK Part-L 信息，当计算 apperture-to-façade 率和太阳增益，代码要求透明表面被认为是窗户。当一个墙、天花板或顶元素被指定为一个透明度大于 0.2 的材料，警告就产生了。

4020 警告：墙物体 176 实际上应是一个顶，因为它的倾斜度大于 30 度。

当计算 UK Part-L 信息，代码要求表面以大于 30 度的角倾斜应被认为是顶而不是墙。这个信息警告它实际上应指定为一个顶，而不是自动指定它为一个顶，你应当检查模型并确定是你所希望的。

3.4.7 图片结果

（1）热分析对话框

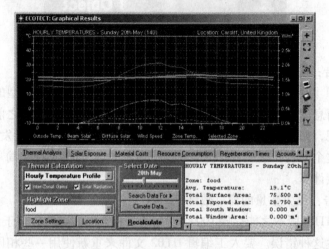

图 3-62

在计算菜单中选择热性能项就可以打开这个对话框。热分析标识包括对热性能计算和显示的控制。

1）热计算

这项选择决定了要进行的热计算的类型。有四种基本的图片显示类型：

小时温度

小时热增益

月温度载入/舒适度

周期温度分布

周期载入分布

所有的区域保持小时温度和月载入数据，意味着如果它们先前就已计算出，选择这些图片类型的任何一种，就会自动修改这些显示。对于其他图片类型，要点击"重新计算"按钮。

内区域增益

选择这个检查框捕捉模型中内区域增益作用。如果不检查，就不计算内区域增益。在决定单独区域的热性能的这些增益时的总体效果时是很有用的。

太阳辐射

选择这个检查框捕捉模型中太阳辐射增益作用。如果不检查，就不直接或间接计算太阳辐射增益。在决定单独区域的热性能的这些增益时的总体效果时是很有用的。

2）强调区域

这个选项可以强调模型中的具体区域。在大多数情况下，选定区域用粗一些的线显示，它的舒适区用红色和蓝色条表明。

要注意人工载入区域一次只计算一个区域。如果选择一个不同的区域，要重新计算来修改显示，当改变区域时，所有其他的图片类型将自动进行修改。

区域设定

使用这个按钮显示区域管理对话框来改变空气环境和占用设定。如果对任何区域作了主要修改，要点击重新计算来显示。

位置

一个建筑物的位置和方向很大的影响太阳辐射和通风计算。使用这个按钮在模型对话框中显示位置图标，模型对话框中的这些值都可改变。

3）选择日期

当显示小时温度和小时热增益时才可以看见日期游标。要选择新的一天，只需用鼠标点击和拖动游标位置指针，或者有值时，用箭头和页上翻和页下翻键。

当拖动游标时，并不是所有的计算机可以足够快的重新计算出实际时间的每天的热结果，所以一旦选择新日期要点击重新计算按钮。当设定日期时，如果按下 Control 键，将自动重新计算结果，但是对于慢一点的计算机，即使鼠标已释放，有可能鼠标操作失控，从而使控制仍处激活状态。

搜索数据

使用这个按钮为具体的天搜索现在载入的气象数据，如总体上最冷的天和最热的天。

再一次选择时如果没按下 Control 键，要点击重新计算按钮来修改热结果。

气象数据文件

使用这个按钮来选择一个小时气象数据文件。ECOTECT 只读取由 The Weather Tool 工具产生的 WEA 文件，可以在 ECOTECT 分布中找到一个这样的版本。这些文件包括对于温度、风速和方向，还有相关的湿度、太阳辐射和降雨量的小时数据。气象工具自身可输入很广范围的气象数据文件形式并为 ECOTECT 写 WEA 文件。

图 3-63

4) 重新计算

基于现在的设定使用这个按钮来重新计算热值。是否要点击这个按钮在热结果中反映做的修改，取决于做了何种修改和是否按下了 Control 键（参考上面的选择数据部分的详细信息）。

5) 数据框

窗口右边的白框显示与现在显示的图片有关的文本信息。可以将它复制，粘贴到选择处，就如在 Windows 里使用任何其他文本。要选定所有或部分文本，从有关的显示的菜单中点击鼠标右键选择复制。

(2) 太阳照射对话框

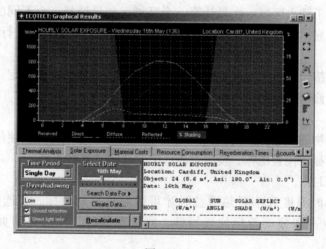

图 3-64

在计算菜单中选择太阳显示项就可以打开这个对话框。太阳照射标识包括在模型中的太阳辐射的计算和显示信息的控制，太阳辐射将更多的靠近的二维表面。这些信息对于反映太阳设计、自然光评估、太阳光获得权限的量化分析和图片面板的效果放置是很重要的。

3.4 对话框描述

时间段

这个部分决定计算太阳辐射（按天或按年）和结果显示方式的时段。所有的计算基于现在载入的气象数据设定。这些图片间不同点的更多信息可参考太阳辐射测量帮助主题。

单个一天

使用选择日期游标，只计算选定的天。这个图显示接受的小时辐射，可得的直接和分散的辐射量，标识为太阳反射物体所受到的反映辐射量和小时阴影百分数。这种图的一个例子如上所示。

平均天

计算每月平均每天落在选定表面的辐射量。只计算月中间的一天的几何遮蔽和反映效果。对那个月的总的太阳辐射是由气象数据文件计算出的，由那个月的天数划分，结果图因此显示平均小时值，即是那个月的任何一天的期望值。

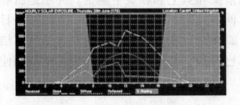 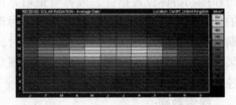

图 3-65   图 3-66

整个月

计算一年的每月落在选定表面的总的太阳辐射量。几何遮蔽、一个月中反映效果和所得辐射对于每一天单独计算。计算显然要比平均天计算要长大约 30 倍的时间，显示一个与平均天相似的图。

整个小时

与整个月辐射计算相似，不同的是显示了每一天的结果，从而显示了更多有意义的变化。

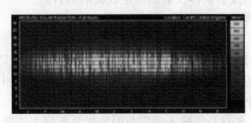

图 3-67

完全阴影

精度

使用这个来设定完全阴影的总精度，由每个表面要计算的样本点的数目决定。精度越高，每个物体中被测试的相同样本点越多，计算时间也越长。每个设定的意识如下：

完全——一个 25×25 点的栅格配给每个物体；

3 用户界面

高——一个 10×10 点的栅格配给每个物体；
中——一个 5×5 点的栅格配给每个物体；
低——只有一单个点在每个物体中心；
无——没有计算完全阴影，假定全部被照射到。

地面反射
物体这个捕捉包含反射到地面的太阳辐射的作用。假定对地表面时有 0.2 的反射度。

只有直接光线
使用这个捕捉来分析出只有所得的太阳辐射的直接成分，忽略任何分散和反射的能量。这对于对低水平的辐射没有反应的某些光电元是很重要的。

选择日期
但显示单天的结果时，才能看见日期游标，要选择新的一天，只需用鼠标点击和拖动游标位置指针，或者有值时，用箭头和页上翻和页下翻键。并不是所有的计算机可以足够快的重新计算出实际时间的太阳照射结果，所以一旦选择新日期要点击重新计算按钮。当设定日期时，如果按下 Control 键，将自动重新计算结果，但是对于慢一点的计算机，即使鼠标已释放，有可能鼠标操作失控，从而使控制仍在激活状态。

搜索数据
当显示单个天的结果时，才能看见这个按钮。使用这个按钮为具体的天搜索现在载入的气象数据，如总体上最冷的天和最热的天。再一次选择时如果没按下 Control 键，要点击重新计算按钮来修改热结果。

辐射数据
当显示周期结果时，才能看见这个选项。可以选择使哪些数据物体显示在上面的图中。可物体为下面的任何一种。

接受-显示选定表面实际的辐射量。
获得-显示在相同时段从太阳获得的实际的辐射总量。
反射-只显示从热反射物体反射到选定表面的辐射量。
阴影-再没个物体的中心只有一个点。

气象数据
使用这个按钮来选择一个小时气象数据文件。ECOTECT 只读取由 The Weather Toolther 工具程序产生的 WEA 文件，可以在 ECOTECT 分布中找到一个这样的版本。这些文件包括对于温度、风速和方向，还有相关的湿度、太阳辐射和降雨量的小时数据。气象工具自身可输入很广范围的气象数据文件形式并为 ECOTECT 写 WEA 文件。

重新计算
使用这个按钮现在的设定，来重新计算热值。一些情况下，如果对于一个复杂物体的进行一整年的计算，要花一定时间完成。主应用窗口的状态栏中近程显示器将显示计算状态，一旦完成，将修改显示的图。

数据框
窗口右边的白框显示与现在显示图片有关的文本信息。可以将它复制、粘贴到选择处,就如在 Windows 里使用任何其他文本。要选定所有或部分文本,从有关的显示的菜单中点击鼠标右键选择复制。

(3) 物价对话框

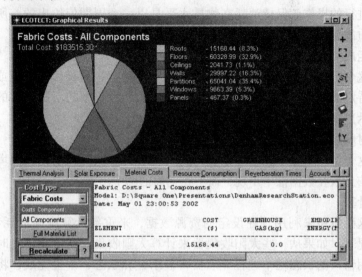

图 3-68

选择计算菜单的物价项可打开这个对话框。物价标识包括基于模型形状和使用物质的总的构造消耗和环境影响的计算和显示的控制。总体作为一个饼式图表通过元素类型显示,用于所有现在没打开的区域的计算。

费用类型

这个选择框决定进行价格计算的类型和显示的结果。

建筑表皮费用

总的建筑表皮费用是以给出材料的总的表面积,长度和数量的项乘以物质的价格而生成的。

温室气体

几乎每种用于建筑的物质的产物都包含一些形式的工业制造,产生的一些气体会影响大气层,起温室作用。如果以 CO_2 的等效千克数给出,并且知道所有物质的温室气体排放潜量。

任何工程的总的温室气体的排出可以计算出来,与计算消耗相同,使用了精确的几何信息。

材料制造费用

一些"材料"所要求的生产过程要比其他的大许多,意味着总的物质生产能量要求可以改变,如果知道组成建筑的物质的这个本身的值,那么就可以决定建筑结构的一个总的集中能量值。

保持能量

保持能量涉及到一种材料要进行的能量要求,来保持它可以进行的操作。例如,窗户可能需要用能量强的清洁器来洗,地板需要用一个电子擦光器来擦光。要给出了一个周期值来保持能量的材料水平,所以这个值是每种材料的总量乘以它的保持能量。

保持消耗

如保持能量，一些物质需要保持和维护，加到建筑的正在进行的消耗中来保持它可以进行的操作。保持消耗在物质水平是以一个周期值给出的，所以这个值是每种物质的总量乘以它正在进行的保持消耗。

消耗组成

使用这个选择框来分离组成的各种元素，例如墙、地板、天花板或顶。如果选择一个特定的元素类型，所有在模型中使用的那种类型的不同物质的相关百分值就会显示出来。

所有材料列表

使用这个按钮来显示在模型中使用的所有材料和他们的消耗和环境影响的列表。这些信息只在数据框中出现，而不在上面的图中出现。

重新计算

使用这个按钮来利用现在设定的资源数据，来重新计算资源消耗和产量值。在一些情况下，如果从一些太阳收集器来计算太阳收集，就要花一些时间来计算完。主应用窗口的状态栏中近程显示器将显示计算状态，一旦完成，将修改显示的图。

数据框

窗口右边的白框显示与现在显示图片有关的文本信息。可以将它复制、粘贴到选择处，就如在 Windows 里使用任何其他文本。要选定所有或部分文本，从有关的显示的菜单中点击鼠标右键选择复制。

(4) 资源消耗对话框

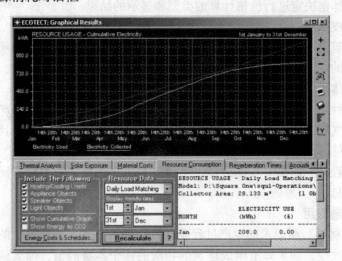

图 3-69

选择计算菜单的资源消耗项可打开这个对话框。

资源消耗标识包括建筑模型中基本的资源的消耗和生产的计算的控制。资源包括电、水、气、汽油、柴油和石油。这时，只有太阳光收集和水被认为是产品资源。

3.4 对话框描述

显示渐增图

每一天的总使用值,显示过程总量而不是实际每天的值。

显示基于 CO_2 的能量

显示消耗物体对话框。

能源数据

这个选择框决定计算和显示的能源类型。下面是不同的类型:

渐增电能

显示产生和使用的总的周期电能率,作为一个稳定的增长的直线来代表从 1 月 1 日到那一天的渐增总量。最后的高度显示总的周期量。以这种方式可以看到产生量什么时候过剩,什么时候短缺。

小时消耗/产生量

具体能源如电、水、气、汽油、柴油和石油的小时消耗或产生量。

显示范围

这些控制决定计算和显示的小时消耗数据的时段。两个开始日期都是按天和月给出的,可以定义结束日期。如果设定一年的开始日期比结束日期晚,当达到一年的末尾时,就会返回 1 月 1 日并继续。

重新计算

使用这个按钮来对现在的设定的资源数据,来重新计算资源消耗和产量值。在一些情况下,如果从一些太阳收集器来计算太阳的收集,就要花一些时间来计算完。主应用窗口的状态栏中将显示计算状态,一旦完成,将修改显示的图。

数据框

窗口右边的白框显示与现在显示图片有关的文本信息。可以将它复制、粘贴到选择处,就如在 Windows 里使用任何其他文本。要选定所有或部分文本,从有关的显示的菜单中点击鼠标右键选择复制。

能量消耗和细目

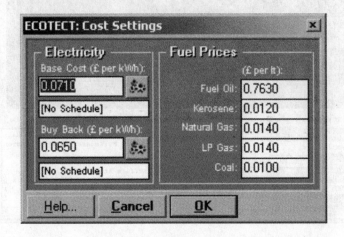

图 3-70

基本消耗（£/kWh）

这个值代表按小时计费所使用的电能消耗。如果要使用到基于一天的任何时刻和一年的某天的变化率，直接使用右边的细目按钮，选择消耗细目。消耗细目定义一年每小时的电能费用，这与一个操作细目几乎是一样的，不同的是在这种情况下百分值代表其现在单位（$，£等）的分数。这样，对于任何小时12.75%是一美元乘以0.1275（12.75分）或一磅（12.74便士）。其流通可以在使用参考对话框中设定。

买回率（£/kWh）

这个值代表自身所使用的每千瓦小时的按时计费的买回率电能消耗价格。要使用基于一天的任何时刻和一年的某天的变化率，直接使用右边的细目按钮，选择买回细目。买回细目定义一年每小时的电能率，这与一个操作细目几乎是一样的，不同的是在这种情况下百分值代表其流通的分数。这样，对于任何小时6.5%是一美元乘以0.065（6.5分）或一磅（6.5便士）。

燃料（£/lt）

这一部分的值定义四种主要类型的矿物燃料的消耗。在模型中的设备可能消耗掉这些矿物燃料的任何一种的任何量，基于它们操作的时段或细目。为了计算操作消耗，在每个矿种改变这些值来反映这些燃料流通的价格。

（5）混响时间对话框

选择计算菜单的混响时间项可打开这个对话框。混响时间标识包括对各个区域的静态混响时间信息的计算和显示的控制。它是以对因与主要的倍频带63Hz、125Hz、250Hz、500Hz、1kHz、2kHz、4kHz、8kHz和16kHz的一个频率范围显示。

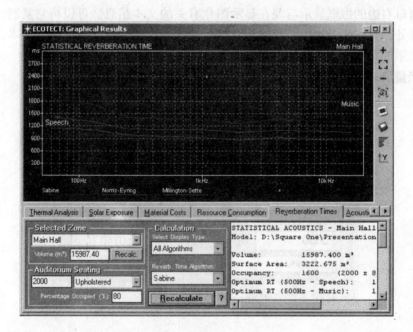

图3-71

选择的区域

这个选项可以选择将进行混响时间计算的模型区域。在图形中,混响时间以一条单个的线显示,还有可取的音乐和话语的 RT 值的范围以蓝条显示。如果大厅的座位数大于零,可取的频带才显示出来,使每个座位的容积值可以确定。

容积(m^3)

这个文本框显示计算的区域的容积。它是一个编辑框,可为区域确定一个容量,而不是使用自动计算出来的值,这是用来进行 RT 计算的容量,可以试验区域容量的作用。显然,简单的增加容量,内表面区域没有相应增加。在早期设计阶段,要建立最有效的空间大小和形状这是很有用的。

再次计算

使用这个按钮对任何已修改的或输入容量值的区域再进行几何容量的计算,一旦使用了这个按钮,黄色按钮就出现在模型中表明容量计算正在进行。可在区域管理对话框中为每个区域单独物体计算方式。

大厅座位

使用这个部分的控制键来确定区域中大厅座位的数量和类型。不同类型的座位可吸收不同量的声,所以可实验硬后背的和软垫的座位。一个大厅里面的座位数可以允许每个座位的容量值与可以选择范围的偏差。

完全百分值

满数值的百分值决定人们实际占有的大厅座位数,因为人体与座位一样,自身也吸收声音。实际上,观众经常是主要的吸收源之一,使排演和实践期间困难,因为相对于空座位时,空间反射性更强。

计算

选择显示类型

这一项决定在图中怎样显示 RT 值。

所有算法

可以看得见的由在所有频率的每种算法产生的 RT,使用具体的占有值。

选择算法

使用具体的占有值,只显示一种算法线。

占有范围

显示有零值的算法,不管现在的占有物体是怎样的,已满占有显示。显示空间的灵敏度这是很有用的。

混响时间算法

有三个主要的混响时间算法,在空间中每一种更适合于一个具体的吸收范围。作为错误的物体,ECOTECT 将基于总体的吸收水平自动选择最恰当的算法。但是你可以对具体物体选择一个算法无顾忌地使用。参考混响时间帮助主题,有更多关于此的信息。

重新计算

当一个标识或区域设定改变时,使用这个按钮来重新计算一个区域的 RT。

列表框

窗口右边的白框显示与现在显示与选择区域的 RT 有关的文本信息。可以将它复制、粘贴到选择处，就如在 Windows 里使用任何其他文本。要选定所有或部分文本，从有关的显示的菜单中点击鼠标右键选择复制。

（6）声学反应对话框

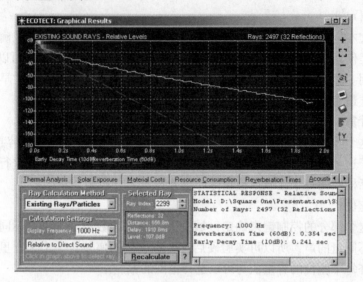

图 3-72

这个对话框能被选择调用在 Calculate 菜单中 Acoustic Response 选项或经由 Ray & Particles 控制面板的 Acoustic Response 按键来激活。Acoustic Response 标签里包含了为光线分析传播时间和随机计算声学的光线/粒子时间等功能控制项。

光线计算方法

下列的两种选择都是可行的。缺省的选择项将取决于你是否已经计算了存在的光线或使用的粒子光线与粒子控制面板。

估计混响

该计算使用围栏内部的随机喷射射线来决定每个频率的平均混响时间。为了计算反射数量和衰减时间需要选择预计算显示的 20 条射线。这将表明在主要计算开始之前它本身是一个微小的延迟。随机射线将持续产生直到你中止，使用取消按钮或退出键。在计算过程中你将看到衰减曲线迅速的聚集到一条相关的静态路径。你应该在声音回应帮助主题的 Estimated Reverberation 章节中熟悉这些计算细节。

现有射线/粒子

该计算使用模型中的现有射线显示不同级别/延迟结合的相关事件。在声音回应帮助主题的 Existing Ray/Particles 章节中详细说明生成的曲线图。

计算设置

这一组所包含的内容取决于现在的计算方法。

当观察存在的光线时，显示光频率和计算每条光线所用的声音和延迟水平的方式。你必须点击 Recalculate 按钮来使对这些参量所作的更改产生作用。

3.4 对话框描述

当观察估计混响时间时，只有 Display Frequency 是可视的。在这种情况下，在图中通过使用更深的颜色来选择一个特定的频率，由于对其已进行了计算，所以不需点击 Recalculate 按钮就可以马上进行更新。

选定的光线

当将计算方式设置为 Existing Rays & Particles 时，可以使用这一组的控制功能在模型中使光线循环，光线的索引显示在 Ray Index 编辑框中，关于光线的信息在紧接着下面的列表中。如果已经使光线显示，那么被选定的光线也将出现在图区中，它的三维路径将显示在模型区中。当鼠标移动到任何存在的光线附近时，在图区中点击并拖动鼠标左键就可更新这些控制。

当将计算方式设置为 Estimated Reverberation 时，这一组就变为图形数据了，其控制功能可以用来设置显示的时间尺度，在每条光线中要计算分贝衰减范围，并考虑声反射体的数目。

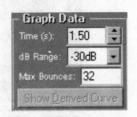

图 3-73

一旦你使用一个 Estimated Reverberation 计算器，那么 Show Derived Curve 键将会被激活。选择这个键将会出现一个混响时间图表，这个图表所使用的公式在 Statistical Reverberation 项目中已经描述过了，但是这次使用的是从喷射射线和一系列基于平均自由行程长度所得出的平均吸收参数。你可以通过简单的转换两个跳格键来比较这个曲线和统计学的混响时间曲线。你也可以通过点击在曲线图左边的 Store Graph 键在同一个图表中对这两种不同的曲线进行比较

重新计算

选择这个按键做指定设置下的选择过的计算。

列表框

在窗口右手边的白色框显示属于当前显示的图表的文本信息。怎样去使用这些信息，复制并粘贴它们到你所选择的应用程序中去，这就像你在 Windows 当中想要任何文本信息的操作一样。简单的强调全部或部分信息并点击鼠标右键从菜单中选择复制。

3.4.8 输入与输出

（1）DXF 输出对话框

当你在 File 菜单下使用 Import 或 Open 命令引入一个文件模型时，该对话框被激活。

区域物体（Zone Allocation），基于以下属性创建区域：

这些基础属性将决定了区域的创建以及当它们被输入的时候，实体如何被分派到区域的。这三个选项如下：

Layer Names

从文件中的原 DXF 层创建一个区域的名字。

Pen Colours

以每个实体的原色为基础创建一个新的区域。

77

3 用户界面

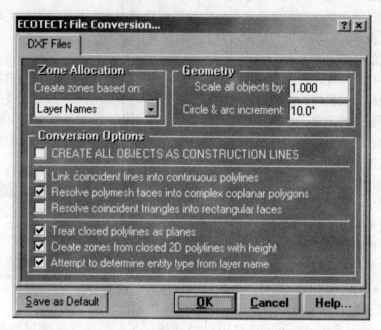

图 3-74

Current Zone

不计层，把所有引入的实体添加到当前的区域中。

几何原理

实体比例由以下定义。

CAD 文件可以用米为单位也可以以毫米为单位绘制。由于 ECOTECT 的内在储藏单位是毫米的，所以当他们被输入的时候，你可以使用这一个尺度定义模型的所有点。要将一个以公尺为基础的模型转换成毫米，只是把比例尺设定到 1000.0 就行了。

圆周和拱门增量

DXF 文件简单的把圆弧和圆周作为中点和半径储存。ECOTECT 读取这样的物体时就会当作多段线来处理。关键在于组成线段的每个节点之间的数量值。显然对于一个圆来说 1°的意义就等同于 360 个节点，10°就是 36 个节点。

转变选项

把所有的实体创建为构造线形式（CREATE ALL OBJECTS AS CONSTRUCTION LINES）

如果你只是输入一个 DXF 平面，使用这个选项。当你已经完成你的模型时候，你不想因为多余的屋顶平面把模型从地面分开的理由而关闭 DXF 聚合线。这使所有的被输入的 DXF 物体成为线类型并且把他们作为直线。

把一致的线段连为连续的聚合线

这选项将会使 ECOTECT 对引入的与其他的一致的线段检查并试图把它们连成互相密合着的聚合线。

把多面体转为复杂的同一平面上的多角形

多面物体总是可以被分成三角形,即使它们全都是同一个平面的部分。如果这选项被检查,ECOTECT 将会对同一个面上所有三角形检查并试图建立复杂的多边形。这是因为 ECOTECT 的许多追踪光线特征对模型的物体数字是敏感的。因为 ECOTECT 处理复杂的多角形比用同样的方法处理非常简单的三角形更完美,所以把多个三角形转变为复杂的多边形会更方便些。

把相一致的三角形做成矩形的面

这就像上面的多面物体,虽然他看起来只是同一个平面的共用两个直角的三角形,却组成了一个矩形的面。当你引入拉伸的实体而且希望所有的垂直的拉伸面是矩形而非三角形时是非常有用的。

把闭合了的多线作为平面

当查找的时候,ECOTECT 将会把闭合的多线转换成平面。因为多线必然是在相同的 UCS 之上的,它们总是共平面的。该选项使你能更容易地在 CAD 程序中创建出复杂的多边平面,否则的话如果你使用 3D 面创建它们,它们输出的是三角形。

用闭合的 2D 多线创建带高度的区域

同样,为了简化利用 CAD 工具创建 ECOTECT 几何图形,该选项将会用一些设定了高度的多线创建出一个新的封闭区域。因此,使用 CAD 工具就可以使用 2D 多线描绘一个复杂的平面,赋予它们正确的地板到屋顶的高度,然后 ECOTECT 分别创建一个新的区域。

尝试从层的命名中决定实体类型

该选项中,ECOTECT 检查包含每一个实体的层的名字,看有无建筑元素名字。如果发现,实体被命名为该材料类型。可能的元素类型有以下几项:

Void	Window	Appliance
Roof	Panel	Line
Floor	Door	Solar Collector
Ceiling	Point	Camera
Wall	Speaker	
Partition	Light	

对比过程并不是很精确,元素名字可能出现在字符串的任何部份中。因此可能用到这样的名字:*2nd Flr Windows* 或 *Wooden Doors*。当然,你该避免使用 Second Floor Window 项,因为会自找麻烦。

(2) HTB2 输出对话框

只要你用 File 菜单的 Export 命令输出一个 HTB2 文件模型,该对话框就被激活。HTB2 是卡地夫的威尔斯的建筑学校的亚历山大正在开发的一组软件副本,用以模拟能源的一般用途和建筑物的环境表现。它以一种简单的有限非稳态传热模型为基础,该模型在研究、教学和设计环境里面都非常适用。

该键在文件转换对话中允许你决定 HTB2 文件如何保存。

3 用户界面

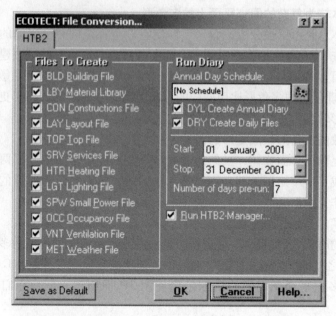

图 3-75

创建文件（Files To Create）

当输出 HTB2 的时候，这些检查框涉及到创建的所有的不同定义文件。参见 HTB2 文件以得到关于每一个文件及其用法的信息。

最初当你输出你的模型时你或许需要它们全部的检查框。然而，如果你最终用手动或使用 HTB2 视图编辑改变任何文件，这里有些检查框是不需要的，以避免下一个输出时被修正的文件重做。

运行日志（Run Diary）

年日志表（Annual Day Schedule）

如果你需要一组复杂的日记文件，你可以使用时间表来记录一年的每段时间。这样你最多能有 12 个不同的日志文件。

创建年日志（DYL）

当查找的时候，将产生一个年度日记文件，它列出对应在模拟中的每一天的日志文件。

DRY 创建日期文件

当查找的时候，将产生一个个人日记文件。

开始

使用该控制选择模拟要开始的日期。

结束

使用该控制选择模拟要结束的日期。

提前计算的天数

在模拟开始之前，为了预热和稳定模型，一般推荐从资料开始的几天之前开始计算，首先物体数值以明确是多少天前。

运行 HTB2 管理器

查找该连接来激活 HTB2 视图，这是一种很简单的 HTB2 使用控制窗口。

3.4 对话框描述

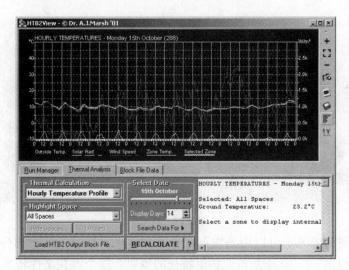

图 3-76

第一次运行时它会要求你安装它,你可以在 ECOTECT 安装目录中找到它,并且建立到指定的 HTB2 安装目录下。

(3) 光辐射输出会话框

一旦你使用 File 菜单的 Export 选项以 Radiance Scene 文件形式输出一个模型,或者使用 Export Manager 框时,该对话框被激活。

光辐射是 Lawrence Berkeley 实验室的 Greg Ward 编写的一个大众化的以 radiosity 为基础的照明模拟程序。它没被作为 ECOTECT 的一部分包括进来,但是可以从 LBL 网站获得。从 ECOTECT 中输出光辐射非常方便。如果需要可以产生 RAD 或 RIF 文件,它也能用来激活光辐射控制框,这是一个非常有用的窗口。

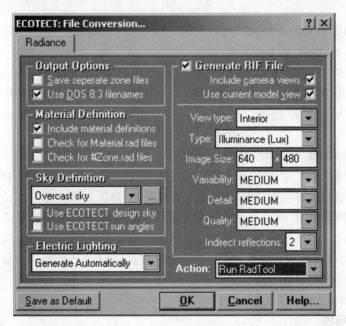

图 3-77

图 3-78

想知道更多的关于可以用光辐射做什么的信息，请参见采光部分的 Radiance 话题，这也包括一些 v5 中新的光辐射特征的概要。这个键在文件转变会话中允许你自己决定光辐射情形如何保存。

输出选项

保存独立的区域文件

当查找的时候，ECOTECT 以模型的区域为基础把模型分为独立的 RAD 文件。除了区域，创建文件 mats.rad 和 sky.rad 时也产生材料和天空定义。如果不检查所有的模型实体，材料的定义和天空模型被包含在一个大的 RAD 文件中。

使用 DOS 8.3 文件命名

光辐射的 DOS 操作系统只支持老 8.3 格式中的文件名。因此，如果这个拨动被检查，区域是以数字来命名的（Zone01，Zone02 等）。在 unix 系统中光辐射文件名可以是任意长度的。因此，当未加限制的时候，文件是以区域的全名来保存的。

输出选项（Output Options）
Include material definitions

当查找的时候，以 ECOTECT 材料特性为基础的材料类型被包含在 RAD 文件中。只有在对应的文件中被实体用到过的材料才被包括在内。如果是那些独立的区域项目被选择，所有在模型中用到过的材料被放在文件 mats.rad 之内。

检查 Material.rad files 文件

寻找这样一个文件，它的名字与 ECOTECT 模型中用到的材料一样，然后在文件输出时把它的内容包括进来而不是简单的 ECOTECT 材料定义。这适用于光的定义和表面材料，ECOTECT 首先搜寻和 ECOTECT 模型一样的一般目录然后输出材料目录。因此，如果你想要包括光辐射定义，只要把光辐射相关的属性放置到一个叫做 *CavityBrickInsulated.rad* 的文件里然后放到任何一个目录里，显然的，你必须返回了解你的光辐射手册，这样你就可以手动创建你的复杂材料，当然，这将花费一个周末的时间。

光辐射事例

该项是一种应用工具的使用，作为光辐射事例的参照物体。可能会有这样的情况：在你的模型的各个地方布置了同样的复制实体，可你需要使你的模型受欢迎-比如一个布满了同样类型座位的观众厅。你可以试着先做出来一个孤立的模型，然后把它作为octree文件（xxx.oct），并作为辐射的事例来参考。而不是在ECOTECT中每一个做个模型。这样，辐射只需要抽出一个椅子的形状就可以使用一万次，因此就会更快，更易操作。

与简单地在输出的情景文件中包含辐射数据相反，实际上必须参考文件编译学，这样辐射自己运行。因此，octree文件一定和要输出的辐射文件一样在同样的目录中，而不是和ECOTECT模型一起或在材料输出目录里，这样，当运行的时候辐射模块时可以很容易的找到octree。

你通过创建一个应用实体然后标上和octree文件同样的一种材料把一个参照体包括到ECOTECT中的一个octree文件，例如，你可以在输出目录里先创建一个命名为*BlueChair.oct*的新的文件，然后只是简单的创建一个新的APPLIANCE类型的文件，移动椅子并定位在你需要的位置，创建一个叫做*BlueChair*材料然后指定到新的实体，如果选择了检查文件*Materials.rad*的输出选项，ECOTECT将替代这个新的实体的定义为*BlueChair.oct*文件的一个实例

查找#Zone.rad文件

正如标题所表达出来的意思，该选项使ECOTECT查询以#开头的并且和模型里的区域有同样名字的文件，包括#。这样你可以把附加的信息包括进来，该附加的信息是ECOTECT里在辐射转换中未被模型化的，你还可以把它们打开或者关闭，区域就会可见或者不可见。

这些可能包括家具、植物，甚至是在ECOTECT中不能够容易地被处理的几何学的元素。为了找到这样的文件，ECOTECT首先搜寻如和ECOTECT模型一样的目录然后是输出材料目录。

因此，如果你已经创建一个辐射文件了，文件是一些外部的树，只需要简单的把文件命名为#*Trees.rad*然后把它放在同ECOTECT模型同样的目录下。然后在ECOTECT中创建一个叫做#Trees的新的区域而且确定它是看得见的。当产生了所有的情形文件后，*#Trees.rad*的内容将被包括进来。

注意：作为OCTREE问题的一个暂时的解决办法，你也可以使用该特长把已经存在的octree文件作为你模型中的事例。如果ECOTECT不能在模型目录或者输出材料目录中找到一个与在匹配的RAD文件，它将在输出目录里寻找octree文件，如果这样的文件存在，它将被作为一个没有变量参数的事例包括在情景中，这意谓它的中心将会是全部情形的根源。

天空的定义

选择者可以决定是否调入天空的定义来模拟白天的光照。你可以得到一系列的天空类别，包括特殊的情景比如晴天和阴天的情况，每个点的亮度分配都是根据数学等式定义的，下面的一些例子就是紧接着显示的图像。

想知道更多的关于利用CIE天空定义的光的分配的信息，参照白天参数计算（Daylight Factor Calculation）话题以及辐射资料。右边的按钮激活模型物体对话框的Location项来定义日期、时间、位置和定方位。

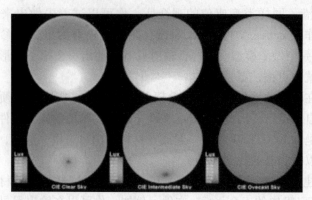

图 3-79

使用 ECOTECT 设计天空

辐射通常都是把天空总照明度建立在当前的日期/时间的当前的纬度上的。甚至阴天的类型，天空的明亮程度也是随早上、中午和晚上而不同，夏天和冬天也是一样。

当查找这一个项目的时候，ECOTECT 迫使光辐射使用设计天空照明度来设定区域的外部，这和你在光的分析（Lighting Analysis）对话框里设定的值是一样的。你也可以在选项信息栏里编辑它（只要在选择者中选定区域然后使用箭头按钮来切换到区域的外部-最底部的应该是设计天空的数值）。

使用 ECOTECT 太阳角度

ECOTECT 通常只是输出当前的日期和时间，而辐射正是源于这个时刻的太阳位置。如果这一个项目被检查，ECOTECT 迫使辐射使用当前的方位和它的太阳高度。因为这只是很微小的差别，所以只是在需要使不同的图像的阴影看上去比较完美时才是必须的。ECOTECT 的太阳位置计算是以 Carruthers 等的工作为基础的。他在 50 年期间以来对已有的公式和记录的表格进行了广泛的研究并得到了比较精确的等式。（Carruthers, D. D., Roy, G. G. 和 Uloth, C. J. 1990，对太阳光的减弱公式和时间的相等的审视，研究报告 17 号，西澳大利亚大学建筑分校。）

电流照明

该选项决定模型里面的灯光元素如何被输出的。你可以利用下列的选项：

- **关掉灯光**

不输出灯光实体，这主要用在自然光的研究上。

- **系统自动产生**

灯光作为情景文件中的几何实体被输出，并附带数据文件有 ECOTECT 直接从材料数据的两级分配中产生的光的输出分布

- **标记**

灯光只有在情景文件中作为三角形标记包括进来，是与辐射 *replmarks* 命令和从制作者获得的实际的 IES 数据文件一起应用的。

重要注意事项

在 v5.0 中我最终得到了如何才是在辐射中合适的光照的模型，因此，如果你输入光照的分配和流明输出数据，你从 ECOTECT 的光照中得到的应该是正确的 RIF Data。

光辐射指导文件只包含了一个描述运行是怎样进行的信息，这个部分的物体对应于该文件的指引线索。如果你想激活并利用光辐射控制板作为你的光辐射的结束（front end）你必须创建一个 RIF 文件。

创建 RIF 文件

使用该指引决定是否需要创建一个 RIF 文件。

添加摄像机视图

在 RIF 文件中，为模型中每一个可见的 camera 实体包括一个视图格式，它使用在摄像机的最初材料定义中的已经被定义的 camera 物体。

使用当前模型视图

使用该选项调入一个摄像机视图（camera view）到绘图板中，也就是当前的 3D 立体视图，这使光辐射的视图和当前的 ECOTECT 模型视图等价。

视图类型

决定是否采用内部视图还是外部视图，如果是外部的，光辐射会在情景中加入周围环境因素，因此你要仔细确定你的物体是否正确。

图像类型

将产生两种类型的图像：

- **Luminance image（cd）亮度图像**

亮度图像就是指我们平常看到的以及照相用到的，它们显示了情景中的每个面的反射程度以及进入眼睛或者棱镜之内的量。流明公式 cd/m^2 就是用来计算表面亮度的。

- **Illuminance image（Lux）照度图像（勒克斯）**

照度图像是完全不同的，因为它们表示实际上光的数量落在每个表面的时候，这意味颜色和表面的反射率只影响实体周围物体的照度，并不是自己在情景中的相对亮度，身为一个设计者，这样的图像是很重要的，因为结果是以勒克斯为单位的并且直接与照度的最小值相联系，该最小值是在光照设计指导和建造法则用来特定任务的。然而，必须记住，它们的实际作用是不一样的，都是纯粹的数学公式。

- **Daylight Factor（%）日光系数**

该特定的物体只是用来输出选定的设计天空照度为总共为 100Lux 的天空类型，这意味着图像的任何内部光照量将直接对应于光照因素百分比。因此，如果你在你的房间中心中得到 8 个勒克斯的值，它从一个最大的 100 个勒克斯中得到 8，或 8% DF。

图像尺寸

这两个框决定了像素中得到的图像的尺寸，因为摄像机试图比例的原因，图像并不完全是这个尺寸，其中一个通常需要修订。

可变性

这个选项的作用是根据光辐射在情景中所需要的改变光照的大小,如果设计一个大雾情况阴天的光照情景,可变性就很低。然而,一个复杂的白天光照环境通常是个非常明亮的太阳格调与相对阴影的墙角相邻。这将影响到情景中产生的样点的数目。如果得到的图像看起来是有斑点的,并且有很明显的圆形阴影,在物体为 HIGH 之前尝试增强漫反射数目,因为这将会增加运算时间。

细节

这个选项决定模型中几何复杂性的程度。基本上辐射光的表面样式距离部分建立在情景中最大与最小的实体之间的距离上的。例如,如果你调入大量单体平面并有很多的小面围在窗口的边框上。你得到的可能是一个有污点的图像,这时候并不是要物体为 HIGH,因为这样不能解决任何问题,你应该把地板平面分解为很多小的相连的表面。

品质

该选项的作用是在最终成型时定义图像的清晰度。辐射光清晰度的调整是通过产生一个大的图像,然后转变为需要的尺寸。当设定为 LOW 时,就不调整清晰度,MEDIUM 意味着在各个方向都是两倍于所需要的尺寸(4 倍与初始大小),HIGH 意味着各个方向的三倍(9 倍初始大小)。根据经验,把图像调整物体为三次而不是两次时,PFILT 会变的不怎么稳定,所以使用 HIGH 物体时要非常小心。

间接反射

该物体决定了从样点光线跟踪到反射面的数目,增加这个数值会增强情景精确度,但是同时也增加了运算次数。由于几何学的性质,数值在超过 5 通常意味着减少返回次数,如果你设计一个间接反射系统,它需要 5 bounces 的白天直到晚上的光照,这样的话你可能会一直活在运行的时间里。

选择运行

如果你的光辐射情景文件保存后,使用该选项就可以选择开始运行。

- **只保存文件(Save Files Only)**

保存文件后回到主窗口。

- **保存 + 运行(Save + Run RadTool)**

调入选定的情景文件后激活光辐射控制面板,这只是一个控制光辐射的应用窗口,你不需要使用 DOS 命令就可以编辑物体和实施运行,第一次运行时,系统会提示你调入,查找 ECOTECT 安装目录找到它,并把它安装在对应于你的光辐射目录里面。

- **保存 + 对话式完成(Save + Interactive Render)**

激活 RVIEW 命令而不是 RTRACE。将显示

图 3-80

一个成功定义过的图像，当快速的查找图像时这个非常有用。然而，糟糕的是，当你退出的时候将会留下残留程序在你的机器上运行，如果你打算广泛应用 RVIEW 命令，你应该使 TaskManager 保持开着的状态并且偶尔检查一下剩余的 rview.exe 程序。在 v5 的最初设计中我加入了准则，它将检查并删除这些程序，然而这样我无法使与 NT4.0 兼容，所以我又删除了它。现在这个工作必须由你来完成了。

- **保存 + 最终完成（Save + Final Render）。**

通过 DOS 提示操作系统中的一批 DOS 文件激活标准的 RAD 指令。把所有的输出理解为各式各样的光辐射运行程序完全由你来决定，你惟一需要自己注意的是 DOS 提示消失前出现的即时错误信息。因为它会提示你需要注意那些，如果你有许多需要关注的问题，改为激活 RadTool 然后查询物体（Settings）对话框里的暂停运行（Pause on Completion）选项。

- **栅格照度（Grid Pt Illuminance）**

选择该选项会生成一个附加的.PTS 文件，该文件包含了当前显示的栅格分析的每个点的位置。当图像运行过后，这些点调入到光辐射 RTRACE 命令，产生一个每个点上面都包含 RGB 光辐射值的.DAT 文件。如果你选择日光因素 Daylight Factor（%）选项作为图像类型，每个栅格点显示的是日光因素的百分比值。关于这些的更多信息，以及怎样把这些资料调入分析栅格，参见"输出当前分析栅格到光辐射" *How-Do-I?* 主题。

（4）POV-Ray 输出对话框

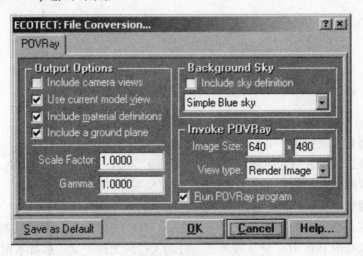

图 3-81

选择 File 菜单里的 Export 选项，以 POV-Ray 情景文件输出一个模型时，该对话框被激活。

Ray-Tracer 版本是由一个叫做 POV-Team 的团队从 DKBTrace2.12（由 David K. Buck 和 Aaron A. Collins 编写的）开发出来的，可以从网站 http://www.povray.org.下载。它有很好的视觉效果，使用的是相对简单的 ASCII 文件规则来达到令人惊讶的结果。

图 3-82

输出选项

调入摄像机视图

查找该选项来调入你近来在模型中创建的所有摄像机实体,作为视图定义。POV-Ray 一次只能处理一个视图,然而 ECOTECT 仍然是输出很多的摄像机(cameras),想改变视图,你可以选择隐藏或者显示单个 ECOTECT 中的摄像机实体,或者手动改变摄像机用到的路线。例如,要使用 declared View_2,只要在显示的线中改变 View_1 到 View_2。

```
//Camera.
#declare View_2 =
camera {
        angle 45.00
        location < -8000.00000, 4200.00000, -3900.00000 >
        look_at < -10800.00000, 4200.00000, -3200.00000 >
        }
camera{View_1} < -Line to Change
```

使用当前模型视图

使用该选项调入摄像机视图等价于 Drawing Canvas 中当前 3D 程序。这可以使 POV-Ray 视图大致等价于当前的 ECOTECT 模型视图。

调入材料定义

查找该选项调入 POV-Ray 文件基本的 ECOTECT 定义。如果你选择手动调入你自己的复杂的 POV-Ray 定义或者是经过调入过的文件定义,那就不用查找了。

调入地平面

当查找的时候,模型中创建了一个大的平面来模拟地面。

比例因子

使用该值来协调多样的和重新定义比例,有些时候,POV-Ray 和 ECOTECT 的一些多边形不一样,它们不在一个平面或者是忽视它们。比例因子可以减少这种情况,然而你通常需要重新创建带有三角形的模型。因为你不知道 POV-Ray 不认同哪些多边形,你不得不先生成图像来看看少了什么。

3.4 对话框描述

语法

作为设计者,为了你的某些硬件你将不得不在 POV-Ray 情景文件中做一些语法更正。情景文件会生成一个对硬件做过语法更正并将会在你的系统中展示很好的图像文件。就像是你自己的一样。然而,当这个情景文件被调到另外一个平台上时,它可能会太明亮或太暗淡,与使用的输出文件格式无关。你不用将所有的情景文件改为一种固定的语法(禁止的),POV-Ray 可以分辨出情景文件中的系统语法。

天空背景

这个操作只是让你可以选择一些背景事例到天空文件中。要显示天空,确定先调入天空定义(Include sky definition)框。

激活 POV-Ray

这些操作决定了 POV-Ray 运行时得到的结果。你可以物体渲染图像的尺寸以及当开始时 POV-Ray 采取的操作。

糟糕的是:在 POV-Ray 3.0 里渲染和编辑的调入文件好像是相互独立的。如果你选择了渲染(render),它不会试图调入情景文件,因此你必须亲自打开它。如果你选择编辑文件,它会忽视渲染(render)参数,因此你将亲自物体图像尺寸和混叠消除现象的值。

使用下面的查找框,当你选择 OK 按钮时激活 POV-Ray,否则只是将 POV-Ray 文件保存到硬盘。

(5) VRML 输出对话框

图 3-83

当你输出一个虚拟现实建模语言(VRML)模型情景文件时该对话框被激活。你可以通过 File 菜单里的 Export 选项,Display 菜单里的 As VRML Scene 或者 Export Manager 板的 VRML 按钮。当使用显示菜单的选项时,情景被保存在叫做 "Ecotect.wrl" 的文件中,它在你的系统临时目录里并且自动地在你的虚拟现实建模语言浏览器中显示。关于可下载的浏览器和网络设备的信息参见下面的 VRML Browser 选项。

一个虚拟现实建模语言模型能在一个虚拟现实建模语言网络设备的任何网页浏览器中被显示。这使你制作的同时，可以在线传递 3D 立体模型，这样其他的设计者或建设单位就可以虚拟的参观你的设计。同 ECOTECT 的开放式绘图界面显示一样，虚拟现实建模语言允许你在接近真实的时间中交流时在你的模型周围移动（与你的图形能力有关）。

图 3-84

输出格式

VRML（虚拟现实建模语言）是一个一直在发展的格式。最初的 VRML 1.0 主要与 3D 立体几何学的性质和材质的应用有关系。这个一经被解决，VRML'97 以互动性和动画处理的更多。要选择哪种格式决定于你的浏览器和输出模型的目的。所有的最新浏览器都支持 VRML'97，然而，如果你是输入 VRML 文件到其他的应用程序之内，你可能会发现在一些情形中 VRML 1.0 应用的比较好的。

调入摄像机视图

在 VRML 文件中为每一个可见的摄像机实体（camera object）模型调入一个视图角度。它使用已经在摄像机的初始材料定义过的摄像机物体，同时 VRM 浏览器假定为他们初始的材料定义视点，然后你使用 selector 就可以在多个摄像机中选择，在 Cosmo Player 中它位于左下角，当模拟开放式绘图界面设定的时候，在开放式绘图界面视野区域上的任何摄像机也将会被输出，即使当前是关闭的（如开放式绘图介面窗户的情形）。

使用当前模型视图

使用此选项调入摄像机视图，等价于绘图板中的当前 3D 立体视图。这使得 VRML 视图大致相当于当前 ECOTECT 模型视图。

不用碰撞监督

通常，当你漫步于一个虚拟现实建模语言 VRML 模型中时，你会由于碰撞监督（collision detection）而受阻挡不能通过实体或者一个面。该选项使这一个特征失去能力，允许你经过墙壁，也值得注意，允许你在地板落下（如果你的视图支持地心引力）。

输出选项

调入材料定义

当查找该选项时，ECOTECT 输出自己简单的材料定义，它在 VRML 文件中，如果你想亲手调入你自己的材料定义或者当使用输出的文件作为大情景的 INLINE 实体时，你不需要查找该选项（这种情况下材料已经定义过了）。

查找 Mat/Zon 文件

查找输出材料目录，找这样一个文件：它和在 ECOTECT 模型中使用的材料的名称一样，然后把它们的内容调入到输出文件中，而不是简单的 ECOTECT 材料定义，因此，如果你调入一个定义为 *CavityBrickInsulated* 材料的 VRML，只要把 VRML 规格放置到一个叫做 *CavityBrickInsulated.wrl* 的文件里，然后加入这个目录。显然，为了亲自创建你自己的复杂材料你必须熟悉 VRML 程序，这也是很有意思的事情。

同样地，ECOTECT 也将查找输出材料目录，找以#开始并与模型中的区域文件名相同的文件。这样你可以在非 ECOTECT 模型的 VRML 情景中加入附加的信息，这可能包括家具、植物或甚至在 ECOTECT 不容易被处理的几何因素。

加入光照

因为运行真实情况下的灯光效果要求很高，大多数的 3D 立体模型加速绘图区都对 VRML 模型里同时灯光的数目有个限制，大多数的限制实 8，而 MS Windows 所带的软件驱动预设值只有 1 或者 2。预先设定地，ECOTECT 只有单一的光代表当前的太阳的位置和一个前灯让你看到你前面的东西。如果你的模型里只有很少的灯光，查找该选项将为它们每一个创建一个 VRML 光源，如果你有很多的灯光以至于超出了绘图区的允许值，其余的都可以忽略。

如果没有查找该选项，ECOTECT 模型的灯光显示出球体或者平的圆盘，这表明它们在那里但是并不发光。

天空背景

该选项使你可以选择一些简单的天空背景，并非特定的，然而如果你对 VRML 过程感兴趣，它们至少给你的文件提供一个基础，这样你可以亲自编辑自己发明的天空背景。

分解文件

虚拟现实建模语言 VRML 格式的一个有用方面是许多不同的应用可以输入和输出到虚拟现实建模语言里。如果你正在载入一个模型到某些模型包裹之内，你时常不能控制实体的组合或者材料类型。这组合的控制有自己的规则，但是允许你按照区域或者材料类型分离你的 ECOTECT 模型。

当分离的时候，文件名假定为区域或是材料的名字加上扩展名.WRL。你也可以查找 Use DOS 8.3 Filenames 选项限定为更简单的名字（如 ZONE01，etc）。8.3 提及到的文件名格式不能超过 8 个字符并以 3 个字母为扩展名。

透视多边形（Polygon Transparency）

该新的特点使你可以为情景中的所有实体和多边形设定一个球型透明的坐标，这很有用，尤其是当显示一个空间里面的分析栅格的时候。你也可以在情

景中使用透明特性（using their Transparency property）把透明体物体为特殊的材料

运行 VRML 浏览器

当文件保存过后，查找该框显示你浏览器中的 VRML 文件。如果你是通过 Display 菜单里的 VRML Scene 选项激活的该命令，这个框会是无用的，因为系统认为你只是想要显示该框。

注意：当你选择 OK 按钮的时候，你可以任意时刻通过按下 Control 键改变相联的虚拟现实建模语言浏览器。然后显示进一步的对话框要求你指定到你希望使用的浏览器的路径。同样地，在 Display 菜单选项里选择该选项按住 Control 键将显示 VRML 对话框，甚至是已经选择了"Don't prompt me for this again"选项。

模拟当前的开放式绘图界面显示物体

这是一个新的特点，你可以增加开放式绘图介面视图的 sketchiness 特点到 VRML 模型中，这包括多边构造线（polygon outlines）、跳动的和延长的线以及多边形和大概的颜色设定。

使用到的物体是从当前的开放式绘图介面视图得到的。

3.4.9 插入子实体及实体馆藏对话框

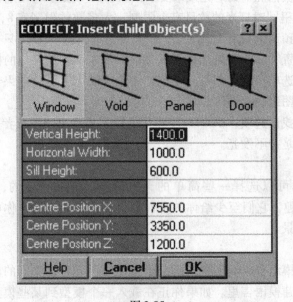

图 3-85

该对话框可以通过选择 Draw 菜单里的 Insert Child Object 选项激活，或者直接按 Insert 键。

你可以通过参数来插入新的子实体。如果已经选择了一个或者更多的实体，当这个对话框被激活时，每个选定的平面上将增加一个新的子实体。如果没有选择任何实体，将在特定的插入点上创建一个特定的类型。

定义每个物体的参数都是国际标准。系统保存每一个类型最后使用的数据，并且在下次显示该对话框时更新。

3.4.10 相邻区域之间的对话框

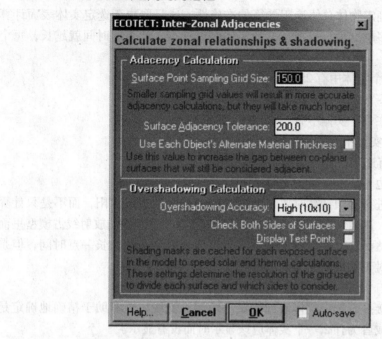

图 3-86

选择 Calculate 菜单中的 Inter-Zonal Adjacencies...项激活该对话框。Inter-Zonal Adjacencies 对话框控制着区域之间的交叠面和暴露表面的阴影计算，它优先于热的，听觉的以及花费分析计算，ECOTECT 需要为模型创造条件邻接和留下阴影文件。邻接文件包含在多样的区域之间的表面上的数据资料。这样就可以避免每个区域外表面材料的重复计算而且允许热流和声音在区域之间自动传输。

表面样点栅格大小

这个值代表每个实体内部样点之间的距离，该实体是用来测试邻接和遮阳的，它代表以当前尺寸为单位的实际样式栅格大小，在一栋标准的建筑物中，100 毫米通常是提供可接受的准确性模型，而 250 毫米或 500 毫米用来得到比较快速的初始结果。

面的相邻极值

这个值使你可以控制两个被认为使邻接的同向实体之间的距离。在 ECOTECT 的早先版本中邻接的表面必须完全是共面并且精确地排成一行，虽然允许有 1 毫米的差别。现在 v5.20 中你可以设定任何的值。更多的信息，参见相邻区域（Inter-Zonal Adjacency）计算页面。

使用每个实体的材料厚度

当查找的时候，它把区域之间邻接的极值设定为每个表面的替代材料值。因此，如果一个面把"单块砖"定义为它的替代材料而另外一个面的替代材料为'双砖模槽'，当第一个面被测试时极值为 110mm，而第二个被测试时值为 270mm。

3 用户界面

遮阳精确性

使用该选项确定物体总体遮阳计算的准确性。这只取决于选定实体表面计算样点的数量。越多越准确,选择越多的实体测试样点,计算的时间就越长,每个物体的意义如下:

- Full-在每个实体中有 25×25 点的栅格。
- High-在每个实体中有 10×10 点的栅格。
- Medium-在每个实体中有 5×5 点的栅格
- Low-只有实体中心的一个点被测试。
- None-没有遮阳计算,假定为全暴露状态。

检查面的两边

使用该选项进行遮阳计算时要计算模型中的表面两边的遮阳,而不是只计算正常表面的方向。这通常是不必要的,因为 ECOTECT 里用到的放射线占模型里面放射线的全部。然而,如果设定了该项,遮阳计算就会花稍微长一点时间,但是反面遮阴的值相对正常那一面来说是负值(0 到 ~100%)。

显示测试点

查找这个链接显示选定实体表面测试点的测试光线。这有助于精确地确定是什么在做遮阳,或者为什么一个实体应该显示时而没有显示。

3.4.11 灯光分析及对话框

该对话框只能通过选择 Calculate 菜单里的 Lighting Levels... 选项激活或者通过 Analysis Grid 板中的 Calculate 选项来激活。光照分析对话能控制当前分析网格(如果是可见的)的光照计算,或者是模型中实体的任何可见点。

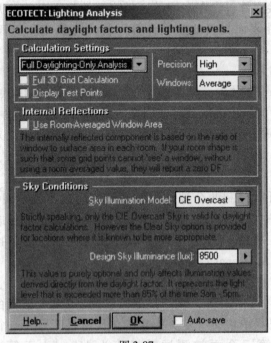

图 3-87

计算类型

使用该选项在下面两个计算类型中选择：

全日光分析

计算日光因素，设计日光水平以及内部反射、外部反射和天空因素（查看天然照明帮助主题）。

日光和电灯光

计算模型的天然的和人工照明水平。如果分析格子是看得见的，也可以计算在每格子点的全部照明矢量。

3D 网格分析

当分析网格是可见的并且网格的每个点上的 3 个方位光照水平都计算的时候，这个选项才可以使用。一次完成，你可以在分析网格面板上使用控制在计算空间里跨区移动。

显示测试光线

显示模型表面上在计算过程中从每个网格点辐射出的光线的交叉点。当决定选择的精确值对于模型是否合适以及测试光线在模型表面是怎么分布的时候，这个就很有用。

精确度

对每一个网格点的光照计算是通过围绕物体周围球型发散光线，然后计算未进入天空的、实体外部的、碰撞到内表面的光线，这个精确值决定了光线的数目和密度，你可以从下面的图像中观察到，这个物体对于结果的精确度和计算的需要时间都有很重要的影响。为了更快的测试，如果一个模型值需要一个大致的值，较低的物体是非常有用的。然而，你必须注意它们之间的不同并确保你的最终计算是在较高的物体上进行的。

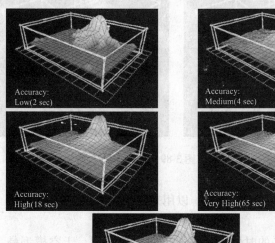

图 3-88

窗口

为模型中每个空间,影响传输值的窗户实体物体整体的清洁因素。三个可以利用的选项如下:

Clean = 1.00
Average = 0.90
Dirty = 0.75

内部反射

使用空间平均窗口区域

BRE 日光因素方法使用一相对简单的方式达到内部反映成份,它的基础是窗户的面积与真个房间的内表面的面积的比值,根据区域重量表面的反射比值修正。因为点分析和网格分析能跨越许多不同的房间,甚至是外面,ECOTECT 使用发射测试光线决定从个点可以看到的墙壁,窗户地板和天花板,并因此建立窗户与墙壁的面积比。

如果从某个特别的点不能够直接地看到一扇窗户,然后 ECOTECT 检查它是否能看到任何包含窗户的墙壁。如果都没有,那么,因为 ECOTECT 不能够假设在区域中建立一个和热模型有相同的严格要求的照明模型,它不能够在同一个区域中像光线照射到墙一个查找窗口。

然而,它能照射到先前的点并在窗户区域之间确定一些共通性,它能记录下来从每一个点发出的光线所能照射到的不同的墙壁,然后计算各个点照射到同样表面的平均值(同那些照射到窗户上的一样)。使用该选项,你可以打开或关闭这一个后处理(post-processing)特征。下面的图像显示了它的效果实例。

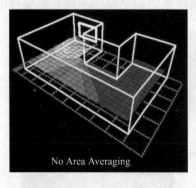 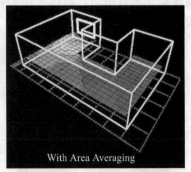

图 3-89

天空条件

该选项决定了模型中的天空类型,以用来做光照计算。

天空模型

当决定自然照明水平的时候,定义要用的天空模型。天空模型是一个描述在整个的天空圆顶上的光分配的运算法则。当前选择被限制在阴暗的 CIE(CIE Overcast)和 CIE 标准天空模型之间。然而,严格来说,只有日光的因素方法对阴天的天空类型(overcast sky)是惟一有效的。

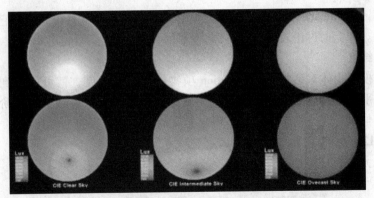

图 3-90

天空设计亮度

该值代表了从天空中照射的光的量，以为 lux 单位。它可以从当前的天气资料文件中取得但可能会过量（over-ridden）。该值可以由一份室外的亮度水平数据分析得到，基于第十个百分位数，例如：该水平超过工作年上午 9 点和下午 5 之间亮度的 85%，因此这代表你所设计的最差的方案。

下面是澳大利亚一些地区的天空设计实例：

Darwin 15000 lux

Brisbane 10000 lux

Perth 8500 lux

Sydney 8000 lux

Melbourne 7000 lux

Hobart 5500 lux

任何时刻你都可以改变天空设计的数值，甚至在你已经使用 Selection Information 栏的 OUTSIDE CONDITIONS 部分计算出了光照的水平以后。该部分只是在显示区域以及外部区域显示以后才出现。

计算天空设计

选择该按钮显示如下菜单。

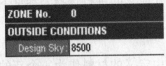

图 3-91 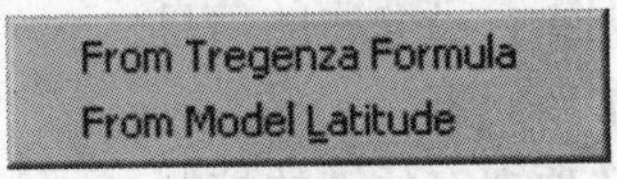　　　　　　　　　　　图 3-92

使用 Tregenza 公式

选择该项计算天空设计时，用到 Tregenza（1）平均散射天空亮度公式，如下面所示。γ° 的值是当前天空的太阳高度，以度数表示。

$$E = 0.0105\ (\gamma° + 5)^{2.5} \qquad (-5° < \gamma° \leq 5°)$$
$$= 48.8\ \mathrm{SIN}\ (\gamma°)^{1.105} \qquad (5° < \gamma° \leq 60°)$$

图 3-93

3 用户界面

亮度（Illuminance values）的值是通过全年每个小时计算得到的。它可以决定分配类型。如上面讨论过的，这是因为设计天空亮度比实际超出85%。

通过纬度

通过模型物体对话框里的 Location 项物体的当前纬度，就可以得到设计天空亮度的水平。越接近赤道，设计天空亮度的数值就越大。该数值以三阶多项式为基础，它与作者通过很多年的收集得出的设计天空数值很符合。

3.4.12 材料库藏

（1）元素特性对话框

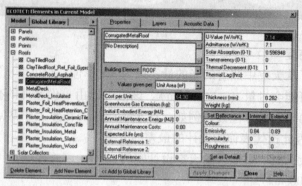

图 3-94

该对话框可以通过模型（Model）菜单里的材料馆藏（Material Library...）选项激活。

元素特性对话框控制着当前模型以及所有用户仓库用到的材料。下面的帮助话题给出了每个栏的控制信息：

- Properties
- Layers
- Acoustic Data
- Output Profile

模型/馆藏

该选项使你在当前模型显示的材料和整个仓库之间进行选择，参见下面关于显示和编辑自己仓库的信息。

增加新元素

该选项把定位键的控制（tabbed controls）中定义的材料作为一个新的材料加入到模型列表中的右边。它使你能够改变已经存在的材料的特性并把它作为一种新命名的新材料添加进来，否则，你所做的改变只适用于当前选定的材料。

删除元素

选择该按钮从当前模型列表中删除选定的材料。

添加到库藏

选择该按钮把当前选定的或修改的材料添加到你的库藏里（global library）。它对当前模型的材料并没有任何影响。通过该按钮，你还可以自制已经存在的全局材料。

3.4 对话框描述

编辑你的总库藏

从显示材料（Show Materials）中选择库藏（LIBRARY）标题来查看或者编辑你的馆藏。库藏是一个独立的文件，它可以包含你所能添加到你当前模型里的任意数量的材料，当查看你的库藏时，右边控制键变灰的所有标题表明它的值时不可以改变的。

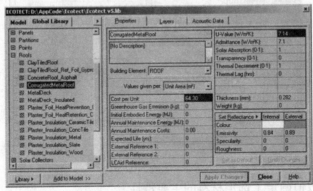

图 3-95

库

该按钮显示如下的库选项菜单：

图 3-96

编辑库藏

选择该项就可以编辑总馆藏里的材料特性。通过假定值，当查看总馆藏材料时定位控制就不能使用，然而，选定了该选项你就可以修改了。当你要退出该对话框时注意保存修改。

选择库藏

该选项使你可以选择以及调入一个不同的包含一系列新的材料的馆藏文件。

保存库藏

选择该选项来把材料保存到当前的馆藏。

材料默认值

每次你进入该对话框时，该菜单选项把当前选定的材料馆藏设定为默认的全局库藏（default global library）。

删除材料

使用该选项从材料馆藏里删除选定的材料。当你退出该对话框而没有保存时，会有提示你保存。

添加到模型

该按钮把当前选定的总馆藏材料复制到当前模型材料列表中。

（2）特性栏

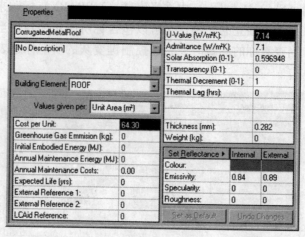

图 3-97

该栏里的数值确定了选定材料的主要特性。

标题和描述

这些数值允许你对材料命名以及提供一份简短的文本描述。对命名和描述的范围并没有规范要求，然而，材料名称里的空格将会被下划字符代替"_"。

建筑元素

该选项决定了材料在建筑内部充当的角色。它对材料的用途并没有限制，然而，不同的建筑元素发挥着不同的功能作用，需要不同的特性，因此不同的类型要求不同的特性。

耗费材料

特性的第一块定义了耗费以及对环境的影响的数值。在材料耗费分析功能中将用的这些数值。

给出数值的单位

该选项定义了耗费和环境影响是怎么用材料表示的，无论是表面积，长度或者每一项。这个数值用在计算建筑的整体耗费中。

每个单体的耗费

定义材料的每个单位的耗费。

温室气体散发

定义与温室气体相等的公斤数字，该温室气体是因为制造和安装一个单位的这材料造成的。

初始能量

以百万-焦耳为单位定义总过程中材料每个单位的能量需求。

平均保持能量

定义材料为保持每个单位不变和整洁所需要的能量。

平均保持耗费

定义材料为保持每个单位不变和整洁所需要的平均耗费。

期望寿命

定义材料需要被代替之前将要持续的时间。过了这个时间之后，会另增加花费。

外部数据库

可以用一个单数字把材料连接到外部的数据库信息。这可以用来输出给 QS 或者其他的能维持该数据库的顾问。

LCA 数据库

该数值提供了一种方法，把每个材料与比较丰富的生命周期评估（LCA）相联，比如例题中 Boustead 模型的单个节点。

热特性（Thermal Properties）

U-数值

由于它的组成材料的热传导以及其表面和孔的热对流和辐射效果，U-数值基本上等于建筑材料的空对空发射度。它是总热阻的倒数，单位为 $W/m^2 \cdot K$。

在 ECOTECT 里，你需要你定义 U-值为 SI 单位。因此，如果你得到的值是在英文 $BTU/h/ft^2/E \cdot F$ 中表示的，使用公式 $1W/m^2 \cdot K = 0.17627358\ BTU/h/ft^2/E \cdot F$ 进行转换。

导纳

建筑物元素的导纳代表它吸收和放出热的能力，以及定义对循环变化的温度的动态反应。它的单位也是 $W/m^2 \cdot K$。

吸收率

吸收率是指太阳辐射被物体表面吸收并且没有反射出去，或是穿透过去的那部分的比率。它通过间接的太阳增益和空气温度（sol-air）影响到热的计算。

对于窗户来说，这个数值成为遮阳共有效率（*Shading Co-efficient*），对应于 3 毫米的透明玻璃，该数值代表穿过材料的太阳辐射相对值，它在 0 和 1 之间，可以从玻璃生产商那里直接得到。

穿透率

该数值定义了穿过材料的可见光的数量。对于不透明的材料该价值是 0，而对于表面清洁的 3 毫米厚的玻璃则可能达到 0.96。

热衰减

热衰减表现为一个较高的温度变化在材料两端的比率。通常用一个（0~1）比率表示。

对于窗户来说，这变成折射的指数（*Refractive Index*），涉及到影响辐射光的玻璃特性，以及太阳辐射和遮阳。该信息可以从玻璃供应商那里得到。

热延迟

建筑材料的热延迟是指热量从一边传到另外一边所花费的时间。热延迟总是以十进位的小时为单位给出。

对于窗户来说，该值成为可变的太阳增益，表明穿过窗户的太阳放射线的短波数量以及其对内部热流的影响。

厚度

该数值以毫米为单位表示材料的物理厚度，它是所有图层元素的厚度总和。

该数值用来在面和体之间转换。

重量

该数值以千克为单位表示所有材料每个单元的物理重量。该数值用来在面域和重量之间转换。

可见特性

设定反射率

许多的ECOTECT用户可能会因为缺乏材料反射率的设定而感到疑惑。反射率只是颜色的一个功能（specularity 只是决定了反射光的方向，颜色决定反射了多少）。因此，ECOTECT通过指定表面颜色而得到反射率，然而，为了使用户辨别反射率，提供了一个按钮，可以通过输入反射率改变表面的颜色。

颜色

定义材料的内在和外部表面的实际颜色。它是包含红色，绿色和蓝色成份的单一的值。双击编辑框显示标准颜色选择会话窗口。

发射率

发射率是关于建筑元素释放长波辐射（如热量）的能力。它是一个0~1之间的数值。

镜面度

关于一个表面的漫射性质，与它相反的是表面粗糙度。它的数值在0~1之间，当为0时表示全漫射（一个非常粗糙的表面），而1表示一个非常平的镜面。

粗糙度

该数值表示一个表面的粗糙程度。为零时代表一个平滑的表面，而1代表非常粗糙不平的表面。

（3）材料层栏

建筑中用到的大多数材料实际上是由一系列的其他材料组合而成的。而只有当去分别不同的材料时，ECOTECT才使用该资料。它输出的分析文件要包括组成每个结构材料的元素层信息。使用该栏，你可以创建和编辑这些材料。

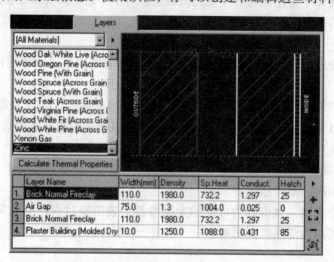

图3-98

元素下拉列表

该选择框控制着材料元素的列表显示，该列表包含基本的材料的值，通过这些材料建立组合材料。默认的材料列表是非常大的，因此有时候只显示某一类型的元素，这是很有用的。

计算热特性

选择该选项重新计算材料的热特性，该材料是以新元素层为基础的。特性包括 U-值、入场、热延迟、衰减、宽度和重量。除非你确定选择了该按钮，否则，ECOTECT 将忽视你在该栏的改动，因为它不应用该资料。通常当总材料的特性是知道的而其元素层的是未知的选择该选项。然而，如果你是使用 EnergyPlus 或 HTB2 作热分析，层的意义很重要，因为它们使用的是层而不是总体的资料。

层的名称

为层定义一个短名字。任何一个组合材料里面都可以至多定义 12 个层。

宽度

以毫米为单位定义每个层的宽带。

密度

以 kg/m^3 为每个层定义密度。

比热

以（$J/kg℃$）为单位的每层的比热。

导热系数

以（$W/m℃$）为单位的每个层的导热系数。

断面

定义层中显示的断面样式，在对话框里左击鼠标左键将显示一个菜单，从中选择一个数值。断面样式的密度也可以通过改变断面（hatch code）的第二个数字来设定。

（4）听觉数据栏

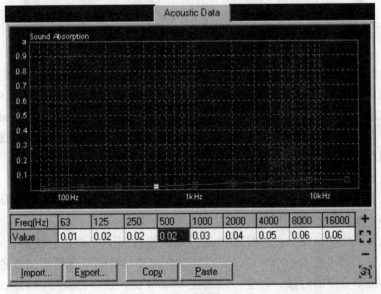

图 3-99

3 用户界面

该栏显示当前选定材料的吸声系数。声音的吸收会因频率的改变而变化很大，因此，频率的值以八个一组从 63Hz 到 16kHz。

该值可以在下面的表格里直接编辑，或者使用上下键，PageUp/PageDown 键增加。左右键是用来在常用值之间转换。

你也能用鼠标在曲线图里面按而且拖拉。如果你在一个节上按，它将会在白色的指出中加亮它被选择。如果你按远离任何的节，你将会能够拖拉-在节的周围选择一个红色的盒子你愿编辑。当和老鼠拖拉节的时候，你能为了要使用在附近影响不挑选的节像松紧带一样的效果，压制控制钥匙。

你也可以使用鼠标点住拖动节点，如果你点住了一个点，它将显示白色，表明已被选中，如果点击退出节点，也可以在你想要编辑的节点周围用红色框选定。当用鼠标拖动节点的时候，你也可以按住 Control 键，这样你就可以对未选定的附近节点造成一种联动的效果。

（5）输出描述栏

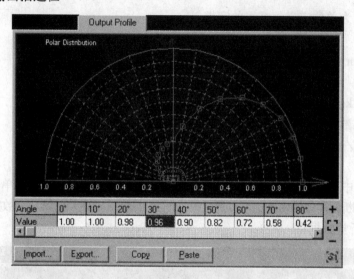

图 3-100

当选择 light 或者 speaker 材料时，该栏显示了输出的两级分配。它表示了在每个方向相对于指向实体方向的地平线的等级。light 或者 speaker 在模型中都是矢量。它的值从 0~1，调节 Properties 图标中给出的 Candela Output 或 Sound Level 参量。在特性栏中输出声音等级，得出的结果（重要）是光的尺度，用线性表示，而声源用对数表示，因为分贝是对数值。

当要计算照明等级或者声音强度时，需要使用该信息。

角度值可以在编辑框里编辑，或者使用 Up/Down 键或 PageUp/PageDown 键增加或减小。Left/Right 键用来在角度之间转换。

你也可以使用鼠标点住并拖动节点，如果你点住了一个点，它将显示白色表明已被选中，如果点击退出节点，也可以在你想要编辑的节点周围用红色框选定。当用鼠标拖动节点的时候，你也可以按住 Control 键，这样你就可以对未选定的附近节点造成一种联动（elastic-like）效果。

显示输出描述（Displaying Output Profiles）

可以在画图栏里显示出灯光的输出文件描述。具体步骤是，在显示菜单里选择全部元素细节选项。描述将以图表形式显示舒适情况资料的区域照度水平（勒[克斯]），如同选项信息栏的设定。更多的信息参见人工照明帮助话题。

3.4.13 模型物体

（1）网格显示对话框

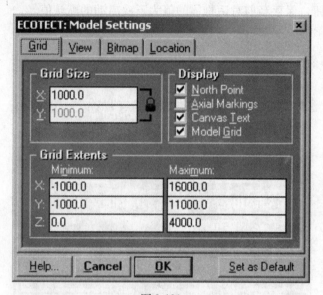

图 3-101

在视图菜单里选择栅格物体，激活该对话框。

栅格栏控制着基础模型的格子显示，把地平面用 3D 立体表示，同时控制了格子的位置和大小以及模型区域中其他指示（indicators）的可见度（visibility）。

栅格大小

该部分 X 和 Y 的值定义了两个水平轴线中连续栅格线之间的距离。小锁表明它们两个是绑定在一起的，意思是 Y 轴的值和 X 的值是一样的，可以用鼠标匹配。两个值都在当前的单元中给出。

栅格范围

最小值 Minimum

这三个数值定义了栅格的起始点，它在方案的底部左角，在当前的单元中给出。

最大值

这三个数值定义了栅格的终点，它在方案的顶部右角，也在当前的单元中给出。

显示

1）最北点

决定绘图面里最北点是否显示。这是一个非常小的可见指示点，表示真正北向。

2）轴线标注

决定带有方向的轴线是否显示在绘图区域里。该简单的标志以坐标形式显示了每个栅格线的绝对位置。

3）基本栅格

基本栅格是一系列的虚线，表示底平面以及当前模型的范围。该选项决定了它是否显示在绘图区域里面。

物体为默认值

选择该按钮，保存当前对话物体的值为下次启动的默认值。

（2）视图物体对话框

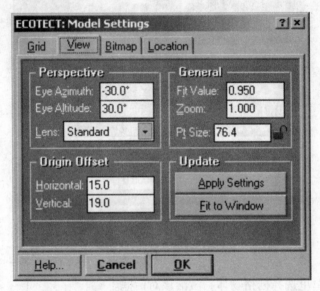

图 3-102

在视图（View）菜单里选择视图物体（View Settings...）选项激活该对话框。

使用该栏，你可以数字形式控制绘图区域的 3D 立体模型视图。一旦设定后，你可以保存物体和追忆最多 5 个随着模型保存过的不同视图。

观察

眼的方位角

它为的视线位置相对于 X 轴的水平角度位置。

眼的高度

它为视线位置的垂直角度相对于地平面的位置。

透镜

该选项决定了视图里显示的大小。close-up 项意味着有很多的曲线而 telephoto 项意味着几乎全是垂直的。

原点平移

该数值使你可以在绘图区域里平移视图。它们是以十进制表示的。

总体（General）

1）适合值

当视图的范围与绘图区域的范围很恰当时，将会有一个小的缓冲地带，这样在边缘的周围就会有个小的边界。它是以小数形式给出的，1.0 意味着实际的范围与绘图区域相接，而0.9 意味着在模型的周围有10%的边界。

2) 放大

这是一个相对于当前视图的相对值。如果是2 表示模型被放大2 倍，而0.5 表示原尺寸的一半。

3) 页面表大小

该数值定义了箭头在模型中的大小。它们是以三个短线表示的，每个轴线上都有一个。每个线的长度都可以用该数值以当前单位定义。

更新

1) Apply Settings 提供设置

选择该按钮把你所做的改动应用到当前视图里面去。

2) Fit Window 适合于窗口

有时候视图位置或者lens 的改变可能意味着模型视图的尺寸相对于绘图区域的改变很大。点击该按钮使视图范围与绘图区域相适应。

（3）背景位图对话框

在视图（View）菜单里选择背景位图（Background Bitmap）激活该对话框。

该对话框控制着显示一个3D 立体位图，它可以用来捕捉平面和部位。位图只显示在方案视图中，在其他的只显示为一个白色的块。

背景二进制位图

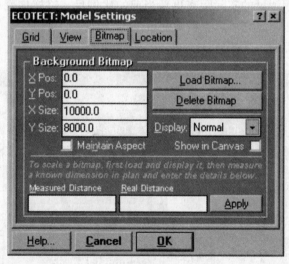

图 3-103

X，Y 的位置

X 和Y 的位置代表了坐标里位图的第一个点。

X，Y 的大小

正如名称的意义，X 和Y 的大小代表了模型里面一定比例的比例尺的尺寸。

载入位图

点击该按钮选择一个要显示的位图文件。

删除位图
该按钮删除比例尺以及与此相联的所有记忆。在选择该按钮后，与模型一起保存的位图信息将会消失。

显示
由于显示时定义的颜色，一些位图很难表示出来。使用该选项试用不同的颜色相联。

保持平面形状
该选项与尺寸领域的 X 和 Y 元素相联，保证显示的图像始终与最初的水平和垂直比例一致。当你想在不同的轴线上重新定义图像时，不选择该选项。

在绘图区显示
选择该框，显示或者隐藏绘图区的背景位图。当隐藏时位图的具体信息在模型的存储记忆里是仍然存在的。

测量距离
在定义一个适合 3D 立体尺寸的位图时，需要知道图像里的一些尺寸。对于一个详细的方案来说可能只是一个墙的长度。它的值代表了当前显示的墙的长度，该值可以使用测量模式得到。

实际距离
该数值代表了实际墙的长度。

提供
选择该按钮用测量的实际距离更新当前的比例尺。这样你就可以很快的重新定义一个比例尺，因此它可以很精确的定位。

（4）地址对话框

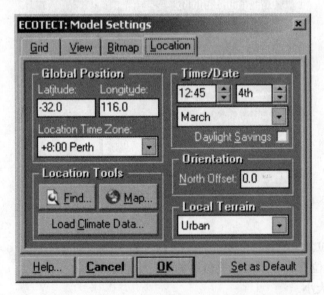

图 3-104

在运行 Calculate 菜单里选择 Date/Time/Location 激活该对话框。
该栏控制着建筑的相关参数，有当前的日期和时间，参数和时间资料在遮阳计算时候以及进行日光分析时需要用到。

全球位置

1) 纬度 Latitude

定义一个建筑位置的纬度。该值通常是以度表示，正数为北部纬度，负数为南部的。

2) 经度 Longitude

定义一个建筑位置的经度。该值通常是以度表示，相对于英国的格林威治取得。

3) 位置时间区域 Location Time zone

使用该选项物体位置的时间区域。时间区域相对于格林威治标准时间来说的，每个小时用正数和负数值给出。

选择区域

1) 寻找 Find

使用该选项激活区域工具，如果你已经安装了该工具，你就可以搜索一个庞大的数据库，包括了澳大利亚的城市和乡镇。

2) 图 Map

使用该按钮激活地图工具，你可以点击放大的世界地图建立你的区域。

3) 区域气候资料 Location Climate Data

使用该按钮选择一个小时天气资料文件。ECOTECT 现在只读取天气工具（The Weather Tool）产生的 WEA 资料文件，你可以在 ECOTECT 的配置中找到。该文件包含了温度、风速和方向、相对湿度、太阳辐射和降雨量的小时资料，天气工具本身可以调入大范围的普通天气资料文件格式然后改写为 ECOTECT 认同的 WEA 格式。

时间

物体当前的时间。你可以使用独立的时间（8∶30）小数时间（8.5）或者军事（0830）时间。你也可以使用上下键改变数值或者相联的按钮。

日期

物体一年的月份和天。输入的天的数值要根据当前的月的天数作适当的改变。该日期用来做遮阳计算，或者当计算人体舒适度和进行日光分析应用时用到。

光照保存

以小时为单位增减当地时间进行光照保存（daylight savings），当区域打开或者关闭日光保存时，这是一个手动的转换。

方位

使用该控制物体北部点相对于模型栅格 Y 轴的定位。通常是以度表示，相对于 Y 轴位置的顺时针方向取得。

地形

该选项决定了区域位置的周围环境，用来做热和自然通风计算。

设置为默认值

选择该按钮保存当前对话栏的物体作为下次启动的默认值。

（5）方案信息对话框

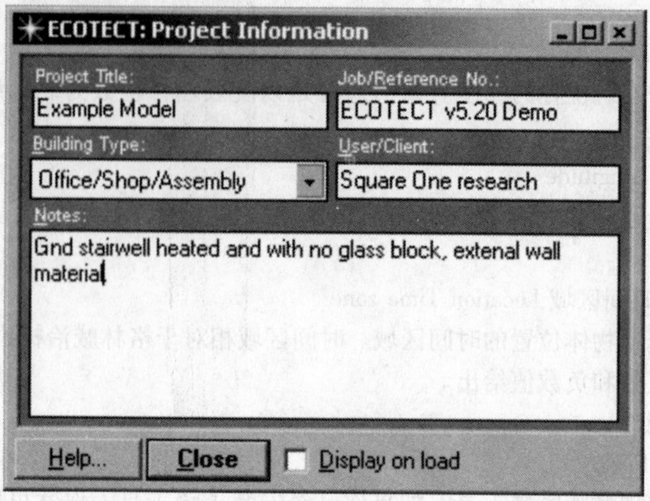

图 3-105

该对话通过选择文件 File 菜单的方案信息 Project Information 选项激活。

使用该栏你可以加入关于方案的信息，它会同模型一起保存。当从 ECOTECT 中直接打印时，方案标题和参考型号也同时显示。

项目信息

1）Title 标题

关于方案的一个简短的文字，最长不超过 64 个字符，作为方案的标题或者名字。

2）工作/参考编码

该数值用来绑定 ECOTECT 模型文件到具体的类型，是为了质量保证和核查的目的。

3）建筑类型

该下拉列表使你可以表达建筑的功能类型。此刻，这只适用于英国部分的分析功能，然而，在下一个版本中将会有更多的细节。

4）用户/委托人

该数值用来分辨建立模型的使用者以及为之建立模型的客户。

5）笔录

关于这个方案的更多的细节可以保存在这个区域。它没有对文字数量的限制。

3.4.14 主导风向及几何声学对话框

该对话框通过 Calculate 菜单的 Prevailing Winds 选项激活。

该数值决定了流行风在主绘图区域里是怎么显示的。任意时刻的风的频率、温度、湿度和降雨量可以表示在图片上，同时显示风速度和方向。风速的大小用每个块离中心的距离表示，频率使用带颜色的阴影表示。

使用该图你可以了解下列信息：比如最温和的风大概会从那个方向吹来，它们有多热多冷或者暴雨的主要方向。

3.4 对话框描述

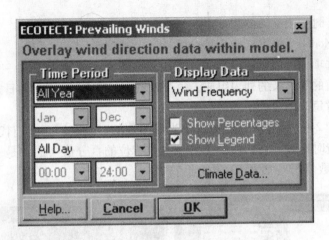

图 3-106

时间段

该数值决定了要显示哪个时间段里的风的数据，季节依靠于模型物体 Model Settings 对话的 Location 栏的当前纬度物体。你可以通过物体合适的选项为［Custom］选择你自己的月份或者时间范围。

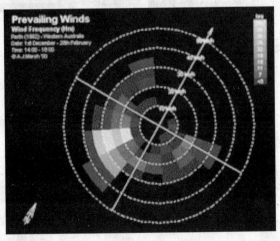

图 3-107

显示信息

该选项决定了要在图表里显示的信息的类型。风的频率显示为蓝色的，温度为红色或者黄色，湿度为绿色，降雨量为青绿色。

显示百分比

在每个方向/速度区域显示频率的百分比为一个小的文本。当涉及到温度，湿度和降雨量和频率的时候，它非常有用。

显示图例

在风的图表的右边显示一个有颜色的图。

气候数据

点击该按钮调入一个新的气象资料文件，它包含室外温度、湿度和太阳辐射值。

3.4.15 时刻表编辑器

在模型 Model 菜单里选择 Schedule Library 选项激活该对话框。

使用该选项你可以创建时刻表，应用到你的模型元素中去。一个时刻表由带有每个小时值的 365 天的列表组成，每个时刻表包含 12 种不同的日志，当在日志里面附上值时每个用一种不同的颜色表示。

每个包含 24 个百分值。当被赋予为可操作的时刻表时，它们代表了百分比，当赋予为耗费时刻表，它们代表了一个当前单位的百分值（通常是一美元或者一英镑）。因此数值 53% 表示 53 分或者 53 便士。

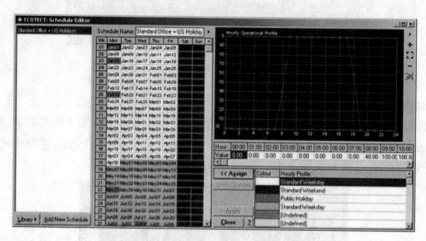

图 3-108

时刻列表

该选项列出了当前模型中所有的时刻表。当你选择一个时刻表，它将显示在右边剩余的对话框中。

库

点击该按钮显示时刻表收藏控制菜单（图 3-109）。

新建时刻表

创建一个新的时刻表以待编辑。该时刻表实际上没有被添加到收藏里，直到你点击 OK 按钮或者该菜单里的添加为新的时刻表 Add as New Schedule 选项后。

图 3-109

删除时刻表

从收藏里删除当前选定的时刻表。

应用

使用该选项把你所做的改动应用到选定的时刻表收藏里。如果你选择另外的一个时刻表或者 OK 按钮，那么这个改动是自动完成的。

调入时刻表库

你可以从收藏文件里调入整个物体的时刻表。如果你只是想一个附加的时刻表，使用这个菜单，它在时刻表 daylist 的上面。

3.4 对话框描述

保存时刻表库

把当前的时刻表的物体作为一个新的时刻表收藏文件保存到磁盘。

添加为新的时刻表

该选项只有当前的时刻表被编辑过才可以使用。如果这个命名还没有被使用过，系统会把编辑过的时刻表添加为一个收藏里新的项目。

时刻表资料

该对话框部分列出了一个一年 365 天的列表，每个小时描述（hourly profiles）都有赋值。描述的颜色显示在各个框中，默认的白色代表列表的第一个描述，你可以拖动选择很多天的行/列。

时刻表命名

该编辑框显示出选定时刻表的名字。

日期列表

在 daylist 区域击右键将显示时刻表菜单，如下表所示。该菜单控制着当前时刻表的内容，你可以从该板复制/粘贴，从一个文件读取并以日期或者天显示。

图 3-110

还可以增加一种模式用来输出到 EnergyPlus。更多的信息参见 EnergyPlus export 页面。

剖面数据

图 3-111

该选项显示当前时刻表的描述。你可以在描述列表中选取并显示出来，然后在图中编辑节点。每小时的值可以在编辑框中编辑，或者使用上/下键，PageUp/PageDown 键增减。左/右键可以用来在小时之间移动。你也可以使用鼠标直接在图表中拖动单个的数值。在图表中击右键显示描述菜单。该菜单只控制着当前的描述，你可以从该板复制/粘贴，或从文件中读取。

分配

使用该按钮把当前的描述赋值为 day list 中选定的 days 项。

取消改动

选择该按钮取消你对当前选定的时刻表所作的所有的改动。如果你已经把它们应用到收藏或者选定了另外的一个时刻表，你将无法取消。

3.4.16 太阳遮阳辐射线及对话框

该对话框通过 Calculate 菜单的 Shading and Shadows > Project Selected Object(s) > Shading Potential 选项激活。

该对话框选中当前实体，然后从表面向太阳发射光线。如果分析栅格是可见的，它将记下通过每个栅格单元的太阳光线的强度。如果是不可见的，每条光线与其他模型的交点与它的太阳强度保存在一起。你可以形象化的看出是那些实体对选定的实体投影以及它们阻挡的太阳射线的数量。

3 用户界面

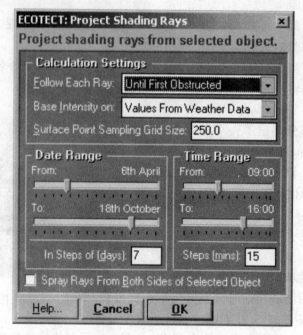

图 3-112

跟踪每条光线

该选项只是在每条光线都被追踪后控制着模型内部投影点的显示。投影光线经过所有的遇见的实体后依然被追踪，这是为了算出每个点上面的太阳辐射的强度。

直到第一个障碍

只显示光线与第一个不透明实体相遇时的交点，通常是指离选中的窗口最远但离太阳最近的那一个，如果光线先通过了一些透明的实体，在这些实体上面显示的点的相关的光线的强度每经过一次就减弱一些。

直到需要投影的实体

如果你只是想突出在特定的实体上光线的交点，只需要把它们指定为投影的（参见显示 Shadow Display 投影栏）然后选择该选项，将会只显示指定实体（tagged objects）上的交点。

通过所有实体

绘出与所有实体的交点。

基于强度

为了表示每个日期和时刻的太阳辐射的相对强度，ECOTECT 使用当前选定的天气文件里的每小时资料。你也可以选择使用 30 天平均资料，它是指某个特定日期左右 ±15 天内同时刻平均资料。

表面点样本栅格大小

为了要容纳任何大小和复杂的表面，产生的光线要能够-任意地覆盖选定物体的整个表面。该数值物体了栅格的尺寸，在此之内光线是任意分布的，这与相邻区域之间计算中的分布技术一样的。显然该数值越小，计算的结果就越精确，因为将会产生更多的光线计算时间也会加长。

日期范围

使用该部分的滑动条可以设定运算开始和结束的日期。这样你可以选择集中在某一季节或者甚至是某一星期。

这里最重要的设置是步骤值。它规定了每个日期跳跃的天数。因为全年太阳-路径经过的是一个相对逐渐的变化,使用1天作为步骤值并非必要的。通常7或14天就足够了。

时间范围

使用该部分的滑动条可以设定运算开始和结束的时间。

同样的,这里很重要的设置是步骤的值。它规定了每个时间跳跃的分钟数。这里太阳位置的改变就不是逐渐的了,因此时间步骤的值越小计算的结果就精确。然而计算的时间会很长还会产生成千上万的点。因此,通常要得到正确的值都会有实验和错误,虽然当计算进行的时候你需要快速的发现样式与实体的不符。你能很快的跳出并重新设置。

来自选定实体两个表面的辐射光线

通常的光线只有在太阳在实体正常表面的一侧的时候才作考虑,它决定了实体的方位。查找该选项表示计算表面两侧太阳的辐射光线。

3.4.17 相关的声波对话框

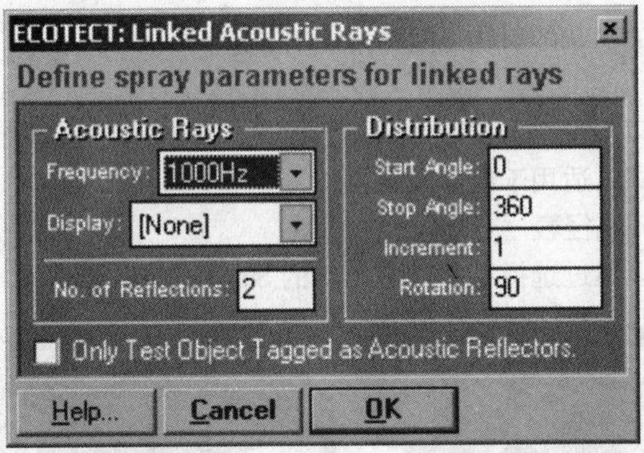

图 3-113

该对话框通过运行 Calculate 菜单里的 Linked Acoustic Rays 选项激活。该对话框控制了模型里的声学辐射线。该辐射线是从特定的声源以圆形方式发出的,当对模型作过改动之后它可以自动更新和重新发射。在声学设计中,把位置定好是非常重要的,因为以后很难再改动。无论是在跨区域还是计划中都要使用该计算可以精确的设计出反射物体。

声辐射

该数值控制了每条辐射线的等级和延迟的显示和计算。

频率

决定了吸收计算的频率,得到声学辐射线的相对水平。它与每个匹配材料的声学吸收直接相关。

显示

决定在模型中每个辐射线的结束是否显示延迟和声音等级值。与从声源直接发出的声音的等级和延迟相比,这些只是相对的值,这意味着分贝等级以实际到达的声音为参考,而相对延迟由总的辐射线距离减去声音直接通过的距离决定。

反射数目

它个定义了每条辐射线连续反射的最大数目。虽然任何接近这个数目的能造成一道非常混乱的辐射线(这个看到就可以理解),通常最大反射数目是32。

分配

声学光线的辐射是围绕着生源的点以圆形方式发散的,所有给出的角度都是以说话者的方向为参考的,顺时针方向为正的值。

开始角度

声学辐射线发射出的第一个角度。以度为单位,它可以是正的值也可以是负值,但是一定要比结束角度小。

结束角度

发射辐射线结束的那个角度。所有的辐射线的角度只能比该值小,但比开始角度要大。

增量

确定在连续的声音的射线之间的角的增加值。

旋转

辐射线的是以水平圆形发散的。该数值决定了相对于水平面的旋转角度。90度表示的垂直方式,适用于部分升高。

3.4.18 太阳路径表

该对话框可以通过选择 Calculate 菜单的 Sun-Path Diagram 选项激活。

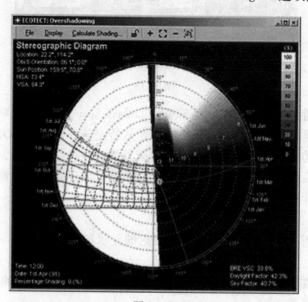

图 3-114

3.4 对话框描述

它展示一张可以重新定义尺寸的交互式太阳路径图。在图表本身里面点击和拖鼠标物体当前的日期与时间。按住 Control 键可以交互式不断更新绘图区的阴影（如果它们展示出来）。

如果选择一个单体，它的遮阳可以是一个点的块遮阳或者是作为面的表格遮阳。欲了解更多的细节，参见太阳路径图，遮阳表格帮助部分。如果你在模型绘图区内移动实体，太阳路径图将自动不断更新来反映出你做的变化。以这种方法，你可以非常迅速地进行复杂遮阳分析，只要创建并移动一个点实体到模型里不同的位置。如果你移动一个表面来计算桌子遮阳，将会转为显示实体中心的块遮阳，因为桌子遮阳计算花费时间并且只是具体位置的。

文件菜单
调入遮阳表

当进行区域之间相邻计算的时候，相邻和遮阳资料都被作为 ADJ 和 SHD 文件保存在磁盘里。如果需要进行热计算，只需要重新调入该信息。使用该选项调入遮阳资料，这样当你选定模型中外表面时就会显示该资料。

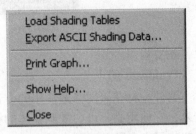

图 3-115

输出 ASCII 数据

当一个实体中产生一份综合的遮蔽的表格时，该选项允许你把它保存为处理后的一件正文文件。该形式适于电子表格应用或者需要太阳范围的定义的一些光电的分析工具。

打印图表

使用该选项打印当前图表。

显示帮助

展开该页面。

关闭

关闭对话框。

显示菜单

你也可以通过在图表里点击右键显示该菜单。

Stereo graphic Diagram，立体图表

Equidistant Projections，等距离的投影

Spherical Projections，球形的投影

BRE Sun-Path indicatorBRE 太阳路径指标

这些都是太阳计算项目，在一个圆形的图表上面显示的是太阳路径以及遮阳信息，该图

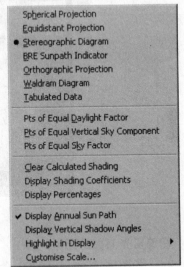

图 3-116

表有着象征太阳高度角的同心圆。不同投影的不同在于它们怎样从它们的高度计算在圆上点的半径。需要使用哪种类型的图解取决于你最感兴趣的高度范围在哪一部分-球形投射大多数暴露接近于极点的角度而 BRE 太阳-路径指标大多数暴露接近于地平线的角度。

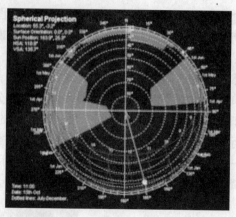

图 3-117

正交投影

Waldram 图

另外一种在美国普遍使用的方法是把这些同样的信息在一张 2 维图表上显示出来，它使用必不可少的圆柱体的投射 X 轴表示方位，Y 轴表示高度。在 V5 中已经解决了大多数关于此类的顶遮阳的情况-除了窗子正好在实体中间而不是在它的母体之上的情况之外。

列表数据

使用该选项显示一个单日的太阳位置以及遮阳的表格，如下图所示。

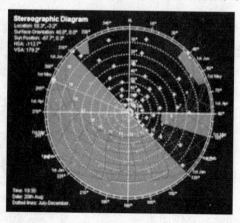

图 3-118

相等日光系数的配给

在一张图表上面显示 200 个点，每个分开的空间代表日光 Illuminance 的 0.5%，这些光线来自 CIE 阴暗天空（CIE Overcast Sky）。这基本上表明来自极点的照度是来自地平线照度的 3 倍。想知道关于 CIE 天空和点的分配的更多的详细资料，参见自然照明分析帮助页。

相等垂直天空分量的配给

在一张图表上面显示 200 个点，每个分开的空间代表日光 illuminance 照度的 0.5%，这些光线来自 CIE 阴暗天空（CIE Overcast Sky），在垂直的表面上基于相关角度加深。想知道关于 CIE 天空和点的分配的更多的详细资料，参见自然照明分析帮助页。

相等天空分量的配给
在一张图表上面显示 200 个点，每个分开的空间代表日光照度的 0.5%，这些光线来自 CIE Uniform Sky。在该天空内所有的区域都同样被加深。想知道关于 CIE 天空和点的分配的更多的详细资料，参见自然照明分析帮助页。

清除计算出的阴影
使用该选项显示一个单日的太阳位置和遮阴表格，如下面所示。

显示遮阴系数
如果已经产生了一个综合的遮阳表格时，就可以计算出每个月的平均遮阳，甚至是整个季度的，这样可以产生一个很有用的遮阳系数，当你使用另外的一个热学工具不想去计算遮阳，只是需要一个专用值时，这就很有用。该表格展示出平均值、最大值和最小值。

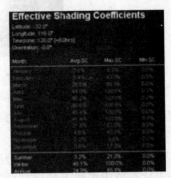

图 3-119

显示百分比
使用该选项在图表里面以小文本形式显示出实际的遮阳值。

显示每年的太阳-路径
使用该选项链接到显示太阳在天空的路径，如在所有的图像里显示的实心点蓝色实线。

显示垂直遮阳角度
使用该选项链接显示等垂直遮阴角度，显示为弯曲的红色虚线。

在显示中加亮
该下拉菜单控制着在图表中显示以及加亮的是什么图，当要解释图表中的各种组成时，这只是初步的显示目标。

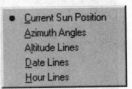

自定义比
显示颜色比例对话框，你可以设置当前遮阳显示的颜色和比例。

图 3-120

计算遮阳
使用该选项产生一个选定表面的遮阳表格，首先显示一个表面遮阳对话框。因为某一个点可能在也可能不在遮阳里面，因此可以显示分离的区域遮阳。然而，一个表面可能只是部分在遮阳区域。该计算将显示当前选定表面或者模型中的实体的遮阳百分比。当你使用鼠标随意拖动太阳的位置时，实际时刻的遮阳百分比都将显示在左下角。

得到的遮阳表格业适合于选定实体的可见天空区域。基于 overcast 和 uniform 天空分配。使用它可以自动计算可见天空照度的百分比，该结果显示在底部右下角。

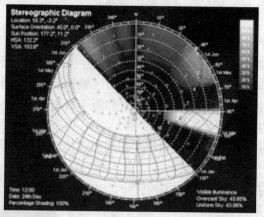

图 3-121

如果在区域之间邻近计算时已经产生了一个遮阳表格,该运算的结果将更新它。这样你就可以在任何热力计算之前完善模型中特定实体的表格。

太阳能数据

除了简单的显示遮阳百分比之外,你还可以覆盖上可得到的太阳辐射的分配。绘出这个遮阳板留下的该部分是直接了解投影设备作用的一个重要的方式,它是基于实际太阳位置和每小时太阳辐射潜力得到的。即使没有一个遮阳板,该信息对于观察实际遮阳的需求也很有用。

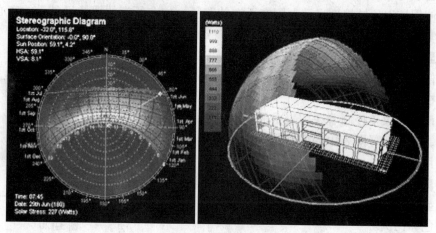

图 3-122

该资料也可以覆盖在开放式试图转化板上,如上图所示,参见 OpenGL Shadow 板。

视图按钮

使用该按钮来放大或者缩小图表,或者复制到剪贴板。

3.4.19 日晒表面及对话框

通过选择 Calculate 菜单的 Culmulative Insolation 选项激活该对话框。通过 Culmulative Incident Solar Radiation 对话框物体模型表面或者栅格(如果当前可见)的辐射计算。当没有显示栅格时,将计算模型里热区域所有的可见表面,并将结果保存在每个实体的附注里面。你可以通过 Display > Object Attribute Values 菜单选项显示这些数值。

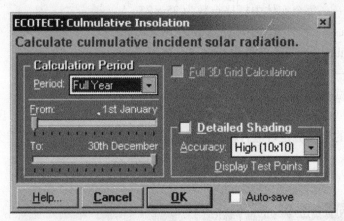

图 3-123

日射时间段

太阳日射给出的每天平均值通常都是以 Wh 为单位,该选项定义了一整天数值是在哪一段时间上面平均(通过右边的滑动条改变),季节的跨度月份只由当前的模型决定,常常把北半球和南半球区分开。你可以选择任何季节以及单个月份。如果当前显示了栅格还可以进一步的选择[ANIMATION],否则就选择[NOW]。

动画

在分析栅格上面计算一年每个月的日射数值,增加每个月的外围,该外围是指第 3 个轴,因此你必须保证该高度(如果栅格不是水平的话就用另外的轴)尽可能的小。然后你就可以使用分析栅栏的动画特征浏览每年变化。

现在的

如果计算实体上面的日射,该设置给出了当前日期时间的瞬时值。

从/到

这两个滑动条决定了实际的日期范围。日射时间仅仅把这些作为一些缺省物体。如果你的开始时间比终止日期晚,那么计算将在 12 月 31 日转为 1 月 1 号之后开始执行。

全部 3D 栅格计算

该选项只是在当分析栅格可见以及计算其中三维方向每个点的日射等级时是可用的。一旦完成,你就可以使用分析栅格板里的控制在计算区域中移动十字标。当日射时间段物体为动画[ANIMATION]的时候,该选项是不可用的。

详细遮阳

该选项只有当分析栅格不可见时才可用。选择该项将导致重新计算模型中热域的实体各面的详细遮阳板。如果不查找该项,每个实体的遮阳板会在最后区域之间邻近分析时计算。

精度

使用该选项物体遮阳计算的总体精度。这由每个面的计算样点的数量直接决

定。每个实体上样点的数目越多,计算精度就越高,停食计算时间越长。每个物体的意义如下:
- Full——每个实体中栅格点数为 25×25。
- High——每个实体中栅格点数为 10×10。
- Medium——每个实体中栅格格点数为 5×5。
- Low——每个实体中栅格点数为 1。

显示测试点

显示模型中表面的每一个栅格十字点,该点在计算过程中发射出测试光线。当决定选定的精确值是否适合模型以及测试线在模型中表面上是怎样分配的时候,这个很有用。

3.4.20 遮阳表面及对话框

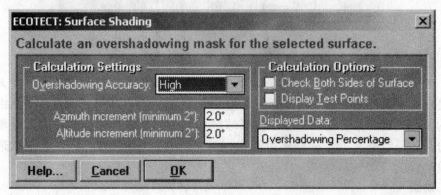

图 3-124

该对话框通过 Sun-Path Diagram 选择对话框的 Calculate Shading 按钮激活。表面遮阴对话框控制着一个遮阴表格的计算,该表格可以显示在太阳路径图表上面。它表示了模型中一个封闭的实体被其他实体遮阳的百分比。

遮阳精度

使用该选项物体遮阳计算的整体精度。它由选定实体表面上样点的数目单独决定。精度越高,计算的样点就越多,时间也越长。每个物体的意义如上所述。

方位增加角度(min2°)

该值决定了遮阳表格里每个元素的方位角度。可以依次增加,遮阳计算的范围是 360 度。

高度增加角度 Altitude increment angle(min2°)

该值决定了遮阳表格里每个元素的高度角度。可以依次增加,遮阳计算的范围是 90 度。

包含正反面

使用该选项进行一个表面的正反面的遮阳计算,而不是只在正常表面的方向。遮阳的计算时间会显得有些长,然而反面的遮阳值相对于正面的值是负值(0 到 -100%)。

显示障碍测试辐射线

查找该链接将显示每条测试光线的交叉点,该测试线是用来测试选定实体表面样点的，在以下情况是很有用的：当决定是什么在进行遮阳或者为何一个实体本当显示的时候确没有显示。

显示数据

除了显示遮阳百分比，你也可以覆盖上可利用的太阳辐射分布。绘出这个遮阳板留下的该部分是直接了解投影设备作用的一个重要的方式，它是基于实际太阳位置和每小时太阳辐射潜力得到的。即使没有一个遮阳板，该信息对于观察实际遮阳的需求也很有用。

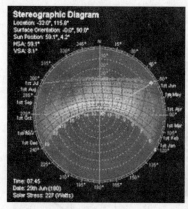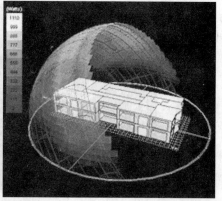

图 3-125

该资料也可以覆盖在开放式视图转化板上，如上图所示，参见 OpenGL Shadows 板。

3.4.21 表面细分对话框

图 3-126

选择修正菜单下的表面细分 > 矩形的选项就会弹出如上的对话框，表面细分对话框控制封闭平面物体表面细分大小。这一点在处理较复杂物体时很有用。

细分大小

这些值分别代表了 X 轴、Y 轴和 Z 轴不同方向上的值。使用 PageUp/ PageDown 按键调整当前值的大小。

排列显示栅格

检查这个拨动确定每个方向的第一块砖瓦一致，都处于并列位置。如果不检查，第一块砖瓦使物体的边缘一致，如下面的图表所示。

图 3-127

不使栅格一致

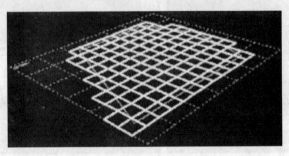

图 3-128

使栅格一致

检查这个拨动产生完全在挑选的物体里面的砖瓦。否则,任何的砖瓦甚至物体的一角都会产生,如下面的表格所示。

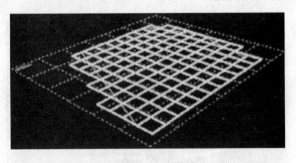

图 3-129

不限于内部

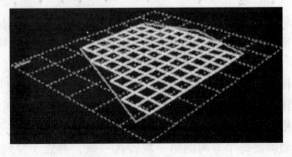

图 3-130

限于内部

修整适合对象

使用该选项让 ECOTECT 尝试整理新产生的挑选的物体边界的物体。这一个特征的形式是非常容易变化的，举例来说，对物体的表面常态的方向它是敏感的。如果没有结果，尝试一下颠倒物体。同时，它不能很好地处理凹的物体。

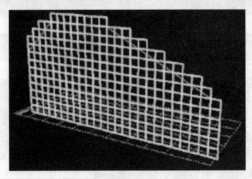

图 3-131

不修整使匹配

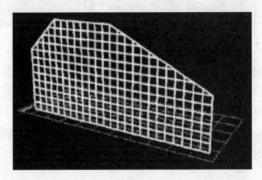

图 3-132

修整使匹配

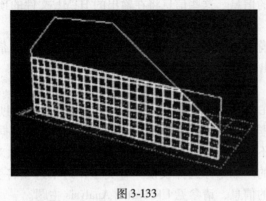

图 3-133

注意：对于凹形物体不要立即作处理。

3.4.22 Part-L 分析对话框

选择 Calculate 菜单下的 Building Regulations > UK Part-L Analysis 选项就会弹出如上的对话框。

图 3-134

UK Part-L Analysis 对话框控制规则是从英国的 Part-L 建筑测试规则和苏格兰 Part-J 的建筑标准规则继承而来的规则。所以这个规则只能在英国使用。

如果想了解更多的关于 Part-L 的详细信息，可以参见 UK Part-L Analysis 主题。

我们最近在 Square One 的网站上增加了许多有关 Part-L 的应用程序上的说明信息，可以参见 SUSTAINABILITY > UK Part-L 章节。

项目信息

这些值直接从工程信息对话框中被拿出来并且被用来区分工程。任何实际变化将更新存储的值的信息。这些信息将在输出的 HTML 文件的顶部出现。

运行描述

这个区域允许你指定关于运行的惟一特别的描述。这个信息也将在输出的 HTML 文件的顶部出现。

测试依据

L 部分的要求在 2 个文件中被描述出来：这两个文件分别是统一处理家庭大楼的 L1 文件和处理非家庭大楼的 L2 文件。每个文件为测试依据构画出 3 种方法。虽然其他的方面对不同的类型有特定的要求，但是元素的方法对广告和家庭大楼的要求是相当普通的。如果你选择仅仅一种类型，这个选项将变成灰色。如果还想获得更多的相关的信息，请参见 UK Part-L Analysis 主题。

显示太阳所在地区

当这项选择被检查时，ECOTECT 在模型以内显示有颜色的点，这些点显示了它怎么在每个地区内产生它的太阳的区域。每个点的颜色取决于在每个区域和其对应的窗。周界地区作为地板区域在外部的物体的 6 米以内定义。如果你仔细看，不同的有色点可以在窗口的 6 米以内的某个区域来取偏移量，有时取值将更大。当试着追踪商业的热能耗时，这个功能是很有用的。

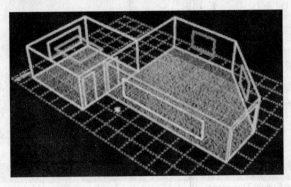

图 3-135

包括表格确认

使用这个功能，如果你将 HTML 文件以电子数据的形式送给委员会或者控制官员，从 ECOTECT 输出了的任何 Part-L 数据都将被验证。所有的计算值在 HTML 文件作为表格域被存储并且提交节点被添加到其底部。

加密的检查和所有计算的数据被编码进入表格并且送了给 Square One 服务器。在服务器结束运行时没有记录被保存，它简单地重新加密所有的表格数据并且把最新被加密了的检查信息统纳的包含在表格之中。如果它们是不同的，那么表格的内容在某些部分被编辑了。如果它们是一样的，那么在表格的所有的信息是有效的 ECOTECT 输出。

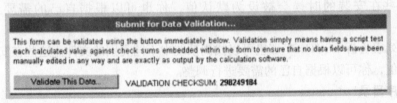

图 3-136

加热系统

Part-L 分析的一些部分在加热系统上要求信息使用目标 U 价值方法。简单地使用这些控制来指定在加热系统和它的 SEDBUK 中被使用了的燃料类型。点下这个按钮！按钮将带你去锅炉效率数据库网点让你查一下各种各样系统的 SEDBUK。

3.4.23 用户个性设置

（1）概要

选择 File 菜单下的 User Preferences 选项就会弹出如上的对话框。

这一个定位键控制对每个使用者特定的 application-wide 物体。

保存/存储窗口和工具栏选项

每次你退出应用框时存储位置、大小、主窗口及其工具框。

3 用户界面

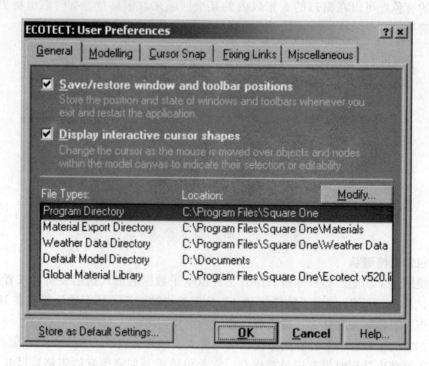

图 3-137

文件位置

这一目录告诉 ECOTECT 在你的系统的那里面找到不同类型的文件。然而，这些在安装的时候会被设为默认值，你也可以根据自己的需要来设定它们。

该列表告诉 ECOTECT 那里可以找到系统中不同类别的文件。这些在安装时设为默认值，你可以根据自己的需要进行调整。

程序目录

这个值显示 Ecotect 在程序中的安装目录，这个原先在安装的时候就已经设定好了，不过你可以随时修改它。

文件输出目录

材料的输出目录

随着 ECOTECT 输出工具的数量的增加，对外部设定的要求也增加。因此，当要选择 ECOTECT 的输出文件的不同格式的时候，可以查询该目录。

气象数据目录

该目录告诉你程序中气候数据存储于何处。该数据存储于默认位置，然而你也可以把数据存储于本地服务器或者存储于不同的目录下，这时，Ecotect 会把当前的气候数据所存放的位置物体为默认目录。

默认模型目录

使用该值说明基本目录模型所存储的目录路径，你没有为模型作一个特殊的目录路径，该路径就为默认路径。

(2) 模型

选择 File 菜单下的 New 选项，global library 包括每个你创建的模型的默认的材料集合。

按默认设置保存

选择该物体把当前物体保存为默认物体，并作为以后的 Ecotect 选项的初始值。

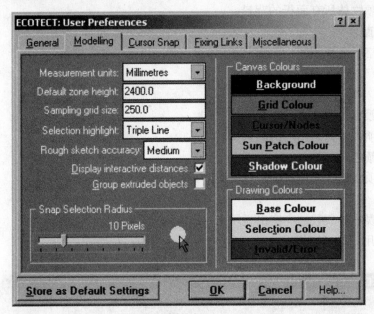

图 3-138

选择 File 菜单下的 User Preferences/Moddling 选项就会弹出如上的对话框。

度量单位

默认区域宽度

Ecotect 使用该值作为默认宽度，并把它作为 Z 轴的初始值。

默认地域高度

当自动挤压地域、墙壁和分割物体的时候，ECOTECT 以此值作为天花板的默认值的高度。当你编辑被挤压的物体矢量的时候，使用此值定义它的开始 Z 值。

样本栅格尺寸

该值用在对物体的表面取样的时候。当计算百分比留下阴影的时候，同时产生太阳光线的反应和地域之间的邻接的计算。它代表当前的空间单位的抽取样品的格子大小。当 250 毫米作为比较快速的初始结果的时候，100 毫米的值通常是比较准确的。

加亮选择

当显示选定区域的时候，Ecotect 或者使用当前区域的颜色，或者使用选色笔选择你所喜欢的颜色。

草图精度

这个选项决定了 hidden line sketches 的精确性。

捕获选择

这个选项决定了物体和节点鼠标的精确范围。

面板颜色

你可以通过调整这些物体来显示不同面板的颜色，在颜色选择框中点击鼠标左键就可以选择颜色，不是所有的颜色都管用的，所以有时你需要多试几次找到适合的颜色。

背景
该选项物体所有面板的背景。

Grid 颜色
物体格子边线和图标轮廓的颜色。

指针/节点

阴影

基本颜色
该选项物体初始图形的默认颜色。

加亮颜色
该选项物体选定图形的颜色。

出错
有错误的对象被加亮突出显示。

（3）用户参考选择

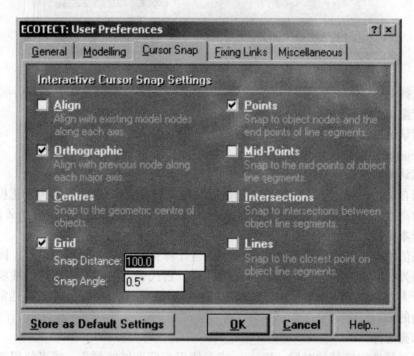

图 3-139

选择 File 菜单下的 User Preferences Cursor snap 选项就会弹出如上的对话框。
该标签控制用户物体指针指令 Interactive Cursor Snap Settings
这些值在 option 工具栏的 snap 菜单下。

排列

在这些物体中，每当删除一个指针的时候，模型就会沿着其他三个轴依次寻找其他节点。如果这样的节点找到了，指针就会移动到该轴。一个指针也可以同时指向两个轴。当指针移动到一个轴时，X、Y 或者 Z 的标识就会显示在该轴上，以表明这样的一个移动以完成。

中心

在这一个 snap 模态中，光标到最靠近的物体的几何中心。这是组成那个物体的所有顶点平均的空间。

格子

在 snap Grid setting 中指针只能一次增加相同的增量。

交叉

滑动到最靠近的两条线的交叉点。当有小的垂直空间的时候，二条行一定在 3D 立体空间中交叉。该模态区分了在它们的结束端点交叉的线和在之间某处交叉的那些线之间的区别。两者都被捕获，然而用小写的 i 和 e 符号分别用来代表两个不同类型。

线

光标指定在范围里面最近的物体的线上的最近点。否则它捕捉到当前的栅格设置。一个小写的 l 符号在光标上面出现表明它已经捕捉到一条线。

（4）固定链接

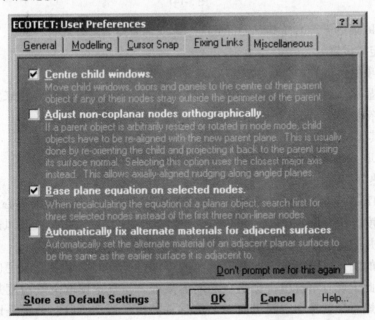

图 3-140

当你选择 Edit 菜单下面的 Fix Links 选项时就会弹出该对话框，该对话框中的选项标签控制如何建立关联，每个选项标签下面都有其具体解释。

基本上，如果一个对象变红（或其他错误对象颜色），通常表示一个平面拥有超过一个以上不共面的节点，或者是有的对象违反了它们的关系。由于这些问题

3 用户界面

都相对简单，ECOTECT 能为你解决这些问题。这些项目主要是介绍在不同的环境下，你希望 ECOTECT 怎样做。

（5）用户参考选择

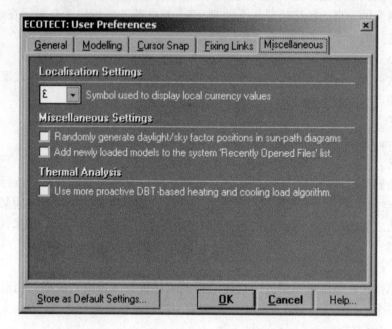

图 3-141

在 File 菜单下，选择 User Preferences 选项就会弹出该对话框。

1）定位设置

该选项的值将 ECOTECT 物体在你平时设计的地方。

用于显示本地流通的符号你可以在列表中选择或者输入 4 个特性来定义你想要的流通符号。

2）其他设置

在 SUN-path 对话框中的随机产生 daylight/sky factor。

3）热分析

ECOTECT 干燥总量温度是被一支温度计登记在球体外部变黑的中心 150 毫米直径的温度，作为一个空气温度的功能，我们认为平均的辐射温度和风速是最理想的温度并把它当作指标温度使用。

平均的发光成份表示，即使空气温度可能是低点，墙壁表面温度也可能是高的，因此干燥总量价值将会是在之间的某处。当直接读取空气温度是可能的时候，干燥总量就像在空间里面一个热感觉的指示器，所以它一定是以某些值来显示。

然而，由于温度传感器通常只测空气温度，所以 ECOTECT 通常也只测空气温度。

为了除去很多的混乱，假设当前值在 v5.20 中是使用被动方式加热/冷却而且只唤起 HVAC 系统当内在的温度超过舒适程度之外的时候，此时需要使用者根据自己的舒适温度来灵活的调节 HVAC 的控制。

如果你不使用这些选项，ECOTECT 就会返回去使用内部空气温度。

3.4.24 区域管理-普通设置

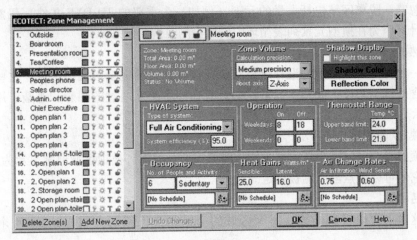

图 3-142

该对话框可以通过选择区区域管理被调用，在 Model 菜单条目，或 Zone Management 面板中的 Zone Properties Dialog... 按钮。

使用这些控制来管理区域中的当前 ECOTECT 模型。你可以随时创建，编辑和删除区域。一些区域可能会自动创建当你使用绘图工具栏添加对象到模型中。其他可能需要你在添加新对象之前创建。

区域列表

该列表显示模型中的所有区域和它们的当前设置。当你选择一个区域时，它的详细属性显示在右侧控制面板中。你可以用 Shift 和 Control 键选择多个区域，这种情况下只有被选区域的相同属性才会被显示。

你可以通过第一次选择来重新排序一个区域，然后只需点击拖拽它到一个新位置。双击列表中的任何区域使它成为当前区域。

列表下的两个按钮：

删除区域

删除当前被选区域或列表中的区域。

添加新区域

创建一个新区域并添加到区域列表的末尾。

区域属性

区域的可视化和状态通过实时显示来控制。

颜色

点击颜色栏显示窗口颜色选择。这可以用到指定区域颜色。当一个区域被锁定，它将一直显示为栅格中的颜色（默认为灰色）。这表示为颜色栏中的十字叉。

隐藏/显示

区域可以临时隐藏来进行模型的几何编辑。一个隐藏区域不同于关闭区域它只是不显示。和其他所有关系中，它仍然被认为是模型的一部分。

关闭/打开

该设置决定了是否打开或关闭区域。关闭区域被认为不在模型当中而在计算中被忽略。脱离区域包括大量的元素（例如一个重要的 2D DXF 文件）仍然可以缓慢计算因为在模型元素列表循环中仍然检测它们的状态。

热的/非热的

一个无热区域假设为没有热没有声音计算结果的完全的几何区域。这些区域只包含外部阴影设备或站点元素这些只有在模型交互通过的阴影和遮蔽。用红色 T 表示热区域。

锁定/非锁定

锁定一个区域防止任何属于它的对象被交互编辑。被锁区域通常显示为灰色，同时它们可以被点击不能被选定。

名称

这是一个编辑文本框。每个区域的名称不是惟一的并可以达到 64 个字符长度。

区域体积

该选项决定了 ECOTECT 怎样计算被选区域的内部体积、控制的精确性和方法。

计算精确度

为说明任何复杂的几何图形，内部体积通过在每个区域限制中的一系列的取样射线，伪随机分布来计算。如果射线交叉两个或更多区域中的表面，体积被计算为最远的两个交点。该选择决定这种通过增加射线发生数的计算的精度。

有关轴

该选择决定射线喷射空间中的轴。依据区域结构，射线喷射在默认沿 Z 轴有可能会不恰当。例如，区域的默认体积显示为如下包括了很大一部分不属于该区域的截面。计算沿 X 轴的体积，将得到一个更为精确的结果。

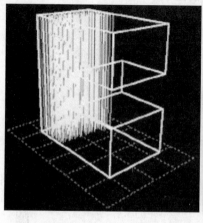 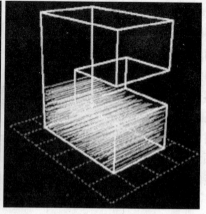

Inappropriate axis for zone　　　　**More appropriate axis for zone**

图 3-143

3.4 对话框描述

阴影显示
当显示阴影时，所有区域颜色在缺省时，设为 User Preferences 对话框的模型图标中的设置。但是，为了强调单独区域的作用，可以分配单独的阴影和反射颜色。

强调这个区域
标记这个方框，可以使 ECOTECT 使用所分配的强调色彩，这是一种不会丢失分配色彩而能够转换作用的简单方式。

阴影颜色
这个方框通过选定区域中的物体显示阴影模型的颜色，在这个方框中点击鼠标就可以显示 Windows Colour Selector 项。

反射体颜色
这个方框通过选定区域中的标识为太阳光反射体的物体，来显示任何反射体的颜色。在这个方框中点击鼠标就可以显示 Windows Colour Selector 项。

HVAC 系统

系统类型
使用这个选择项来定义在选定区域中使用的钝态的或空调系统类型。当选定一个混合模型的或空调系统，内温将保持在下面所具体设定的恒温器和所计算的加热并/或冷却负荷的上限和下限之间。

完全忽略
所有的窗和门保持关闭，只有通风量通过在 Occupancy 图标中设定的 Air Change Rate。基本上说占用者完全忽略内在的条件，不考虑竞争。

天然通风
这意味着在操作期间，如果外在条件比内在条件要接近于定义的舒适区，住户将打开窗户，换气次数将根据在每个方向的窗户区域和现在的风速适当增加，增加的换气次数要高于在 Air Change Rate 中为区域所设定的。

混合模型系统
在 HVAC 系统关闭处并且在外在条件处于定义的恒温器范围内的任何时候，将空调和自然通风相结合。应该注意到 ECOTECT 假定系统继续在一个提供机械通风的设备上运行，或窗户是打开的。在上面的任何一种情况下，换气次数将如上所述进行增加。也应该注意到 ECOTECT 在计算热和冷载入时，不会考虑到输送空气时使用的能量，加热和冷却负荷都是以空间载入，而不是以平面载入给出的。

完全空调
这意味着加热和冷却系统按所要求的，在操作期间，一直保持区域温度在恒温器所设定的范围间。由于窗户不打开，所以只有通风和渗透在 Air Change Rate 设定中对区域进行设置。

只进行加热
除了加热住宅要进行计算外，其他与充分空调项相同。

只进行冷却
除了冷却住宅要进行计算外，其他与充分空调项相同。

系统效率
这个值代表有空调的平面的效率，当计算能量耗费使用这一项。缺省值是

95%，这意味着从电能转化为加热或冷却时，有5%损耗。

运转

当一个区域是有空调设备的，这些定义设备的开关时间。不同于其他的时间值，这些时间必须是整数的值，因为A/C负载每小时计算一次。

如果没有空调设备，这些代表占用的小时数。使用这些值绘制时间温度分布曲线，把它限制到占用的时间里面去。

舒适段/恒温器范围（Comfort Band/Thermostat Range）

上频带限（℃）

设置高于舒适段的限制。在有空调设备的区域里，它提示A/C系统应提供冷却。在无空调设备的区域里，它指定舒适温度的最高值。

下频带限（℃）

设置低于舒适段的限制在有空调设备的区域里，它提示A/C系统应提供加热。在无空调设备的区域里，它指定舒适温度的最低值。

居住地区

人的数量的最大值

使用该编辑框定义占用这片区域的人的数量的最大值。在常规热量的计算中，通常考虑最坏的情况，每个人的活动等级决定了它的内在负荷，以瓦为单位。

活动性

该选项确定该选择者的平均活动级别。每个区域的内在负荷往往取决于该区域的人的数量，和活动等级具体如下：

活动等级 e	瓦
静止	70
步行	80
训练	100
激烈的运动	150

时间表

使用该按钮选择时间表，它是由小时的比率，然后再乘以该地区的居住者的最大数量得来的。详细信息参阅帮助中的 Schedule Editor。

热增益

可感知增益（W/m²），表明区域中的由于热和设备产生的内部热增益。单位是瓦特每平方米。

下面是一些可能的值：

类型	（W/m²）
办公室灯光	20.0
办公室设备	40.0
总计	**60**

潜在增益（W/m²）

比如湿气在空气中蒸发所产生的增益。还有一些情况下也会产生增益，比如：

身体流汗的时候，做饭的时候，还有一些设备运行的时候等等。

这也是在每平方米的面积上，周围环境对其产生的潜在影响。除此之外，一些模型的特定的器具也会产生潜在的增益。

> 重要提示：

潜在增益不包括在内部热量计算中，这些值一般作为其他热的输出使用。

换气次数（ac per hr）

渗透比率

表示指定区域的每小时的渗透量，即使门窗全部关闭了，还是存在空气的变化。一次换气的值等于该区域中的空气总量。值的范围是从最理想情况下（密封的）的0.1到一般的建筑物的0.5~1.0。

风敏感度

指定一个区域对外部风速的敏感程度。在此基础上考虑风速和地形因素就可以衡量出空气的换气次数。

3.5 控制面板

3.5.1 选择信息面板

这一个控制面板显示关于当前选择对象的信息。被显示的信息取决于所选择的对象（见到在左边上的动画）。当无对象被选择的时候将会显示区域的细节信息，当一或多个的对象被选择的时候它将显示对象的信息，明显地，如果一个或多个节点被选择时，它将显示节点信息。你也能在面板的顶端使用 selection box 在这些显示信息间进行转换。

向前和向后按钮 ⬆⬇ 能用来用手循环的进行选择，增加或减少区域，对象和节点索引。

如果当你变更区域的时候，你可以按下 Control 键，所有的其他区域将会只有被藏，只有被选择的区域是可见的。右边的箭头按钮将显示更详细地细节内容。

每当你改变参数值时，参数的名字在编辑框中将被改变为斜体字。

为了适用于任何的变化，你一定要在面板底部单击 Apply Changes 按钮，这避免任何不必要的参数变化。

你能选择去检查 Automatically Apply

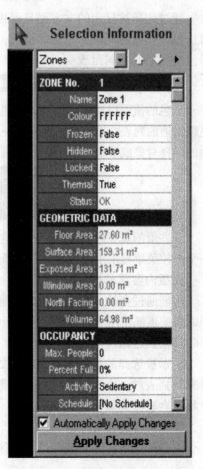

图3-144

3 用户界面

Changes。在这种情况下，每当你选择来自一个列表的新值或在编辑后按确认键时，选择将自动地更新。

关于被显示的信息较多的细节，请参阅 Node Properties 和 Object Properties 主题。

编辑值

你将会从图像上方注意到，不同的选择值用不同的颜色显示。默认值有下列的涵义：

黑色的-直接可编辑的文本或数值
蓝色的-只能选择的可编辑值
灰色-只读值

当被选择对象的参数值不同的时候，那《varies》价值在它的位置上被显示。如果你将这转换成有效值，被输入的值将会被适用于每一个被选择的对象。

除非使用 Automatically Apply Changes 项，你总是能在画布上停止转化或用 Escape 按钮强制退出来终止转换。

依赖于被编辑的值的类型，一个按钮或选择盒子将会被显示。这些有下列的意义：

通过选择被显示的文本而且经由键盘对新数据进行编辑，我们可以手工的编辑这些值。通过对鼠标左键的拖拽，我们可以显示值的增加/递减的数值。增量因子值的类型的不同而改变。

蓝色的值可以通过单击右边按钮来更改。这将会显示一个允许你选择编辑或变更编辑值的列表。在许多情况，这一个列表选单也允许在共享的参数设定的模型里面的选择对象或节点。当选择在相同的区域上的所有对象时，这将是非常有用的。

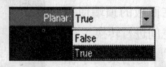

一些值的真实内容被限制。在这些情况下，一个下拉菜单显示出来，允许你选择新的值。

面板内容菜单

你能通过在被选择的值处单击鼠标右键或在面板的顶部使用小右键来显示面板内容菜单。

移动到区域...

显示被选择的区域的对话框。如果你们选择来自列表的一个特定的区域，全部被选择的对象将会被搬到那一个区域中。

移动到现在区域

将全部被选择的对象搬到当前区域中。

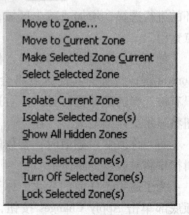

图3-145

使选定区域成为现在区域

如果所有的被选择对象在一个区域中,用这个选项将该区域变成当前区域。

选择选定区域

使用这个选项将选择当前区域中的所有的在同一区域内模型中的所有对象。

分离现在区域

隐藏除当前区域以外的所有区域。

分离选定区域

隐藏除当前被选择对象在区域以外的所有区域。

显示所有隐藏的区域

显示所有被隐藏的区域。这个选项不能对已关闭的区域产生影响,只对这些被隐藏的区域产生影响。

隐藏选定的区域

隐藏包含所有被选择对象的区域。在许多情况下,隐藏区域也仍然参与运算,它们只是在模型中是不可见的。

关闭选定的区域

关闭包含所有被选择对象的区域。被关闭的区域在所有计算中都被忽略。它们还是被记忆下来了,但是我们通常假设它们不在现实中存在。

锁定选定的区域

锁定包含所有被选择对象的区域。被锁定的区域还是被显示出来的,但是你不能对它进行编辑。

3.5.2 区域管理面板

这个控制面板是用来处理模型区域的。对于关于区域和其该怎么运用于模型的更多资讯请参阅 Layers and Zones 主题。

面板的各个选项如下:

A B C D E F G H I J K L ▶

这些按钮表现出组在哪一区能被分配。为了分配区域到一个组,在区域列表中选择它们,然后在你希望的项目上单击鼠标右键,选择 Assign Zone(s) to Group,或只是仅仅简单单击鼠标键或单击控制键来完成选择。为了选择一个组中的所有区域,只是列表中的区域和组选项中选择后单击鼠标左键即可。要清除一个组,只简单的在区域列表中删除区域或右击或控制单击。

在区域列表里面的图符交互式的让你控制显示区和选择区的特性。颜色方盒表现区域颜色,灯泡表示它被藏着还是显示,太阳表示它是被冻结或融解,T 表示它是一个热的或非热的区域和挂锁是被锁或开启。关于这些设定的更多资讯,请参阅 Zone Management 章节。

复杂选择技术

有一些技术需要使用鼠标来对复杂区域进行一次性的更改。当复杂区域被选择的时候,你们可以单击鼠标右键来使用和更改菜单选项。然而,如果你只是简单的在图符上单击鼠标左键,它将会首先选择被按的单一项目,然后才改变那一个被选择的项目状态。为了避免这些，简单的单击而且在图符上方进行拖拽。这将使得工作更趋于完美，但是如果你想要这样工作，你将会很快地习惯于它。它将使用一些空间来记忆你的选择使得你记得该怎么样去做：

区域管理菜单

如果你在区域列表中右击鼠标，或单击在区域的右手边上的组按钮中的箭按钮，下列的选单将会被显示。选单的项目是依下列各项：

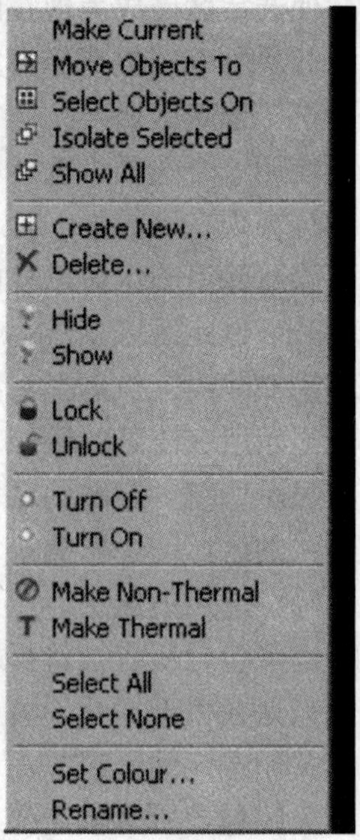

使...成为现在的

这个选项仅仅当一个区域被选中且为当前区域时它才会被显示。关于此的更多的资讯，请参阅 Current Zone 章节。你可以通过在区域列表中双击鼠标键来达到相同的效果。

移动物体到

这个选项也是当区域被选中是才是可显示的，它还将所有被选择的物件都移动到这个区域之中。

图 3-146

选定物体

将已选择的区域中的所有可见的物件全部选择中。

分离区域

将区域列表中的当前区域模型全部隐藏。被隐藏的区域依然参与运算，隐藏它们仅仅只是帮助它们编辑模型。你可以通过使用 F4 来返回使用的区域或在上述的菜单中选择 Show All Zones。

创建新区域

在区域列表的最后来创建新的区域。你可以通过简单的拖拽它来改变这个区域的位置。你可以通过简单的一次单击它来改变它的名字，或者使用上面的 Rename。

显示所有区域

将所有隐藏的区域显示出来。

隐藏/显示

区域能变成单一化的几何模型来进行编辑。一个被隐藏的区域不同于一个被关闭的区域，但是它是不显示的。其他的方面还是作为模型的一个部分。

锁定/不锁定

从交互式的对话框中锁定被显示的物件所从属的区域。被锁定的区域总是显示为灰色，当他们能被捕捉的时候，他们不能够被选择。

热的/非热的

一个非热的区域被假定为是一个没有上升温暖气流或听觉结果的不完全区域来被计算。如此的典型区域包含外部的明暗处理器件或站点元素，不过和模型的互动经过了明暗处理而且是遮蔽的。红色的 T 指出一个热的区。

关闭/打开

被关掉的区域将被考虑为不再在模型中，并且在计算中它也将被忽略。使用

3.5 控制面板

这个设定可以保护模型的建筑轮廓线和不同的设计选件。

选择所有的
将列表中的所有区域选中。

不选择任何的
将列表中的所有区域排除。

设置颜色…
显示出所有标准 WINDOWS 的颜色对话框，被选择的颜色对所有的区域都适用。

重命名…
激活名字编辑器，你可以通过这改变每个区域的名字。

删除…
提示从模型包含的选择区和所有的对象删除它们。

这个图符允许你很快地存取一些在上面被描述的选单命令。你也能在这些图符之中的任何一个之上拖拉你所挑选的区域，然后来使用命令。

区域特性对话框
显示 Zone Management 对话框。

3.5.3 材料分配面板

这一个控制面板位于主应用窗口并且显示关于元素类型和选择对象的材料分配的资讯。在进入这一个面板工作描述之前,你了解为什么有二个列表—主要分配和轮流分配是十分重要的。

主要材质
这一个列表显示当前所加载的模型中所有的材料类型。被加亮的材料是它所选择的对象中的一种主材料。如果没有材料被选择,这种区别将在保持不变的选择对象之间改变。为了分配材料,简单的选择一个后单击 Apply Change 按钮。

图 3-147

如果被挑选的材料被《》框住,这就意味对象被分配不同类型的材料。举例来说,你可能希望将天花板分配如同楼层一样的材料。然而,对于正确的热计算,你应该避免不适当的交叉分配,例如为一个窗分配的材料。这将不仅使墙成为一个窗,它将会简单地产生一个警告,而且它还表明代替热的延迟和衰减,以及错误地被利用了交互的热增益值。

有人说,当有跨度的时候,使建筑外表类型不透明是有道理,像是墙壁、楼层、天花板、门、裙板和隔断等。但是透明类型,如窗和虚体是不可能,而且器械、材料、点和线也是不可能的。

3 用户界面

替换材料

这一个列表也显示所有载入模型的材料。被加亮的材料是它所选择的材料。如果没有材料被选择，这种区别将在保持不变的选择对象之间改变。为了分配材料，只用简单的单击 Apply Changes 按钮。

预先设定地是，交互的材料和主要的材料是相同的。选择不同的交互材料取决于元素类型。每当对象重叠另外的一个对象属于另外的一个区的外部界面，如墙壁、屋顶、楼层和天花交互的材料就被使用。这个使得你随心所欲来移动几何图形而不用担心多大程度上一个特别的墙将会是外部的洞-砖，举例来说，多大程度上将会是内在的单一砖。如果你分配墙壁洞，这将会在计算期间自动地在邻接位置决定。

当对象被激活的时候，对于视窗操作系统、门、裙板、虚体、器械和源交互的材料将被使用。当模拟第一次的一个窗或打开一个加热器时，一个对象能在一个特别的时间被激活。在活动期间，其他材料可能在计算期间代替对象的默认材料。

同样的规则适用于将其他的材料更改为默认的材料步骤。

元素选择器

使用这个选项来设定当前选择的元素类型。如果它是空的或者显示《》，那么在你选择了 Apply Changes 按钮后，元素的类型将保持不便。关于这的更多资讯，请参阅 Element Types 和 Material Assignment 章节。

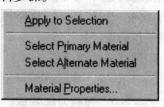

图 3-148

材料菜单

当你在元素选择的箭头左击时或者在材料列表中右击时你都可以激活这个菜单。

应用到选择的对象

选择这个选项去应用你在元素类型或材料设定中的改变。如果你在改变后却不使用这个选项或没有使用 Apply 按钮，那么改变将失效。

选择主要材质

使用这个选项选择当前模型所有可编辑的组件，这些组件将高亮度的材质作为主要材料。

选择替换材质

中所有可编辑的组件，这些组件将高亮度的材质作为改变的材料。

材质属性…

这个选项显示出 Material Library 对话框，它允许你在当前模型和你主要的库中编辑材料。当一开始显示的时候，它将显示当前高亮度材质的属性。

应用更改

自动应用更改

当这个选项被选中的时候，所有你所做的改变将默认地被接受。当然，重新设定组件也通过

图 3-149

3.5 控制面板

选中它，你在模型中选择组件，然后选择你所想要的材料即可。

选择这个按钮可以改变元素类型或材料的分配。如果在改变后你不使用这个按钮，这些改变将丢失掉。

显示所有的

这个按钮显示在列表的当前模型中所有已加载的材料。这个允许你在必要的时候对元素指派，你应当注意在主要材料设定章节中的讨论。

3.5.4 阴影设定面板

阴影设定面板控制图形在图布上的阴影显示。在 5.0 版本中，日期、时间和区位设定已经搬进工具栏的主要应用位置。这些都是因为现在有很多交谈式分析与当前的日期和时间相连的功能。关于这个的详细信息请参阅 Changing Date & Time 和 Setting Location & Orientation 章节。

为了显示阴影，单击 Display Shadows 按钮或者选择 Display 菜单中的 Shadows 选项。当阴影显示的时候，选择阴影显示组的任何一个选项将会自动地更新阴影显示。

显示一个复杂的模型阴影可能会引起一些混乱。最重要的一点是你可以通过 Tag Object(s) As 组中的选项 Shaded 将对象的阴影分离出来。然后阴影只将会附着在选项卡的对象上显示。如果没有对象被附以选项卡，阴影将在水平面上被显示。要清除所有的选项卡对象，只需确定没有对象在模型中被选择然后按 Shaded 按钮即可。

ECOTECT 也能表示太阳的反射。如果你要观看反射的效果，首先你必须在 Tag Object (s) As 组中使用 Reflector 按钮将一个或多个组件设定为可反射的。然后，你可以通过确定没有对象被选择，再单击 Reflector 按钮来清除反射选项。

图 3-150

阴影显示

对每个可以实现的阴影选项进行显示，参照 Shadow Options 主题。

显示阴影

当这个按钮被按下的时候，阴影在画布上被显示出来。要清除阴影，再单击这个按钮使它处于弹起状态。

从太阳位置观察

View From Sun Pos 键的时候，画布上将显示太阳

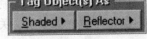

图 3-151

3 用户界面

方位的变化模型。当太阳离的较远时，它的光线几乎是平行的。因此，模型不需要任何的透视就可以显示太阳从现在开始的方位和高度。可以通过单击这个按钮或在画布上右击鼠标返回初始的视角。关于这个的更多资讯请参阅 View From Sun 主题。

标识物体为

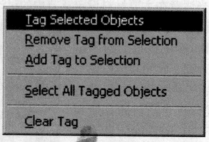

图 3-152

通常最重要的阴影分析是对太阳渗透的分析。因此，ECOTECT 的模型被显示成为一个 3D 立体结构线。为了避免阴暗界面覆盖的混乱，你可以选择你所希望表现阴影或反射太阳热量的表面，并且在这个控制面板里使用这个按钮。你在这个地方使用这两个按钮去设定使用面板。

你也可以使用 Selection Information 面板来设定/清除它。

遮蔽

使用这个按钮来将当前的组件设定为阴影。

反射体

当它显示反射的时候，ECOTECT 将对象设定为如同太阳的反射镜一样，来计算对太阳的反射贡献和太阳产生的光线。选择这个按钮来设定物件为一个反射体。

阴影的范围

一个阴影的范围是一个简单的，对于特定的一天的阴影显示。此外，它还要显示额外的扩展阴影。关于这个的更多细节，请参阅 Shadow Range 帮助主题。

图 3-153

开始

这个值显示阴影范围的开始时间，你可以设定它为 24 小时中的任何一个时间。

结束

这个值显示阴影范围的结束时间，同样你也可以设定它为 24 小时中的任何一个时间。

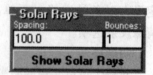

图 3-154

级

这个值显示对于每个阴影的间隔时间。

太阳射线

面板的这一个区段控制太阳光线和来自太阳的个别光线的显示。光线从反射的对象中产生，如太阳。关于这个的更多资讯请参阅 Solar Rays 帮助主题。

3.5 控制面板

平面对象产生一整块的光线，线对象产生一个很细的条状光。只有当真正碰到模型的时候光线才被显示出来。

间距

这个设定当前单元中连续光的距离。

跳动

这个值确定了在每个光线计算中点的数量。

太阳光投影

图 3-156

这个选项允许你在明暗处理对象之上把阴暗的对象处理回来。这基本上是明暗处理的相反过程。在这种情况下，选择工程中的背对太阳的模型来画阴影。关于这个的更多资讯请参阅 Solar Projections 帮助主题。

显示投影

使用这个按钮在模型中用热量来代替阴影。

3.5.5 分析网格面板

分析在轻的，太阳的日晒和热舒适值计算的模型里面表现一个点的格子。该嵌板控制显示和计算这一格子。

嵌板包含若干的控制组，建立一个格子需要几个步骤。依次是下列各项：

栅格设置

使用它控制设定格子的显示选项。

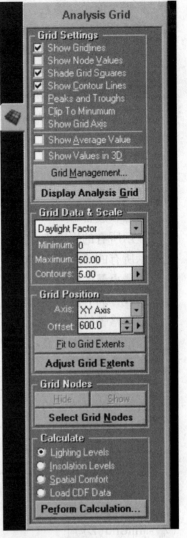

图 3-155

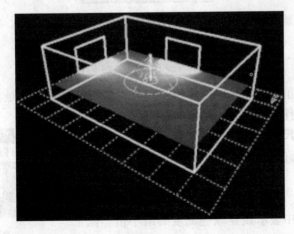

图 3-157

格子里面包含参数。在计算之后每格子点能包含 5 个不同的值和一个方向矢量。该选项设定当前显示的值。

下面会立即弹出 check 框以决定数据如何在格子中显示。

显示栅格线
将每个格子单元之间排成一行显示。

显示节点值
显示储存在每个格子中的节点的数值。

显示等高线
在格子上的一系列的等高线。如果格子平面已检查过，等高线被显示为彩色的代替线。

波峰和波谷
显示所有的周围点，或是更高或是更低。在一个相对平滑的格子上这样通常比显示所有的节点值更清楚。

对最小量的调整
当检查的时候，在所给最小值以下的值不给显示。

显示格子轴
在单位格子周围显示一个 3D 立体轴。

显示平均值
当检查时，平均的格子值在图画面板的底部——左边角落中被显示。这只是所有看得见的点的值的总数。

显示 3D 立体的值
用它的值和现在的刻度为基础显示每点。如同一个波动格子表面而不是一个平坦的平面。比较大小是在现在的格子位置和最大 3D 立体格子的位置中，最大的一个功能设定。因此，在一个 XY 格子中，任何点的高度（Z）有如下计算公式：

$$Z = MinGrid(Z) + [((Pt(value)\text{-}MinLevel)/(MaxLevel\text{-}MinLevel)) * (MaxGrid(Z)\text{-}MinGrid(Z))]$$

Grid Management...

这一个按钮显示分析格子对话框使你设定格子范围的大小。它相同于选择分析格子 > 设定...在主要的显示菜单中计算。

Display Analysis Grid

在图画面板里面使用这一个按钮锁定分析格子的显示。这是相当于在主显示菜单的项目中选择分析格子 > 显示格子。

栅格数据和尺度
这些控制允许你控制在格子和等高线的数字的显示范围。

最小量
在图画面板中显示设定颜色刻度的最小值。低于这个值颜色将会总是蓝色的或黑色的。

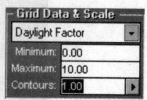

图 3-158

3.5 控制面板

最大值
在图画面板中显示设定颜色刻度的最大值。高于这个值颜色将会总是黄色的或白色的。

等高线
当等高线在格子中显示的时候，这选项值设定等高线增量。1000 个等高线的为所能显示的最大值（以别的方式重画用时太久），因此你应该设定该值在最小量和最大值之间

刻度菜单
这个菜单由选择等高线的值显示。

锁刻度
锁等高线刻度。通常刻度将会是 auto-fit 当你选择新的数据显示的时候。该选项可以保有先前固定的值。

图 3-159

适宜显示值
重新设定显示刻度基于最小值和最大值之间，在此之上显示现在格子点。按照规律摸索显示的值的范围。

普通颜色
你在分析格子中显示刻度颜色的颜色刻度会话框。

属性
显示格子数据，允许你编辑当前显示的格子数据的属性。

格子位置
这些控制设定显示的 2D 薄的切片位置和 3D 立体格子的高度的大小。

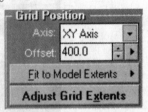

图 3-160

轴
该选项让你选择 2D 分析格子薄的切片平面，看它是否在 *XY*、*XZ* 或 *YZ* 轴中运行。

偏移
该值设定与现在的 3D 立体格子相关的 2D 的切线位置。你能根据自己的需要对话式改变该值。

图 3-161

栅格菜单
Goto 最大的范围
将现在的偏移量设定为最大格子的范围。
Goto 最小量范围
将现在的偏移量设定为格子的最小范围。
重新设定形式-适应
重新设定为当前的轴形式，如"现在的轴（2D）的适应"，它的概略说明在下面描述。

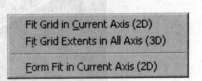

图 3-162

适合当前轴的格子（2D）
所有适合轴的格子范围（3D 立体）
对所有适合的轴，选取它们的整个格子，调整原点和格子的大小合适。

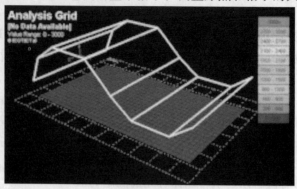

图 3-163

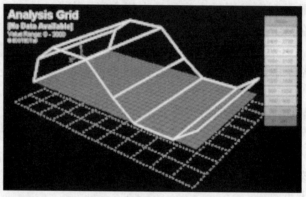

图 3-164

形成现在的轴适应（2D）
应用偏移到每个格点，以便它适合每个模型形式，这将会造成一个波动格子如下图所示。这个波动能用来把经过 3D 立体分析的格子数据切成片断。

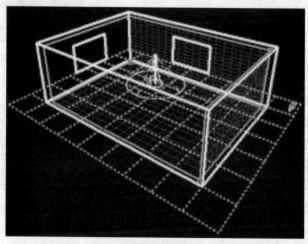

图 3-165

3.5 控制面板

计算

这一部分包括使用栅格进行的分析计算。

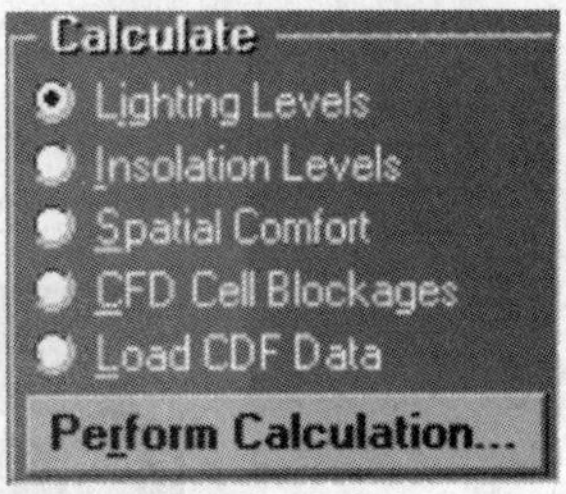

光照水平

显示 Lighting Analysis 对话框来计算现在栅格的自然和人工光照水平。

太阳光暴晒

显示 Solar Insolation 对话框来计算一年中任何选择的时间内，落在栅格点上的相关太阳光辐射量。

图 3-166

热舒适

这是一个大范围的计算，在这之中栅格先被遍历来决定模型中可从每个栅格点处看见的每个表面的固定角度。一经计算并存储到磁盘中，就对于现在的日期/时间进行快速的热分析，来决定每个区域的空气温度和每个模型的表面温度。这个数据给出了平均辐射温度，一个着衣指数，一个代谢率和一个湿度值，从而就有可能通过栅格显示舒适值。

载入 CFD 数据

该选项可以从一些软件中下载，用来计算流体力学的（CFD）栅格数据，这些软件由 Cardiff 大学的 Welsh 建筑学院研制，还不能从商业途径购买到，但是已被保留在商业出版中，是为了在能买到时简化分布。

进行计算

进行特定计算。

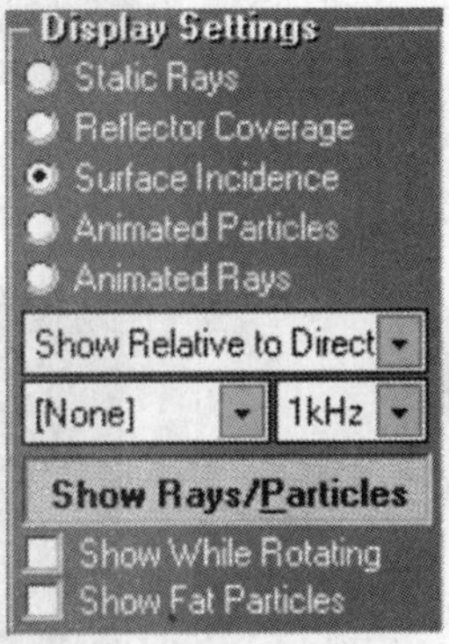

3.5.6 光线和粒子面板

显示设置

这一个组的控制决定什么数据在图画面板中显示。ECOTECT 提供宽范围的显示选项和产生方法。不是所有的显示选项会对所有的情形都是适当的。

图 3-167

静态光线

在模型里面将每条光线全部显示。

反射镜

该选项使得来自模型的特定的区域可见。

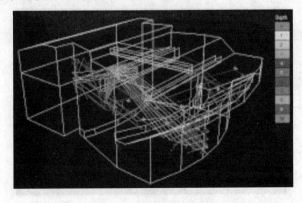

图 3-168

表面入射

使用该选项显示在模型上的所有光线的交叉点。如果没有选择模型,点就代表所有的模型,如果你有许多光线和高的反映深度,这需要相当的时间。为了把重心集中在特定的模型,使用正常的模型选择方法选择它们。

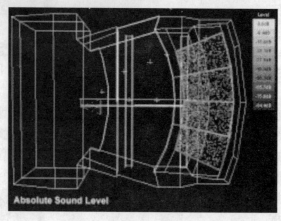

图 3-169

激活的粒子

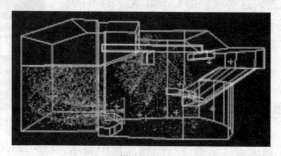

图 3-170

动态的光线

显示模型里面动态的光线。你能在动画区段中使用控制或交互式的滑轮,从而使得这些显得有动感。你可以根据你的需要设定来使用 Colour/Numerical Display,否则你很快地就辨读不出乱七八糟的彩色线了。

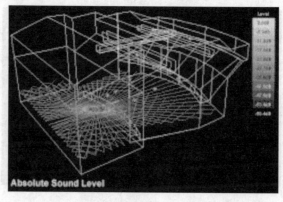

图 3-171

3.5 控制面板

颜色数字显示设置

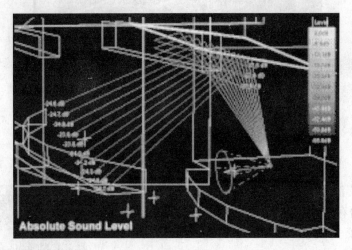

图 3-172

数字的显示

使用这一个选项显示声音数字或在每道光线结束的时候延迟每个粒子。显示值由颜色/数字的选项设定。如果你有很多光线，或完全球的发射，它将难以辨别单个值。因此你需要正确地判断使用这些选项。

频率

使用这个选项选择频率段，选定那些特定数值的而且颜色显示已经被计算的频率。

显示光线/粒子

在模型里面的这一个按钮锁定光线和粒子的显示。这相当于在显示菜单下选择 Generated Rays/Particles

当轮换的时候

当检查的时候，光线和粒子被显示，当显示的粒子必需在空间里面看得见的时候，这可能是有用的。如 3D 立体效果的粒子。

激活

这一个组控制动画。游戏按钮不需要解释，除了游戏按钮在动画期间变成中止之外。当暂停的时候，你能使用鼠标或下面的滑动器交互式控制动画。

动画速度

动画速度紧邻游戏按钮 incremental distance value set 控制。它相当于单位距离，比如 343.7 毫米用 1 毫秒的声速代表。

图 3-173

鼠标滚轮控制

光线信息

这组显示产生的光线和存储的射出光线的数量。它也包含按钮载入和删除光

3 用户界面

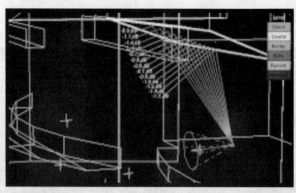

图 3-174

线数据以及清扫记忆。Acoustic Response 按钮帮助你分析在内存中或随机产生的声线的反馈的衰减情况。对于较多的介绍查看 Acoustic Response 帮忙主题。

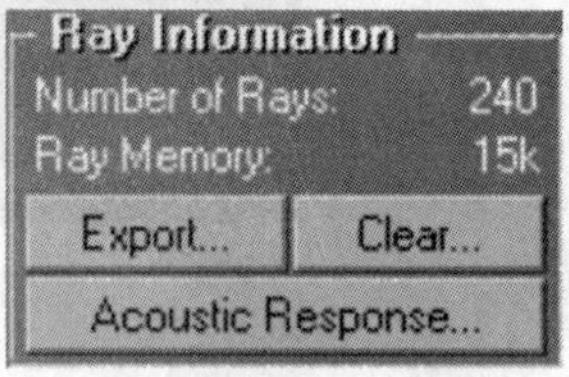

图 3-175

3.5.7 参数对象面板

这一个面板位于主应用窗口,它控制一些以参数为基础的比较复杂的对象的创建。这些对象包括牢固的屋顶、柱面、圆锥体、半球、测地学的穹顶和螺旋形物等。

为了产生一个新的对象,在图像下的选择框中选择的模型类型,然后在列表中输入必要的参数,选择 Create New Object 按钮即可。关于这的更多的细节请参阅 Parametric Objects 帮助主题。

列表的参数符合上面图形的信息。个别的参数单元会因所产生的对象类型不同而改变,有时作为来自列表的一个尺寸、一个角度、一个完整的数字或一个选择。你可以象 ECOTECT 中其他的输入框使用方法一样来使用这个输入框。

应当注意的是,牢固屋顶选项和模型工具栏中创建屋顶选项 有着特殊的关系。当选择这个按钮的时候,一个 2D 长方形在图画帆布中显示。当你拖拉这一个长方形时,它将自动地更新这个面板中牢固屋顶的长度,宽度和开始位置等信息。后面还有关于牢固屋顶的参数描述,关于这些的详细信息,请参阅 Create Roof 主题。

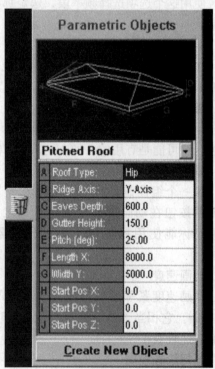

图 3-176

3.5 控制面板

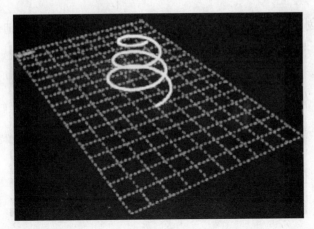

图 3-177

牢固屋顶设定
屋顶类型

这一个选项决定了一个 gable 或 hip 屋顶的类型，如下图所示。一个 gable 屋顶在每个结束处都有一个单一平面的对象，然而一个 hip 屋顶有一个分开的三角形的区段，允许延长屋脊。

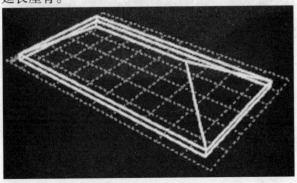

Hip
图 3-178

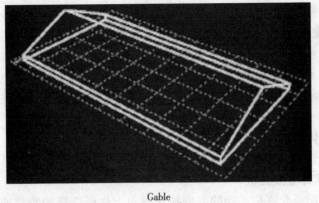

Gable
图 3-179

3 用户界面

海岭轴

当第一次创建的时候,该选项决定了牢固屋顶是和 X 还是 Y 轴一致的。

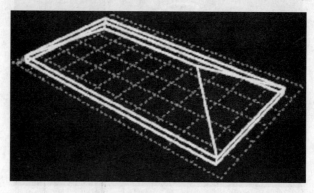

图3-180　和 X 轴

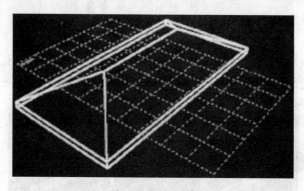

图3-181　和 Y 轴

屋脊深度

一旦定义了宽度和高度,或者使用鼠标交互式的输入,突出部份的值在当前的所有的边周围表现为一个偏移量。

槽高度

这个值定义了屋顶底部离地面的高度,它在当前单元中被给出。

间距(deg)

这个对话框用来设定屋顶表面的倾向角度。

长度/宽度

这个值表示在当前单元的 X 和 Y 轴上屋顶的大小。

开始位置 xylem 和 z

这三个值定义新的屋顶出发点,这个出发点是基于左下角。在现实的单元中也和全局坐标一致。

创建新物体

选择这个选项来创建新模型。

3.5.8　实体变换面板

这个控制面板允许你手动的去变换在画布上你所选择的物件或结点。所有的变换都和变换的起源有关,在这个面板上的组件如下:

3.5 控制面板

这个图标是用来显示出画布上的变换的起源的。在默认的条件下，当你移动起源点的时候，或在交互式旋转时，计数或反应操作时起源才被显示。当选中这个图标的时候，起源也被显示。

当选择这个图标的时候，初始坐标点附近所有的转换将被执行。

当选择这个图标的时候，转换原点将自动的和当前选择的优先于其他变化的图形中心相关联。

当选择这个图标的时候，每个物件将独立的沿各自的图形中心点周围变换，这个模式不受当前变换的影响。

将现实世界的（0，0，0）点设为变换的起源点，这个是移动整个模型的基础。

变换

这一个组中的控制允许你应用多种不同的变换。参数的每次改变，马上可以在控制下显示出来。一些小实验可能需要和这些参数相关，但是它们是可以解释说明的。

Transform Vectors 对话框决定了变换是否适用于对象的挤动向量和它的节点。如果你希望仍然按某一角度转动一个楼层，但是保存它的墙壁垂直的在 Z 轴上的话，这个就将是非常重要的。

图 3-182

在挤动变换中，Cap Extrusions 对话框将显示出来。如果一个对象从起源点创建，那么这个可以简单的显示出来。它只适用于平面的对象挤动。

下面的变换是可行的：

移动

在 X、Y 和 Z 轴方向上直接移动。

旋转-轴

通过对每个特定的编辑框中三个轴的设定来替换选择的对象。替换的次序是 X，然后 Y，然后 Z。如果想用一个不同的次序来替换，只需将其他的编辑框的数值定为 0.0，并且单独运行它们。

旋转-极

替换一个指定的方位和高度以及角度的对象。

尺寸

每个主要轴方向上对象的尺寸。

镜像

基于变换的起源的位置,给出对象的轴平面的镜像。

拉伸—矢量

通过在三个轴方向上给定数值来拉伸对象。

拉伸—法线

沿着他们的表面拉伸对象。如果被拉伸的对象不是平面(而且没有表面的常态),将 Z 轴方向作为它的默认方向。

旋转

在变换起始点和所挑选的轴周围考虑一个对象。

绕中心旋转

在它们的中心点和表面的周围替换挑选的对象。

一旦参数被设定,只需选择 Apply Transform。

Create Array 按钮是到现在的选择置位的一个副本。数字决定被复制的对象的次数。

方位

这一个组允许你设定精确的方位和一个平面的对象高度。它基本上决定了界面常态。当选择对象的时候,这些数值将自动地更新。关于这个的更多资讯,请参阅 Object Orientation 主题。

极序列

该选项替换那些刚刚产生的对象的当前起始点和所选择的轴。

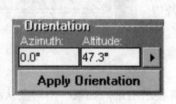

图 3-183

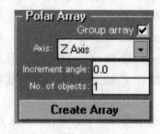

图 3-184

组序列

阵列的组成员。这意味它们以一个大的整体单元被选择。

轴

描述主要的轴附近,一个两极的对象被替换。

增量角度

叙述角度替换序列的每个对象。这由来自所选对象当前位置的一个逆时针方向的方向角度来描述给出。

物体的数目

这些数值决定被替换的复制数量。注意,虽然这包括当前挑选的对象。但是数值 1 表示没有创建复制。

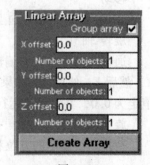

图 3-185

创建序列

选择这个按钮来创建序列。

线性序列

这一个组允许你将当前的所挑选的对象编为一个3D空间的线性对象序列。

组序列

序列的组成员。这意谓它们将以一个个的大的单元的形式被选择。

X、Y 和 Z 偏移

这些数值表现在当前的尺寸单元下,每个轴的偏移量距离。序列的每个对象将会是这距离的复合体。

物体数目

这些数值决定在每一个三向轴中,复制的产生的数值。注意,这些包括当前被挑选的对象。数值1表示没有创建复制。

创建序列

选择这个按钮来创建序列。

3.5.9 输出管理面板

这个控制面板在ECOTECT里提供了一个输出设施使用这个按钮可以控制和解释每一个输出操作。

当第一次使用Export Model Data的时候,你必须为导出文件附上名字和路径。这将会成为其他操作的默认值。你可以通过点击红色硬盘按钮来更改这些文件。

这个在你做初始模型的时候,不断地输出,检查结果,修正ECOTECT模型然后再输出它的时候,是非常有用的。

一些在左边上的列表中显示的按钮可能不在你的列表中出现,这依赖于你已经安装的工具。

3.5.10 OpenGL 显示栏

OpenGL已经成为一种展示3维图像的工业标准,当前主要应用在游戏技术里面而没有用作CAD的开发工具。OpenGL应用工具在ECOTECT里面的很多方面得到非常广泛而独特的应用——但是我们知道有时候至少有一个或者两个图形码(主要是指旧的Matrox码)

图 3-186

3 用户界面

有点问题。因此我们只是把它作为一个单独的弹出式窗口加入进来的，这样，即使你的图形码不支持 OpenGL，你仍然可以应用 ECOTECT 的全部其他特征。欲了解更多信息，参见系统要求页面的 OpenGL 硬件问题部分。

该控制面板控制着 OpenGL 绘图区内的模型显示。你可以通过选择 Display 菜单中的 OpenGL（实验）项显示该面板。下面是对 OpenGL 各种功能项的描述。

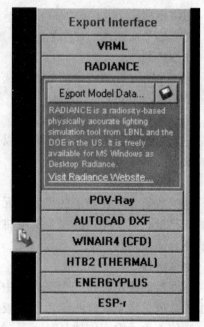

图 3-187

使用上面的这些图标，你可以快速的在面、边和那些 OpenGL 展示的内部透视图之间转换。使用右边的图标，你可以在透视（闭合）和垂直（远景）角度视图之间转换。你可以在任何可得到的视图之间转换。

前景和背景颜色（Foreground and Background Colors）

这两种颜色模型创建了模型的视觉环境，正如名称所表示出来的意思，背景颜色是用来填充模型里的背景的。前景颜色提供一种替代的颜色来映衬背景颜色。

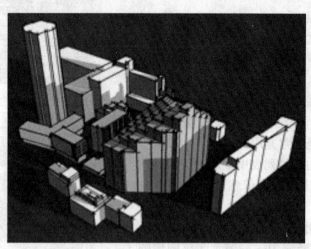

图 3-188

表面展示（Surface Display）

使用该组的这个选项来确定多边形将会被填充何种颜色。前景和背景选项涉及到的颜色随即显示在上面，材料和区域的颜色在模型内部显示。

轮廓展示（Outline Display）

除了应用于实体轮廓时的情况，第一批模型选项确定颜色和模型中的表面一样。

3.5 控制面板

设定比例尺（Scale Lines to View）

为了使你的模型给人一种正在建造中的工程的外形和感觉，ECOTECT 提供了一系列的可供调整的草图参数。如果查找该选项，当你接近于你的模型时镜头会拉近到适合视图的大小，如果没有查找该选项，草图参数模型将被视为单独的尺寸。

平滑锯齿线（Anti-Aliased Line）

查找该选项使 ECOTECT 减少在模型中的图线锯齿形。这样图像看起来会显得舒缓一些，但是要花较长的时间转化。

轮廓线宽（Outline Width）

该模型控制在开放式绘图介面显示的图线宽度。然而，大多数的图像码，支持整数值宽度，然而也有一些支持小数点后数量级的增量，这就是为什么该数值可以以小数形式输入的原因。

草图轮廓（Sketch Outlines）

由于 ECOTECT 的设计目的是要成为一个概念上的设计工具，所以使用该工具的大多数方案都是初步设计思想或者是相对未完成的设计。为了能在视觉和计算结果里，有效的传达出这种思想，为了使它显示的更加像草图，可能需要在图像里面介绍"任意"元素。这样观察者参观的就是设计者自己的思想而不是一个完善的方案。你可以使用草图轮廓选项里面的一些选项控制相关的一些内容。

图 3-189

图 3-190

拉紧（Jitter）

该数值设定了最大的任意显示程度，它适于草图轮廓。其值受上面描述的选项影响，与它们相关联然后可以选择缩放以适合当前视图。

线的次数（Line Multiplier）

决定每条线的绘制次数。很明显只有当拉紧足够高的时候，它才有真实效果。

Re-Seed Jitter Function

拉紧的功能是指"任意"，但是要保证在视图变化的时候保持一致，它需要模型一个任意数值。选择该选项产生另外的一个任意值。

图 3-191

如果你有一个你偏爱的特定视图，然而你希望显示的一个拉紧线段消失在一个表面背后，只需点击该按钮直到希望的结果出现然后重新保存。

多段直线（Segment Lines）

除了拉紧线段的结点，该选项使你可以把每条线分为多个线段画。它使手绘增加了弯曲效果。

长度（Length）

该数值是以国际单位给出的，控制着多条线段的长度。同样为了使视图转换的时候保持一致性，该数值不受上面描述过的 Scale Lines to View 选项的影响。

延伸轮廓线（Extend Outlines）

当执行手绘的时候，通常要把结束点稍微延长一点，这样可以直接的辨认出来交点。该选项只能在当前的视图有效。

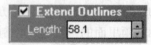

图 3-192

长度（Length）

该数值是以国际单位给出的超出长度，也受到上面描述过的选项的影响。

模糊显示（Fog Display）

在很多计算机模型中，一座建筑的整体位置背景通常不是很完善。在视图中会使建筑显得很孤立和突兀，然而如果你使用了该选项，图像将渐渐退色到背景颜色，表达距离的效果。

图 3-193

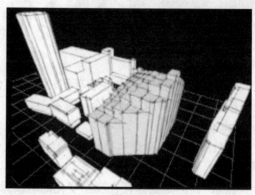

图 3-194

3.5 控制面板

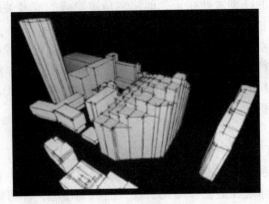

图 3-195

截断面（Section Plane）

当观察实体模型时候，如果能看到它们的里面会很有用的。通过模型某些材料为透明的可以达到这种目的，然而你还可以使用交互式截面。通过滑动条你可以拖动平面从一个栅格到另外一个，还有一个菜单使你可以选择需要裁剪的模型所在的坐标轴。

图 3-196

图 3-197

摄像机视图（Camera Views）

ECOTECT 中的摄像机视图可以直接应用到 OpenGL 展示中，它的栏目就显示在绘图区的下面。摄像机的物理位置和匹配材料的特性都可以用来产生 3D 视图。你可以使用 OpenGL 栏目来添加、遍及和删除模型的摄像机视图。

保存改动（Save Changes）

如果你当前选择了一个摄像机来观察模型，并移动或者编辑了视图，使用该按钮你可以更新模型摄像机来保存改动。如果你移动了视图，实际的摄型机位置和观察点都会被更新。同样地如果你缩放或者改变了前景和背景的颜色，匹配的摄像机模型也将被更新。

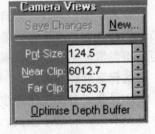

图 3-198

新建（New...）

以当前的视图为基础创建一个新的模型摄像机。该摄像机将被添加到 OpenGL

区域里面。该区域的特别之处在于：即使它是被隐藏的或者关闭的，相关的摄像机在OpenGL展示中仍然是可用的。

当创建了一个新的摄像机时，模型中将增加一个新的摄像机实体。另外，需要命名一种新的材料添加到材料列表中并赋予新建的摄像机。如果你输入的是已经存在的摄像机材料的名称，原来的特性将被新建的视图取代，这将影响到匹配该材料的其他摄像机。

Pnt Size

由于ECOTECT适合于任意大小和复杂的模型，从一个窗子的大样到整个的城市模型，它需要一系列的参考点为基础，从绘制点实体的大小到调节摄像机视图的增量单位。如果你现在是在外部观察较大的机场模型，你可能需要较大的增量那样你就可以较快的向前或者周围移动。然而，如果你的视图在主大厅的内部，想要漫步移动以及查看登记处，那么原来的模型就会显得太快了。

如果模型Pnt的值设为默认，它将会作为地面栅格展示的小部分进行计算，然而，你可以用该选项以国际坐标（world coordinates）表示模型该数值。

远近截面

OpenGL的隐藏表面功能要求指定一个远的和近的截面，这样它便可以保持一个微小的缓冲距离。它根据当前的摄像点的距离大小给出的。令人遗憾的是该过程很依赖这两个截面，它们越接近，隐藏线算法越准确。因而，为了模型的更加精确，ECOTECT试图自动计算当前视图的最近和最远的可见模型点，除非Auto-Optimize Depth选项被关闭。

很可能是你根本没有观察到这过程的进行，然而却发生了这样的事情：你可能看到一大块的地板的一部分在你看到之前消失了，或者是靠近你的扶手的一部分过早的消失了，你可以只是通过输入一个稍微小一点的值到近处截面来调整该情况-记住如果你修改了选项，它将在你移动视图的之后很快的返回到原始值，要克服该问题，如果你输入0.0作为近处截面的厚度（Near Clipping depth），Auto-Optimize将更新远处截面深度，调整近处截面尽量靠近观察点。如果要重新设定这个数值，只要输入一个比0大的数值，然后移动当前视图。

或者，你也可以在你自己的视图里面截取一个部分，这样你就可以动态的调节它们的数值。这两种数值的单位都是国际单位。如果你在调节这两个数值之后更新摄像机视图，它们将保存在摄像机视图的里面。

优化深度缓冲区

如果关闭自动优化厚度选项，你可以使用该选项手动调节最大和最小距离，以此观察模型点，以及自动模型近处和远处截面。它可以成为一个你满意的好的起点，然后可以手动调节。

交互展示

全部交互式重绘

通过默认值，只需通过拖动鼠标调整，ECOTECT就将展示一个模型的边框。在比较复杂的模型中，它

图3-199

避免大的跳动和低比率，这样你可以实时的精确操控视图，或者，如果你查找该选项，ECOTECT 将在每次更新显示的时候进行整体重绘。

自动优化厚度

如果模型选了该选项，ECOTECT 将自动的设定最大和最小的距离，以观察模型点并在模型最合适的近处和远处截面，其中包含着一些计算只有在你对视图进行调节后，并释放鼠标按钮后才开始进行。这样你可能会发现当你旋转或平移的时候你模型的一块在截面的背后消失了。然而，在模型选了一个特定的视图之后它会恢复到原样。

转换视图

当你调节视图或者选择另外的摄像机时，能看到视图的实际变化是很有用的，因为这样你可以在模型中保持你的方向。如果你已经创建了一系列的视图，为了给客户或者一个可能不像你自己那样熟悉方案计划的同事展示你的模型，这个就显得尤为重要。你可以使用该项发挥这个特点。如果不使用，展示时将弹出一个新的视图。

提示保存模型

有时候你要花费单独的时间来建立一个视图，只是因为在你做的修改更新之前随意的选择另外一个摄像机，从而丢失了新的视图。显然，撤销或者重做视图模型是不可能的，要解决这个问题只有好像等到下一个版本了。到那时，该选项会在转换到新的摄像机时提示你保存或者放弃你对视图做的改动。

连续拖动模式

连续拖动的意思是，当改动一个视图的时候，你可以拖动鼠标移动到你满意的位置，即使鼠标可能不在移动，视图也是在那个方向持续的移动。改动的大小正比于鼠标与其最初点击位置的距离。

重新调整视图

当你使用 Ctrl + F 或者  按钮调节视图使之与模型相适应时，重新调整地面栅格的大小与模型中可见实体相适应，然后缩放视图与可见窗口展示的栅格相适应，应用该选项时，ECOTECT 将重新计算合适的 Pnt Size 可变大小以及以上描述的 Jitter, Segment Length 和 Exten-

图 3-200

sion 的值。如果没有使用该项。这些数值仍旧是原来的模型值。

增强当前视图

当漫步于模型周围的时候，经常需要水平移动。在 3D 视图中，你可以旋转模型到任意的方向。选择该按钮面向当前的视图，这样你正是在水平地观察。

观察模型中心

当你使用鼠标右键旋转模型的时候，将以它的几何中心旋转而不顾摄像机的位置或者此时你观察的位置。该项避免大多数 VRML 和 OpenGL 展示中常见的问题，那里你会很快地在模型的外面或者内部迷失方向，使用该选项定位当前视图，这样你总是直接的面向模型的几何中心。

3.5.11 OpenGL 分析面板

OpenGL 显示中，控制面板显示提供分析和影子数据。在 Display 菜单中选择 OpenGL（Experimental）显示此面板。参看 OpenGL Display 可获得更多信息。

在 OpenGL 中大多数分析显示的特性与主要的 ECOTECT 模型类似，但要求稍有不同，它们可以接触 idiosyncraytic。

日期/时间/位置控制

这些控制基本上在 ECOTECT 的主工具条中。然而，在 OpenGL 视窗中将更加方便地显示阴影和遮蔽。

太阳路径显示

此项显示当前选择的日期内太阳每小时穿过天空的轨迹。参看 Shadow Display Options 主题可获得详细信息。

检测时，需要重新调整模型以适应太阳改变当前的路径时的变化。在检测模型时可点击控制键以避免变化。

周期太阳路径

此项显示在当前选择的日期内太阳在天空中每年的轨迹，用一系列的蓝色线表示。参看 Shadow Display Options 主题可获得更详细信息。在此也需要重新调整模型以适应太阳当前的路径变化。同样可点击控制键，避免变化。

显示太阳路径数据

此项显示最近计算的阴影信息并在 Sun-Path Diagram 对话框中显示出来。其中包括单个阴影面罩和 Calculate Surface Shading 对话框中的 solar stress 计算数值，以及相等的日光因素和垂直的天空组成部分的点。检测时，仍需要重新调整模型以适应太阳改变当前的路径时的变化。可点击控制键以避免变化。

遮蔽效果

此项控制阴影的影响，线的颜色和表面随着曲面法线和当今的太阳位置之间的角度变小而趋于缓和。滑动条在顶部控制阴影面和无阴影面。即使如此阴影的影响也不可能准确显示，滑动条的模型将影响模型中的阴影效果。

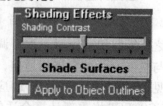

图 3-201

3.5 控制面板

遮蔽表面

此按钮锁定在模型中显示表面的太阳阴影的情况。

提供给物体外形

因为没有显示,只有平面表面遮蔽,线框强调模型的外轮廓将没有阴影。然而,使用阴影效果取决于喜好,特别当使用素描的效果任选时,可模拟改变线的轻重和钢笔压力。这完全是一种审美选择。

阴影显示

此项在此部分控制显示模型中的阴影。为了在复杂的模型中显示相互影响的阴影,ECOTECT 在图形硬件内利用 OpenGL 支持。这种方法增加短时间内的渲染速度,但在 OpenGL 中一些影响在主要模型中的视图将不能显示。

图 3-202

投影到窗口

使用此部分在视图中的透明模型上显示阴影。此操作包括绘图两次,透明阴影显示在一低对比内的 opaque 表面-能稍微减少重画过程。

窗口模型阴影

预先设定透明模型不接受阴影。使用此选项可显示透明模型的阴影。

应用阴影设置

在线框模型视图中显示阴影,可容易的检测太阳到地板和墙上的渗透,用不同的颜色,加亮不同模型的阴影,选择的模型的阴影等。

然而,当选择此部分时,ECOTECT 将在主视窗的 Shadow Settings 工具栏中显示基础阴影。在此次部分,太阳辐射将不会在 OpenGL 中显示,因此基础部分的反射将没有影响。但如 Hidden Zones Cast 和 Selected Objects Only 部分将应用并且使用全局阴影颜色。

显示阴影

当点击此按钮时阴影将在视图中显示。再次点击此按钮将清除阴影,恢复原状态。

重点注意:用户经常使用图形硬件和驱动器等等时,应注意 OpenGL 的阴影。确保三次检查任何 OpenGL 阴影适合任何虚假结果(holes, voids 或 volumes)。这些(可能的)错误很难预测和控制,因为阴影是由硬件做的。

如果有问题,可参照 ECOTECT 的主视窗阴影部分。

从太阳位置观察

点击时,视图显示太阳透视在不同位置的变化。由于太阳距离太远,射线几乎平行。因此,模型从当前方位和高度角显示没有任何透视变形。回到透视角度,或再次点击此键或点击右键拖拉视图。参看 View From Sun 部分可获得更详细关于设计模型阴影的信息。

阴影动画

此部分允许灵活的显示在 OpenGL 中显示的阴影。活动条控制灵活性。点击按钮立即降低某天某一时刻或某年某天的灵活性。

这可以与任何其他的选择一道使用。例如，它同太阳观察按钮一起工作特别好，可清楚的显示什么时候模型被遮蔽或者暴露。

分析栅格

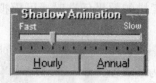

图 3-203

图 3-204

显示分析栅格

此项只有当分析网格在主要模型中显示时才可用。在其建议下，使 Analysis Grid 模型，在 OpenGL 中只显示当前的网格分析。

3D 分析栅格

此按钮显示网格分析控制菜单。

Animate Forwards

Animate Backwards

Cycle Back and Forth

在允许情况下，这些项只可能使 3D 计算网格数据的 2D 部分变得灵活。通常，如果选中 Clip to 2D Grid Plane，2D 部分将用于剪切几何模型和 3D 分析数据，此情况下这些项也可灵活网格。

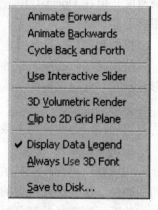

使用交互滑动条

此项显示一个滑动条，允许绘制 2D 网格部分的位置。滑动条接近显示按钮，如下图。

当滑动条可见时，基本上使用 Mouse Wheel。使用鼠标滚轮调节网格，点击 Shift 键增加，Control 键减少。

图 3-205

3D 容积涂抹

图 3-206

此项只有当 3D 分析网格计算后才可使用（参看 lighting, solar insulation 和 CFD 数据部分），此项在最大和最小限度内显示全部 3D 网格的每一个基础数据（参看 Analysis Grid Panel 部分模型这些数值），如下图。因此，在获得结果之前尽可能检查这些数值。

粘贴到二维栅格平面

此项在 OpenGL 视图中使用当前 2D 面剪切表面几何和 3D 分析网格数据。在没有打开所有表面时可使用此项观察。参看 Analysis Grid Panel 模型剪切面的轴线。

3.5 控制面板

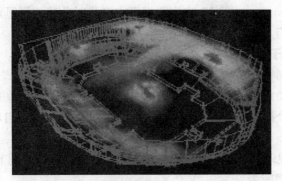

图 3-207

图 3-208

显示数据图例

使用此项可在 OpenGL 视图中显示图例和主题。

通常使用三维字体

在 OpenGL 里的正文只能被作为详尽的三维模型或者平面 bitmap 显示。当圈定模型大小时，很容易调整 3D 文字。然而，测量或者估计 2D bitmap 正文的大小不十分容易。更有大号 3d 正文看起来比 bitmap 正文好，而在小号它看起来太矮胖。因此，bitmap 正文用于数据区和规模使用较好。

在预先设定下，ECOTECT 使用 bitmap 文体作为较小字型和"estimates"类型的字体来调整好数值。但是，在某些尺寸估计可能例外，因此当它们的调整更准确时，只使用 3D 字体的选择可能有用。再次，报告和图像生产是一种完全审美的选择。

保存到磁盘…

此项在菜单顶上向后与动画功能相关。它只是在动画过程中的每个框架产生一系列的 bitmap 文件，从当前位置开始，继续直到第一个方向改变（或者开始后跳，或者反转循环-并不需要保留已经存在的图像）。当被选择时，将提示立即保存目录和文件名。每个框架将索引选择的文件名。

光线/粒子

显示光线/粒子

图 3-209   图 3-210

只有当 rays and/or particles 在主要模型中产生时此项才可显示。在 OpenGL 中选则此项显示它们。

激活光线/粒子

此按钮显示网格分析控制菜单。

显示交互滑动条

此项显示一个拖拉光线/质子时间的滑动条。此滑动条在启动按钮附近显示，如下图。

当滑动条可见时，基本使用 Mouse Wheel。使用鼠标滚轮调节网格，点击 Shift 键增加，Control 键减少。

Display Data Legend

Always Use 3D Fonts

Save to Disk...

可参看 Analysis Grid menu 上面的描述。

显示参考

以默认方式存储设置

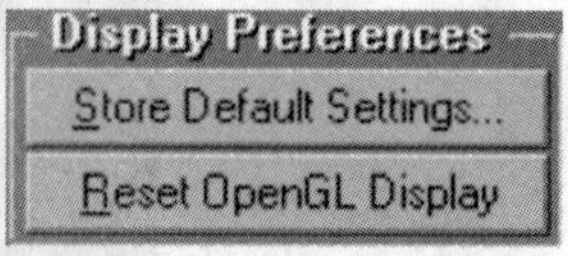

根据自己兴趣如果有特别的显示模型，如果仅仅是模型想要的，然后点击该按钮作为默认的模型。

图 3-211

复位 OpenGL 显示

在 v5.20 中，OpenGL 的功能仅为合理的试验。当所有的兼容问题解决后，OpenGL 的特长将很受欢迎，然而，很多问题都是不可预知很难解决的，与 OpenGL 提供的功能特长相比，它们都是微不足道的。

在 OpenGL 的显示中，其中一个难题是阴影显示加速硬件有时会影响到颜色的缓冲。当此发生时，如果阴影已经显示，模型将不能自动重绘，但仍可以看到模板的遮阳变化。

这就是模型使用该按钮的原因——点击此键，返回并运行。我们正在寻找克服此问题的方法，或甚至自动监测其发生的时间，然而 OpenGL 系统的各个方面仍然受以前影响，因此更新很困难。

主导风...

显示风速和方向的曲线图覆盖模型，调用主导风的对话框。

资源消费...

显示绘制图表结果对话框的资源消费栏。允许你计算长期操作的能量和资源使用。

原料成本...

显示绘图结果对话框中的原料成本栏。表示允许你在计算模型中使用的经济和环境的原料成本。

错误消息...

该条目重新显示错误消息对话框。这只显示模型在计算过程中出现的错误和潜在错误。

3.6 用户参数选择

用户参数选择是影响每次应用程序启动运行的变量,它可以由用户设置。这些参数选择存储在注册表 HKEY_ CURRENT_ USER 章节,所以对于每个不同的用户登录是惟一的。

编辑用户参数选择:

(1) 首先选择主工具栏中的用户参数选择按钮,或者通过选择文件菜单中的用户参数选择。这将加载用户参数选择对话框。

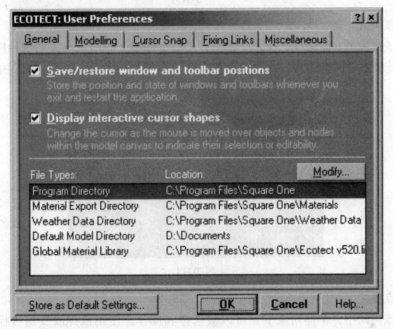

图 3-212

(2) 临时修改当前状态的设置,只需点击 OK 按钮应用所做改变并且退出对话框。

(3) 保存改变为默认设置使每次后来的 ECOTECT 状态(对当前用户),从选择框中选择保存为默认启动值点击左边的 OK 按钮。然后点击 OK。

3.7 操作模式

ECOTECT 中有多种操作模式。模式基本上决定了当你在绘画栏中点击或拖拽鼠标时发生的情形。默认模式是对象模式。用键盘 ESC 键或鼠标右键点击绘画栏折叠菜单中的选择取消来退出其他任何模式。

创建和修改模式

选中任何进入对象的创建和修改工具。这些模式由节点输入指针说明,具有一个红色 X 和 Y 轴,显示在绘画栏中。

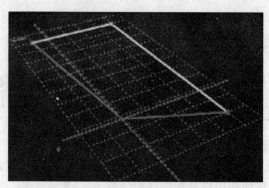

图 3-213

对象模式

在该模式中，对象被选择并应用于它们的全体中。使用鼠标改变这种模式，只需点击该模式下的空白区域或通过点击它的一条线段选择一个以前未被选中的对象。

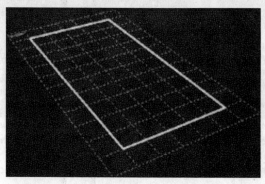

图 3-214

节点模式

在该模式中，个体对象节点可以被选择和操作。使用鼠标改变这种模式，只需双击被选对象或按住 F3 键。

测量模式

当进入到该模式，你可以使用鼠标直接对模型进行测量。只需选择一个参考点来开始然后通过点击当前视图中的对象进行连续测量。被测距离依次显示在选择信息控制栏中的绘画栏中标准线段中。

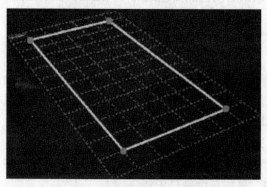

图 3-215

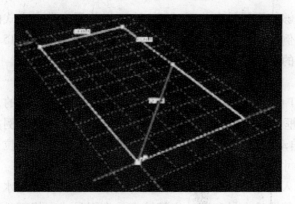

图 3-216

3.8 输入数据

在主应用界面和对话框界面中，ECOTECT 包含有许多的文本输入框来进行各种数据的输入。在进行数据输入时有很多方面是需要注意的：

- **PageUp/PageDown 键**

在大多数的情况下，你可以使用 PageUp/PageDown 键在文本输入框包含有输入焦点时进行数据输入。保持按住 Shift 和 Control 键可以对数据进行递加或递减操作。

- **Control + Home/End 键**

每一个输入区域都对输入值的范围有一个规定，保持按下 Control 键并且点击 Home 键将能自动地将数据设置到它所允许的最小值，而使用 End 键则将会把数据设置到它所允许的最大值。

- **使用可解方程**

ECOTECT 将所有的输入数据通过它自己的方程控制分析器分析出来后进行传递。为了得到结果，你能直接输入数字的值。例如，你能简单地输入若干数字相加起来的形式：

$$55.6 + 16.8 + (15/4.55)$$

或使用任何复杂的可分解的数学方程，例如：

$$TRUNC(55.6 * (TAN(P1/12) + SIN(P1/6)))$$

有关于数学方程的表格将在后面的内容中给出。但是我们必须注意到所有的在使用数学方程功能内使用的角度都必须是标准数值表达形式，即使计算的结果是小数位的。

所有直接输入的小数点数据都被假设为浮点数的输入形式。所以，下列的数据形式都可以进行输入：900，900.0，9e2，9E2 或者 900.000000。

但是其中也有两种例外的形式：时间数据和尺寸数据。

时间数据

所有在 ECOTECT 中的时间数据都是基于 24 小时时钟的。当输入一个时间数据的时候，你能够使用冒号来分开时间，也可以使用小数点方式的时间或者是千位制的时间。举例来说，下面的时间输入都是等价的：15：30，15.5，15.500或者1530。显示出来的时间格式通常都是使用冒号来进行分离的。

尺寸数据

在ECOTECT中所有的内部尺寸都以米为制作单位来存储的，它是通过User Preferences对话框中的Measurement Units选项来进行设置的。例如，当设定到米时，ECOTECT自动使用1000来乘任何输入的尺寸使得结果单位变换到毫米。同样，十进制的英寸被25.4乘。

然而，当输入尺寸时，过程将变得更为复杂一些。在普通水平下，你能使用十进制的尺寸或简单地在尺和英寸之间输入一个引号或空格部件，或者在英寸和部分的部件之间使用一个双引号或更大的空格。当分析字符串的结果时，ECOTECT将寻找一个空格，单个的引号，双引号或向前双引符号的出现。作为结果，下列的数据都是有效并且相等的；4.5，4 6，4'6"和4'6"。

部分的英寸可以使用如下的表示形式：4'6"3/8，4 6 3/8，或4'6"6/16。简单输入的英寸形式或使用零散的形式将导致数据解释的混乱，因此你必须在数值的前面加一个或多个零，例如0'6'3/16。

正如你所能想象的，特别作为分析器，在输入框中包含一个复杂的方程表示形式将使得表达非常混乱。作为结果来说，你应该仅仅在方程中包括十进制数据。如果在一个字符串中发现了上面的标记的某种形式，ECOTECT希望彼此分开尺寸、英寸和其他零散的形式。这样，你不能在任何方程中包括空格或除号。

方程功能

下列表格列出了各种方程的表达形式。在方括号以内，x代表十进制的数值或其他数字。

但是我们必须注意到所有的在使用数学方程功能内使用的角度都必须是标准数值表达形式，即使计算的结果是小数位的。因为在这些函数中只能使用角度的标准数值表达形式。

ABS (x)	Absolute value of x.
ACOS (x)	Arc cosine of x.
ASIN (x)	Arc sine of x.
ATAN (x)	Arc tangent of x.
COSH (x)	Hyperbolic cosine of x.
COS (x)	Cosine of x.
DEG (x)	Converts x radians to degrees.
EXP (x)	Exponential, e to the power of x.
LOG10 (x)	Logarithm of x to the base 10.

续表

LOG (x)	Natural logarithm of x.
POW10 (x)	Returns 10 to the power x.
RAD (x)	Converts x degrees to radians.
ROUND (x)	Rounds x to nearest integer.
SINH (x)	Hyperbolic sine.
SIN (x)	Sine of x.
SQRT (x)	Square root of x, (x^0.5).
SQR (x)	The square of x, (x*x).
TANH (x)	Hyperbolic tangent of x.
TAN (x)	Tangent of x.
TRUNC (x)	Truncates x to its integer value.

3.9 键盘快捷键

下面是 ECOTECT 中提供的键盘快捷键列表。主菜单中大部分都在对应项旁边显示出来，但是如果你刚开始学软件，你可能希望把这一页放在附近处作参考。不多久你就会熟悉其中的许多快捷键，它们使得对建筑的分析快速和简单。

链接列表

显示（确定）所有区域	F4
分配截平面	Ctrl + Q
确定极坐标/迪卡儿坐标	F12
清除截平面	Ctrl + Q
复制到粘贴板	Ctrl + C
将视图作为二进制图复制到粘贴板	Ctrl + B
复制视图作为元文件到粘贴板	Ctrl + M
现在区域显示（确定）	F4
剪切到粘贴板	Ctrl + X
删除	Del
显示所有模型表面法线	Ctrl + F9
离开程序	Alt + F4
扩展模型到截面	Ctrl + E
使所有模型与栅格匹配	Ctrl + F
使现在栅格与显示匹配	Ctrl + G
前视图	F7

倒置选择的模型	Alt + N
显示模型	F9
向上/下移动	Ctrl
点模型	F3
法线-显示所有模型表面法线	Ctrl + F9
朝负 X 轴移动	Shift + X
朝负 Y 轴移动	Shift + Y
朝负 Z 轴移动	Shift + Z
朝正 X 轴移动模型	X
朝正 Y 轴移动模型	Y
朝正 Z 轴移动模型	Z
模型（确定）	F3
打开文件	Ctrl + O
从粘贴板上粘贴	Ctrl + V
透视图	F8
平面视图	F5
极坐标和迪卡儿坐标确定	F12
打印文件	Ctrl + P
打印设备	Alt + P
恢复视图 1	1
恢复视图 2	2
恢复视图 3	3
恢复视图 4	4
恢复视图 5	5
倒置一个模型表面法线方向	Ctrl + R
保存文件	Ctrl + S
选择所有模型	Ctrl + A
不选择的模型	Ctrl + N
选择邻接模型	Space Bar
阴影显示模型	F10
朝 Z 轴方向垂直移动光标	Ctrl
侧视图	F6
存储视图 1	Ctrl + 1
存储视图 2	Ctrl + 2
存储视图 3	Ctrl + 3
存储视图 4	Ctrl + 4
存储视图 5	Ctrl + 5
表面法线-显示所有模型表面法线	Ctrl + F9

3.9 键盘快捷键

操作	快捷键
在现在区域和所有区域间转换	F4
在点模型或模型间转换	F3
在极坐标和迪卡儿坐标间转换	F12
在点模型或模型间确定	F3
确定显示现在区域或所有区域	F4
确定极坐标或迪卡儿坐标	F12
调整模型到截面	Ctrl + W
撤销最后的操作	Ctrl + Z
撤销对视图的最后修改	Shift + Ctrl + Z
向 Z 轴移动	Ctrl
放大所有模型	Home
放大窗口	Ctrl + W

快捷键列表

键	没有修改的	SHIFT +	CONTROL +	SHIFT + CTRL +
1	恢复视图 1		存储视图 1	
2	恢复视图 2		存储视图 2	
3	恢复视图 3		存储视图 3	
4	恢复视图 4		存储视图 4	
5	恢复视图 5		存储视图 5	
F1	显示帮助			
F2	重复最后命令			
F3	确定模型/点模型			
F4	分离现在区域			显示所有隐藏区域
F5	平面视图			
F6	前视图			
F7	侧视图			
F8	透视图			
F9	错误的模型视图		显示模型表面法线	
F10	显示阴影			
F11				
F12	确定极坐标/迪卡儿坐标			
A	确定 ALIGN 捕获		选择所有模型	
B			将视图作为二进制图复制到粘贴板	
C	确定 CENTRE 捕获		复制选定模型	使区域成为现在区域
D			重复选定模型	
E			扩展模型到截面	

续表

键	没有修改的	SHIFT +	CONTROL +	SHIFT + CTRL +
F			使所有模型与栅格匹配	
G	确定 GRID 捕获		使现在栅格与显示匹配	显示栅格模型对话框
H				隐藏选定区域
I	确定 INTERSECTION 捕获		倒置选择的模型	
J				
K			链接模型	群模型
L	确定 LINE 捕获		固定链接	锁定选定区域
M	确定 MID-POINT 捕获		复制视图作为元文件到粘贴板	移动到现在区域
N	模型捕获到 NONE.		撤销对所有模型的选定	
O	确定 ORTHOGONAL 捕获		打开文件	关闭选定区域
P	确定 POINTS 捕获		打印现在视图	显示参考对话框
Q			分配/清除分割平面	
R			倒置模型表面法线方向	
S			保存文件	
T				
U			撤销模型链接	撤销模型群
V			粘贴模型	
W			调整模型到截面	
X	朝正 X 轴移动	朝负 X 轴移动	删除选定的模型	
Y	朝正 Y 轴移动	朝负 Y 轴移动		
Z	朝正 Z 轴移动	朝负 Z 轴移动	撤销最后的操作	

绘图区和鼠标修改器

键	Click/Drag Selection	3D Cursor Movement	View Control	Increment
Shift	添加到存在的选定的模型中	锁定在现在的位置	移近/移出	10x 增量值
Ctrl	从现存的选择的模型中移出	朝 Z 轴方向垂直移动光标	全视图	1/10x 增量值
Alt	在群中选择单个模型			
	鼠标按钮绘制			

续表

键	没有修改的	SHIFT +	CONTROL +	SHIFT + CTRL +
按钮	无修改	SHIFT +		CONTROL +
左	选择的模型/点	添加到选择中		从选择中移出
中	在三维中扫视在二维中移动			
右	在三维中旋转在二维中扫视	移近/移出		扫视
滚动	移近/移出			

3.10 命令入口框

这是在 v5.20 种介绍的一个新的特征，扩充了原来版本的 ECOTECT 的控制特点的功能。从根本上说，增加了一条定制的命令线，通过它可按快捷键来打开系统和菜单命令。命令入口框显示在主应用窗口底部运行的状态栏的第一个子面板中。

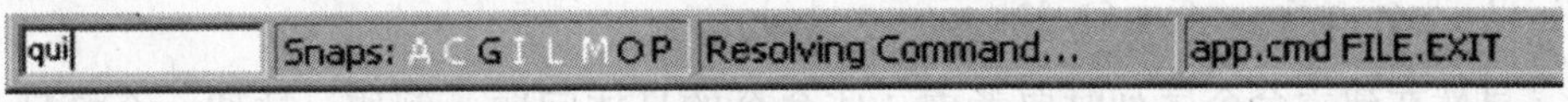

图 3-217

在 Tools 菜单中使用 Command Entry Box 项，或 F11 键，或在状态栏的左框中双击鼠标左键都可以打开或关闭这个特征。

命令输入

命令入口框可视时，可以直接通过键盘输入命令快捷键，当输入快捷键的每个字母时，系统会在命令文件中搜索，在状态栏信息子面板中显示最接近的匹配。

正确显示后要运行命令，使用 Enter 或 Spacebar 键。

在交互命令期间，如转换或添加一个新的模型，看不见命令入口框。当命令完成或被终止时，又会重新出现，输入的值又会回到以前的输入。可再次打开以前的命令或自动覆盖存在的文本框从而输入新的命令。

如果在工作时改变这个值为另外一个控制命令，使用 Escape 键很快返回命令入口框。

命令文件

命令和他们的快捷方式存储在 ECOTECT 主目录的 Ecotect v520.cmd 文件里（通常是'C:\\Program Files\ Square One\ '）。可使用任何文本编辑器来编辑这个文件。事实上，可以直接在命令入口框输入 edit 命令就可进入这个文件。这将在 Notepad 中显示现在的命令文件。

你可以任何方式制定这个文件，添加或移走快捷方式和命令。只有交互地基于菜单的命令用于错误的文件中，但是可使用任何可获得的 ECOTECT 原始命令，在长度上最大可达到 512 个字母，包括快捷方式。关于可以使用的命令的更多信息，参考 Scripting 部分。

AutoCAD 命令

有一些来自于分配系统的更替文件。例如，有一个命名为 Ecotect v520-AutoCAD. cmd 的文件，包括 AutoCAD 兼容命令。要正确使用这个文件，将它重命名为 Ecotect v520. cmd。

文件形式

命令文件形式是一行的开始的一个简化式，后面是可识别的 ECOTECT 命令序列，简化式和命令必须用至少一个空格或符号隔开，或任何两种的组合。因此简化式必须是一个单个的阿尔法串，因为第一个空格或符号将代表命令序列的开始。请看下面的例子：

打开 app. cmd FILE. OPEN

第一个字母序列 open 具体给出了简化式，其余部分给出了 ECOTECT 命令，这种情况是应用直接命令从 FILE 菜单中打开 OPEN 命令。相同序列里多个 ECOTECT 命令必须用一个分号隔开，且必须在同一行，如下所示：

t1　selection. move 2000 1500 1000；selection. extrude 0 0 5000

t2　view. perspective 45 45；view. redraw

显然在建立命令序列时要考虑一些命令的具体问题。例如，拉伸一个模型将该选择处变为新创建的拉伸表面。这样任何子命令必须或重新选择原来模型或作用于新的选择。

3.11　视图控制

作为默认的模型，ECOTECT 显示一个模型的透视线框视图。尽管也可以从许多其他的二维和三维的正交投影和显示其他信息中选择。

使用视图菜单来选择一个模型的平面视图、侧视图、透视图或轴侧视图。对于每种视图类型有键盘快捷键。没有修改的 F5~F8 键分别选择平面视图、前视图、侧视图和透视图。

旋转视图

可用鼠标或通过光标键旋转现在的透视图。

鼠标右键

在透视图或轴侧视图中，在绘图区点击或按下鼠标右键可交互地旋转模型。模型绕焦距点旋转时，向左或向右，向上或向下拖动鼠标。当完成时释放鼠标。

3.11 视图控制

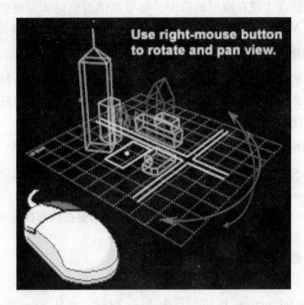

图 3-218

光标键

可使用光标键以 10 度的增量旋转视图。按下 Shift 键时减少为 1 度，而 Control 键可用于朝四个方向的任意一个方向扫视。

视图面

对于平面视图、前视图、侧视图，点击和拖动鼠标右键来扫视视图。

同时使用 Control 键和鼠标右键，可交互式地扫视透视图。另一个方法就是使用 Control 键和键盘的光标键来扫视视图。

放大和缩小

有很多方法来放大和缩小一个模型。这些方法可应用于任何一种视图类型。

交互放大

可通过两种途径来交互式地放大和缩小一个模型。

当按下鼠标右键拖动时按下 Shift 键。这通过从原点坐标位置朝正向或朝负向计算距离来工作，这样，相应地朝里或朝外移动。

另外一个放大和缩小一个视图的非常简单的方法是使用键盘上的 + 或 − 键。每个移动是对于现在视图中心的 10% 的增量或减量。如果同时按下 Shift 键，则变为 1%。

放大窗口

从 View 菜单选择 Zoom Window 或使用 Zoom Window 按钮，可以向现在视图的一个特定区域移近。在目的区域的一个角处，点击鼠标右键，拖动光标到相对角，并释放。

如果用鼠标右键点击 Zoom Window 按钮，将会撤消最后的视图更改。

3 用户界面

使适合于栅格并放大所有的

通过使栅格适合于现在模型的范围，有可能通过移远来观察整个视图。要完成这个工作，从 View 菜单中选择 Fit Grid to Model 或选择 Fit Grid 按钮。

改变栅格大小

通过改变栅格的大小到模型的特定部分，就可以快速简单地移近和离开模型的那部分。结合 Zoom Grid 命令，对于工作在模型的一部分的情况这是很好的途径，而不用重复使用移近和移远命令。

放大栅格

这个命令适合于在绘图区的栅格。要完成这一步从 View 菜单中选择 Zoom Grid，或使用 Zoom Grid 按钮。

如果在 Zoom Grid 按钮出单击鼠标右键，将会调整在绘图区的所有模型，而栅格不会有变化（与 Fit Grid 命令不同）。

改变透视参数

有许多方法可以改变透视图的镜头失真。

选择 Model Settings 按钮并点击 View 图标，或从 View 菜单中进入 View Settings。将显示 View Settings 对话框。从 Lens 的下拉列表中选择透视所要求的类型。

当在绘图区中垂直拖动鼠标右键时按下 Shift + Control 键，就可交互地调整透视图。上移光标会创建更多的鱼眼型的镜头，向下移动会使镜头扁平，从而创建更多的正视图类型的视图。

在键盘上点击 Ctrl + Shift + Z，可撤销最后的一些视图更改。

要获得更多信息，请参考 Display Option 帮助主题。

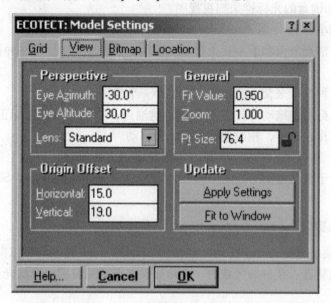

图 3-219

3.12 显示选项

模型可以以很多方式显示并带有一定范围的叠加信息,如下面的活动图所示。在决定模型中看到什么而不是怎样被看到时,Display 选项不同于视图控制。

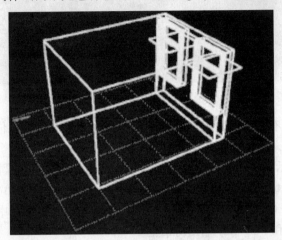

图 3-220

模型的框架图像是错误的视图。它可以以阴影和太阳斑纹或以表明每个二维模型表面法线的形式显示。也可以创建一个隐藏的显示图。

OpenGL Display Option

ECOTECT v5.20 介绍了一个实验性的 OpenGL 形象化选项。在视频卡中使用了有用的图形硬件来提供模型的完全、交互式的三维阴影的和隐藏线的视图。另外,可在模型上显示叠加的分析结果的范围。

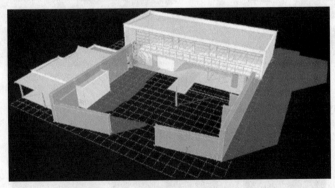

图 3-221

可以作为模型进程的交互式的形状检查和材料分配的功能是十分有价值的。关于 OpenGL 显示项的更多信息请参考 OpenGL Display 面板。

VRML Display Option

你也可以考虑把你的模型作为一个 VRML 图来显示。这需要打开网页浏览器,如果有一个无软件的 VRML 插件,如 Cosmo Player,将显示一个可实时移动的交互式的三维模型。

图 3-222

在 Internet 上有很多免费的 VRML 显示器可用来下载，所以你要寻找一个能适合于自己的。

关于各种显示项的更多信息请参考 DISPLAY MENU 帮助主题。

Export to External Tools

也可以使用 ECOTECT 来输出模型到外视频和光的类似应用中。更多的信息请参考 RADIANCE 和 POV-Ray 输出对话框。

RADIANCE 输出

图 3-223

POV-Ray 输出

图 3-224

3.13 工具栏

ECOTECT 的工具栏给出可以提供的各种不同经常使用的命令和功能。从 View 菜单中的 Toolbars 项中或在主应用窗口的工具栏顶点击鼠标右键可以选择要显示的工具栏。

图 3-225

要查看工具栏：
1. 在 View 菜单中转到 Toolbars 部分；
2. 已经可视的工具栏旁边用检查标记显示一个右拉菜单；
3. 选择要显示的工具栏；
或
1. 右击任何显示的工具栏；
2. 已经可视的工具栏旁边用检查标记显示一个右拉菜单；
3. 选择要显示的工具栏。

4 Ecotect 建模

4.1 创建实体

4.1.1 概述

在 ECOTECT 中创建实体的时候，一般都会使用到 Draw 菜单或主应用程序窗口左边的 Modelling Toolbar。为了创建不同类型的实体，可以参考主帮助菜单中各个的页面。

创建一个实体的时候，ECOTECT 将自动地分配一个元素类型和默认的材料类型。更多关于此方面的信息，可参考 Element Types（元素）类型帮助主题。通过使用 Material Library 对话框中的 Set as Default 选项按钮，你能为每种材料类型选择将何种材料设定为默认值。

你可以在 Material Assignments 或者 Selection Information 控制面板中随时能改变元素类型和物质类型。

在创建实体的时候需要注意的问题

- 创建任何实体的时候，第一个坐标位置是绝对的，后面点位置是相对于前面的。创建实体时将显示在光标输入工具栏中。
- 注意下面的图像中哪个框被选中而画上勾号，这表示通过使用键盘输入的数据已经定义了一段距离长度。每当输入距离值后，这个过程将自动进行。也可以用鼠标使框标上勾号，直到再次点击，如图 4-1。

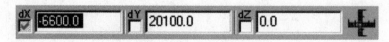

图 4-1

- 使用 Control 键来将物体和点在 Z 轴上上下移动。当释放 Control 键时，就在 Z 轴上建立了一个新的节点，允许物体以新的高度在 X 和 Y 轴上移动，如图 4-2。

4.1.2 创建点

创建一个点：

1. 首先从 Modelling 工具栏中选择 Point 按钮 ✳。

2. 然后在绘图区上移动光标。光标点将在红色 X 和 Y 轴的交叉点上显示出来，见图 4-3。

3. 当输入光标在荧屏上的时候，我们

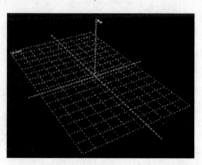

图 4-2

需要在 Cursor Input 工具栏的 X、Y 或 Z 的输入框中输入 X、Y 或 Z 的绝对坐标值。如果不需要这样做，使用者可以捕捉至屏幕上已经存在的几何图形，或在三维立体空间里面放置点。

4. 选定了点后，点击鼠标左键完成命令。

创建点的时候需要注意的问题

- 点主要用于几何中的测试，例如作为太阳-路径的图表焦点或当作照明感应器的点，点的描述类型参见元素类型主题。
- 当形成一个球体时，分配给点一个半径作为它们物质属性的一部分。
- 放置一个点物体或节点时，使用 Control 键来使得物体在 Z 轴上移动，当释放 Control 键时，我们就在 Z 轴上建立了一个新的点，这也准许物体在 X 和 Y 轴上继续运动，如图 4-4 所示。

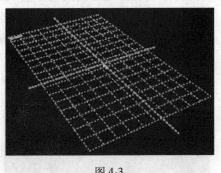

图 4-3

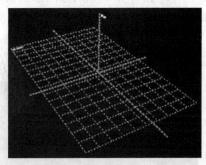

图 4-4

4.1.3 创建线

创建一条线

（1）首先从 Modelling 工具栏中选择 Line 按钮。

（2）然后在绘图区上移动光标。这将会用红色的 X 和 Y 轴来显示三维光标，见图 4-5。

（3）当在荧屏上输入一条线或一个物体的起始点的时候，我们需要在 Cursor Input 工具栏中输入 X、Y 或 Z 的绝对坐标值。如果不需要这样做，使用者可以捕捉屏幕上已经存在的几何图形，或在三维空间里面放置线的第一个点。

（4）选定了第一个点后，单击鼠标左键进行确定，然后准备输入第二个点，见图 4-6。

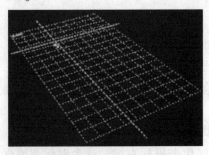

图 4-5

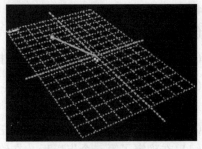

图 4-6

第二个节点和其余任何的后续节点的位置都是相对于光标工具栏输入的最后一个节点的位置。向要求的方向移动光标,并通过键盘输入一个值。Cursor Input(光标输入)工具栏通过对于坐标轴上特定的值来确定方向。

* 现在可以在绘图区上移动光标来看发生了什么变化。

光标现在的运动被键盘输入的数据值而限制。如果光标在 X 轴的附近移动,光标将会捕捉到轴,如果光标沿最后一个节点的反方向移动,光标将会认可这为一个变换了的方向,但是它还是保存了原来的数值。

(5)为了沿着 X 和 Y 轴以特定的距离产生一个节点,首先沿 X 轴移动光标,然后通过键盘输入一个数值,然后沿 Y 轴移动光标,也输入一个数值。

* 现在绘图区上移动光标来看发生了什么变化。

光标现在 X 和 Y 轴的方向都被指定的数值所限制了。通过使用光标进入四个不同的四分圆,来改变方向,如下图所示,见图4-7。

(6)单击鼠标左键或单击键盘 Enter 进行确定输入的第二个点,并且为输入第三个节点做准备,见图4-8。

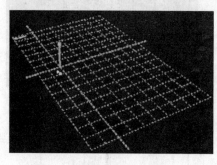 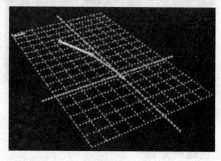

图 4-7　　　　　　　　　　　　图 4-8

(7)如要完成指令,在键盘上点击 Escape 键,或在绘图区中单击鼠标右键,然后在弹出的菜单中选择 Escape,当然也可以单击 Select 按钮。

创建线的时候所要注意的问题

正常情况下,线在隐藏模式中不显示,然而,如果给一条线设定一个半径值,它也将被显示出来,这可通过分配它带有一个半径的线材料完成,可在 Material Library(材料库)对话框中的属性图标中设定。

4.1.4 曲线

创建一条曲线

(1)首先从 Modelling 工具栏中选择 Line 按钮。

(2)然后在绘图区移动光标。这将会用红色的 X 和 Y 轴来显示三维立体光标。

(3)开始画线的时候,单击鼠标左键即可,见图4-9。

(4)在确定了第一个点以后,在绘图区单击鼠标右键,这个时候要确保没有拖动鼠标。你将会看到一个菜单,选择 Arc 然后你就可以画圆弧了,见图4-10。

4.1 创建实体

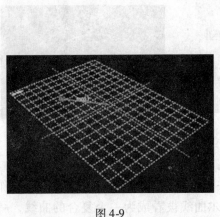
图 4-9

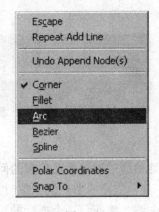
图 4-10

（5）使用鼠标左键在绘图区创建两个或更多的节点，然后你可以看见在你键入节点的外轮廓上有一个虚线的圆弧的轮廓显现出来，见图 4-11。

（6）现在你可以继续输入圆弧的节点，或者你也可以转换为其他的类型进行创建，我们将单击 Escape 键来结束这个实体的创建。当我们没有将它提出来的时候，弧线仍然显示为虚线。如果你移动线上的任何一个节点，你将会注意到弧线也会跟着调整移动并通过所有的节点。

（7）下一个步骤在这个外围的线上来创建实体。为了做到这一点，再一次的右击鼠标，然后选择 Render Polyline… 选项，或者从 Modify 菜单中选择 Render Polyline… 选项。这些选项只有在一个弯曲的聚合线被选中时才是可见的，见图 4-12。

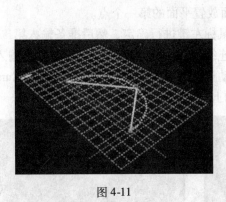
图 4-11

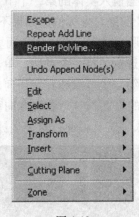
图 4-12

（8）现在需要为每个曲线来设置点的个数。在聚合线中我们只有一个弧，所以输入 36 将会产生一个有 36 个节点的新物体。假如我们增加另外的一个弧或一个由 3 个点确定的外围线，新的物体将会有 72 个节点，见图 4-13。

（9）输入 36 并且单击 OK 按钮。这将会产生一个新的物体如下图所示，见图 4-14。

这一个物体仍然是与最初的聚合线相链接的，你可以重新选择原来的物体并且移动其中的一个节点来进行测试。新产生的物体将会调整到新的位置。这种链接一直持续到解除两个物体的链接或删除原始的聚合线为止。

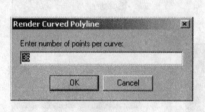 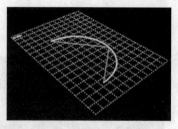

图 4-13　　　　　　　　　　　　图 4-14

创建曲线的时候需要注意的问题：

- 当输入曲线节点的数值时，一个长而且复杂的连续样条曲线被看作为一个单独的曲线。然而，一个连续的贝塞尔曲线被看成为一个复合的曲线，一个曲线对应三个节点。
- 如果你删除或解除链接被列来的物体，最初的聚合线将会再显示成和它形状一样的虚线的形式。这使得你可以在需要时随时提取它，并且你可以创建副本在曲线上重新设定点的个数。

4.1.5　创建平面

创建一个平面

（1）首先从 Modelling 工具栏中选择 Plane 按钮。

（2）然后在绘图区上移动光标。光标点将在红色 X 和 Y 轴的交叉点显示出来，见图 4-15。

（3）当输入实体的第一个节点的时候，我们需要在 Cursor Input 工具栏中输入 X、Y 或 Z 的绝对坐标值。如果不需要这样做，使用者可以捕捉至屏幕上已经存在的几何图形，或在三维立体空间里面放置平面的第一个点。

（4）选定了第一个点后，单击鼠标左键进行确定，然后准备输入第二个点。

（5）第二个节点和其余任何的连续节点都相对于经由光标工具栏输入的最后一个节点的位置。向要求的方向移动光标，并通过键盘输入一个值。Cursor Input（光标输入）工具栏通过对于坐标轴上特定的值来确定方向，见图 4-16。

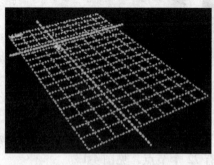 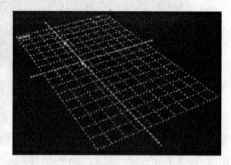

图 4-15　　　　　　　　　　　　图 4-16

* 现在可以在绘图区上移动光标来看发生了什么变化。

光标现在的运动被从键盘输入的数据值限制。如果光标在 X 轴的附近移动，光标将会捕捉到轴。如果光标沿最后一个节点的反方向移动，光标将会认可这为一个变换了的方向，但是它还是保持原始的数值。

（6）为了沿着 X 和 Y 轴特定的距离产生一个节点，首先沿 X 轴移动光标，然后通过键盘输入一个数值，然后沿 Y 轴移动光标，也输入一个数值。

- 现在可以在绘图区上移动光标来看发生了什么变化。

光标现在 X 和 Y 轴的方向都被指定的数值限制了。通过使用光标进入四个不同的四分圆，方向能够被改变，见图 4-17 所示。

（7）单击鼠标左键进行确定输入的第二个点，并且为输入第三个节点做准备。

- 现在可以在绘图区上移动光标来看发生了什么变化。

现在有两条线附着在光标上。所有的平面和区域被连续地创建，这使得图形的输入和描绘非常得快速，但是我们必须保证空间是闭合的，这对于计算是很重要的，见图 4-18。

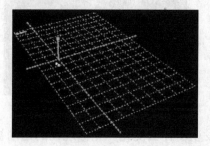
图 4-17

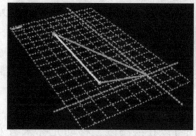
图 4-18

（8）单击鼠标左键进行确定输入的第三个点，并且为输入第四个节点做准备。下面的图像表示输入点的序列，见图 4-19。

（9）如要完成指令，键盘上击中 Escape 键，单击 Select 按钮。

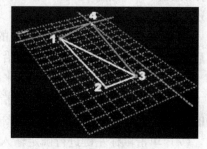
图 4-19

创建平面的时候需要注意的问题

- 对于平面来说，是一个封闭的几何图形是十分重要的。所以平面大多由封闭的连续输入的多个节点组成的多段线来组成。

- 在一个平面中，所有的节点最初将会是共面的（在三维图形中的面是相同的）。然而，使用捕捉物体这个功能，你可以将一个节点移到平面之外，这样就形成了一个不平坦的平面。ECOTECT 将会检测到这个改变并且把这个物体加亮成红色（或你已经分配给错误显示的其他任何颜色）。你可以通过选择 Edit 菜单中的 Fix Links 选项来修正这个错误。

- 如果用手工创建，所有的平面在最初必须设置一个默认的 CEILING 材料，你能随时的改变物体的类型和材料类型。

4.1.6 创建分区

创建一个分区

（1）首先从 Modelling 工具栏中选择 Partition 按钮。

（2）然后在绘图区上移动光标，输入光标点将被红色 X 和 Y 轴显示出来，见图 4-20。

（3）当输入实体的第一个节点的时候，我们需要在 Cursor Input 工具栏中输入 X、Y 或 Z 的绝对坐标值。如果不需要这样做，使用者可以捕捉至屏幕上已经存在的几何图形，或在三维立体空间里面放置分区的第一个点。

（4）选定了第一个点后，单击鼠标左键进行确定，然后准备输入第二个点。

（5）第二个节点和其余任何的连续节点都相对于经由光标工具栏输入的最后一个节点的位置。向要求的方向移动光标，并通过键盘输入一个值。Cursor Input（光标输入）工具栏通过对于坐标轴上特定的值来确定方向，见图 4-21。

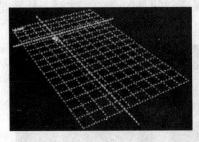
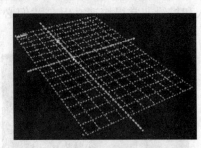

图 4-20　　　　　　　　　　　图 4-21

现在可以在绘图区上移动光标来看发生了什么变化。光标现在的运动被从键盘输入的数据值而限制。如果光标在 X 轴的附近移动，光标将会捕捉到轴。如果光标沿最后一个节点的反方向移动，光标将会认为这是一个变换了的方向，但是它还是保持原始的数值。

（6）为了沿着 X 和 Y 轴以特定的距离产生一个节点，首先沿 X 轴移动光标，然后通过键盘输入一个数值，然后沿 Y 轴移动光标，也输入一个数值。

现在可以在绘图区上移动光标来看发生了什么变化。

光标现在 X 和 Y 轴的方向都被指定的数值限制了。通过使用光标进入四个不同的四分圆，方向能够被改变，如图 4-22 所示。

（7）单击鼠标左键进行确定输入的第二个点，并且为输入第三个节点做准备。现在可以看一下绘图区。在创建分区时，与线物体类似，不同的是会以默认的拉伸高度拉伸分区。因为只需要最少量的数据，这使得图形的输入和描绘非常得快速，见图 4-23。

（8）单击鼠标左键进行确定输入的第三个点，并且为输入第四个节点做准备，见图 4-24。

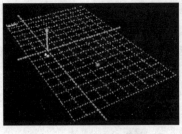
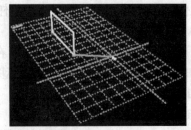

图 4-22　　　　　　　　　　　图 4-23

（9）如要完成指令，键盘上击中 Escape 键，单击 Select 按钮，如下所示。

在创造一个分区之后，看一看模型中的独立元素。使用 Select 按钮，可以选择各个元素，注意在上个图中只有 3 个元素（图 4-25）基线是母元素，它有两个子元素。针对基线的任何修改将直接的影响它的子元素，这是因为它们之间是链接的，这对模型的效率和精确计算都非常重要。

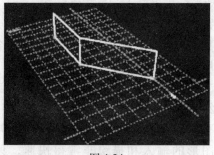

图 4-24　　　　　　　　　　图 4-25

创建分区时需要注意的问题

- 输入物体在垂直表面自动地拉伸部分是作为输入物体的子体。因此，如果你移动全部或部分母线，垂直的表面也将会移动。
- 虽然被拉伸的物体将被分配分区元素类型和假设值材料，但是分区拉伸处的线是以线物体进行创建的。

4.1.7　创建空间

创建一个空间

（1）首先从 Modelling 工具栏中选择 Zone 按钮。

（2）然后在绘图区上移动光标，光标点将在红色 X 和 Y 轴的交叉点显示出来，见图 4-26。

（3）当输入实体的第一个节点的时候，我们需要在 Cursor Input 工具栏中输入 X、Y 或 Z 的绝对坐标值。如果不需要这样做，使用者可以捕捉至屏幕上已经存在的几何图形，或在三维立体空间里面放置空间的第一个点。

（4）选定了第一个点后，单击鼠标左键进行确定，然后准备输入第二个点。

（5）第二个节点和其余任何的连续节点都相对于由光标工具栏输入的最后一个节点的位置。向要求的方向移动光标，并通过键盘输入一个值。Cursor Input（光标输入）工具栏通过对于坐标轴上特定的值来确定方向，见图 4-27。

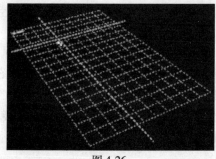 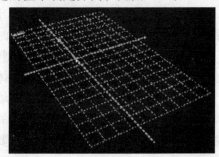

图 4-26　　　　　　　　　　图 4-27

现在可以在绘图区上移动光标来看发生了什么变化。

光标现在的运动被从键盘输入的数据值而限制。如果光标在 X 轴的附近移动，光标将会捕捉到轴。如果光标沿最后一个节点的反方向移动，光标将会认可这为一个变换了的方向，但是它还是保持原始的数值。

（6）为了沿着 X 和 Y 轴特定的距离产生一个节点，首先沿 X 轴移动光标，然后通过键盘输入一个数值，然后沿 Y 轴移动光标，也输入一个数值。

*现在可以在绘图区上移动光标来看发生了什么变化。

光标现在 X 和 Y 轴的方向都被指定的数值限制了。通过使用光标进入四个不同的四分圆，方向能够被改变，见图 4-28 所示。

（7）单击鼠标左键进行确定输入的第二个点，并且为输入第三个节点做准备。

现在可以看一下在绘图区上发生了什么变化。

在创建空间时，与平面物体类似，不同的是会以默认的拉伸高度拉伸空间。因为只需要最少量的数据，这使得图形的输入和描绘非常得快速，见图 4-29。

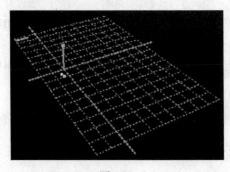
图 4-28

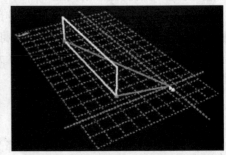
图 4-29

（8）单击鼠标左键进行确定输入的第三个点，并且为输入第四个节点做准备，见图 4-30。

（9）如要完成指令，键盘上击中 Escape 键，单击 Select ▶ 按钮，如下所示。

（10）现在将出现 Rename Zone 对话框，见图 4-31。

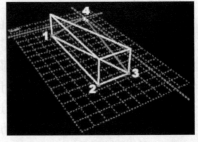
图 4-30

此时必需为空间输入一个适当的名字。这将把这个新的空间加入模型的空间目录中。使用按钮或菜单创建一个空间时，这个对话框总是存在的。

• 在创造一个空间之后，现在模型中看一下个体元素。

使用 Select 按钮，选择模型中的个体元素。注意，在图中有 6 个元素（图 4-32）。基平面是母元素（或地板），4 面墙壁和 1 个天花板，是地板的子元素。

对地板的任何修改将直接的影响它的子元素，这是因为它们之间是相链接的，这对模型的效率和精确计算都是非常重要的。

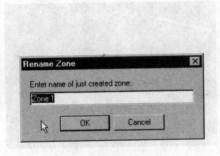
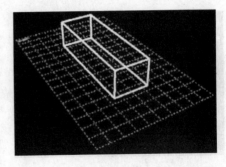

图 4-31　　　　　　　　　图 4-32

创建空间时需要注意的问题

● 空间是通过平面拉伸后形成的，平面就形成了空间的地板，拉伸就形成了四面墙，它们的顶面就形成了屋顶。

● 空间是通过平面拉伸而成的，所以你移动平面（即是空间中的地板），整个空间包括墙和屋顶都会跟着一起移动。

● 当通过这种方式产生空间的时候，空间就是在热和声的计算中一个有着特殊特性的物体。定义了一个封闭的空间。要有效地获得关于模型区域的详细信息，请参阅层和空间章节。

4.1.8　创建屋顶

创建一个屋顶

（1）首先从 Modelling 工具栏中选择 Roof 按钮，见图 4-33。

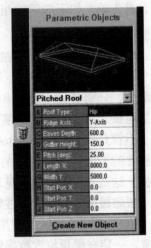

（2）这将在绘图区上产生屋顶的底面图形，这将激活在绘图区右侧的 Parametric Objects 面板，（图 4-34），并自动切换到 Pitched Roof 类型物体。

（3）要调整屋顶的大小和方位，可以在绘图区里任意点击某处，或者点击或拖动显示的基平面的四个顶点之一。

当然也可以直接地在 Parametric Objects 面板上输入数值进行设定，这就需要在 Start Pos 或 Length/Width 输入框中输入数值，见图 4-35。

（4）通过按住 Control 键，使用光标移动四个顶点的一个时，屋顶底面将在 Z 轴上移动。当移动到合适的位置的时候，释放 Control 键然后还可以再次在 X 和 Y 轴上移动，见图 4-36。

图 4-33

（5）一旦屋顶的位置和底面大小被设定，在 Parametric Objects 面板中其他的诸如 Pitch Angle 和 Gutter Size 的参数也可设定。

（6）要生成屋顶，在控制面板上单击 Create New Object 按钮或在绘图区单击键盘上的 Enter 键即可完成，见图 4-37。

（7）在创建完了屋顶后，看一下模型中的一些个体元素。

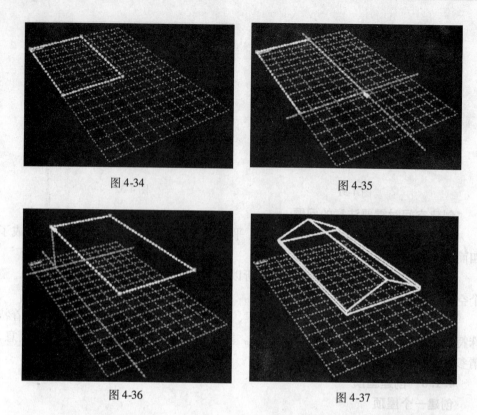

图 4-34　　　　　　　　图 4-35

图 4-36　　　　　　　　图 4-37

首先如果元素已经被组成了一个整体，首先单击如下的解除组按钮 将这个整体的图形分散。

然后再使用 Select 按钮，选择屋顶的各个元素。注意图 4-38 所示，它有 7 个组成部分，分别是一个底面和 6 个平面，底面是地板元素，其余都是屋顶元素。

不管是使用 Pitched Roof 工具或是建造独立的平面，任何屋顶的底平面必须是地板，这是非常重要的，见图 4-38。

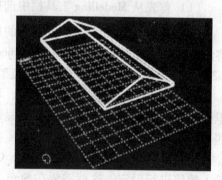

图 4-38

创建屋顶的时候需要注意的问题

- 所有在绘图区上使用光标来移动屋顶的运动都是相对的。如果需要绝对的位置，一定在屋顶位置数据输入框中键入。这些数据都在绘图区右边的 Parametric Objects 面板中显示出来。
- 创建后，所有的屋顶元素被聚集为一个整体，如果要分散它们，在 Edit 菜单中选择 Ungroup 选项。
- 每当 Pitched Roof 工具被使用的时候，将产生一个被称为 Roof Zone 区域的新区域。这主要为了能精确地进行热计算。然而，如果你的模型包含超过一栋的建筑物，将必须手动的为每栋建筑物从 Roof Zone 区域移动新的屋顶到独立的屋顶区域。
- 在进行计算时,屋顶就是一个有着自己特性的特殊的空间。除了对一个标准区域的必须要求外,还要正确地定义屋顶区域中的元素。那是因为除了地面是地板类型以外,其余的元素都应该是屋顶类型。地板在一个屋顶地域中总是与下面的区域的天花板元素相毗连的。对于元素类型方面的详细描述,请参见元素类型章节。

对于一个更有效的获得关于模型屋顶的信息,请参阅屋顶空间章节。

4.1.9 创建光源

创建一个光源

(1) 首先从 Modelling 工具栏中选择 Light 按钮。

(2) 然后在绘图区上移动光标。光标点将在红色 X 和 Y 轴的交叉点显示出来,见图 4-39。

(3) 为了能在地表平面上的位置放置光源,当鼠标在绘图区上移动时,按住 Control 键。当将光源确定到 Z 轴上合适的位置时,放开 Control 键。可以再在 X 和 Y 轴方向上移动确定光源的位置,见图 4-40。

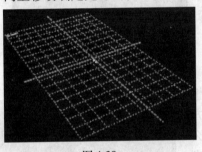
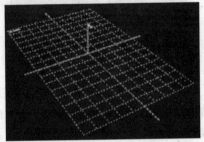

图 4-39　　　　　　　　　　　　图 4-40

(4) 单击鼠标左键来将光源放置在所需的位置,拖动方向箭头确定光源点的照明方向。如果这个时候你选择了退出的话,那么系统将默认光源的照明的方向为沿着 Z 轴负向。如果继续设置另一个点并单击鼠标左键确定,将形成一个矢量表明选择的光源方向,见图 4-41。

创建光源时需要注意的问题

- 当你创建第一个光源的时候,输入第一个点时光标所在的位置一定是一个绝对位置。

- 在创建一个光源点后,如果要重新确定光的照明方向,只需输入点模型,并移动第二个点到希望的光所指向的任意位置。

图 4-41

- 所有的光材料已经定义一个热点和投射角度。为了显示产生的光圆锥体,在 Display 菜单中选择 Element Detail /Partial。当向 VRML 和 POV-Ray 输出光时,将使用这个信息。

- 所有的光源材料也有一个复杂的三维立体输出的文本文件描述,它确定在不同的角度上产生的光的多少。为了要在现有的三维立体视图中显示每个光源的输出文本文件，选择 Display 菜单中的 Element Detail/Full 选项。在所有的 ECOTECT 光计算和向 RADIANCE 输出时都使用输出文本文件。

4.1.10 创建声源

创建一个声源

（1）首先从 Modelling 工具栏中选择 Speaker ⬤ 按钮。

（2）然后在绘图区上移动光标。光标点将在红色 X 和 Y 轴的交叉点显示出来，见图 4-42。

（3）为了能在地表平面向上的位置放置声源，当鼠标在绘图区上移动时，按住 Control 键。当将声源确定到 Z 轴上合适的位置时，放开 Control 键。还可以再在 X 和 Y 轴方向上移动确定声源的位置，见图 4-43。

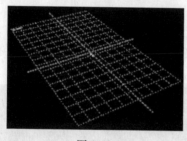 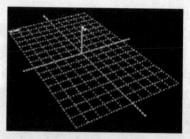

图 4-42　　　　　　　　　　图 4-43

（4）单击鼠标左键来将声源放置在所想放置的位置，拖动方向箭头确定声源的方向。如果这个时候你选择了退出的话，那么系统将默认声源的方向沿着 X 轴负向。如果继续设置另一个点并单击鼠标左键确定，将形成一个矢量表明选择的方向，见图 4-44。

创建声源时需要注意的问题：

● 创建一个声源的时候，只输入第一个点时光标所在的位置一定是绝对的。

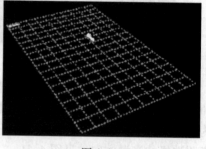

图 4-44

● 声源传播的默认方向是沿 X 轴负向，如果要重新确定声的传播方向，只需输入点模型，并移动第二个点到希望的任意位置。

● 所有的声源材料也有一个复杂的三维立体输出的文本文件描述，确定在不同的角度上产生光的多少。为了要在现有的三维立体视图中显示每个声源的输出文本文件，选择 Display 菜单中的 Element Detail／Full 选项。输出文本文件在所有图形声分析功能中使用。

4.1.11 创建照相机

创建一台照相机

（1）首先从 Modelling 工具栏中选择 Camera ⬤ 按钮。

（2）然后在绘图区上移动光标。光标点将在红色 X 和 Y 轴的交叉点显示出来，见图 4-45。

（3）为了能在地表平面向上的位置放置照相机，当鼠标在绘图区上移动时，按住 Control 键。当将照相机确定到 Z 轴上合适的位置时，放开 Control 键。还可以再在 X 和 Y 轴方向上移动照相机的位置，见图 4-46。

（4）单击鼠标左键来将照相机放置在欲放置的位置，拖动方向箭头确定照相机的摄影方向。如果这个时候选择退出的话，那么系统将默认照相机的摄影的方向为沿着 X 轴负向。如果继续设置另一个点并单击鼠标左键确定，将形成一个矢量表明选择的方向，见图 4-47。

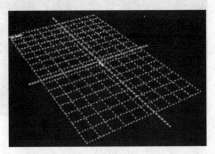

图 4-45

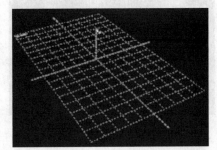

图 4-46

创建照相机时需要注意的问题

● 创建一个照相机的时候，输入第一个点时光标所在的位置一定是绝对的。

● 如果要重新确定照相机的摄影方向，只需输入点模型，并移动第二个点到希望的任意位置，在基点和"观察"点之间的距离不以任何方式影响照相机，所以实际上可以选择它面对的精确点来确定摄影的方向。

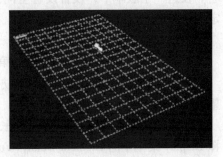

图 4-47

● 垂直和水平方向上的视图角度在分配给物体的任何材料的属性中设定。为了显示视觉效果，选择 Display 菜单中的 Element Detail/Full 选项。当输出模型到 RADIANCE，VRML 和 POV-Ray 的时候，这是需要注意的信息。

4.1.12 创建设备

创建一个设备

（1）首先从 Modelling 工具栏中选择 Appliance 按钮。

（2）然后在绘图区上移动光标。光标点将在红色 X 和 Y 轴的交叉点显示出来，见图 4-48。

（3）为了能在地表平面向上的位置放置设备，当鼠标在绘图区移动时，按住 Control 键。当将新物体确定到 Z 轴上合适

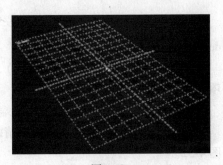

图 4-48

的位置时，释放 Control 键。还可以再在 X 和 Y 轴方向上移动确定设备的位置，见图 4-49。

（4）单击鼠标左键来将设备放置在欲放置的位置，拖动方向箭头确定的设备放置方向。如果这个时候选择退出，那么系统将默认设备的放置方向为沿着 X 轴负向。如果继续设置另一个点并单击鼠标左键确定，将形成一个矢量表明选择的方向，见图 4-50。

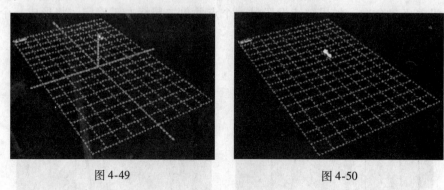

图 4-49   图 4-50

在 ECOTECT 确定设备的放置方向并不重要，只是允许你在空间中适当地放置它。在这一个版本中，设备设有空间的热分配文本文件，而且在热的计算中被假定为简单的点源。

创建设备时需要注意的问题

- 创建设备的一部分时，输入第一个点时光标所在的位置一定是绝对的。
- 如果要重新确定设备的放置方向，只需输入点模型，并移动第二个点到希望的任意位置。
- 所有的设备材料包含高度，长度和宽度。为了要显示所有仪器的大小，选择 Display 菜单中的 Element Detail/Full 选项。这些信息仅仅在向别的模型接口导出图形时才使用。
- 你可以向任何的设备分配一个 ON/OFF 时间或一个活动时间表，这样就可以以每小时的方式控制它的操作。

4.1.13 创建窗户

创建一扇窗户

（1）首先选择放置窗户的物体，见图 4-51。

（2）然后从 Child Objects 工具栏中或单击键盘上的 Insert ▦ 键，选择 Window 按钮。

（3）使用 Insert Child Object（s）对话框，在 Child Objects 列表中选择 Window 项，然后为窗户输入尺寸。

Sill Height 是从窗户的母实体底端到窗户底端的距离。

插入点的坐标被确定为窗户的精确中心，默认位置是窗户母实体的中心，见图 4-52。

（4）在所有的输入结束后单击 OK 按钮，见图 4-53。

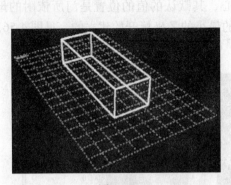
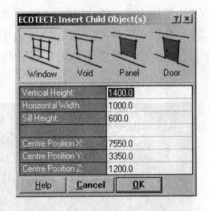

图 4-51　　　　　　　　　　　图 4-52

（5）如果你选择 Window 按钮，可以手动的输入窗户的每个点，这能产生任何所需形状的窗户。你将会注意三维立体光标被锁到其所依附的母物体平面上了。如果你在附近移动它，也只将会在这一平面移动。当开始在母物体多角形的内部输入坐标时，将会注意新的节点也被限制到在这一个多角形里面。

创建窗户时需要注意的问题

- 你能手动的插入一扇任何形状的复杂窗户。如果当你选择插入窗户的时候，你选择一个平坦的物体，ECOTECT 将会默认你想要在那一个物体里面插入窗户。
- 当手动创建一扇窗户时，光标被限制在窗户所依附的母物体里面移动。
- 窗口和空洞是热模型直接接收太阳辐射的来源。
- 一扇窗户并不一定是另外物体的子体。通过简单地变更元素类型且分配窗户材料，可以将一整面墙壁变成为一扇窗户。在做一个大玻璃面时，这是很有用的。
- 不需要使窗户成为一个物体的子体，我们就能够在那个物体中插入一扇窗户。为了做到这点，只需要将物体当作一个闭合的字母 C 来创建-首先追踪在它周围一个方向的外部物体边界的外面，然后追踪相反的方向内在的边界，如下图所示，在洞中插入一个不与任何物体相关或链接的窗户，见图 4-54。

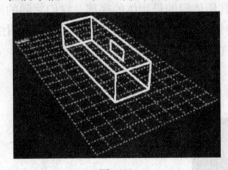
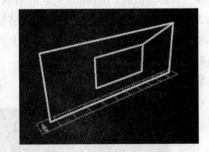

图 4-53　　　　　　　　　　　图 4-54

4.1.14　创建门

创建一扇门

（1）首先选择将放置门的物体，见图 4-55。

（2）然后从 Child Objects 工具栏中或单击键盘上的 Insert 键,选择 Door 按钮。

(3) 使用 Insert Child Object（s）对话框，选择 Door 项目，然后为门输入尺寸。

输入点的坐标被确定为门的精确中心，其默认的值的位置是门所依附的母物体的中心。门总是从它所依附的母物体的最小的 Z 坐标开始建立的，见图 4-56。

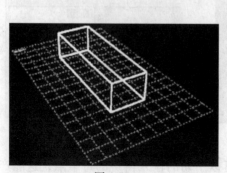

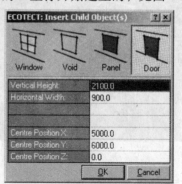

图 4-55　　　　　　　　　　　　　图 4-56

在所有的输入结束后单击 OK 按钮，得到的图见 4-57 所示。

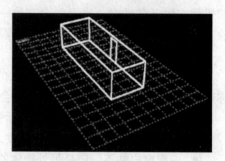

- 如果选择 Door 按钮，就能手动的输入门的每个点。这能创建任何所需形状的门。你将会注意三维立体光标被锁到其所依附的母物体上了。如果在附近移动它，只在 Z 平面移动。当你开始在母物体多角形的内部输入坐标时，你将会注意新的节点也被限制在这一个多角形里面。

图 4-57

创建门时需要注意的问题

- 创建一扇门时，光标被限制在门所依附的母物体里面移动。
- 一扇门不必是另外物体的子体。我们可以将一面墙壁定义为一扇门。在做一个大模型的支枢门时，这是很有用的。
- 不要尝试将门的底部完全地沿着其所依附的母物体的底部，它们之间的间距大约 5~10 毫米，否则将会出现一个链接错误，指出所有的节点不在门所依附的母物体里。如果确实要将门建立在底部上，在门的周围画墙壁，而不要链接它们。

4.1.15 创建嵌板

创建一个嵌板

(1)

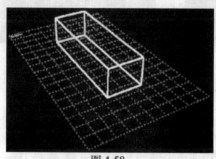

图 4-58

（2）然后从 Child Objects 工具栏或单击键盘上的 Insert 键，选择 Panel 按钮。

（3）使用 Insert Child Object（s）对话框，选择 Panel 项目。后为嵌板输入尺寸。

Sill Height 是从嵌板依附的母物体的基面到嵌板基面的距离。输入点的坐标被确定为嵌板的精确中心。默认位置是嵌板所依附的母物体的中心，见图 4-59。

（4）在所有的输入结束后单击 OK 按钮，见图 4-60。

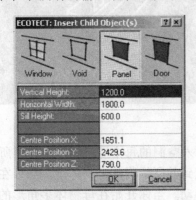

图 4-59

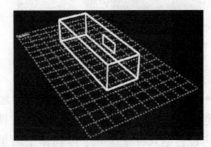

图 4-60

（5）如果你选择 Panel 按钮，你能手动地输入嵌板的每个点。这能会产生任何你需要的形状的嵌板。你将会注意三维立体光标被锁到其所依附的父物体上了。如果你在附近移动它的，它也只将会在这一个父物体里面移动。当开始在父物体多角形的内部输入坐标时，你将会注意新的节点也被限制到在这一个多角形里面。

创建嵌板时需要注意的问题：
- 创建一个嵌板时，光标被限制在窗户所依附的父物体里动。
- 嵌板是一类特别的子物体，它只能是另外物体的子物体。
- 在一个大空间内材料发生变化时要用嵌板。如，在声计算中使用嵌板作为吸收体或反射体，或在一面墙壁上的可能影响光水平或声质量的一大幅图或反射镜。

4.1.16　创建空洞

创建一个空洞

（1）首先选择将放置空洞的物体，如图 4-61。

（2）然后从 Child Objects 工具栏或单击键盘上的 Insert 键，选择 Void 按钮。

（3）使用 Insert Child Object（s）对话框，从 Child Objects 中选择 Void 项目，然后为空洞输入尺寸。

Sill Height 是从空洞依附的母实体底端到空洞底端的距离。输入点的坐标被确定

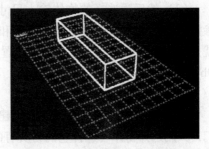

图 4-61

为空洞的精确中心。默认值的位置是空洞所依附的母物体的中心，见图 4-62。

（4）在所有的输入结束后单击 OK 按钮，见图 4-63。

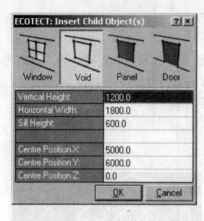
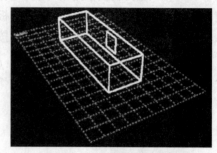

图 4-62　　　　　　　　　　　　图 4-63

- 如果选择 Void 按钮，你能手动地输入空洞的每个点，能产生任何所需形状的空洞。你将会注意三维立体光标被锁定到其所依附的母物体上。如果在附近移动它，它也只将在这一个母物体平面里移动。当你开始在母物体多角形的内部输入坐标时，你将会注意到新的节点也被限制在这一个多角形里面。

创建空洞时需要注意的问题

- 当手动创建一个空洞时，光标的运动被限制在窗户所依附的母物体里面。
- 一个空洞不可能是其他物体的子体。如果模型是一个大的开阔的空间，我们非常容易的可以将一面墙变为一个空的面。想了解更多关于如何更有效果的创建空洞请参阅层和空间章节。
- 当你在分离的大空间的时候，或当在毗连的区域之间有空气的自由流动的时候，空洞是必需的。

4.1.17　参数物体

创建一个参数物体

（1）首先从主应用窗口右边的菜单中选择 Parametric Objects 面板选项。见图 4-64。

（2）然后在所提供的图形下拉菜单中选择你所需要的形状。

（3）然后为选择的物体输入尺寸。参数的变化取决于选择的物体的形状。在参数目录上的左栏里的字母直接地和每个图形中的字母相联系。中心点或开始点就是几何图形的中心。默认值的位置是 0、0、0。完成参数设置后单击 Create New Object 按钮，见图 4-65。

创建库物体时需要注意的问题

- 当组成一个库物体的元素创建完成时，它们便被组合在一起了。为了分离它们，只用选择物体（选择它们为所有的）之一，然后从 Edit 菜单中选择 Ungroup 选项或点击 Ungroup 按钮。所有的库物体被分配了一个默认材料，可以随时更改。

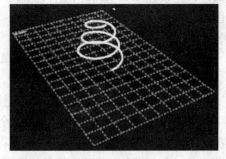

图 4-64　　　　　　　　　图 4-65

4.1.18 输入 CAD 图

虽然 ECOTECT 有自己的模型界面，但是我们也可以从其他的 CAD 系统中导入诸如 DXF 或 3DS 的文件。将几何图形导入 ECOTECT 之中，并且希望软件在不需要其他额外辅助的条件下，然后在 ECOTECT 中能识别出所有这些几何图形是不现实的。不像其他的 CAD 系统，ECOTECT 需要输入如一栋建筑物整体的几何图形，这是能得出正确分析的惟一方式。因此决定输入外部几何图形时，彻底进行检测，尤其是物质分配是很重要的，见图4-66。

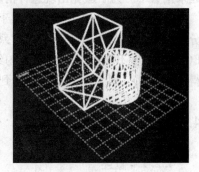

图 4-66

引入几何图形的最好的方法是首先要清楚想在 ECOTECT 中做什么事情，其次是以怎么样的导入方式能有效地达成目标。举个例子，在 AutoCAD 中建立整个建筑物的几何图形，然后希望它在 ECOTECT 中能被正确地读入并且运行，最后得出正确的热性能的分析是十分费力的。热性模型只需要建筑物在空间地域中非常简单的表现。关于此的更多的介绍，请参阅 ECOTECT 的 Analysis 部分的 Thermal Modelling 章节。

（1）为热分析输入模型

由于热分析对几何图形的需求是十分特殊的，建议在 ECOTECT 中去建立三维立体几何图形，而反对从其他的程序中引入一个完整的三维 CAD 模型。然而，使用现有的二维图画在 ECOTECT 中进行追踪也是非常有用的，这将涉及到下面的输入二维模型的章节。

（2）为阳光和照明系统输入模型

阳光和照明系统的分析需要更详细的三维立体图形来精确地执行。在这个分析中，ECOTECT 对于建筑物的了解要求要比对热的分析要少一些，因此输入完整的三维立体几何图形是十分合理的。正确地叙述所有表面的材料使得能够准确地考虑反射和透明物体也十分重要。这将涉及到帮助文档中的三维立体图形的引入章节。

(3) 为声学系统输入模型

类似于对热的分析，声学的分析需要准确的空间和物质的规格。因此，像热学分析那样，建议在 ECOTECT 中引入二维图形进行追踪，这将涉及到帮助文档中的二维图形的输入章节。

(4) 要点

- DXF 文件适用于二维图形和非常简单的固体，但是不适用于不完整的三维立体或 ACIS 几何图形。
- 3DS 文件对三维立体几何图形非常适用，但不都适用于二维几何图形。
- 在 ECOTECT 中的物体使用的是真实全局坐标。如果正在被输入的几何图形被放置在一个大型的虚拟坐标中，ECOTECT 将会在旋转/观测几何图形方面有困难。也就是说，在一个方向上正确地选择和放缩视图将引起反方向上的视线移动。
- 除此之外，如果几何图形的方位坐标非常大的话，可能会造成 ECOTECT 不能够正确地适应于栅格。这将会时常造成在遥远处或者大栅格中非常小的物体就看起来消失了。为了避免出现这种情况，一般推荐接近于 0、0、0 坐标处去定位图形。
- 记住 DXF 和 3DS 文件对于不同的 CAD 系统可以写成不同的形式，这是十分重要的，因为不同的系统和对系统不同的设定会产生不同的输出结果。如果在 ECOTECT 里不能得到你所需要的结果，建议在从 CAD 包输出时，尝试所有可获得的选择项，因为设定不同会得到不同的结果。

4.2 更改物体

4.2.1 概述

在 ECOTECT 中可以交互式地以数字方式更改和转换对象。显然，不同的操作和环境将决定哪种方法更适合，然而你至少应该熟悉所有的更改。

- 交互式转换

这些可以用建模工具栏的 按钮或者在 Modify 右拉菜单的 Transform 项转换。一旦选中一个项，使用指针交互地拖拽选择对象，用 Snap Settings 或者 Cursor Input Toolbar 直接输入距离和角度。见下文注意更改对象是要注意的问题。

- 数字式转换

这个方法使用位于主应用程序窗口右边的 Object Transformation 面板，在申请转换前允许输入不同参数设置。

- 拉伸

这个方法使用 X、Y、Z 键来增加或减少一个对象在 X、Y、Z 轴的位置。

更改对象时的注意事项：

- 更改任何对象时的第一个指针位置通常相对于第一个被选的转换位置。更改对象时，在指针输入工具栏中显示。

- 更改对象时,应该在选择更改命令前选中对象。
- 一些转换比如旋转、缩放和镜像,要求一个所针对的原点。在这些模式中,transformation origin 将被显示出来,如果在当前视图中可以看到它,则允许交互式地拖动它到所在位置。如果不能,可以预先手动设置。

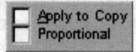

- 应用转换为原物体的复件,或按比例缩放时保持恰当比例,就可使用选项工具栏中的检查框,见图 4-67。

图 4-67

- 注意下列图像中的检查框做了标记。表示距离值已通过键盘输入进行了临时设置。当键入距离时会自动进行,或手动设置,但这通常不是必须的,见图 4-68。

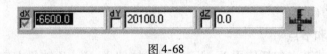

图 4-68

- 更改一个对象或节点时 Control 键用于在 Z 轴上移动。释放 Control 键设置了 Z 平面上的新点,也允许再向 X 和 Y 轴上的移动,见图 4-69。

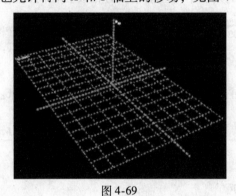

图 4-69

4.2.2 选择对象

单一对象选择

一个接一个地选择对象,使用选择工具 , 移动指针到一个对象的顶部直到指针变为选择箭头 。这个箭头只在鼠标移动到可选对象范围内时才能看到。

因为对象经常与其他对象共享线段,有可能出现几次选择到错误对象。如果选到一个相邻对象,而不是所要选的那个,你可以用 Space 键循环一遍共享同一线段的其他对象,或者持续按下鼠标左键并上下移动。

窗口选择

一次选择多个对象,使用选择工具 , 移动指针到绘图区的一个空区域。点击并保持按下鼠标左键,在所要选择的对象周围拖动出一个选择框。如果选择框是从左到右拖动的,选择矩形内的对象将完全被选中。如果从右到左拖动,选择矩形变为虚线并且矩形碰到的任何对象将被选中。

从一个选择中添加和去除对象

如果在一个未被选中对象附近移动鼠标时按下 Shift 键,添加的对象  指针

4 Ecotect 建模

将显示为允许添加对象到现存的选择设置中。

按下 Control 键，则将显示去除选择 指针，允许去除现存选择设置中的被选对象。该步骤可用于单个和多个选择方法。

选择对象时的注意事项：
- 可以使用 Space 键使两个相邻对象固定。
- 从左到右拖动，只选中完全在选择框内的对象。
- 从右到左拖动，可选中完全和部分在选择框中的对象。
- Shift 键可用于添加现存选择设置。
- Control 键可用于从现存选择设置中去除对象。

4.2.3 拉伸

拉伸对象和节点

拉伸对象或节点包括使用 X、Y、Z 键来拉伸 X、Y、Z 轴负方向的选择设置。你可以通过同时按住 Shift 键和 X、Y、或 Z 键沿轴的负方向移动对象。

拉伸距离与选项工具栏中的当前单位方格设置相同，见图 4-70。

图 4-70

拉伸的量显示在主应用窗口底部的状态栏中，见图 4-71。

图 4-71

4.2.4 转换移动

移动对象或节点

（1）首先选择要移动的对象，见图 4-72。

（2）然后选择 Modify 菜单中的 Transform/Move 项或 Transform Objects 工具栏中的 Move 按钮。

现在移动光标到绘图区。光标点将在红色 X 和 Y 轴的交叉点显示出来。也可以输入一个绝对参考坐标来移动对象，来捕捉场景中存在几何图形，或简单选择一个三维空间内部点，见图 4-73。

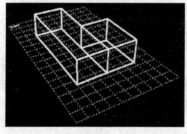

图 4-72

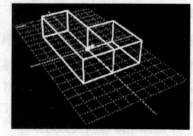

图 4-73

（3）选择位置后简单点击鼠标左键进行确定，见图4-74。

（4）一旦对象移动的起始位置被选定，正被移动的对象就附在光标上移动。在这个阶段有可能输入一个起始位置的相对距离，捕捉至场景中存在几何图形，或简单选择一个三维空间内部点。选择位置后只需点击鼠标左键进行确定，见图4-75。

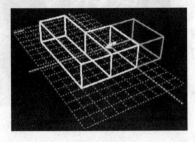
图4-74

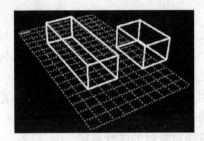
图4-75

移动对象时的注意事项

- 移动一个对象之后，移动命令仍然保持有效到执行另一个命令，点击Select按钮或点击键盘的Escape键退出。
- 移动整个对象与移动对象中的一个节点没有不同。
- 如果移动一个对象，它是模型中其他对象的母对象，所有子对象将同样被移动。
- 作为其他对象子对象，这些对象不能独立移动，因为父亲对象控制着子对象。

4.2.5 旋转转换

旋转一个对象或节点

（1）首先选择要旋转的对象，见图4-76。

（2）然后选择Modify菜单中的Transform/Rotate项或Transform Objects工具栏中的Rotate ⟲ 按钮。这将在绘图区中显示原点图标，见图4-77。

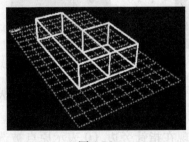
图4-76

图4-77

（3）现在移动光标到绘图区。光标点将在红色X和Y轴的交叉点显示出来。该阶段有可能在对象旋转的任何轴中输入一个角度，捕捉至场景中存在几何图形，选择三维空间内部的一个点，或最重要的是改变旋转对象的原点位置。

移动图标上的光标直到旁边出现O（O表示原点被选定并且可以移动）来改

变原点位置。点击鼠标左键使原点附在光标上,然后移动到一个新位置并再次点击鼠标左键来确认该位置。

(4) 当图标附在光标上时,输入值应是相对于原点位置的绝对坐标。

(5) 现在可以为旋转对象相关的任何轴输入一个值,或选择绘图区中的一个点。

一旦对象旋转的起始位置被选定,正在旋转的对象就附于光标上了。此时可输入一个旋转角度或捕捉场景中存在几何图形,见图4-78。

用光标选择一个位置后点击鼠标左键进行确认。

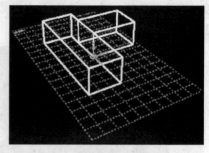

图 4-78

旋转对象时的注意事项

- 旋转一个对象后,旋转命令仍然保留有效,直到执行另一个命令,或点击 Select 按钮或点击键盘上的 Escape 键退出。
- 旋转全部对象与旋转对象中的一个节点之间没有不同。
- 如果旋转一个对象,该对象是模型中其他对象的母对象,则所有子对象也将被旋转。
- 作为其他对象的子对象,这些对象不能独立旋转。因为母对象控制着子对象。

4.2.6 比例缩放转换

缩放一个对象或节点

(1) 首先选择将被缩放的对象,如图4-79。

(2) 然后选择 Modify 菜单中的 Transform/Scale 项或 Transform Objects 工具栏中的 Scale 缩放按钮。这将在绘图区中显示原点图标,见图4-80。

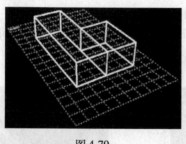

图 4-79

图 4-80

(3) 现在移动光标到绘图区。显示为带有红色 X, Y 轴的节点输入光标。此时可以改变物体要进行镜像的点的位置。

移动图标上的指针直到一个小 0 出现在指针旁边(0 表示原点被选定并且能被移动)以改变原点位置。点击鼠标左键来附着指针,然后移动到新位置并再次点击鼠标左键接受该位置。

(4) 也可以为原点位置输入绝对坐标,通过图标附着在光标上时输入数值,见图4-81。

现在可以对关于缩放对象的任何轴输入一个值,或者在绘图区中选择一个点。

一旦缩放对象的起始位置被选定,被缩放对象附着在光标上。此时输入缩放的数值或捕捉存在的几何图形,见图4-82。

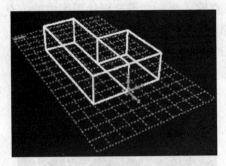

图 4-81

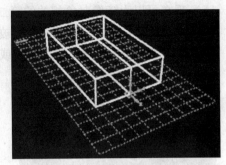

图 4-82

选择指针位置后点击鼠标左键接受。

缩放对象时的注意事项

- 缩放对象后,缩放命令仍然保持有效值,直到执行另一个命令,点击 Select 或敲击键盘上的 Escape 键退出。
- 缩放整个对象或缩放对象中的一个节点没有不同。
- 如果缩放作为模型中其他对象的父亲的一个对象,所有子对象将被缩放。
- 作为其他对象的子对象,这些对象不能独立的缩放。因为父对象控制着子对象。

4.2.7 镜像转换

镜像一个对象或节点

(1) 首先选择要建立镜像的对象,见图4-83。

(2) 然后选择 Modify 菜单中的 Transform/Mirror 项,或 Transform Objects 工具栏中的 Mirror 按钮。这将在绘图区中显示转换原点图标,见图4-84。

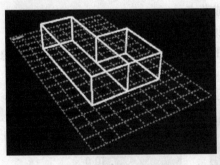

图 4-83

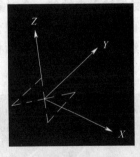

图 4-84

(3) 现在移动光标到绘图区。光标点将在红色 X 和 Y 轴的交叉点显示出来。此时可以改变有关将被镜像对象的原点位置。

移动光标到图标上,直到光标旁出现 O(O 表示原点被选定并且可以移动)以改变原点位置。点击鼠标左键使原点附着于光标,然后移动到一个新位置并且再次点击鼠标左键接受新位置。

（4）也可以为原点输入一个绝对坐标，通过在图标附着在光标上时简单输入数值，如图4-85。

（5）现在可以为镜像对象相关的第二点输入坐标，或选择绘图区中的一点。一旦镜像对象的起始位置被选定，被镜像的对象则附着于指针。

此时输入另一个坐标系来镜像反射或捕捉场景中存在几何图形，见图4-86。

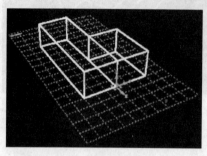
图 4-85

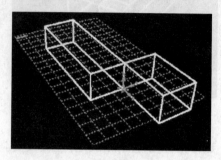
图 4-86

用光标选择一个位置后只需点击鼠标左键确认。

镜像对象时的注意事项

● 镜像一个对象后，镜像命令仍然保持有效直到执行另一个命令，点击Select按钮或敲击键盘上的Escape键退出。

● 镜像整个对象与镜像对象中一个节点之间没有不同，除非Apply to Copy选项被选定。

● 使用原点和用户特定点之间的虚线来进行镜像。

● 如果镜像的一个对象是模型中其他对象的父亲对象，所有子对象也将被镜像。

● 作为其他对象的子对象,这些对象不能独立的反射。因为父对象控制着子对象。

4.2.8 拉伸转换

使用数据输入来拉伸一个对象或节点

（1）首先选择要拉伸的对象，见图4-87。

（2）然后在选择信息控制面板的Extrusion Vector部分中，在Z轴的输入框内输入2000，见图4-88。

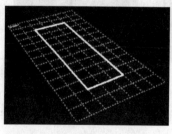
图 4-87

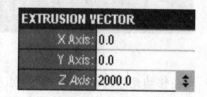
图 4-88

（3）敲击面板底部的Apply Changes按钮来申请拉伸转换，见图4-89。

（4）只需选择被拉伸对象（只能是父对象，而不能是被拉伸元素）来改变现有的拉伸高度。在输入框中输入新的数值，见图 4-90，并点击 Apply Changes 键，见图 4-91。

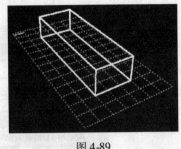

图 4-89

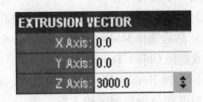

图 4-90

交互式拉伸一个对象

（1）首先选择要拉伸的对象。

（2）然后，选择 Modify 菜单中的 Transform/Extrude 项或 Transform 工具栏中的 Extrude ▽ 按钮。

（3）移动光标到绘图区中。显示带有红色 X，Y 轴的节点输入光标，见图 4-92。

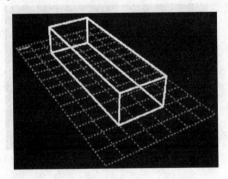

图 4-91

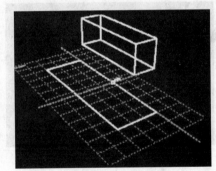

图 4-92

（4）现在选择拉伸的起始位置并且点击鼠标左键确定该位置。对象的拉伸矢量已经附着于光标了。此时，捕捉场景存在几何图形或在坐标输入工具栏中输入一个值，见图 4-93。

如果拉伸一个平放于 X、Y 轴的对象并且通过透视图观察模型，重要的是使用 Control 键在 Z 轴上进行拉伸，否则它将会沿水平面拉伸出一定距离。

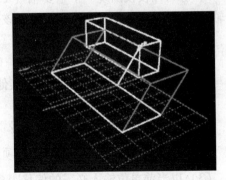

图 4-93

拉伸对象时的注意事项

- 当拉伸一个对象时，它成为拉伸元素的母对象，允许简单编辑几何图形。
- 区域对象是一类拉伸对象。它们可以在被创建后改变其高度，这与其他对象相同。

4 Ecotect 建模

所有拉伸在 X、Y、Z 轴方向上完成。使用 Object Transformation 面板中的拉伸命令以某一角度沿着它的表面法线来拉伸该对象。

4.2.9 应用旋转

应用一个旋转

(1) 首先选择要旋转的对象或对象群。

(2) 然后选择 Modify 菜单中的 Transform/Numeric 条目，或选择 Object Transformation 面板，见图 4-94。

(3) 选择 Revolve 选项，如上所示。这将显示有关轴，角度和分段数据的输入框。

(4) 然后设置所需的轴，角度和分段数目，并选择 Apply Transform 键。

图 4-94

举例来说，考虑到以下带有转换原点位置设置的形状，见图 4-95。

如果旋转轴被设置为 Y 轴，整 360 度以 36 段输入，将产生以下对象结果，见图 4-96。

旋转时的注意事项

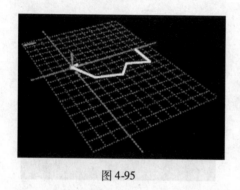

图 4-95　　　　　　　　　　　图 4-96

• 你可以仅仅围绕一个主要轴（X，Y 或 Z）旋转一个对象。如果需要另一个轴，在你可以移动/旋转一个对象到该位置的地方创建旋转对象。

4.2.10 偏移对象

偏移表示创建一个新对象，它以一确定的距离和方向从初始状态转换而来。它与复制以及其他转换有很大不同，其他转换中的相关节点位置没有发生变换。

偏移一个对象

(1) 首先选择要偏移的对象或对象群。可以选择任何对象。

(2) 选择 Edit 菜单中的 Offset... 项或点击 按钮。

(3) 以当前单位输入必需的偏移距离到 Offset 对话框中并点击 OK 按钮，见图 4-97。

(4) 将会出现一个对象的偏移复制。偏移的出现的边和初始对象的节点顺序有关。有时它将出现在相反的一边。只需输入一个负偏移就可矫正该情况，见图 4-98。

4.2 更改物体

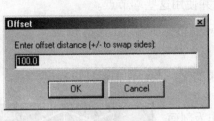
图 4-97

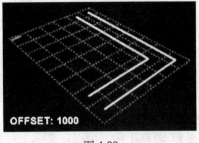
图 4-98

创建对象时的注意事项

● 正反边可能会在对象间变化，取决于插入对象节点的顺序。但它通常与每个独立对象保持一致。

4.2.11 连接对象

从两个被选的线段对象中连接创建一个多段的线段对象。

连接两条线

（1）首先选择要连接的两条不封闭线段。

（2）默认两个最接近的末端节点将被连接到一起。你可以规定哪个节点被用于输入节点，并在每条线段上选择一个末端节点。

（3）选择 Modify 菜单中的 Join Two Lines 项或点击 ⌒ 按钮。

连接对象时的注意事项

● 如果两个末端节点不一致，一条额外的线段被添加到两个节点之间。如果它们一致，该两个节点合为一个节点。

4.2.12 分割对象

包含多于一条线段的任何对象可以被分割为多个对象。必须在节点模式下并且选中进行分割位置的节点来完成该操作。

分割一个对象

首先选择要分割的多线段对象。通过双击被选对象或按 F3 键直到红色小节点出现在每个顶点来切换到节点模式。

点击或拖拽选择要进行分割位置的节点。选择 Modify 菜单中的 Break at Selected Nodes 项或点击 ⌒ 按钮。

分割对象时的注意事项

● 分割后，你可能不会注意到模型中任何视觉上的变化，因为被分割的对象将仍然被选中。如果取消选定它们，你将可以个别的选择其他组成部分。

如果不选择对象中的任何节点，将不会发生任何改变。

4.2.13 交叉对象

交叉两个线段对象，就是延伸它们两个末端线段来使它们相互交叉——移动两个末端节点来使它们完全一致。

交叉两条线

（1）首先选择两条不封闭的要交叉线段。

213

(2) 默认交叉两个最接近末端节点。你可以规定通过输入节点模式，并点击或拖拽每个线段上选择的一个末端节点，并使用这些端节点。

(3) 选择 Modify 菜单中的 Intersect Two Lines 项或点击 按钮。

交叉对象时的注意事项

- 如果两条线段接近平行，作为结果的交叉点会在很远处出现。

4.2.14 修整和延伸

在 ECOTECT 中，可以定义一个对象作为剖面并用于修整或延伸其他对象。为形成一个切割平面，该对象必须是一个封闭平面或者是一条单独的线段。该对象仅用于产生一个平面方程，所以它的维度实际上不重要。在一条线段情况下，第三维依赖于你的当前视图。如果在平面或透视图中该线段沿 Z 轴方向延伸，从前面观察它沿 Y 轴延伸而从侧面观察它沿 X 轴延伸。

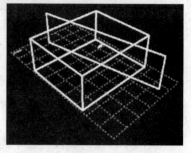

图 4-99

分配剖面

(1) 首先选择一个平面或单独的线段对象。

(2) 然后选择 Modify 菜单中的 Cutting Plane/Assign Object 项或点击 按钮。

(3) 切割平面通常显示它的表面法线指向的切割方向，见图 4-99。

修整对象

(1) 分配一个切割平面之后，选择要修整的对象。

(2) 然后选择 Modify 菜单中的 Cutting Plane/Trim Selection 项或点击 按钮。这将显示以下信息，见图 4-100。

(3) 'Trim' 选项实际上切割了每个被选对象而 'Profile' 选项仅仅在将发生切割的当前区域创建一系列新线段。

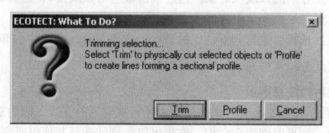

图 4-100

(4) 切割平面通常显示它的表面法线指向的切割方向，见图 4-101。

延伸对象

(1) 分配一个切割平面之后，选择你要延伸的对象。

(2) 然后选择 Modify 菜单中的 Cutting Plane/Extend Selection 项或点击

按钮。

为避免发生混淆,比如一个对象中的所有线段,只有低于 45°的线段可以被延伸,见图 4-102。

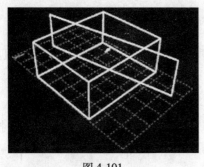

图 4-101　　　　　　　　　　　图 4-102

使用切割平面时的注意事项:
- 只有当前被选中的对象受到该命令影响。
- 整个在切割平面上的箭头符号指向的一边的任何对象将被完全删除。

4.2.15　链接/解除链接对象

链接对象

(1) 首先选择要被链接的对象。

(2) 然后选择 Edit 菜单中的 Link Objects 项,或点击 Link 按钮。

解除链接对象

(1) 首先选择要被解除链接的对象。

(2) 然后选择 Edit 菜单中的 Unlink Objects 项。或点击 Unlink 按钮。

固定一个对象的链接

基本上说,如果一个对象变成红色(或任何颜色被设置为残缺对象记号),它通常表示这是一个平面,并且一个或多个节点已经变成非共面,或它违反了对象的关系,比如一个窗口不再作为母体的墙体内部等等。这些问题通常很容易解决,ECOTECT 可以尝试为你完成这些工作。

(1) 首先选择要被固定的对象。

(2) 然后选择 Edit 菜单中的 Fix Links 项。这将显示 User Preferences 对话框中的 Fixing Links 图标。

(3) 选择最适合情况的选项并选择 OK 按钮。

对象可能会跳回到它的母体的中心或者会跳回到平面,显示随后以任何方式更新。

连接和解除链接时的注意事项
- 已经被解除链接的对象在各方面相互独立操作。例如,如果你从墙中解除链接一个窗口。它将不再表现为墙上的一个洞。它们将仅仅是共享同一个平面的两个毫不相关的对象。
- 链接工作对于不同类型的建筑元素稍微不同。例如,如果你链接一个窗口

4 Ecotect 建模

和墙,窗口将通常变成墙的子对象并将表现为它表面的一个洞。如果你链接两面墙,但它们将在母对象移动时移动到一起。

4.2.16 分组/取消分组对象

对象分组

(1) 首先选择要被分组的对象。

(2) 然后选择 Edit 菜单中的 Group Objects 项,或点击 Group ▣ 按钮。

取消对象的分组

(1) 首先选择要被取消分组的对象。

(2) 然后选择 Edit 菜单中的 Ungroup Objects 项,或点击 Ungroup ▣ 按钮。

当分组/取消分组对象时的注意事项

● 通常不可能有几个级别的分组。如果两个分组组合到一起,然后被取消分组,它们将恢复成独立的对象。

4.2.17 改变一个对象的区域

ECOTECT 中的所有对象必须属于一个区域。当最初被创建后,对象被添加到 Current Zone。然而,你可以随时改变一个对象的区域。

有几种方法来移动一个对象到另一个区域。最简单的方法如下描述,但你也可以使用 Model 菜单中的 Move Object(s) To Zone... 项,文本菜单在 Zone Management 和 Selection Information 面板中。

移动一个对象到新区域

(1) 首先选择要移动的对象。

(2) 然后进入 Zone Management 面板并选择把该对象移动至的新区域。

(3) 在该区域点击右键并选择 Move Objects To 条目,见图 4-103。

图 4-103

4.2.18 表面法线

在 ECOTECT 中,所有平面的表面有一条源自它们方位的法线。你可以使用 Display 菜单中的 Surface Normals 项来显示表面法线。该表面法线源自于组成该多边形的节点方位,基于下图所示的右手定则,见图 4-104。

当计算入射太阳辐射的朝向方位、热量分析或输出到其他应用时对象法线很重要。因此确保所有暴露表面的表面法线从它们所属的每个区域中心朝外是非常重要的。

倒转对象法线

倒转任何对象的表面法线，首先选择它然后点击 Modify 菜单中的 Reverse Normals 项，或使用键盘快捷键 Ctrl + R，见图 4-105。

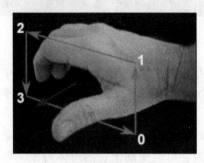
图 4-104

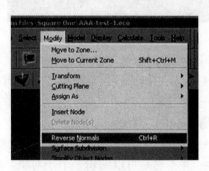
图 4-105

你可以看到表面法线翻转，你也可以使用对象的表面法线作为选择的基础。

表面法线的有关注意事项

● 当一个表面法线被翻转，对象节点在存储器中并没翻转。仅仅设置了对象中的一个标记来告诉所有分析和输出程序这个对象节点应该向后读取。

4.2.19 编辑链接对象

与母体对象相链接的对象常常有一些受到应用的运动制约的形式。在一些实例中，这种链接限制有可能是必需的，甚至有可能会阻止编辑。然而更多的情况只是提供一种创建几何图形的快速方法。如果对象关系和链接被妨碍，则简单的解除链接对象并按常规编辑。如果它们是子面板，则通常被手动重新链接。

编辑链接对象

（1）首先选择母体对象。在区域情况下这将作为地板元素，或进行拉伸，作为初始的拉伸对象。

（2）然后进入节点模式，通过敲击键盘上的 F3 键，使用 Select 菜单中的 Nodes 项，或双击该对象来使节点出现。

（3）使用选择按钮 ，移动光标到一个节点上方直到选择光标 出现。在母体对象中选择一个或多个节点。

（4）移动光标到一个被选节点上方直到移动光标 出现。然后点击鼠标左键来开始编辑节点。

（5）节点现在依附于光标。再次点击鼠标左键为该节点确定一个新位置，见图 4-106。

（6）注意适当编辑子对象。这对象链接的主要目的，操作父对象自动更新它的所有子对象，因此允许更快捷更简单的几何图形编辑，见图 4-107。

4　Ecotect 建模

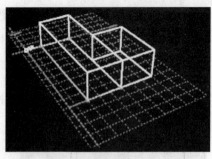
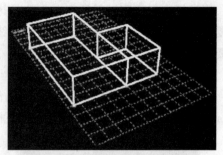

图 4-106　　　　　　　　　　　　　图 4-107

编辑链接对象时的注意事项

● 已经被解除链接的对象在各方面相互独立操作。例如，如果你从墙中解除链接一个窗口。它将不再表现为墙上的一个洞。它们将仅仅是共享同一个平面的两个毫不相关的对象。

● 如果一个母体对象以任何方式被修改，这些修改也将施加在它的子对象上。

● 并不总是可以编辑一个子对象，因为它可能受制于它的母体对象。要相互独立的移动和链接对象，则选择该对象并选择 Edit 菜单中的 Unlink Objects 项。

4.2.20　编辑房顶对象

房顶对象由一系列组对象组成，其中一些也被房顶轮廓拉伸链接。编辑房顶的对象形状应该主要在节点模式下完成，或通过使用对象转换。如果你选择房顶中的任何项，整个房顶将被一起选择为最初集合。编辑房顶只需进入节点模式并移动你需要移动的节点。如果一个房顶被取消组，它的几何形状可以像 ECOTECT 中其他任何对象设置一样被修改。

下列图像表现了如何使两个三角形房顶对象碰撞到一起，见图 4-108、图 4-109、图 4-110、图 4-111、图 4-112，进入节点模式后编辑在侧视图中完成。只需使用 Y 和 Shift + Y 键来选择并拉伸节点到所需位置。

 重要注意事项

如果你选择一个屋脊上的一点并尝试用鼠标移动它，你将总是以红色房顶对象结束。因为在每个屋脊终端会合的 3 个点属于三个不同平面。因为三个不同平面的交叉点几乎总是一个单独的点，强制地移动将移动其他节点所在平面以外的至少一个节点——使它成为以红色标出的残缺建筑。这就是为什么以 X、Y 或 Z 键沿着屋脊的轴线拉伸被推荐使用的原因。

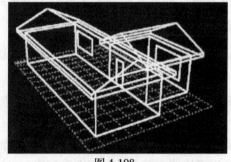

图 4-108

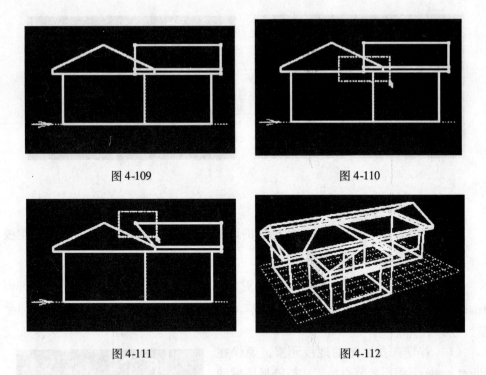

图 4-109   图 4-110

图 4-111   图 4-112

4.2.21 编辑区域对象

从 Zone 按钮或 Draw 菜单中的 Zone 项创建的区域对象通常链接到其母体地板平面。这个链接允许快速简单地编辑区域中的几何图形。通过申请修改母体对象（这种情况下通常是地板元素），其他元素（或子对象）将同样被修改。

一些实例中这种链接不是必需的，并且甚至可能阻碍编辑，但更多的时候它提供一个非常快捷的创建几何图形表达方法。如果对象间关系和连接被阻碍，只需 unlink 对象并正常编辑它们。

编辑区域对象

（1）首先选择区域的地板元素。一个被链接区域的地板元素通常是通过对象连接控制其他元素的母体对象。

（2）然后进入节点模式，敲击键盘上的 F3 键，从 Select 菜单中选择 Nodes，或双击该对象使其节点出现。

（3）仍然使用选择 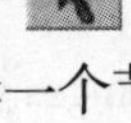 按钮，移动光标到一个节点上方直到选择指针 出现。从母体中至少选择一个节点。

（4）移动光标到一个被选节点上方直到移动光标  出现。然后点击鼠标左键开始编辑该节点。

（5）这些节点现在附于光标上。再次点击鼠标左键为这些节点确定一个新位置，见图 4-113。

（6）注意子对象会适当更新。这主要对于对象连接，允许更快的编辑现有几何图形，见图 4-114。

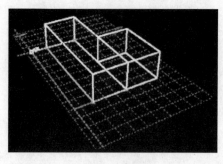 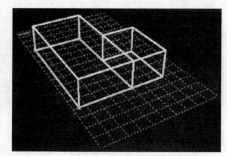

图 4-113　　　　　　　　　　　　图 4-114

改变一个现有区域的高度

使用模型工具栏中的 ⬚ 按钮创建的区域仅仅是一个特殊情况，墙和天花板自动从地板平面拉伸出来。

因此你可以只需重新拉伸初始地板对象，使用交互式工具按钮 ⬚ 或 Object Transformation 面板中的 Extrude 选项。另一种更快的方法是，只需改变区域拉伸矢量特性。

（1）首先选择区域的地板元素，确保在 object mode 下而不是节点模式。被链接区域的地板元素通常是经过对象链接控制其他元素的母体对象，见图 4-115。

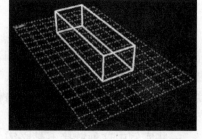

（2）进入 Selection Information 面板。区域的现有高度将被显示在 EXTRUSION VECTOR 小节的 Z Axis 特性中，见图 4-116。

（3）将这改为一个待定值并敲击回车键。

图 4-115

如果自动申请改变选项被选中，区域高度将被自动更新。如果没有，Z 轴特性将变为斜体表明它已被改变，见图 4-117。

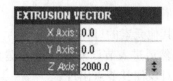

图 4-116　　　　　　　　　　　　图 4-117

（4）如果没有自动申请，点击面板底部 Apply Changes 按钮。主显示栏中的区域高度将改变。

编辑区域对象时的注意事项

- 已被解除链接的区域元素在各方面独立于相互关系操作。
- 如果一个母体对象以任何方式被修改，这些修改将同样施加到它的子对象上。
- 并不总是可以编辑一个子对象，因为它可能受制于其母体对象。相互独立地移动对象链接和编辑对象，选择对象并选择 Edit 菜单中的 Unlink Objects 项。

4.3 对象信息

4.3.1 测量物体
使用测量工具

（1）首先选择 Measure ![按钮] 按钮。

（2）然后移动光标至绘图区上，光标点将在红色 X 和 Y 轴的交叉点显示出来。

（3）点击左键捕捉几何图形或 3D 空间开始测量。

（4）测量工具附于光标上，在鼠标移动中更新绘制数据。

（5）在需要的位置点击鼠标左键，确定测量点。测量值将在 Selection Information 中显示。

使用测量工具时要注意的问题

- 使用测量工具进行的测量只是暂时的。一旦绘图区重新绘制（例如旋转视图），功能将消失。

4.3.2 对象属性
对象属性

在 ECOTECT 中，所有物体均有一个定义的属性。属性取决于元素类型和所属区域材料分配。这些属性将影响计算结果，因此检查模型的各个部分很重要。但在一个长的计算过程中，可随时修改任何物体的属性。可使用 Selection Information 或 Material Assignments 修改物体属性，见图 4-118。

此项定义物体的元素类型并且设置主要的或交替的材料分配和区域，见图 4-119。

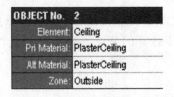

图 4-118

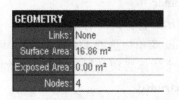

图 4-119

此项只是关于信息的数据，显示内部物体的链接以及面积和物体包含节点数量。表面积只适用于封闭的平面物体，并且显示长度。在一些情况下，当一个面与另外一个包含子物体例如门或窗的面相邻时，AdjChildren 项将显示出来。此时将假设子物体穿过两个表面，因此其面积将从选定物体的表面积中减掉。

另外一项称为 AdjGround，表明在物体下面或邻近平面的外部区域（代表地面抬高部分），见图 4-120。

此项显示选择拉伸物体的矢量。如果每项均为 0，则物体没有被拉伸。可通过改变数值拉伸或重复拉伸物体。帮助主题中的 Transform Extrude 可获得更多信息，见图 4-121。

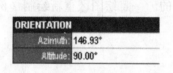

图 4-120　　　　　　　　图 4-121

此项显示选定物体的激活时间。参考 object activation 将获得更多信息，见图 4-122。

显示选择物体的旋转角度。在 Object Orientation 中有更详细说明，见图 4-123。

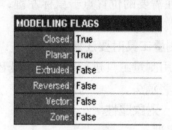

图 4-122　　　　　　　　图 4-123

此项显示选择物体的状态。使用这一部分来手动设置这些标志的状态。其意义如下所示：

Closed

当设置为 true，则物体的最后一个节点往往与第一个相连接。如表示一个固体表面，物体必须为封闭的平面。然而并非所有的物体必须为平面的。

Planar

指示出物体的所有节点必须在一个平面上。平面的方程的计算从前三点开始。通过 Edit 菜单中选择 Fix Links 项，可设置用于计算的节点。为了表示一个固体表面，一个物体必须是封闭的和平面的。

Extruded

用于识别物体已经拉伸为新物体。当物体被编辑时可使用，并告诉系统检查并更新拉伸的子物体。

Reversed

显示所选择物体表面法线指向与它的节点相反的方向。使用 Modify 菜单中 Reverse Normals 项可设置此数值。

Vector

显示物代表的方向矢量——通常用于设备、照相机、光源和声源。

Zone

在地板面中创建绘制一个区域时，这个标志为原始物体设置。因此，以此种方式创建的区域地板有此标志。如果创建新的区域时，主要使用于复制/粘贴和副本功能来决定是否创建新的区域，见图 4-124。

显示选择的物体是否标示为太阳反射体或用于阴影计算的阴影面。使用此项可从单独物体中增加或消除这个标志。在 Shadow Settings 面板中有更多信息，见图 4-125。

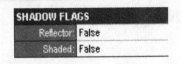

图 4-124

图 4-125

显示选择的物体是否标示为声反射体或用于声学计算。使用此项可从单独物体中增加或消除这个标志。在 Rays and Particles 面板中可获得更多信息。

4.3.3 对象方位

在 ECOTECT 中的所有物体均有方位。在此提供物体方向说明。

- Altitude (ALT)

垂直测量表面法线和水平面的夹角；也可称为"提升度"或"倾斜角"。正值说明角在地面以上。

- Azimuth (AZI)

在水平面中测量，从表面法线与指北针顺时针旋转的角度（因此，east = 90°，south = 180°，west = 270°，north 为 0° 或 360°）；也可称为"方位"，见图 4-126。

在 Object Transformation 面板或 Selection Information 面板中的 Orientation 部分设置物体的方位。

对于矢量物体例如光源或声源，方位可参考矢量方向（箭头）。对于平面表面，方位可参考面的法线（与表面成 90° 的一条的线）。此方法给表面定方位。表面有两个面，有正负方向。在 ECOTECT 中，可使用 Modify 菜单中的 Reverse Normals 项转换任意面的方向。

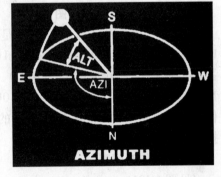

图 4-126

Orientation-选择信息面板

见图 4-127，当一个物体被选中时，其方位将会在 Selection Information 面板的 Orientation 项中显示出来。可使用此项改变任何物体的方位。只需输入新数值并点击 Apply Changes 按钮。

Orientation-物体转换面板

见图 4-128，也可以使用 Object Transformation 面板中的 Orientation 项。可使用此项改变任何物体的方位。只需输入新数值并点击 Apply Orientation 按钮。

此部分也包括方位选择菜单，可直接确定使物体朝向太阳方向或沿三个主轴，见图 4-129。

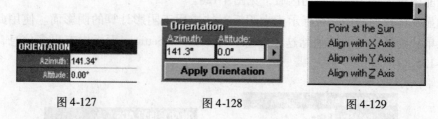

图 4-127　　　　　　　图 4-128　　　　　　　图 4-129

4.3.4　对象激活

为了适用于复杂的模型计算，ECOTECT 允许灵活的指定物体为激活和非激活的。此功能只是用于 WINDOWS、VOIDS、SOURCES 和 APPLIANCES。对于平面物体例如 WALLS、FLOORS、ROOFS 和 CEILINGS，原始的或是已转换了的材料取决于它们的邻近物体状态（例如重叠）。激活时间用于转换最初和被显示物体指定的材料。当物体激活时，其转换材料就被使用。因此，在不同日期的不同时间可能关闭和开启窗户、绘制窗帘和转换物体的来源。

如果物体的最初的和转换的材料一样，激活百分比控制全部的输入和输出。这意味着一个未激活的物体不使用资源，不产生热量、电或水。一个完全激活的物体使用和产生显示在数据中的指定材料的值。例如，一个热源仅仅激活一种指定材料，它可能产生 800 瓦的热量，如果关闭则没有热量。在 Selection Information 面板的 Activation section 中可激活一个物体。

设置时间的开和关（图 130）

激活一个物体最简单的方法是设置时间的开和关。这些数值使用 24 小时时钟制。当物体开启时，完全 100% 激活，关闭时为 0% 激活。一个一直关闭的物体，其开启时间为 0:00，关闭时间为 0:00。一直开启的物体，开启时间为 0:00，关闭时间为 24:00。如果开启时间紧跟关闭时间，则此物体为始终激活。如果需要更复杂的开关时间或不同时间不同显示，则使用操作时间表。

设置操作时间表

见图 4-131。

图 4-130　　　　　　　图 4-131

也可以给任何物体设置激活时间表。这允许设置一年的不同日期，一天的不同时间激活物体百分比。ECOTECT 包含一个时间表库可分配给任何数量的物体。参照 Schedule Editor 对话框可获得更多关于创建或修改时间表的信息。当指定一个时间表时，激活的规律同样适用上面的概括。

4.4 修改节点

4.4.1 概述

在 ECOTECT 中，一个节点表示一个线型物体的方向发生变化的点。所有物体包含一个或多个节点。能够很容易地编辑和操纵物体的节点是 ECOTECT 有力地灵活地制作模型的基础，见图 4-132。

只有在 Node Mode 中可操作节点，操作时可双击一物体或使用 F3 作为转换。在创建物体时选择节点，使用鼠标点击或拖动选择节点。在 Selecting Nodes 主题中可获得更多信息。选择节点后，可使用鼠标点击并拖动，或申请所提供的对物体的任何转换。

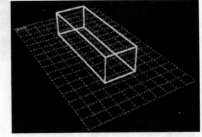

图 4-132

修改节点时要注意的问题

- 如果一个物体已经相关链接，则将会影响物体和其节点的修改。
- 如果一个物体或节点不能更改，或它的更改会影响其他物体，此时取决于内部物体的链接关系。在概念部分的 OBJECT RELATIONSHIPS 中可获得更多相关信息。
- 使用修改物体的同样的方法可以修改节点。
- 修改一个节点时，程序必须是在节点模型中。在所有选中的物体中通过显示节点来标志其特征。

4.4.2 选择节点

选择一个物体中的节点

（1）首先选中需要选择节点的物体。需要确保在模型工具栏中，通过检查在模型工具顶端的 ▶ 向下来确定，见图 4-133。

（2）双击选中的物体，点击 F3 键或从 Select 菜单中选择 Nodes 项，进入节点模式。

（3）选择一个节点，将光标移到节点处并点击左键。节点处应该显示一个白色方框。此时节点被选中。

（4）在节点模式中也可使用 PageUp 和 PageDown 键选定一个物体的节点。

选择节点时要注意的问题

增加一个节点时，按下 Shift 键并移动光标到另一节点处直到一个加号的标志出现（如下图）。选择节点并点击左键。

- 移动一个选择节点，按下 Control 键并移动光标到该点直到出现一个减号标志为止（如下图）。点击 Left Mouse 删除该节点。

- 移动光标到绘图区的空白处中，在多个节点周围点击并拖出一个选择框，同时选中多个节点。

配合使用 Shift 或 Control 键能立刻增加或减少一些点，见图 4-134。

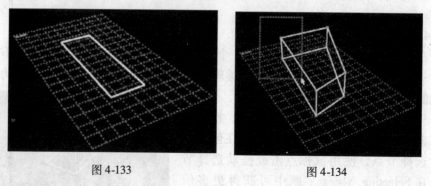

图 4-133　　　　　　　　　　　图 4-134

4.4.3　转换节点

节点像其他类型的物体一样，可以使用 Modify 工具栏中的任何工具转换。另外，使用 Select 按钮也可以移动节点。选中一个节点时，放置光标至节点上会出现移动光标的图标。这意味着节点可以从现在的位置移动至另一点。也可使用 X、Y 和 Z 键拉伸选择的节点。

使用选择按钮移动一个节点

（1）首先，使用 Select 按钮 选中需要移动的节点。

（2）移动光标至选中的节点，直到出现移动光标的图标 。

（3）移动光标的图标可视时，点击鼠标左键开始移动节点。这时点附在光标上，使用者可以在 Cursor Input 工具栏中输入相对坐标，在背景中用鼠标捕捉存在的图形，或在三维空间中选择一个位置。

（4）一旦转换位置确定，再次点击左键确定新位置。

转换节点时要注意的问题

- 对于物体的节点可使用 Move、Rotate、Scale 和 Mirror 来编辑节点。
- 当直接拖动节点到某一位置时，使用者应知道做什么。这意味着可任意地移动节点，甚至到平面外。当时用转换命令时，在节点移动之前检查内部节点的关系。如果点击并拖动它们，可移动它们到任意位置。因此，如果想一个点一个点地将一个平面移动到另一位置，只需点击并拖动点。

4.4.4　添加一个点

添加一个点到物体中

（1）首先，选择要增加节点的物体，见图 4-135。

（2）从 Node 工具栏中选择 Add Node 按钮。选择 Add Node 按钮，改变进程到节点模式，显示选择的物体节点。

（3）将光标移动到需要添加节点的位置，添加节点。此时显示节点光标，说明节点可以添加，见图 4-136。

（4）一旦插入点的位置确定，点击左键确定位置。新节点附于光标，输入光标以红色的 X 和 Y 轴显示，见图 4-137。

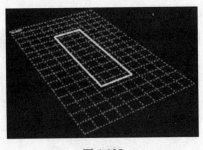 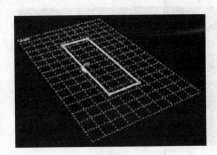

图 4-135　　　　　　　　　　图 4-136

（5）移动光标至需要的位置并点击左键，指定新节点最后的位置，完成操作，见图 4-138。

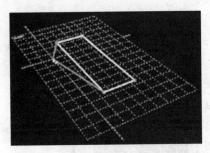 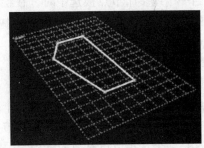

图 4-137　　　　　　　　　　图 4-138

添加节点时要注意的问题

● 在 Cursor Input 工具栏中不可能输入绝对坐标值，由于程序需要知道新节点被插入到线的哪部分上。因此，必须首先点击一条线，拖动节点，然后输入相对值。只需点击并拖动点至任意位置，或选择节点并在 Selection Information 控制面板中输入绝对坐标值，任选其一。

当选择一个物体的一点来添加节点，选择一个精确的位置并非很重要，除非相对于初始选择点来移动这个新节点。

4.4.5　删除节点

删除一个物体的节点

（1）首先选择需要删除节点的物体。然后双击该物体，点击 F3 键或在 Select 菜单中选择 Nodes/Objects，进入节点模式，见图 4-139。

（2）进入节点模式后选择要删除的节点。

（3）在 Node 工具栏中点击 Delete Nodes 按钮或在 Modify 菜单中选择 Delete Node（s）项，删除节点。

（4）被选中的节点被立即删除。

删除节点时要注意的问题

● 只有在节点被选中时才可能被删除。如果没有选中节点，则会出现删除节点对话框，见图 4-140。

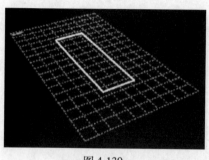
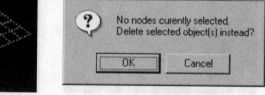

图 4-139　　　　　　　　　　图 4-140

- 在模型部分的 SELECTING NODES 中可获得更多关于选择节点的信息。

4.4.6 节点属性

当一个或多个节点被选中时，在绘图区右边的 Selection Information 控制面板中将显示节点的属性，见图 4-141。

NODE No.

如果只删除一个节点，NODE No. 代表着节点索引号。在模型物体中的每一个节点都有一个惟一的索引号，从 0 开始到节点总数。这是一个选择节点有效的标志符号。如果删除多个节点，出现 NODES，代表选中的节点总数。当编辑几何形状时很有效，可确保选中正确数目的节点。在此情况下，例如选中 12 个节点，则出现 x12。

Type

节点的类型控制着内部物体的关系系统和任何特征，例如曲线。可在任何时间对任何数量的节点设置或重新设置类型值。

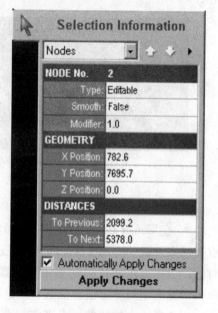

图 4-141

Editable

一个可在模型中自由移动的节点。如果节点为封闭平面的一部分，就有所限制，在此情况下像其他的在同一物体中的节点一样需要在同一个平面。

Constrained/Linked

节点与其他节点不相链接，但它们的操作受到与其他物体关系的约束。例如，一个窗户子物体的节点不受窗户或母体物体的节点的影响，然而此节点仍然被限制为共面的，由母体物体定义为在聚合线内。

Locked

节点被锁定并且不能移动，除非被解除锁定。

Bound

在模型中节点被其他节点所界定，节点不能移动除非移动界定的节点。

Fillet

通过给定半径值的切线圆添加一个切片节点，见图 4-142。

Arc

一个圆弧点被穿过它和它的前一点和后一点的圆弧连接，见图 4-143。

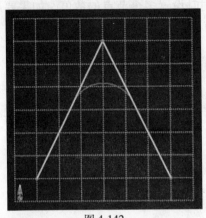

图 4-142　　　　　　　　图 4-143

贝塞尔

一个贝塞尔节点是贝塞尔曲线的控制点。在 ECOTECT 中，贝塞尔曲线可以被两个贝塞尔节点控制。在一些节点中，曲线将会通过每一个第三节点。假如通过一个贝塞尔节点，则曲线将跨过先前和接下的几个节点。见图 4-144。

Spline

一个 spline 节点代表一个完整的 spline 曲线上的一个控制点．在 ECOTECT 中 Spline 曲线与贝塞尔曲线的不同，在于对任何序列的控制点没有限制，曲线不直接穿过控制点，如图 4-145。

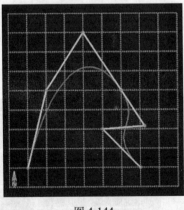 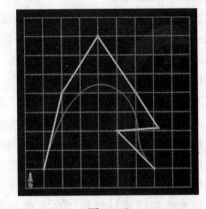

图 4-144　　　　　　　　图 4-145

Smooth

这个设置主要是提供给贝塞尔和 spline 节点。它保证在每一边的节点一直在有粗糙节点的直线上。当它从直的转换为曲的或当它直接穿过在一条贝塞尔曲线上的一个控制点时，这用于控制粗糙度。

Modifier

对于不同的节点类型它有不同的意义。当拉伸节点在它的父亲拉伸矢量线上拖拉时，就自动设置modifier，对于切片节点，Modifier给出切片的半径。

GEOMETRY

三个X、Y和Z值是任何选中节点的绝对坐标。如果选中多个节点，有不同的坐标系，通过≪varies//显示。数据框中输入的数值允许使用者在创建物体完成以后或创建过程中编辑值。使用设置项可同时设置多个节点的数值。如果要压平物体或在一个或几个轴上排列它们将十分有用。

DISTANCES

这些只读设置显示在当前的网格中选择节点和先前及下一个点间的距离。

Apply Changes

只有点击Apply Changes按钮，上述属性才会作任何改变，否则没有变化。允许在同一屏幕更新中可进行多种变化。

4.5 材质分配

4.5.1 概述

在ECOTECT中所有的物体可以分配两种不同的材质，即主要材质和转换材质。一个物体最初被创建时，它的假设材料与主要材料相同。设置物体的转换材质取决于物体元素的类型。对于物体，例如墙、屋顶、地板和天花板，每当此物体重叠属于另外一个区域外表面的物体时，可使用转化材料。对于窗户、门、嵌板、空洞、设备、光源和声源，只有当物体显示时才可以使用转换材料。使用Material Assignments面板或Selection Information面板可随时改变或更新指定的材质。

Primary Material

在此具体指明材料的组成元素。主要从材质库中选取和指定物体的表现性质。参阅Material Properties对话框，可获得物体材料属性的信息。可使用Selection Information面板或Material Assignment面板，为任何物体分配材质。

Alternate Material

ECOTECT模型的基本特征之一是可编辑功能，此功能可以很快并容易地拖拉或重新排列区域。当两个区域相邻或在彼此的顶端，则会有墙、地板或天花板的一部分覆盖邻接区域的墙、地板或天花板。对于一个真实的建筑，很难将相同的材料使用在重叠和非重叠处理区段，因此转换材料被用在任何重叠的区域，见图4-146。

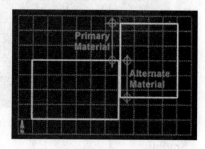

图4-146

通过指定转换材料可以移动任意的移动区域，而无需担心一面特殊墙有多少外砖洞，有多少内砖洞。只需指定砖洞为主要材质，砖为转换材质。在下面的Inter-zonal Adjacency计算中，将自动确定每部分的面积。这些只适合于屋顶、地板、天花板和墙。

4.5 材质分配

对于窗户、门、嵌板、空洞和源，当物体激活时可使用转换材质。一个物体可在某一时间模拟显示开窗或打开加热器。在激活期间，转换材质可在基于时间的计算内替代主要材质。

Cross-Assignment

由于建筑的不同部分有不同功能，需要不同类型的信息来描述不同的表现特性。因此材质库中不同的材质指定不同的类型，例如墙、窗户、光源、声源或设备。为模型中每种物体指定一种类型。

可以将材质指定给不同的物体。例如，可以将同样的转换材质指定给一个天花板物体，就如指定给上边邻近区域的地板。这是可能的，因为两种类型的物体有同样的热数据。ECOTECT 将会发现这种跨越指定，并调整热数值来影响颠倒的层顺序（上下对调）。

然而，并非所有类型包含同样的数据。例如，照相机将没有 U-Value，而有透镜类型和视角。类似的，窗户材质有与墙相同的 U-Value 和公差，但是有阴影系数和转换太阳增益，而不是太阳吸收和热滞后和衰减数值。为了精确进行热计算，应避免不恰当的交叉设置，例如，为墙设置窗户材质。这将不能使墙变为窗户，它将出现警告提示：转换太阳增益将错误的用于热滞后和衰减范围。

从上面的例子看来，ECOTECT 合理的允许交叉设置墙、地板、天花板、屋顶、嵌板和门，因为它们有相同信息类型的材质。然而，窗户 WINDOWS、空洞 VOIDS、声源、光源、设备、线和点有惟一的材质信息从而交叉设置会产生警告信息。

4.5.2 创建材料

创建一种新材料

（1）在 Model 菜单中选择 Material Library... 项或在 Main 工具栏中点击 Material Library 按钮。将显示 Material Properties 对话框。

（2）在此，无需进入每一个选项，可从列表中选择想要创建的材料。

（3）在 Properties Tab 中改变材料的名称。只需在创建新材料前改变名称，在此过程中可随时返回编辑其他的属性。

（4）在材料列表中选择 Add New Element 按钮。此将以新的名称增加一种新材料到当前模型列表中。如果与已经存在的材料同名，ECOTECT 将促使你覆盖现存材料。

（5）存在困难的部分：必须找到并进入在类型分析中将要使用的详细内容中去。

很明显地，如果只使用一些简单灯光分析，你将不必进入所有热属性等。然而，有相同材料，但属性甚至会改变，例如没有两个相同的砖，这些来自不同批或不同制造商的砖有时有达 20% 的改变。因此，无论任何时候创建或修正一种新材料，必须始终检查它们的属性，确保它们有效，在适当的范围内是所期望的材料。不这样做将可能会产生无效的结果。

在创建材料时要注意的问题

- 在创建新材料时，需参照 Example Material Data，确保为每种属性输入的值有效。

- 在ECOTECT中对于所有不同的数据结构，材料需要最大的数据存储容量。当不正当操作时，模型中有大量数目的材料（多于1000）将明显地增加文件大小和存储需求。

4.5.3 修改材料

修改一种材料

（1）从Model菜单中选择Material Library...项或在Main工具栏中点击Material Library 按钮。此时将会显示Material Properties对话框，如图4-147。

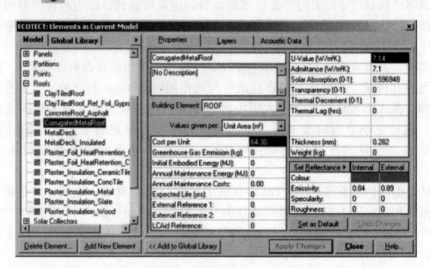

图4-147

（2）如果仍没有显示，在左侧材料列表中选择要编辑的材料。

（3）对列表右边的控制图标中列出的属性作一些需要的更改。有许多与不同材料相关的不同图标。例如，墙和地板有Layers图标，然而光源和声源没有。

（4）然后点击Apply Changes按钮。除非在Properties图标中点击Undo Changes，在选择一个新材料或关闭这个对话框时，将使已经创建的当前材料适合室外变化。

修改材料时要注意的问题

- 参照Example Material Data，确保为每种属性输入的数值有效。
- 依靠所作的计算，无需改变所有属性值。例如，只在模型中做阴影和光的计算，无需准确的找出热、费用分析和声的值。然而，如果要做综合的分析，最好立刻改变数值。否则将会忘记或在疑惑为什么一个材料变化没有达到预期的效果。

4.5.4 删除材料

删除材料

（1）从Model菜单中选择Material Library...项或在Main工具栏中点击Material Library 按钮。此时显示Material Properties对话框。如果仍没有显示，从材质列表中选择要删除的材质。

（2）在对话框底部选择Delete Element...按钮。ECOTECT将在删除前给予提示。

删除材质时要注意的问题
- 在 ECOTECT 中的所有不同数据结构，材料需要最大的存储容量。当进行不正当操作时，模型中有大量的材料将明显的增加文件大小和存储需求。因此，在大模型中偶尔地删除材质是很好的实践，特别是在 Internet 中邮递或传输文件。

4.5.5 材料库

材料库

在 ECOTECT 中所有的模型文件包含一个指定给模型中物体材料的列表。此列表中包含任何数量的材料，然而，列表总是与材料数量相接近，以确保模型大小和磁盘空间。使用 Element Properties 对话框可编辑模型的材料列表。

开始一个新模型时，ECOTECT 会引入一个名为 Default.lib 的最基本的材料设置。通过增加、编辑或删除新模型中的材料，可在任何时间指定此文件，通过 Element Properties 对话框重新保存它。

编辑材料属性

从 Model 菜单中选择 Material Library... 项或在 Main 工具栏中点击 Material Library 按钮。

ECOTECT 也可进入一个全局材料库。可将此库中的材料添加到自己的模型或自己的模型中添加到全球材质库中。此库最初保存在 Default.lib 文件中，然而改变此库，ECOTECT 将以 User.lib 保存改变的文件。

显示全局材料库

（1）从 Model 菜单中选择 Material Library... 项或在 Main 工具栏中点击 Material Library 按钮。

（2）在结果的对话框的左上角的图表选择栏中选择 Global Library 项。

4.5.6 材料数据

有关材料数据，请见 Ecotect > Help > Meterial Assignments > Metetial Data。具体内容为：

- 热属性——不透明材料

这个列表包括 U-values（U：W/m^2K），specific admittance（Y：W/m^2K），thermal lag（Lag：hrs），decrement（Decr：0-1）和 solar absorption（Abs：0-1）。

- 热属性——窗户材料

这个列表包括 U-values（U：W/m^2K），specific admittance（Y：W/m^2K），shading coefficient（SC：0-1），alternating solar gains（SG：0-1），refractive indexes（RI）和 transparency（Trans：0-1）。

- 表面属性

这个列表包括 emissivity、specularity 和 roughness。

- 声吸收

这个列表包括 sound absorption coefficients 和 noise ratings（NR）。

5 结果分析

5.1 日光分析

概述

太阳辐射的热能对一座大楼有显著的影响。虽然经常由于不适当的控制使得气温过热，但是一些合理的设计能为你的大楼提供便宜并且丰富的热量来源。这些热能被用来在冬季加热空间、提供热水、使用低的功率器具、并且甚至在夏天能使通风凉下来。

在 ECOTECT 中，下列太阳热分析的功能，将允许你可视化地确定建筑周围太阳辐射的影响和效果。每项功能上更多的信息请参阅下列主题。

（1）阴影显示

显示模型内的阴影。

（2）遮阳设施设计

为有效的遮阳设施的创造提供设计的一个范围。

（3）反射显示

处理模型内反射面所反射的光线。

（4）太阳辐射

显示并且确定任何表面在一年任何时间内的太阳照射和阴影。

（5）遮阳

在一幅图像中，用太阳路径图和阴影图表，表示一年的遮阳效果。

5.1.1 阴影

（1）阴影显示

ECOTECT 包含一个宽泛的阴影分析和显示功能。在当前模式下显示阴影，只需选择 Display 菜单中的 Shadows。通过默认设置，阴影显示在水平投影面板上，然而，你可以通过 Tagging Shaded Objects 选择特殊表面的设计阴影。

1）透明效果

当显示阴影时，ECOTECT 使用用户接口对话框中的 Modelling 栏中定义的阴影颜色。如果阴影通过一个透明度低于 100% 的材料，可通过执行添加线性阴影颜色和当前背景颜色之间的颜色来缓冲该颜色。例如，如果太阳通过一个只有 20% 透明度的物体，结果阴影颜色将比已定义阴影颜色更接近背景表面颜色（图 5-1）。

2）折射效果

玻璃的折射效果也被引入计算通过窗户对象来决定阴影颜色时。每种玻璃材料的折射指数在 Material Properties 对话框中给出。这仅仅表明玻璃的透明度随太阳光的入射角的变化而变化。这主要由于增强反射系数来逼近入射角，其影响可以从如下的表格中，且在很高的日照高度下看到，如图 5-2 所示。

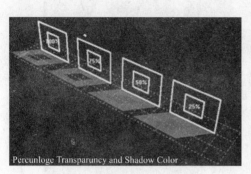

图 5-1

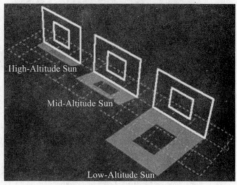

图 5-2

3）阴影颜色和附加遮蔽物

不是默认的阴影颜色，模型中的每个区域可以被设计为突出的阴影和反射颜色。这使得识别集群中的单个建筑物成为可能，例如，它也可能使分析附加遮蔽物成为可能，附加遮蔽物排除一栋新建筑物上的最初形态。突出阴影颜色可以在 Zone Management 对话框中设置（图 5-3 和图 5-4）。

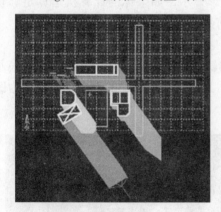

图 5-3

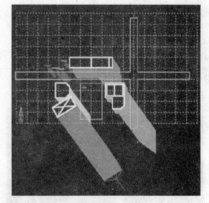

图 5-4

因为在 ECOTECT 中的所有阴影在显示之前，通过透明度和颜色分类，分配它们更亮的颜色来选择让哪个阴影最后绘制。你也可以在任何时候倒转分类程序来显示相反的效果。查看 Shadow Options 帮助主题获取更多信息。

（2）阴影显示选项

阴影显示选项可以通过使用显示菜单中的阴影选项子菜单设置或 Shadow Settings 面板设置（图 5-5 和图 5-6）。

因为阴影和反射在建筑设计中非常重要，ECOTECT 提供了一定范围的选项来控制它们的显示。一些这样的选项可能最开始看起来是不必要和不明显的，然而它值得花费一点时间来实验，因为它们可能在未来的方案中被证实为是非常有用的。

5 结果分析

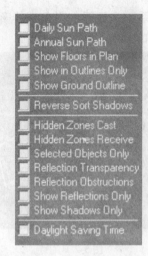

Shadow Settings
图 5-5

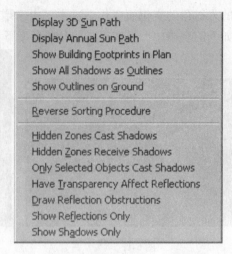

Main Menu
图 5-6

1）显示 3D 太阳轨迹

当天的太阳轨迹显示为穿过模型的点线。当这样显示时，你可以用鼠标点击并拖拽太阳。按住 Control 键来更新实时阴影显示，如果你的计算机运算足够快速。你也可以使用 Shift 键来交互式改变当前数据（图 5-7）。

2）显示一年的太阳轨迹

显示一年中每个月第一天的天空中太阳轨迹。前六个月（一月到六月）表示为固体蓝而后六个月（七月到十二月）表示为点线。一天中的每个小时表示为图 5-8 中的地球仪效果。

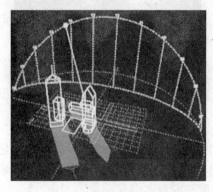

图 5-7

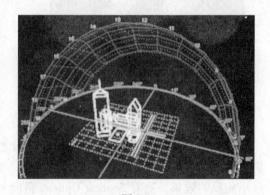

图 5-8

3）显示设计图中的建筑物投影

当选择在俯视图视角，阴影没有被计划在建筑区域的建筑平面图中，如图 5-9。当你只想看到建筑的外部遮蔽物和明显的突出物时很有用，如图 5-10 所示。需要重申的是，这只在俯视图视角中显示。

4）显示所有阴影的轮廓

这只显示多边形阴影轮廓而不是显示当前阴影的填充颜色（图 5-11）。

5.1 日光分析

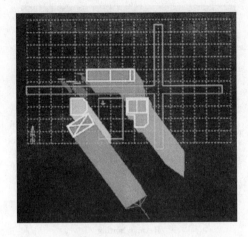

Footprints not Shown
图 5-9

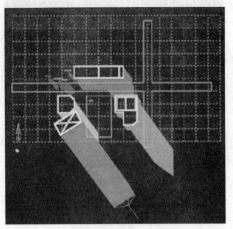

Footprints Shown in Plan
图 5-10

5）显示地面上的轮廓

当阴影只覆盖到少数对象时，该条款促成阴影轮廓仍然显示在地面上。这可以用于表现在你看不见的对象上的阴影（图 5-12）。

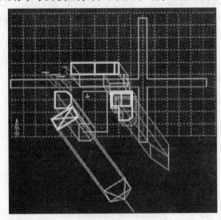

图 5-11

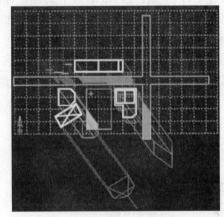

图 5-12

6）倒转排列程序

这是一个很重要的特征，因为它允许你倒转排列阴影（图 5-13 和图 5-14），这可能像一件模糊的事情，然而如果你正在观察一栋新建筑物显示的附加遮蔽物，这正是你所需的特性。你可以查阅 Shadow Display 帮助主题来充分使用它。

7）隐藏区域投射阴影

当被选中，当前隐藏区域将仍然投射阴影，被显示在选中的阴影对象上。这不应用于关闭的区域，只有临时的单一区域被显示。

8）隐藏区域接收阴影

当被选中，当前隐藏区域仍然接收阴影，如果它包含选中的阴影对象。这不应用于关闭的区域，只有临时的单一区域被显示。

5 结果分析

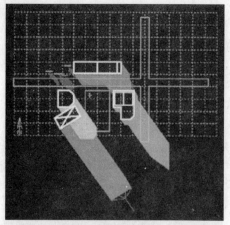

Normal Sorting

图 5-13

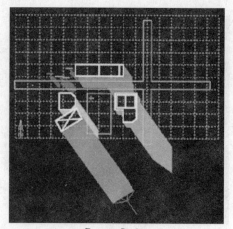

Reverse Sorting

图 5-14

9）显示反射障碍物

太阳反射的显示相当复杂，而且，特别是当你不能见到反射光斑但是真正认为它应该在那里的时候。经过一些广泛的实际经验之后，ECOTECT 只是依照不管反射是否必须通过遮蔽的选中物体，计划反射光通过一个固体对象到达那里（它被当作一个分析工具，而不是真实相片的底片）。当显示的时候，选择这一个项目让 ECOTECT 包含其障碍物的效果。

图 5-15 和 5-16 清楚的举例说明了该选项。默认为围墙对象的效果被忽略，而且反射只在地面上进行。如果你在反射被进行之前转变该选项，围墙的效果被决定。

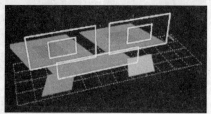

Ignoring Obstructions

图 5-15

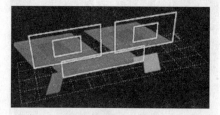

Considering Obstruction

图 5-16

10）只显示反射

允许你关闭阴影更集中于反射光。

11）只显示阴影

允许你关闭反射更集中于阴影和太阳光。

12）夏令时

当地时间增量说明了日光节约时间。这是一个并不需要自动决定是否打开或关闭的日光节约时间的手动开关。

（3）阴影对象

默认阴影显示在水平投影面上（图 5-17 和 5-18）。然而，你可以以平面对象选中的任何数据作为阴影表面。这表示阴影将只被设计显示在这些对象上面。仅仅选择全部并选中为阴影表面，并不是一个好办法。因为你有可能以一个混乱的覆盖图结束，而是只在任何一个时间选择投射在少数你感兴趣的平面上，这会极大的加快重建时间。

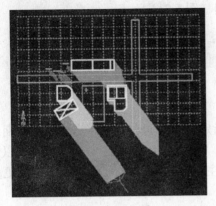

Shadows on Ground
图 5-17

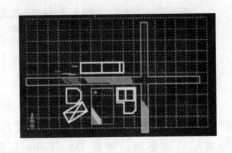

Shadows on Tagged Objects Only
图 5-18

对象可以设置为 Shadow Settings 设置面板中的阴影，Selection Information 面板中的整个选项设置或单个对象设置。

通常最重要的分析功能实际上着眼于内部太阳光渗透。这是为什么 ECOTECT 以 3D 构造显示的原因。通过简单地选中地板和墙体，甚至在一个复杂的建筑物中，你也可以迅速地显示你所关注的物体。

（4）设置方位和方向

模型的位置和方向以及它的地点对于 ECOTECT 中的许多计算都很重要。这些信息可以在 Model Settings 对话框的 Location 栏中设置。也可以通过选择 Model 菜单中的 Date/Time/Location... 条目来设置，或者通过主应用菜单中顶部的 Date-Time 工具栏。

位置需要三个值：纬度、经度和时区值。纬度和经度都是以度数给出。同时时区值从一个列表中选定，用 GMT 之前和之后的小时数变换到参考经度。位置和太阳光时间反射的不同之处在于实际的和参考的经度不同。

只需改变这个对话框中 Orientation > North Offset 场的值来改变模型的方向（图 5-19）。这以十进制度数给出在从北方开始的顺时针方向，并且它的效果主要在于旋转太阳轨迹，如图 5-20 所示。

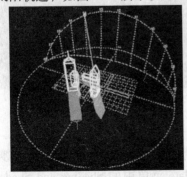

Northern Orientation
图 5-19

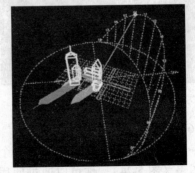

60° North-West Orientation
图 5-20

5 结果分析

（5）改变日期和时间

你可以通过 Model Settings 对话框的 Location 栏或主应用窗口顶部的日期－时间工具栏，改变阴影计算的当前日期和时间（图5-21）。

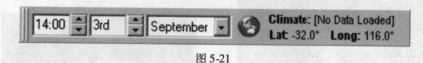

图 5-21

1）指定一个日期和时间

你可以通过输入一个值并点击输入键指定一个时间和日期。当时间或日期编辑栏调整时，你也可以使用旋转按钮或 Page Up/Page Down 键。任一方式都可以使阴影显示自动更新。查看 Data Entry 帮助主题获取有关时间和日期格式的更多信息。

如果你按住 Control 键，每个框中的增量值将改变为 1 分钟或 1 天而不是 15 分钟或 7 天。按住 Shift 键改变增量值到 1 小时或 1 个月。

如果你按住时间编辑框中的 Ctrl + Home 它将跳到日出，反之，按住 Ctrl + End 将跳到日落。在数据栏中这些键将跳到一月 1 号或十二月 31 号。

2）交互式拖拽太阳

当两个阴影和 3D 的太阳轨迹都被显示出来（查看 Shadow Display Options），你可以用鼠标拖拽太阳位置，改变时间和日期。

只需移动鼠标到当前太阳位置，直到见到移动指针来改变时间，然后点击并拖拽指针到所需的时间。松开鼠标后，太阳将移动阴影更新。如果你在拖拽时按住 Control 键，太阳位置和阴影将随拖拽交互式更新（图5-22）。

首先拖拽太阳时间，然后按住 Shift 键来显示日期线以改变日期。这显示为红色 8 形状的图形，仅仅在被选时刻的一年中不同时间的太阳轨迹时使用。拖拽到红色线条顶部选择夏季的一个日期，同时底部移动到冬季（图5-23）。

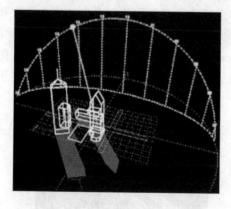

图 5-22

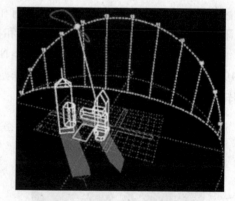

图 5-23

（6）阴影范围

一个阴影范围涉及到给定一点某个时刻的阴影显示。这个显示也普遍涉及到蝴蝶图表（图5-24）。你可以通过使用 Calculate 菜单中的 Shading and Shadows > Display Shadow Range 条目调用这个显示，或点击 Shadow Settings 控制面板中的

Display Shadow Range 按钮。你必须使用阴影设置面板中的控制,来设置开始和结束时间和时间间隔值。

(7) 太阳光线

除简单的突出阴影之外,你可以使用选中对象作为 Solar Reflectors 模型中太阳光线的发生。光线从当前太阳位置被追踪,始于选中对象并进入到模型中。如果该物件是场景中的一个对象,则每束光都被画出。

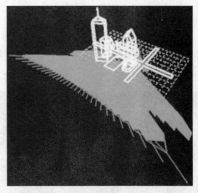

图 5-24

你可以使用 Calculate 菜单中的 Shading and Shadows > Display Solar Rays 条目调用太阳光线,或通过点击 Shadow Settings 控制面板中的 Display Shadow Rays 按钮。该组控制也可以用于设置光线密度和相互反射轨迹数量(图 5-25)。

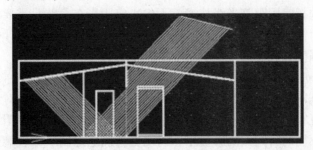

图 5-25

5.1.2 遮阳设施

(1) 遮阳设施

遮阳设施是许多大楼的重要的部分。并且在 ECOTECT 中能使用 3 个方法来设计。第一个和可能最少的有效的方法是尝试和查错。在一个模型以内的所有的对象的阴影效果能快速并且容易的被显示。无论何时一个对象被修改,它的阴影效果会被快速重新计算,然后显示更新。这样,创造并且修改一套单个的阴影成为可能,并且在有效的时间内设计一个复杂的阴影系统也变为可能。

1) View from Sun

这个功能在正投影上设计显示模型,太阳将"看见"它(图 5-26)。当你能手工地编辑阴影以便他们显示你想要遮住的对象队列,设计复杂的遮阳设施时,这是特别有用的。

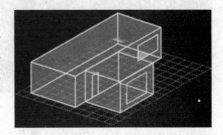

2) Cutting Solar Profiles

在 ECOTECT 中,你能通过天空,用太

图 5-26

阳的路径"雕刻"在模型中另外对象的运动路线(图 5-27)。你能在单个的天空上这样做,或在整个一年的同样时间这样做,这对太阳封闭路线研究是非常有用的。

3) Optimised Shading Devices

让 ECOTECT 为你设计一台遮阳设施也是可能的。它将使用上面被描述了有关阳光的文件，来产生在一个在给定的开始和停止时间内，任何矩形窗口阴影的准确形状（图5-28）。

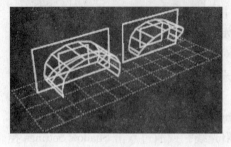

图 5-27

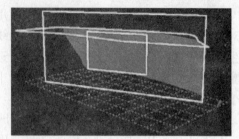

图 5-28

4) Project Shading Rays

这个功能选择使用跟踪光线技术。不仅决定阴影在哪儿是需要的，而且多大强度的太阳辐射需要被禁止。这样，这个方法能在一个地点上象计算阻挡物一样计算太阳辐射强度（图5-29）。

5) Solar Projections

这个系统基本上是阴影显示的逆计算。在这种情况下，选择对象在太阳投射的方向上，并且在它们遇见的任何被遮蔽的物件上绘画。当你希望看到某个物体的部分时，在不同的时间做阴影显示，以便更精确地定制一个玻璃系统的阴影系数时，这是很有用的（图5-30）。

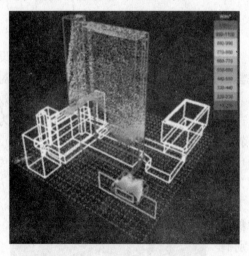

图 5-29

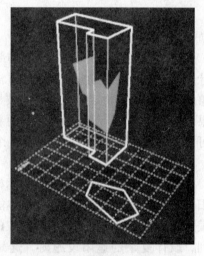

图 5-30

在 ECOTECT 中的阴影的显著特征是在当前时间利用 From the Sun 看模型的能力。最初它可能是一个不大让人喜欢的工具，然而我的经验是它能不可思议地提供各种尝试，甚至对于最复杂的遮阳设施，它也是一个很灵活的方法。

（2）阴影的优化

使用 Optimised Shading Design 对话框产生在当前的日期和时间，选择的窗口对象在一个指定的范围内,优化遮阳设施的不同类型成为可能。这样的阴影能被设计完全遮蔽。例如,从 4 月 1 日到 9 月 13 日,从早上的 9 点到晚上的 5 点间,你能首先选择你想要遮蔽的窗口,然后调用这项功能,或从 Calculate 菜单中选择 Shading and Shadows > Shading Device 项(图 5-31)。

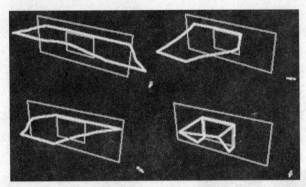

图 5-31

上面的例子说明这样产生的优化形状的一些看法。他们显示出设备要求从上午 9:00 遮到下午 4:30,持续到 5 月 1 日,在澳洲佩思的方向上的一个范围。这些都是水平于地平线的,当然你也能创造各种角度的阴影。

(3)阳光轮廓图

使用 Calculate 菜单中的 Shading and Shadows > Project Hourly Sun-Path 选项能够创建遮阳设施。这功能由变换的起始点和太阳之间的阳光轮廓图产生,作为太阳当天通过天空移动的路径,并且与当前的选择平面上的物体设定交叉。选择的物体能手工地与这编辑轮廓图,它能够完美地显示期间预定的阴影(图 5-32)。

使用这个项目,简单地设置并且预定要求的日期,设定起始点,然后选择你想要绘出对象的轮廓图。遮蔽一个矩形的窗口,在窗口的每个底部角落创造两条侧面线的中心。轮廓线的节点投射决定了窗口阴影的程度。

1)投射轮廓

除了实时的投射线,变换起始点,也能计算遮阳设施的准确的形状去保护一个特别的点,用 Calculate 菜单中的 Shading and Shadows > Project Shading Profile 选项来实现。在这种情况下,一个对话框被弹出,允许你选择这轮廓图,并且在其上设定你所打算的日期和时间的范围(图 5-33)。

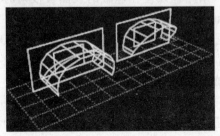

图 5-32

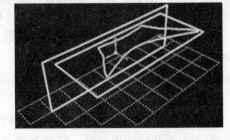

图 5-33

2) 阳光投影

如果在地面上有遮阳限制，你也能使用这功能产生一座大楼的最大的阳光投影（图5-34）。简单地将建筑向上拉伸得很高，然后通过垂直地拉伸平面切出实时太阳轮廓图。你可以根据需要切出通过以某些点为范围的若干侧面，选择最低的轮廓线。

（4）太阳投影

投射一个阴影的进程将包含到任何遮蔽的对象上的投射过程，并且还包括跟踪一个阴影对象的形状离开太阳。相反地，太阳的设计代表了向太阳投射和到阴影上跟踪遮蔽对象形状的进程。

这样投射回来决定了在什么时候一个物体遮蔽了另外一个物体，特别是如果你实际上正在观察的时候。例如，变化多于其他遮阳板的某个区域的一间弯曲透明的门面的阴影系数（图5-35）。

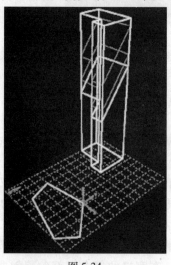 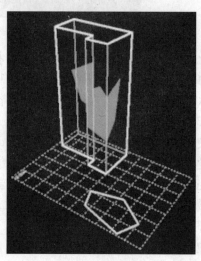

图 5-34   图 5-35

成功地显示阴影设计，你必须让至少一个对象（投射的对象）被选择并且可见的对象到别的对象被投射的标注至少也要有一个。如果不这样的话，一个提示符将显示你的设计失败了。我们可以通过 Object Selection 选择主题的 Tag Object(s) As 来选择我们的功能项。

如果你仅仅有一个或两个标注被当作遮蔽，你能不能看见设计取决于太阳当前的日期和时间。你可以希望显示每日的太阳路径以便在遮蔽的表面被投射时显示你所需要的信息出来。你也可以参见 Changing the Date and Time 帮助主题。

显示的设计的颜色在 Preferences 对话框的 Invalid/Error 中。可见的 Shadow Options 也将影响到阴影的设计（图5-36），所以你可以通过使用 Show all Shadows as Outlines 选项达到在图片中显示一个外轮廓的目的。

（5）从太阳方位观测

在 ECOTECT 中另外的一个阴影的特征就是从当前的太阳位置来看模型的功能。当太阳离开地球很远时，它的光线几乎是平行线，这样就是和当前的日期和时间的太阳的平行并且高度一致的设计。

5.1 日光分析

进入这个模式，使用 Calculate 菜单中的 Shading and Shadows > View from Sun 选项来实现，或从 Shadow Settings 面板中使用 View From Sun 按钮。

你能从图 5-37 中注意到，在模型的每个对象的阴影都完美地与它们的信封排列起来了。当你能简单地编辑阴影以便它们在视觉上与你想要遮蔽的对象排队时或者设计复杂的遮阳设备时，这项功能将是特别地有用。因为当你正在看模型时或者太阳将看见它时，遮阳设备的模拟结果将是很精确的。在图 5-38 左边显示出一台遮阳设备简单地在这个窗口上的跟踪设计。图 5-38 右边显示出它实际上本来的图像。

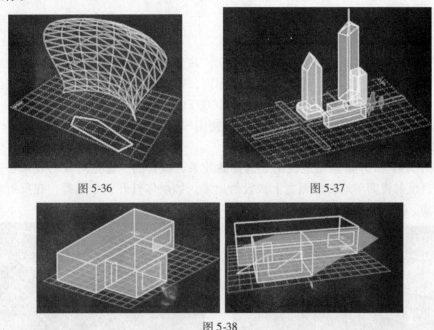

图 5-36　　　　　　　　　　　　图 5-37

图 5-38

在什么时候设计和操作对象节点，最重要的是你关掉那些你将直接遮蔽的对象上的结点，而不是移动阴影到那些结点的上面来遮蔽这些对象。设备将被首先捕捉到窗口的最高点来创建高度，然后关掉底部用眼睛观测上部的两个结点。

5.1.3 反射

（1）显示

如果一个对象被标注作为一个 Solar Reflector，当显示阴影时 ECOTECT 也将产生一个反射。如果太阳在同一个边上，反射将在对象的正常的表面方向被投射。

反射的相对力量是依靠材料的观测能力和透明性的。1.0 工具的观测材料是一面完美的镜子，而仅仅有一半在 0.5 工具中被反射，剩余的被传播掉了。

1) 反射和透明性

当光射到一个对象的表面时，它的某些部分可以被播送，某些部分将被吸收，剩余的一部分就被反射了。这样材料的透明性将影响反射光的数量。即使它被标注了，一个完全透明的对象将不被考虑其反射效果及透明性。

图 5-39 显示出变化的透明性的效果。

2) 反射颜色

模型的每个区域中都能象一个阴影一样被分配反射的颜色（图 5-40）。在区域中的任何对象，都将被作为一个太阳的反射镜被标注，它将以被分配的颜色表现反射效果。在 Zone Management 对话框中可以设置加亮的反射颜色。

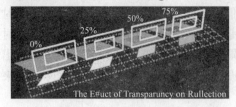
图 5-39

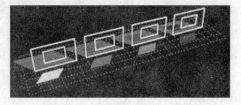
图 5-40

3）考虑阻塞

太阳反射的显示能够变得相当的复杂，并且当你不能看见反射被修正的结果时，你会有相当大的挫折感。因为这个原因，很容易地在结果中的视觉反映出阻塞，当然，简单地工程对象之上修正的 ECOTECT 的标注将不考虑是否将有一个稳固的对象。然而，可以让 ECOTECT 通过使用 Shadow Options 菜单的 Display Reflection Obstructions 选项来实现这些功能。

图 5-41 和 5-42 清楚地说明了选择的效果。缺省的、篱笆对象的效果将被忽略并且反射将简单地在地面之上被投射出来。如果你打开这个选择，在反射被投射以前，篱笆的效果被显示出来。

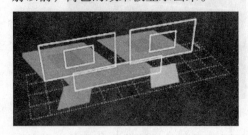
图 5-41 忽略阻塞

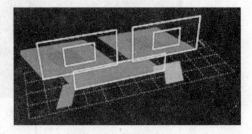
图 5-42 考虑阻塞

你应该在计算之前使用 Reflection Limitations 主题。

（2）标注太阳的反射镜

为了投射出一个反射光线，对象必须作为太阳的反射镜被标注。任何对象都能够被标注，然而反射将依靠它的材料特性和透明性等功能。反射的方向是具有反射功能对象表面的任意方向。假若要投射反射，太阳必须和对象在同一平面上。

对象能作为反射镜被设置在 Shadow Settings 控制面板中，使用（图 5-43）图片中所显示的按钮，或者在 Selection Information 面板中使得这些选项可见。

选择 Reflector 按钮显示标签条款菜单（图 5-44）。

图 5-43

这允许你增加并且选择已经在模型以内被选中了的标签，因此你能象一起工作的所有的项目一样移开标签。

缺省的情况下，反射到地面之上的太阳光就象阴影一样被抛弃。然而，如果当遮蔽层以上有一个标注时，反射光线将在这些标注之上被抛弃。

5.1 日光分析

（3）局限性

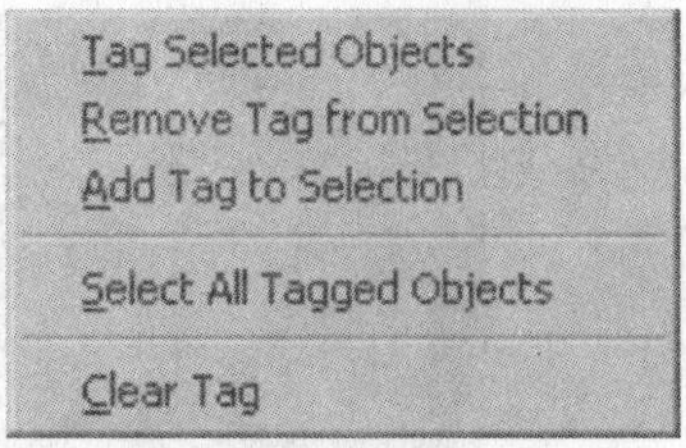

我们应该注意到，ECOTECT 的这个版本将不在景色以外的对象上为反射的对象做相关的测试。这点将清楚地被图 5-45 所说明，从图中我们可以看出，被干预的墙在这个情况下好像要影响反射的修正，但它确实遮住了根本没有反射的全部窗口。

图 5-44

从根本上来说，如果一个对象作为一个太阳的反射镜被标注出来的话，它将产生反射光线。当前正在开发投射反射的一种新方法，但是它需要我们更多的进行一些测试。

5.1.4 日光方向

（1）太阳辐射

在 ECOTECT 中计算模型的在任何的表面上的精确量的太阳放射线是有可能的。它们可以显示为每小时多少值的精确数据，也可以显示为每天的总量或每月的总量。这些信息有着广泛的用途，从设计建筑物到设计光电板也是有效的太阳设计的基础（图 5-46）。

图 5-45

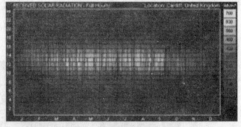
图 5-46

1）太阳辐射

使用每小时的气候数据和几何学的分析，模型对任何形状和以任何的角度的太阳辐射程度都能计算出。在太阳辐射的对话框中显示曲线图的类型，见图 5-47。

图 5-47

2）日光栅格

日晒是指阳光入射辐射，它代表在一个特定的时期内在点上或面上的放射线的数量。首先由于周围的建筑物和物体遮蔽，使得阴暗的遮蔽物在每点都有可能产生（图 5-48）。

5 结果分析

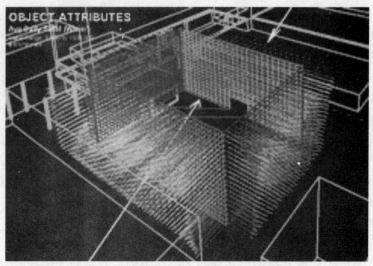

图 5-48

3) 表面日光

如果没有分析格子,日晒的值能由模型的表面计算。这使得观看复杂建筑物的正面,和复杂建筑物的放射线的分配是可能的。这些值被存储在物体的属性值里面,它们既可以在 ECOTECT 的模型面板中显示,也可以在 VRML 的场景中显示(图 5-49)。

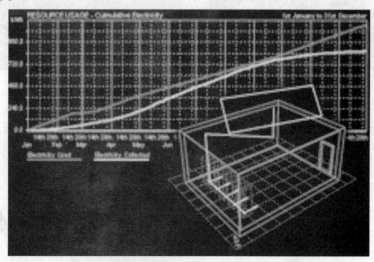

图 5-49

4) 太阳能集热器的大小

把入射太阳辐射照在太阳能集热器上,通过计算,就能大概估计出集热器全年产生的能量了。该选项详细说明这个模型里的设备和器械,给它们分配运行时间表,同时在这个图表中直接对比耗电量和产电量。这样就使得太阳能集热器匹配的需求及其大小的设定更为容易。

5) 太阳的放射线数据

与太阳的平均距离为一亿五千万公里,地球的外部大气接受的太阳的放射线的能量大约是 1353W/m²。(美国航空太空总署,1971) 由于来自太阳本身的发射起伏波动,会有 +/-2% 的左右的变化,同样,由于季节的变化,会有 +/-3.5% 的左右的变化。

辐射到达地球表面使得地表温度逐渐升高。这种辐射传导到地面就犹如地面将其反射回太空一样。最后这样的入射与反射使得地球处于一种平衡的状态。也正是这个过程产生了我们熟悉的气温日变化——晚上温度低、白天温度高及其他的一些自然现象。

实际上在地球的表面上到达的太阳辐射的数量在夏天一个晴朗的阳光充足的日子可能最高达 1000W/m²。

图 5-50 清晰的显示了大部分红外线短波以及紫外线波段的电磁频谱。日晒中的紫外线辐射只占很小的一部分,约为 8%~9%。波长在 0.35~0.78mm 的可见光,在太阳能量中的总数也只占 46%~47%。剩下 45% 的能量由波长为 0.78~5mm 的红外线短波提供。

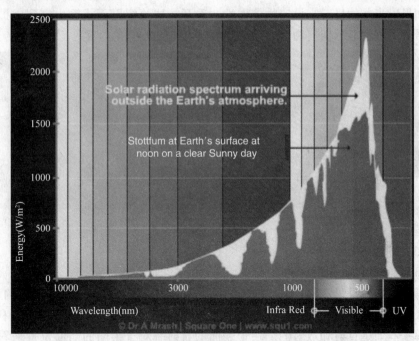

图 5-50

有一些长波成份在红外线区域,然而这一波段在大气里面被气体和粒子吸收。这一种光谱的大部分较低的部分实际上是地球辐射,填充出宽度为波长 3~75mm 的红外线的范围,这基本上是从太阳温暖的表面放射的热。

(2) 日光分析

个体表面的太阳辐射值,它可以显示出在一整幢大楼或城市的一个街区表面上的入射太阳辐射的分布状态及可利用性。当你考虑一个建筑的遮阳问题或正在估定哪里是设置光电器的本年度最大值的最佳地点的时候,这个尤其有用。

5 结果分析

1) 日光资料显示

一旦经过计算,日晒值就显示为物体属性。你同样地能在样板的窗口中显示其中任一本文价值。当 ECOTECT 不包括有用的 hidden-line 模态,颜色选项最好地在 VRML 中显示(图5-51)。关于设定这些选项的信息,见 view 菜单。

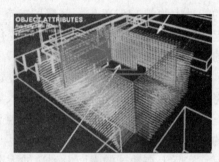

图 5-51

2) 复杂的外形和表面

如果模型由三角形或小的多边形组成,你就可以计算任何不同的复杂表面的辐射值(图5-52)。一般来说,一次只能计算一个表面值,(考虑局部阴影)如果你需要一个离散的分布情况,可以把大的表面分成小的不连续的表面。

3) OpenGL 和 VRML Output

如果以当前的显示来设定物体属性,看开放式绘图界面或输出它到虚拟现实建模语言,将会显示任何物体的颜色并附以当前的属性值的标签(图5-53)。

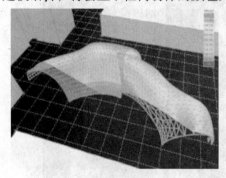

图 5-52

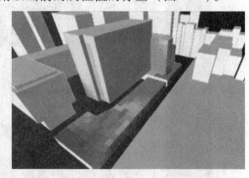

图 5-53

(3)曲线图和测量

1) 每小时的太阳辐射和阴影

第一个选项是显示一天每小时的结果。这个图表显示了可利用辐射率的总量、实际入射到表面的量、物体的反射率(图5-54)。从当前的气象数据中,可利用的辐射率基本上是直射和散射的。一个表面的直射率对于太阳的当前位置来看是正常的,同时散射率反映了天空屋顶的辐射率。

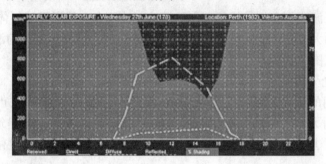

图 5-54

在这个表中,小时是在水平轴上,能量和阴影在垂直轴上。

2)平均每天的辐射率

这个图表显示了一年中,每个月每天平均的太阳辐射率(图5-55)。阴影和直射都在每月的第十五天计算(从每小时的实际值来计算)。月份是水平轴,小时是垂直轴。每个单元的颜色反映了辐射率的数量。

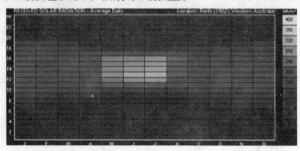

图 5-55

3)总共每月的辐射

在形式上,这个图表和每天的图表是一样的,但是显示的是一整个月的太阳辐射(图5-56)。阴影和入射是每天计算,用每小时的气候值。在一个复杂的模型中,这个计算要花一定的时间。

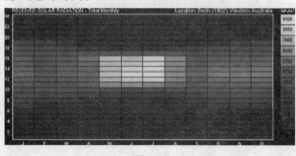

图 5-56

4)每小时的辐射

这个图表显示了被一个表面每小时实际吸收的太阳辐射,清楚地显示了由于云层而引起的每天的变化(图5-57)。天在水平轴上显示,小时在垂直轴上显示。这要求计算每小时的阴影和入射,在一个复杂的模型中,需要花费一段时间。

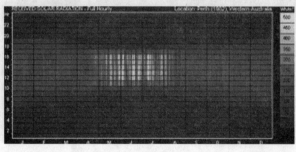

图 5-57

5 结果分析

(4) 说明辐射结果

在一天中,一个建筑物一个表面上的太阳能量包括直接辐射和间接辐射。

直接成分是赋予值 W/m,直接面对太阳的测量。因为太阳在空中移动,被测表面要跟随它,所以入射率的直射总是垂直的(大约 90 度)。

散射成分同样被赋予 W/m,它包括全部的天空。一旦这个值被知道,它的每个面的倾斜角是适中的。例如一个垂直面,无论面对什么方式,总是看不到另一半的天空,意味着仅接受一半的散射成分。一个水平表面朝上的一面会看到。

这两种成分的总数叫做可利用的太阳辐射,反映了在任一时间可利用太阳能量的最大值。

任一表面的入射率是基于表面和太阳的相关位置和阴影的百分比。

1) 阅读每小时的图表

想象一个 $1m^3$ 的空间,每个面面对四个方向,东、西、南和北。如果我们准备测量在一个夏日,每个表面的入射太阳辐射,然后比较总辐射率,我们应该得到图 5-58 ~ 图 5-62。这是在佩思,澳大利亚的西部城市测量的。

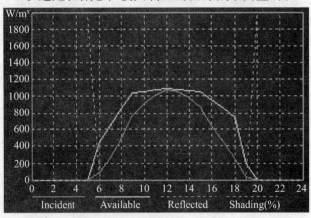

水平面

图 5-58

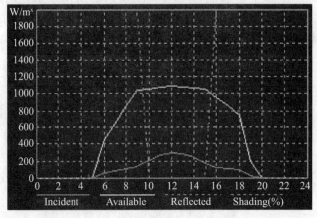

北面

图 5-59

5.1 日光分析

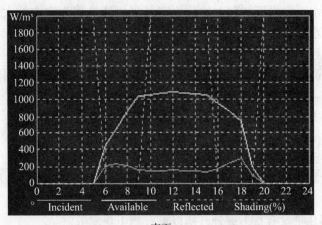

南面

图 5-60

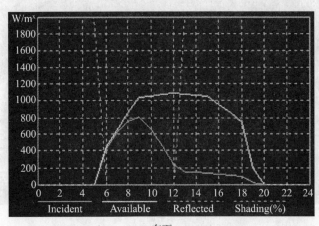

东面

图 5-61

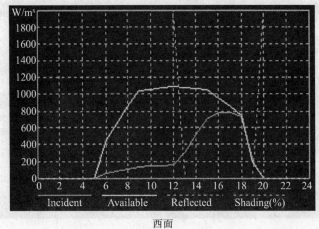

西面

图 5-62

在这些图表中,有一些有意思的点。

在夏天,水平面得到的辐射比北面多得多。这是因为空中的太阳很高,所以入射角垂直于水平面。

东面早上和西面晚上的辐射率比北面中午的大得多。

南面的最高点在早上和晚上。这是因为太阳升起和落下在东西的南面,有时会有一些直射。南面是散射成分的一个好的观测点。

把这些和冬天的太阳辐射率(图5-63~图5-67)比较。

这是一个很有意思的比较,因为下面几点很重要:

(1)在冬天,更多的入射率在北面。这是因为太阳很低。

(2)东面早上的辐射率和西面晚上的辐射率依然很高,但是没有北面中午的高。

(3)南面几乎没有直射成分,所以更有利于观测散射。

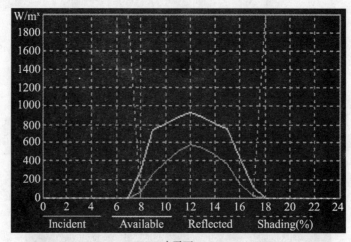

水平面

图 5-63

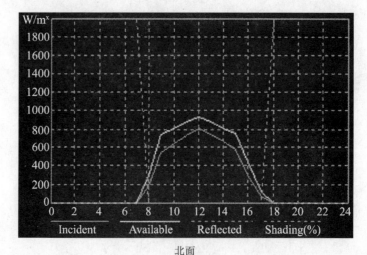

北面

图 5-64

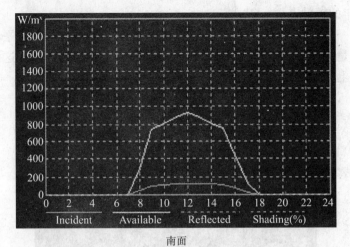

南面

图 5-65

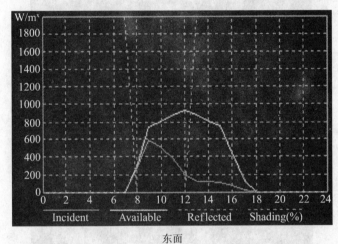

东面

图 5-66

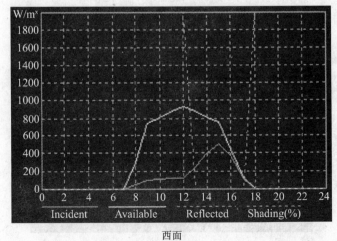

西面

图 5-67

5 结果分析

2）一年的辐射表

我们在一个图表上显示一年的信息。小时在垂直轴上，月在水平轴上。每个区域的颜色是一天的平均太阳辐射，黄色是最高点，绿色是零点。这清楚的显示了每个方向上，太阳辐射的特征图（图 5-68 ~ 图 5-72）。

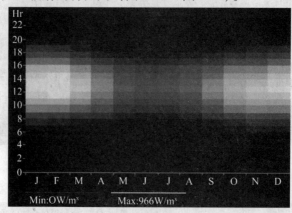

水平面

图 5-68

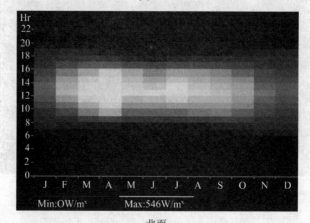

北面

图 5-69

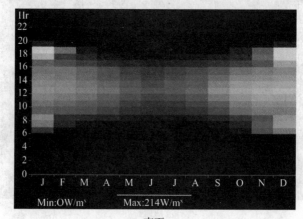

南面

图 5-70

5.1 日光分析

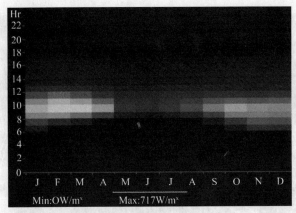

东面
图 5-71

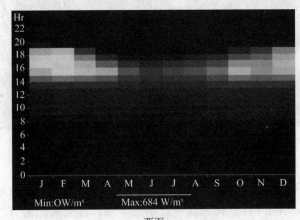

西面
图 5-72

这些图表证实了下面几点：

太阳辐射的峰值发生在 8 月。在夏天，阳光一般比较明亮，然而北面的入射角很高。在冬天，入射角很低，然而可利用的比较少。

南面的最大辐射水平发生在夏天的夜晚。然而，它们的吸收值相当少。

东面和西面的峰值发生在 11 月和 12 月。它们的绝对值和北面比起来相当大。这是因为夏天太阳是很正常的，对于这些面 - 此时可利用的太阳辐射率是最大的。

东面和西面的顶点和水平面相符。

5.1.5 遮敝

（1）太阳活动路径的画法

在计算面板里选择 Sun-Path Diagram，即可打开该对话框，主要的方法有两种，一种是立体画法，一种是正视画法。

1）立体画法

立体画法被用来记录每年每天太阳的不同位置，在形式上，从顶点往下看上去就像一幅 180 度旋转的照片（图 5-73）。太阳在不同时间的路径都可从这个上面反映出来。

5 结果分析

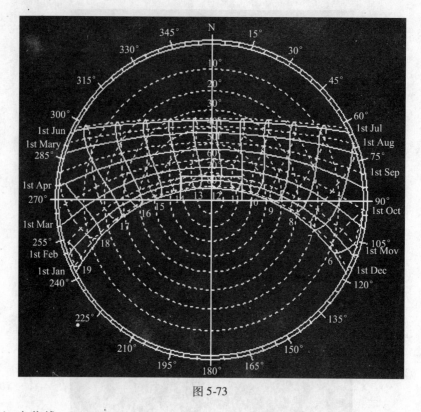

图 5-73

2）方位线

在图表的周围每隔 15 度划一个圈，一个尖端的方位角是由原始位置顺时针到达测量位置。True North 在立体画法中就是正半轴，并被标记为 N。

3）等高线

等高线是以中心点为圆心的一些圆，以 10 为增量从 90 递减到零，每一个点的海拔高度都是相对于水平面而言的。

4）日界线

日界线代表了太阳在特定的一天的运行轨迹，它从图表的东面开始，直到图表的西面结束。共有 12 条线显示出来，分别代表了每个月的第一天，头六个月显示为实线（1～6），后六个月显示为虚线（7～12），即使太阳的轨迹是循环的，也还是可以区分的。

5）时间线

时间线代表了太阳在一年中某一天一个特定的时间，太阳的位置，它们与日界线交叉，表现为 8 字曲线，交叉点即为当时太阳所处的位置，一半的时间线是虚线，意味着这些时间处于一年当中的后六个月的时间。

6）正视图表

正视太阳路线图是一个处于笛卡尔坐标系的二维图表，方位角由水平线表示，而高度由垂直线代替（图 5-74）。而表中每一点的位置就用两个轴的坐标来表示。

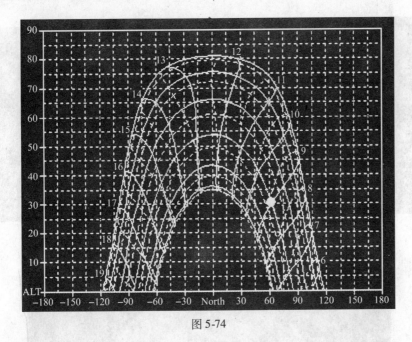

图 5-74

（2）阴影显示

在 ECOTECT 中有许多 CAD 模型，经常要求产生阴影（图 5-75），投射到地面或者是其他物体上。处理此类信息需要大量信息，使用工具可能产生大量的错误，而且会占用大量的时间，尤其是调整太阳的位置或者是粉刷阴影。

1）日光窗

遮蔽视觉化的另一种方法是在太阳通道表中分割阴影（图 5-76）。这就是用了我们知道的太阳地平线，太阳必然会从任何一个方向落在一条线上。假设一个半圆围着一个焦点。太阳阴影的范围决定于从这个点外延伸出来的线。当一个建筑在后面被挡住了阳光时，在结果表格中的任何一个阴影区都代表着阴影部分中的一个区域。阳光通道表则包括了一年中不同时候的太阳通道，这样全年的阴影长度就很明显了。

图 5-75

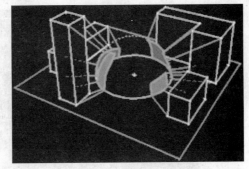

图 5-76

2）一个小例子

在一个高楼林立的区域里选定一个点，如果我们产生一个太阳水平线，并把它在 sun-path diagram 中设定好，我们将得到如下结果（图 5-78～图 5-80）：

5 结果分析

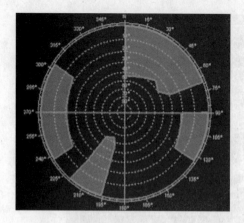

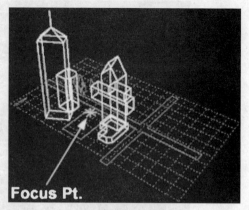

显示焦点位置的图表

图 5-77　　　　　　　　　　　　图 5-78

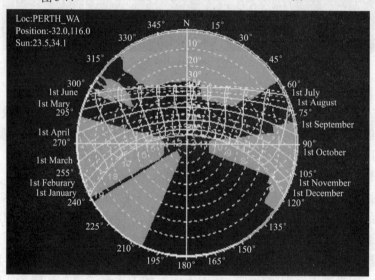

焦点的立体图表

图 5-79

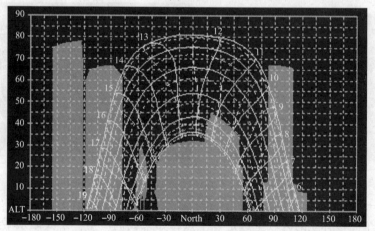

聚焦点的正视图表

图 5-80

以上图表显示，在夏至，选定直接受太阳照射的时间是 10：00am 至 02：15pm，在秋至，选定直接受太阳照射的时间是 7：30am 至 5：00pm，在冬至，选定直接受太阳照射的时间是从日出到 8：10am，再一次出现的时间是 11：30am 至 2：00pm，然后在下午偶尔出现几次。

（3）移动聚焦点

如果你移动了选定点，它会自动修正自己（图 5-81）。当你变换了物体或你选择了一个新的物体，结果也随之改变。如果该物体处于阳光照射之下，Inter-Zonal Adjacencies 就会计算该物体，并通过 Overshadowing 对话框将结果显示出来。

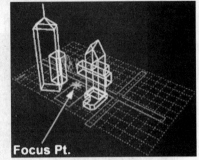

图 5-81

该对话框通常是不显示的，当它显示的时候，你可以选择物体或者操作模型，想要得到更多信息，见 Object Selection 或 Modifying Object 中的帮助主题。

（4）遮蔽图表

显示一个点阴影相对来说比较直接一点，就是指出在任何特定的时间，这个点是在阴影中或者不在。对于一个表面来说，就比较复杂一些，因为表面在阴影中的面积是不断变化的，有些时候完全处于阴影中，有时只是部分处于阴影中。

为了显示这个，ECOTECT 产生阴影对话框，由方位角矩阵和阴影比率组成，通过 Inter-Zonal Adjacencies 的计算，将会为温热地区每个曝露在外表面产生一个 10×10 的对话框。你还可以在 Sun-Path Diagram 对话框中设置更多的细节，如图 5-82 所示：

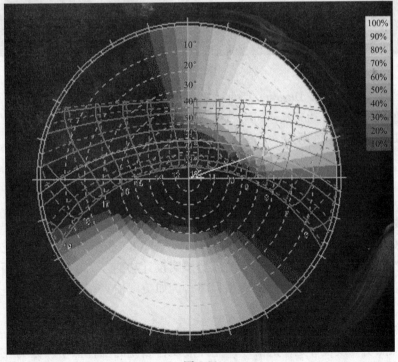

图 5-82

5 结果分析

弹出 Sun-Path Diagram 对话框，选定后经过简单的计算就可以显示任何模型的阴影对话框。有一点需要指出的就是，一旦你改变了任何模型的几何形状，阴影对话框中的值就变成无效的，需要重新生成。

如果所选择的模型不在阳光的射线下，或者不是一个表面封闭的物体，阴影对话框就是无效的。如图 5-83 所示。

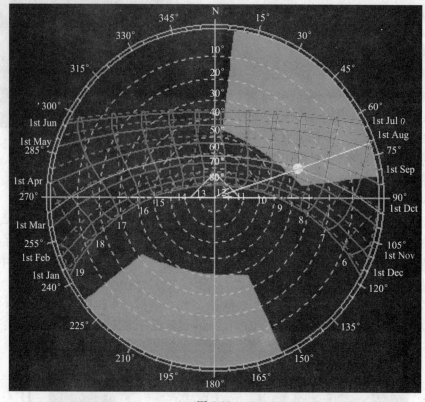

图 5-83

你设置好 Sun-Path Diagram 就可以显示任何物体的阴影对话框

你的程序可以自动升级还可以改变焦点或者选择另一个物体，此时，程序使得即使是最大的位图的阴影分析也能变得非常简单和直观。

5.2 照明模拟

概述

ECOTECT 提供一个灯光分析选项的排列（图 5-84 和图 5-85）。然而它主要着重在自然光的分析上，也执行基本的人造照明设计功能。为了得到更全面的照明分析，它输出文件到其他的照明应用程序，例如美国伯克利劳伦斯实验室的公共域工具。

自然照明

自然照明，或者日光，是指一种允许散发自然光的围拦照明。因为在一天中太阳的位置是不断变化的，而且云经常使它变得朦胧，在一年中它的强度变化很大，不能提供一个合适的可靠的光源到建筑物的内部。所以，太阳的直射光通常被认为是太阳光，很少包含在建筑学的日光考虑中。

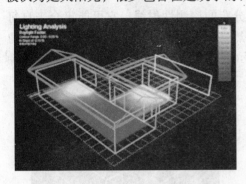

图 5-84

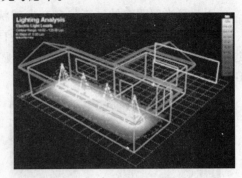

图 5-85

日光的主要目的是在一个空间内为执行的任务提供合适的光线。它们是通过足够多的小孔让日光散播开来，而且避免直射光。例如在一个光线好的天气，户外光的标准可能是在 55000～60000Lux 之间，同时在冬季一个阴天这个值可能跌到 8000～10000Lux。在建筑物内，走廊上要求的光线标准是 100Lux，在办公室中要求的是 300Lux，在光线好的超级市场中要求的是 1000Lux。因此，对于一些很有思想性的设计，日光能为大多数的建筑物提供更合适的光线。

光和热通常是联系在一起的。然而，对于一些光强度来说，有不同的光强度所产生的热量的变化是很大的。按照每流明的光所产生的热量，日光的效率比普通白炽光的 5 倍还高，差不多相当于荧光灯效率的 2 倍。

在一个典型的办公大楼中，把灯关掉，仅仅靠日光的话，那么能使热量减少 40%，这些主要靠减少靠近外围窗户的过度照明。

重要的一点是，日光系统不会为建筑物增加不必要的热增量。这要求遮阳装置和光线扩散体的小心使用，以避免夏天直射光的穿透，而是光线能更深入到每个空间。仔细地选择玻璃的类型也是一个很重要的因素。

5.2.1 自然照明设备

考虑自然照明设备，ECOTECT 实现了建筑研究机构，以决定在模型中某一点自然光的（图 5-86）亮度，这是基于日光照明率概念。为了得到这些分析的详细资料，请查阅 Lighting Analysis 对话框。

你可以通过当前的分析栅格来计算自然光的亮度，或者通过模型中个别点的传感器来计算。

（1）引伸价值

有许多其他的参数，这些参数能在日光率的计算中直接得到或者是作为一个副产品。

（2）日光标准

根据当前的设计天空参数，通过乘以日光照明率来简单的估计照明标准。设计参数在 Lighting Analysis 对话框中设置，照明标准在一年中的每天上午 9 点到下午5点很可能超出85%。

(3) 照明向量

因为日光照明率的计算包含产生球状分布的探测性射线，它可能集合来自每一点的照明向量的有关系的射线，这是自然光的主要的方向性。这个信息可以通过不同的颜色或者不同长度的箭头来显示（依赖 Shade Grid Squares 在 Analysis Grid 面板中设置的状态）（图5-87）。

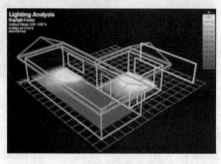

图5-86

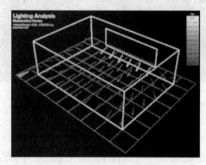

图5-87

(4) 日光自治

利用日光照明率，它可能在每一天每一刻计算照明标准。因此可以确定每个点是否常在某一个特定值之上，这就被称作日光自治，而且被给予了每个点都不需要额外的光来维持以挑选的亮度的时间百分比。使用散播的规则来计算任一时刻天空照明是 Tregenza 提议的，日期和时间涉及到在 Daylight Autonomy 对话框中什么被设置。

照明度的分配仅仅说明了散开的成分，因为在几乎所有的案例中，太阳直射光落在工作面板上是最不受欢迎的。图5-88的等式也基于标准的欧洲的数据，所以它严格的适用于具有相识特征的气候。然而，这个结果为不同设计选项的比较提供了一个有用的依据。

$$E = 0.0105(\gamma° + 5)^{2.5} \quad (-5° < \gamma° \leq 5°)$$
$$= 48.8 \, SIN(\gamma°)^{1.105} \quad (-5° < \gamma° \leq 60°)$$

图5-88

(5) 日光照明率要点

决定日光照明率的传统的方法包括看图表和数点（图5-90）。在 ECOTECT 中使用人工的方法是可能的，200点的均等的日光照明率在图表中可以被覆盖，为了算出地平线表面的日光照明率，把无障碍的点加起来，然后除以2。

天空中点的分布取决于你所选择的天空的类型，就像在 Daylight Factor 帮助主题中讨论的那样，日光照明率赋值于多云覆盖的天，这种天气最高点的光线亮度是地平面的三倍，因此在最高的点附近有更多的点，天空因素从另一方面也依赖于 CIE 统一的天空，所以点的分布也更加依赖它。

这200个点是随机分布的，但是基于这下面每10度海拔角的点的数量（图5-91）。

5.2 照明模拟

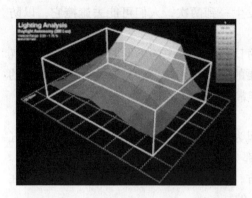

图 5-89

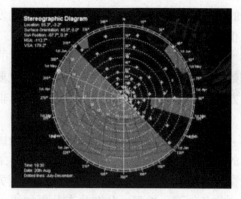

图 5-90

当你为已选择的物体计算 shading table 时，日光照明率和天空因素是计算决定的，而且在图像中显示出来。

（6）垂直的天空成分

为了得到垂直阴影，我们使用垂直的天空成分，因为天空的一半是可见的。地表面可以从天空的最高点得到最大限度的辐射，同时由于入射角的原因，垂直面事实上什么也接受不到，因此，考虑 CIE 覆盖的天空不同区域的有角入射，在一个垂直表面可得到的最大量的照明仅仅是天空总照明的 40%。

因此，当对 CIE 覆盖的天空分布和入射角的余弦都有利时，这 200 个点将基于下面的每隔 10 度海拔角的点的数量来分布（图 5-92）。

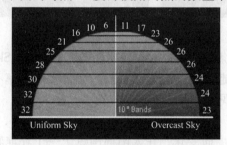

图 5-91

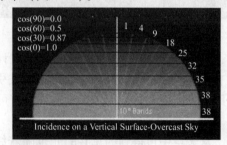

图 5-92

当你为一个垂直的物体计算 shading table，VSC 是通过计算决定的，而且在图像中显示出来。*

5.2.2 日光照明率

日光照明率是指一个简单的照明度的比率，封闭的室内的特殊一点和户外的照明度的比率。因此天空的自由视野可能导致一个 100% 的日光照明率，只有一个窗户的房间内的点可能接受到很少，可能是从 5.0%~5.0%，这个因素考虑到内部和外部的反射。

天空亮度随着气候和云量的变化而变化——从一个明亮的具有深蓝色天空的 2000cd/m² 到一个烟雾弥漫的 1000cd/m²。实际上没有设计一个基于一年中最明亮

---

* 参考书目：Tregenza, P. R., Measured and Calculated Frequency Distributions of Daylight Illuminance, *Lighting Research and Technology*, 18 (2)：71~74 (1986)。

的天气的照明系统，因为它一年中可能发生一到两次，人们可能去遮掩它，以防止热和光，更多的用来设计最坏的情况。

如果你做这些的话，那么记住真实的日光在一年中的不同时段和不同的天气条件下会显著地改变，这一点是非常重要的。然而，如果计算是基于一个标准的方法，那么结果会为设计目的提供一个非常有用的比较指示器。

（1）天空分布状态

组成大气的空气看起来很明亮，是因为悬浮的空气分子、灰尘和潮湿水蒸气的光散射。在一个阳光明媚的天气，大部分的有用光来自太阳和它周围的方向。在一个阴天，大部分光来自天空的最上方，这些光几乎是地平线光线的三倍。在一些条件下，然而，分布状态是更加统一的。

因此，为描述 CIE，已经发展了许多标准的天空分布状态，它们基于十分详细的数学公式，它们的例子如图 5-93 和 5-94 所示。

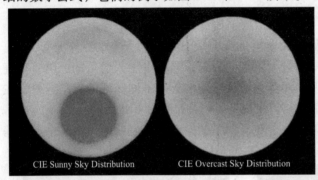
图 5-93

图 5-94

因为日光照明率是要反映最差的设计条件，所以它仅仅对于 CIE Overcast Sky 是有效的。你可以记录通过观察由海拔引起变化的分布状态。因此日光照明率不会因为方向而变化，因为在天空中没有可见光，假设都是散射光。

（2）计划天空照明度

从天空中可得到的总共的光也随着纬度而变化，在太阳周围赋予一个环地轨道，赤道附近的地带的天空通常比两极地区的更明亮。为了说明这一点，任一地区的总照明度通常被作为一个设计天空的一个单一设计值给定出来。

在一年中的每天上午 9 点到下午 5 点，设计天空被作为一个照明水平已经超出了 85%。每一个位置都是独一无二的，而且它们可以在许多建筑学的出版物上找到。利用这些值，就可以简单的乘以 2 把日光照明率转换成照明度标准。因此，具有 5000lux 的设计天空值的某一个位置的 10% 的日光照明率可能具有至少 500lux 的照明度水平的 85%。

（3）计算依据

计算日光照明率的最有用的方法是 Building Research Establishment Split-Flux 方法。这是基于一些假设的，如忽视太阳直射光，自然光中有 3 个独立的成分可以到达建筑物内的一些点。

天空成分（SC）

通过一个象窗户的开口从天空直射。

表面的反射成分
从地面、树和其他建筑物反射。
反射的成分
在一个房间内,其他面的相互反射。

三个成分的单独考虑被事实证明,在设计中每一个被不同的原理所影响。因此日光照明率被赋予一个百分比,是3个成分之和即:

$$DF = SC + ERC + IRC$$

(4)计算方法

为了决定模型中每一点的日光照明率,许多光射线从某一点呈球状喷射出来。每条射线经过的或者射到的物体和它的高度决定了它贡献了什么成分和贡献了多少。图5-95显示了一个例子,光射线从一个区域中间的一个点被发射出来,大部分发射到内表面,但是有一些穿过了窗户或者发射到外部的围墙,或者射向天空了。模型中只有交叉的射线才是真正的被绘制的。那些直射到天空的由于没有终点而没有被绘制。

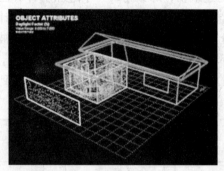

图 5-95

日光照明率的三个成分如下计算:

1)天空成分(SC)

只能穿过透明物体和有实际海拔高度的一些射线归于天空成分。通过每一种材料的透明值,它们的贡献是适度的,而且在以选择天空分配模型中影响的地方。结果也是适度的。因为一个要素是来自洁净的窗口:clean = 1.0,average = 0.95 and dirty = 0.75。

2)外部反射成分(ERC)

如果一条射线经过任一个透明的物体,然后射到一个区域中的另一个不透明的物体,那么它就属于ERC。每一条外部射线的海拔高度被储存以决定外部障碍物的平均角,从而导出下面描述的外部障碍物的系数。由于没有考虑更远的内部反射,射线的贡献等同于天空区域的照明度,由于不透明表明的外部反射率,它可能被适度的撞击到,就像天空成分中所使用的窗户的透明度和清洁度。

3)内部反射成分(IRC)

实际上,成分是基于下面的计算公式。射线通常是决定区域的加权平均值是在工作程度的上还是下,所要求的外部障碍物的平均高度决定外部障碍物的系数。基本上第一个被撞击到的不透明物体的反射系数是每一条具有正海拔和负海拔高度射线的平均值。假设窗户的反射系数是0.1,那么IRC就如下所示:

$$IRC = \frac{(0.85W)}{[A(1-p_1)]} \times (Cp_2 + 5p_3)$$

在这里：W = 窗户的面积（m^2）；

A = 内表面的面积，包括墙，地板和窗户（m^2）；

p_1 = A 区域的加权平均反射率（玻璃的反射率用0.1）；

p_2 = 在工作平面下表面的平均反射率；

p_3 = 在工作平面上表面的平均反射率；

C = 外部障碍物的系数。

外部障碍物的系数涉及到所有外部障碍物的平均高度。如果这包括不同高度的建筑物，那么为每一个缝隙所计算出的平均高度超过它的整个宽度。通过将天空分隔成许多垂直的区域来完成这种计算。如果一个或更多的窗户被镶在一个面上，每一个缝隙的上面和下面的范围被储存，就象每一个缝隙范围内的最高的外部反射成分的角度。从这些可以看出，平均角度是为每一个窗户计算的，表 5-1 的表格线性内插值替换，从而为 C 得到一个值。

表 5-1

0°	10°	20°	30°	40°	50°	60°	70°	80°
39	35	31	25	20	14	10	7	5

在光线跟踪分析中，区域的权重函数实际上是内部固有的。每一个分析点都通过一个完整的球面均匀的产生出来，所以它们都表现出一个相等的几何角。因此，平均第一个物体的反射率产生一个加权平均值是基于规则的方向。这意味着 IRC 的结果值对于每一个分析点来说是惟一的。就像图 5-96 所示，在 IRC 中接近亮表面的点的结果有些许地增加（这个例子中大约增加了 0.35%）。

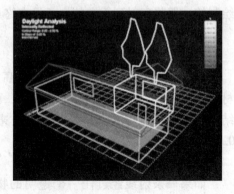

图 5-96

单独点的射线喷射方法为 Tregenza 和 Ng 所刻画的外部障碍物的问题提供了一些解答。

4）内部和外部的点

因为计算一个围栏内部或外部点的日光照明率是可能的，所以运算法则需要能决定什么时候包含内部的反射成分，什么时候不包含。

如果从一个点发射的射线没有一个经过透明物体，许多都被直接发射到空中，那么这个点就被假设为外部的。因此，所有物体交叉点被假定属于外部反射成分，而且 W = 0，不考虑内部反射成分。

5.2.3 人造光

ECOTECT 用逐点详述的方法决定一个封闭房间里的人造光水平（图 5-97）。从每一个可测量的点计算所有可视光源所贡献的总和。在这个方法中散射光的贡献不考虑在内的。因此，用这种运算法则产生的照明标准仅仅是作为一个最初决

5.2 照明模拟

策的向导,因为它们提供了测量不同模型变化结果的相关比例刻度。

光源分布

在 Material Library 对话框中,每一个光材料在 Output Profile 表中有一个输出分配设置。它可能在制图纸上显示这些输出侧面。为了做这些,在显示菜单中选择 Element > Full 的选项。当设置部分的时候,被削掉的和减少的角就被显示出来了。当为全部设置的时候,3 个空间的光分布都显示了,就象图 5-98 所示一样。

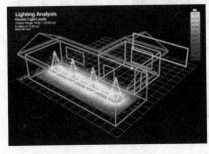

图 5-97

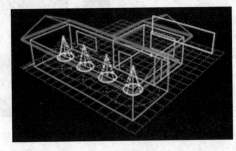

图 5-98

这些显示的剖面是基于 Lux 标准,这个标准是设置这些光的区域中舒适条件数据中的,就象 Selection Information 面板中设置的一样。分布栅格显示了边界,在这种情况下是 200lux。严格的说,在边界上的任何一点都严格的是 200lux(图 5-99)。如果你在区域数据中改变它的值,那么视图也会自动的更新。

图 5-99

5.2.4 辐射率输出

为了更精确的,全面的照明分析,ECOTECT 能输出辐射率图像文件资料到辐射率照明模拟包中去,这个包是由伯克利实验室的格雷格·沃德编写的。有一个免费的非常精确的模拟工具。作为微软操作系统,你需要从 http://radsite.lbl.gov/. 下载可用的桌面辐射率。

ECOTECT 包含对原材料资料自动产生的支持和像不同的 CIE 天空模型文件的控制。为了输出 RAD 和 RIF 文件的设置,从 File 主菜单中选择 Export...,然后选择 Radiance Ecene File 作为文件类型。当建立这些文件时,为了得到更多可用的选项的细节,可以在 Export 对话框查看 RADIANCE TAB。

看图 5-100 以得到一些新的 v5 的辐射率特征。

V5 中的新特征

版本 5 现在允许更多地对辐射率原本实现的控制和复杂原材料结构的显示,还有物体实例。

(1)交谈式的翻译

最新版的桌面辐射率系统包含一个更稳定的 RVIEW. EXE 版本。当它们日益增多的被精练时,这只是一个简单的显示排列结果的微软窗口工具。同时这个工具的最终输出结果远不及最终交纳的性质,它可能是非常有用的,且能很快地测试视图和物质的精确度。为了显示这个工具,在 Radiance Export 对话框中选择 Interactive Render 选项。

5 结果分析

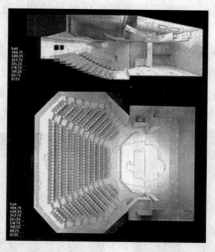

辐射率图像的例子
图 5-100

(2) 使用辐射原料

在 ECOTECT 中产生的原料仅仅包括颜色、反射率和粗糙的道具。然而，你现在可以用质地和更复杂的表面道具输出原料。你可以做这些由一个输出原料目录中包含的一个辐射材料定义文件，这个原料和 ECOTECT 中指定的原料有相同的名字。为了得到更多的信息，在 Radiance Export 对话框中为 Material.rad 文件选项做检查（图 5-101）。

图 5-101

(3) 包含的额外的几何学

你想要在辐射率排列中包含一套更复杂的几何学的时代在 ECOTECT 文件中不是流行的。一个例子可能是外部的植被或者是内部的设备。你现在可以做这些通过包含 ECOTECT 模型中的一个区域，它的名字以字符#开头。为了得到更多的信息，在 Radiance Export 对话框中为 Zonel.rad 文件选项做检查。

(4) 物体实例

可能有案例来安置你全部的模型，在这些例子中，你需要用许多具有相同设置的副本来转移你的模型——就像一个有相同位子的礼堂一样（图 5-102）。不像所有都在 ECOTECT 中模型一样，它可能单独模拟一个物体，提交它，然后保存结果文件作为辐射率的一个实例参考。也就是说，辐射率仅仅装载主几何学的一个设置，然后多次使用它，所以你的复制图会更快更易处理。为了得到更多的信息，在 Radiance Export 对话框中为 Material.rad 文件选项做检查。

(5) RadTool 和一批复制图

来自 ECOTECT 的 RadTool 的新版本现在包含批处理的功能，这个功能让你用不同的条件指定许多的排列（图 5-103）。这使得一代活生生的序列相当于一个琐细的工作。

图 5-102

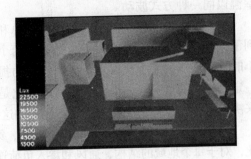
图 5-103

5.3 热性能

概要

ECOTECT 提供了大范围的分析热的性能，这些可以在 *Thermal Analysis* 标签中设定。在计算菜单下点击 Thermal Performance 即可弹出 *Graphical Results* dialog 对话框。

在进行任何的热分析事先之前，你应该熟悉下列的帮忙主题：

1. ECOTECT 模拟引擎

入场方法的利益和限制。

2. 热的模型

当创造热的模型需要注意的重要内容。

3. 每小时的温度

该如何计算而且解释每小时的温度曲线图。

4. 每小时的热增益和损失

该如何计算而且解释每小时的热增益曲线图。

5. 热和冷负荷

该如何计算而且解释每月的空间负荷曲线图。

6. 年度分配

该如何计算而且解释年度温度和负荷曲线图。

7. UK 部分摘要

通过一部分新的 UK 建筑规则来输出要求的数据。

8. NatHERS and DOE2 输出

输出到其他流行的热分析器中。

5.3.1 模拟器

ECOTECT 提供了大量的热分析程序。这些热运算法则已经变得非常流畅而且对建立几何模型没有约束，并且可以同时计算。最重要的就是，对于阴影只需要很少量的计算。这就为大量的便捷的计算提供了可能。

（1）入口方法

流导公式假设任何一个建筑的内部温度都会不断的接近外部温度的平均值。虽然被建筑物的热电容或电阻阻隔了，外部温度或阳光辐射的任何波动都会引起室温以同一种方式波动。

当热量失去的总和等于热量得到的总和时，室温则在 Admittance Method 中达到了一个稳定状态，温度和负荷计算是两个分开的程序。如第一个途径，每天每小时计算潜热的大小，以及计算建筑物的损失。这些是负荷因素预定的情况而不一定是真实的情况。如果负荷因素的变化是即时的，那样就不能用每日的平均量来决定每个地域每个小时的热压。压力的这些变化造成内在的温度循环的变动。

一旦知道了详细的每小时的内部温度，第二个计算决定绝对的热和冷负荷。由此，对于每个地域的结构，通风和渗入负荷连同太阳的内在的负荷也一起决定了。

内部负荷更为复杂，因为内部温度无法测量。并且相邻区域之间的渗透也对温度产生很大影响。

总而言之，这是一种单一的方法，Admittance Method 通过开放通路，传热材料传导热量，内在设备散热、光照，人来分析它们对热流传导的影响。

(2) 精确度相关结果

任何一种计算方法，都必须在精确、流畅简洁之间找到平衡，Admittance Method 是一种广泛应用的方法，并且被视为一种非常有用的公式。如果你的目的只是为设计来讲，它无疑是最好的选择。

它提供了及时反馈的功能，并且随着模型建立技术的不断进步，它的精确性也不断提高，最重要的一点就是，绝对的精确和相对的精确是有区别的。没有任何一种热的工具是绝对精确的，意思就是说，当你建立一栋大楼的模型的时候，如果它可以告诉你，在7月15号中午12点钟的确切温度，这个温度就是绝对温度。相对温度是指如果你增加一个窗户，它就会告诉你一个相对的白天的热量增益，和一个夜晚的相对的热量损失。

相对精确允许设计者设置开始信息，即使那个模型简单的像一个六面的箱子，这样，有了这个模型以后，阳光穿透以及阴影的效果就可以被计算得很彻底很清晰，然后，我们再将最终的模型考虑进去。

ECOTECT 并不是只是在程序的最后采用的，为了快速的完成设计，它的许多操作在程序开始时是非常有用的而且是非常经济的，因为在设计上建模实现起来是非常省钱的。

Admittance Method 是在循环概念上建立的。结果，这个方法在这种情况下还是很实用的——一天内的温度稳定波动，能量输入稳定变化的地方。但在上下温度变化很大的地方是很不适合的，比如说，当高功率暖气或冷气在使用时，在这种情况下影响几乎是瞬间的。而且，当太阳辐射进入一个区域时这种方法不能追踪太阳辐射到一个特定的表面，太阳辐射在进入孔时就被处理掉了，成了空间负荷及光纤负荷。同样的，自然空气流通被光圈成分在缝隙中解决掉了，当缝隙出现在区域的对面或相邻时，运算法则用来决定横流率。当然总体空气流动率在单个空隙中间是不被计算的，自然空气流通在缝隙的高度、大小和方向或当前风速和地形结构的基础上可以增大空气流通和渗透。运算法则计算不了垂直影响和内部对流。

5.3 热性能

（3）局限性

Admittance Method 是建立在轮换变化的基础上的，所以它最适合在温度波动持续稳定的场合，并不适合应用在温度突变的场合，比如一个大的热流或冷流突然开关的场合。在这些接近即时变换的场合，Admittance Method 并不适合。

另外，这种方法并不跟踪进入区域中的单个表面的阳光辐射，因为这种情况下，它由入口和部分空间负荷，以及区域内部的建筑物的负荷决定。

同样地，通过缝隙自然通风的情况，也是这样的。交叉流动是可以计算的，然而，总体空气流动是无法计算的，自然通风会增加热渗透，缝隙大小，缝的方位以及风速和地形的效果。

另外，垂直对流以及内部流动也不在运算法则之内。

（4）其他的热发动机

很少热工计算工具能解决这一类问题，现在最了解的就是英国的 TAS，在英国，ESPr 被报道说太简单，它使用的是 US 的 ASHRAE 方法来分析的，来自澳大利亚的 CSIRO 的 NATH 相当不错，ECOTECT 可以直接输出 DOE2 和 CHEENATH，现在正在研究新的功能。

下面是一些关于这些机器的简单概括：

1）TAS

TAS 是一个用于热分析的软件，它包括一个 3D 产生器，以及一个热分析器，它还会产生一个 2D 的控制模拟器。

这种方法并不跟踪进入区域中的单个表面的阳光辐射，因为这种情况下，由入口和部分空间负荷，以及区域内部的建筑物的负荷决定。

2）ESP-r

ESP-r 是一个动态仿真地分析热的程序以及分析环境能量和热流的程序。ESP-r 允许设计者和研究者增加行为方式，它最适合在温度摆动能量输入不断变化的场合，因为这种情况下，由入口和部分空间负荷，以及区域内部的建筑物的负荷决定。

3）EnergyPlus

EnergyPlus 是 DOE2 和 BLAST 的结合，它间隔的在建筑模型，空气净化系统和中央固定设备中起作用，为了提供可精确估计建筑能量需求的能量、机械及建筑工程师。

BLAST 区域模型是在基础供热平衡方法上的，是供暖和制冷负荷计算的工业标准，BLAST 输出可与 LCCID 合作对建筑、系统或植物设计做一个经济上的分析。

4）BDA

BDA 是支持现在的、综合地运用多功能模拟工具及数据库，从单个建筑元素到系统的表现手法。基于一个复杂的设计理论，在整个建筑设计过程中 BDA 就犹如一个数据管理者，允许设计师从多功能分析容量和视觉化工具中获益。BDA 有一个非常简单的图绘界面，建立在两个主要元素 – 建筑浏览器和决议桌面。

5）Nathers

Natheres 是由 CSIRO 开发的软件，用一个简单的图表进行快捷、全面、高效的房屋设计估价。

6）BUNYIP

BUNYIP 是一个电脑化的设计过程，用来对商业建筑的资金及能量总和做一个准确的估价。

7）ESP-II

ESP-II 是这几种计算机程序之中，惟一考虑一段时间位置坐标的、建筑结构的以及不同的建筑设施。它给设计者提供了许多可供选择的以及快速比较的功能，以及有效地建筑外形和空气调节装置。

5.3.2 热模型

ECOTECT 的热分析程序需要你使用一个特定的方法来构造你的模型。当为热的分析构造一个模型的时候，下列各项是重要的注意点。

（1）建筑物地域

每栋建筑物一定包含一个地域。地域在计算热和内在温度的负荷中是基本的单位（参照下面提及的一个建筑物热的样板主题）。

（2）定义区域

一个地区应该是一个封闭空间相似性的代表。也许是一个房间天花板的空间或是建筑中的一个具体的地方（储藏室及两个厕所为例）。也许还有必要在一个大的空间里去创建一个多功能区。如果是这样的话那在它们中间使用 VOID 就是很重要的了。

（3）几何封闭

所有的区域必须在几何上是封闭的，也就是说，所有的空间都被表面完全封闭了。想象你所创建的区域都充满了水，你拾起它并且转动它和颠倒它。如果任何的水能漏出，它就不是一个完全封闭的区域。

具体如图 5-104 和图 5-105 所示：

 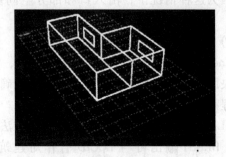

图 5-104　　　　　　　　　　图 5-105

（4）邻接表面

相邻区域是指有相邻的天花板、房顶或者是门板之间有接壤或重叠。ECOTECT 会自动地侦测到这些临界区域，并且测量它们之间的热流。如果一个区域是与外界接触的，或者一个大的房间分成了两个部分，你必须用一个空模型来代替空洞。下面的模型显示出来如何处理相邻的模型重叠部分。

（5）非热区域

5.3 热性能

外部遮荫设备不是组成温热区域的元素，应该把它放在外区或作为非温热区。

（6）地表和地表狭道

任何位于或低于地平面的无遮蔽的表面假设为与地面直接接触。如果高于地平面，那么该区域就被认为是与一个外部的区域相邻接的，该相邻接的区域被认为是一个地表狭道。

（7）内部功能

如果任何一个高于地面的表面被发现跟外区的一个表面相似时，PARTITION 认为是绝对的区域的内部物体，所以没有对入射太阳能辐射作检测，（任何想要穿过它的辐射都必须经过一个窗状物，而且计算为合理）或与其他的区域相近。任何家具及内壁都要按照 PARTITION 原则去建。

1）建立一个热模型

任何一个用来做热能分析的建筑都是由一个或多个完全封闭的温热区域构成的，每个区域代表了建筑物中的一个房间或是一个特定区域。要完全封闭，墙以及它的邻近物就必须在同一个平面，（至少也要非常接近或平行）而且一个叠一个。比如说西墙为1区，东墙为2区。这样看来在做重复计算，当然通过这个方法 ECOTECT 可以弄清楚哪些区域是邻近的，有多少热能可以穿透它们，又或是精确的室温及各区的热负荷。需要注意的是遮阴，光照和视线功能是不依赖于建筑的分区，一个热和声的模型也许要比原始的照明及遮阴分析系统要合适的多。转变的未必是真实的，比如你也许会为了精确照明度及阳光的穿透度而加强墙的厚度或设计窗户的结构。

2）需要的几何学的细节

在一个热的模型中，一个3D立体 CAD 模型有许多很好的细节。举例来说壁脚板、窗框、窗台、框缘和其他的装饰性的几何学，我们将会有一个可以忽略热的影响，但是增加计算的时代。一个好的热工模型关键是简单的，免除所有的多余的热的几何学。下面提供了一个很好的样板，既可以进行热分析又可以进行光分析（图5-106）。

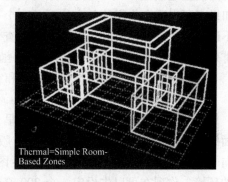

图 5-106

要建立一个模型能够包含一组简单的热能计算区域又能包含虚拟现实要求的所有复杂指令以及灯光分析是有可能的。使你的房间简单化，只包含了所有热分析指令需要的信息，这是你第一件需要做的事，然后在加载多余热能到非热能区，可以根据你的需要开启与关闭。

一个热的模型应该尽可能的简单化，一个好的屋顶设计可能被家具的一些阴暗暴露的上升温暖气流质量给破坏。

3）留下阴影方法和非热的区域

假定 ECOTECT 的所有平面的物体除了内在的隔墙以外接受太阳辐射。因为单从几何学的角度，它不能够告诉，是否一个表面在里面或在一个区域的外面。因此，如果你在一个区域的外部上产生若干大阴影，ECOTECT 将会只是在它们身上增加辐射并间接的落下一个区域的负荷。

例外的倒是那些在区域以外和已经被定义为非上升温暖气流的区域。如果物体在区域以外，我们就假定它为在建筑物的外面的一个基地或一个毗连的建筑物。

非热的区域不出现在热的区域中并且不参与温度或热负荷计算。它们的原理将会在其他的区域中在物体之上提供而且反映，但是附带的太阳辐射和阴影计算没有为它们运行。

5.3.3 内部区域连接

当模型的几何形状改变的时候，inter-zonal adjacencies 需要重新计算。你可以先在计算菜单下选择 Inter-Zonal Adjacencies 对话框。这些工作要在你做热分析、声分析之前做好。另外，你还要检查每个表面，看看是否有重叠部分。下面显示的是一个北面的墙和地板重叠的模型。

下面显示的是一个程序中邻接计算的例子（图5-107），北面的墙和地板重叠的模型，地板坐落于地平面上，关于地面重叠的信息可以参考热模型的第六点。

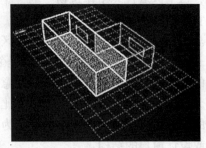

当看邻接计算的时候，你应该见到彩色的点出现在所有重叠的面积上。这些点的密度由调整地区之间的邻接会话框设置决定。如果点不出现在你想的地方，而且二个平面

图 5-107

不适当地重叠，你就应该更详细地调查你的模型部分看看到底为什么。为了帮助排列你的模型物体，你应该使用 Snap 函数来确定物体在同一平面上。

在地区之间的邻接数据被储存在和它产生的模型同名的一个 ADJ 文件中。

（1）邻接量

虽然 1 毫米的偏差是允许的，但早先 ECOTET 邻接面必须要非常确定是共平面的而且还要排列非常精确。在 5.20 版本中你可以控制两个被认为相似的而且方向非常相近的表面的距离（图 5-108 ~ 图 5-109）。因此，要快速适应像上图所描述的环境，你现在可以先设定一个 200 毫米的值，比如说，在什么情况下这五个邻接面会被发现。公差适用于任何一个相互间方向偏差在一度以内的表面。

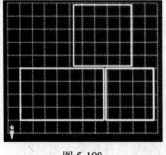

图 5-108

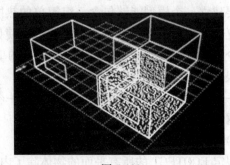

图 5-109

5.3 热性能

ECOTECT 中的一些技巧并不适合所有的请求，比如，对于共面的情况与不共面的情况，处理的方式有着很大的不同，当处理并不完全共面的情况的时候，ECOTECT 允许测试点处于临近表面 1/2 允许值之外，情况 A 表明在蓝色和红色缝隙之间，如此二分之一的公差将不适用而且蓝墙与红墙之间的狭缝会生成一个黄色长墙外区的空地（图 5-110）。

但是，在同一平面的两个地板状物体的边缘完美地排列在一起的情况下，在它们的边界外相同的二分之一的公差会引起对一个小的重叠，会被认为是一个错误。就像重叠地板被自动看作是一个模型的问题。忽略这个问题，二分之一的公差不适用于共平面表面。这就是说，在你混合共平面与不共平面的表面在模型的同一个地区时要很小心。比如，如图 5-111 所示的环境中，红色的长墙完美的与蓝色和黄色的墙共一平面，如此二分之一的公差将不适用而且蓝墙与黄墙之间的狭缝会生成一个红色长墙外区的空地。

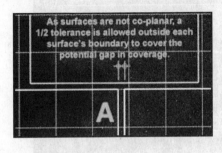 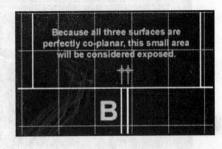

图 5-110　　　　　　　　　　　图 5-111

如果你比较两种情形，模型控制允许对排列模型间隙公差方式的调整的时候，这简单的法则确实有意义。

（2）遮蔽表格

对于所有处于阳光照射区域的封闭的平面物体，当 inter-zonal 计算完成时，Overshadowing 标签也同时产生。这些标签是不同角度的阴影值，并且可以在热工计算中使用。一旦使用，这些标签在 sun – Path Diagram 可以被记录和升级的。

Overshadowing 表被储存在和他们产生的模型同名一个 SHD 文件中。

5.3.4 每小时的温度

每小时的温度曲线图以 24 小时为时间段来显示模型的所有看得见的温热地带的内在温度（图 5-112）。

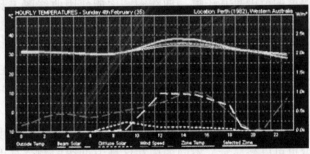

图 5-112

5 结果分析

分析这一个模型能经由热分析定位键把图解式的结果在对话框中存取，在 Thermal Performance 中直接地调用该项目在菜单的 Calculate 中。

区域温度在不同区域颜色中显示。如果选择一个热的区域 – 红色表明温度过高或高于理想温度的区域，蓝色则表明温度过低或在低于理想温度的区域。

曲线图显示多种的环境数据和内在的温度段。外面的空气温度和风速，连同光束和太阳辐射，显示如曲线图所示曲线。它使得内在的温度与气候上的传递因数对应的相当清楚。

每小时的温度曲线图的剖析

温度曲线图（图5-113）显示外部的和内在的温度在一个完整的24小时时间段内。为了要了解为什么正在发生温度波动，额外的环境数据也要显示出来，其中包括太阳辐射和风速。

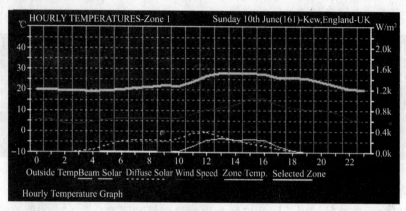

图 5-113

1）标题数据

曲线图的这一个项显示下列的数据：

曲线图的类型；

当前加亮的区域；

如果没有特别的区域被加亮，它显示 'All Visible Thermal Zones'。

当前的日子和日期；

在当前挑选的天气数据文件中的命名。

2）温度刻度

可以显示温度的范围是基于哪一曲线图。你能使用曲线图工具栏的按钮修正或锁定/开启此值。

3）时间刻度

每小时的温度曲线图只显示数据的一天（24小时）的值，在这里 0 = 午夜，12 = 正午以及 20 = 晚上10点。

4）图例

图底部的图标解释了每根线所代表的不同的意义。在小时温度图表中，许多带状区域的温度也可以被显示。不同的内在区域温度线的颜色是由颜色管理器设定的，你可以使用 graph toolbar 中的按钮来锁住图像或者不锁住图像。

5) 太阳辐射刻度

这刻度沿曲线图的右手边缘运行,它是在 0 和 2.5kw/m² 之间的固定刻度。最大可能太阳辐射值大约是 1.1kw/m²,因此,使用一个这样的刻度意味太阳的值总是在曲线图的较低区段中表示,允许你调整最大刻度的范围,直到视觉上可分开每小时的温度值。

风速没有在曲线图中提供刻度,正如它没有与太阳辐射的和内在的温度有直接的关系一样,但它的即时变动仍然是相当重要的。曲线图的风速刻度范围是从在底部的 0m/s 到顶部的 6m/s。

5.3.5 每小时的热增益

每小时的热增益曲线图(图 5-114)在一个 24 小时的时间段内来显示模型在看得见的热地域上的所有不同的热流路径的数量。分析这一个模型能经由热分析定位键把图解式的结果在对话框中存取,在 Thermal Performance 中直接地调用该项目在菜单的 Calculate 选项中。

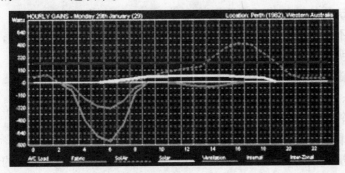

图 5-114

热增益和损失曲线图显示在选定日期的每个小时以及在不同颜色和不同行类型的热的负荷大小。当它是一个即时负荷的时候,大小在瓦特或千瓦之间。

(1) 每小时的热增益/损失曲线图的剖析

曲线图的基本成分每小时的温度曲线图类似,如图 5-115 所示。

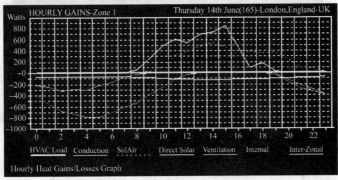

图 5-115

1) 数据名称

曲线图的这一个区域显示下列的数据:

曲线图的类型;

5 结果分析

当前加亮的区域；

如果没有特别的区域被加亮，它显示'All Visible Thermal Zones'。

当前的日子和日期；

在当前挑选的天气数据文件中的命名。

2）温度刻度

可以显示温度的范围是基于哪一曲线图。你能使用曲线图工具栏的按钮修正或锁定/开启此值。

3）时间刻度

每小时的温度曲线图只显示数据的一天（24小时）的值，在这里 0 = 午夜，12 = 正午以及 20 = 晚上 10 点。

4）图例

沿着曲线图的底部解释曲线图的每个类型线的意义。在一个每小时的温度曲线图中，显示了许多不同的带状温度。

透过建筑物传导负荷（建筑物 – sQc）；

透过在不透明的表面方面的太阳增益的负荷（SolAir-sQss dotted）；

经过透明的窗户传导太阳的增益（太阳的 – sQsg）；

通过裂缝和开口的通风和渗入（通风 – sQv）；

来自光、人和仪器的内在负荷（内在的 – sQi）；

来自在邻接的地域之间的热流在地区之间的负荷（邻接 – sQz）。

（2）解释每小时的热增益

对于大量的不同的设计方案，判断其好与不好的其中非常重要的一点就是它的稳定性，只有通过反复的试验和修改自己的模型，才能做到最好。

（3）阳光增益

太阳在一个地域里面的增益发生在一天的什么时候通常由一个模型里面的窗户的方位决定。有一点是很明显的，面向东的窗户会让清晨辐射进去而面向西的窗户将会让在这之后的午后的太阳进去（图5-116）。

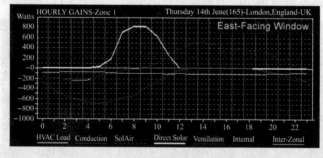

图 5-116

（4）热量质量

下图比较的是同一栋建筑物在不同条件下的不同结果。图5-117假定的是该建筑物由轻质材料构成，而图5-118则假定建筑物由硬质材料构成。通过比较我们容易发现，硬质材料不但减少了热流的数量而且延迟了热流从里向外的传播。

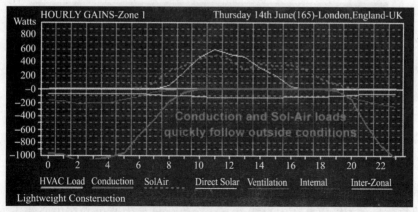

图 5-117

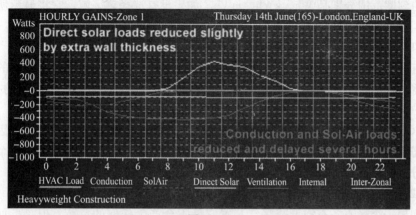

图 5-118

这相同的效果更清楚显示在下列的动画中（图 5-119），这表示墙壁的 masonary 厚度的逐渐增加效果。它显示在一个横跨 10mm 层的两边。

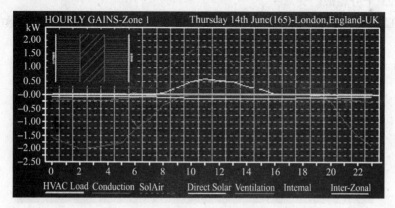

图 5-119

5.3.6 每月的负荷/舒适度

每月的空间负荷曲线图（图 5-120）显示每个地域热和冷的负荷总数。分析这一个模型能经由热分析定位键把图解式的结果在对话框中存取，在 Thermal Performance 中直接地调用该项目在菜单的 Calculate 选项中。

5 结果分析

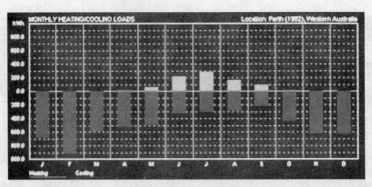

图 5-120

热负荷显示为红色并在中心线上方,冷负荷显示为蓝色并在中心线下方。垂直线的刻度范围分别是 Wh, kWh, mWh。如果没有选择热区域,它将显示所有的区域。否则,如果你选择了特定的区域,它将显示特定的区域。

(1) 空间负荷

有一点必须要注意的就是,这些热和冷负荷,不是源负荷。对于相同的空间负荷需求你可以安装一个非常有效率的系统或完全地无效率的。无效率的系统,当修护相同的空间负荷的时候,需要能源的数量远比一个有效率的多。

ECOTECT 本身不做系统模拟,但是做一个标准 HVAC 系统的方程组,因此如果你需要一个比单个使用系数还要精确的因素,你需要输出你的模型到一个专门能量分析的工具如 HTB, ENERGYPLUS 或 ESP-r。

(2) 舒适时间

如果一个区不备有空调或暖气装置它就不会产生任何的负荷。但是,如果那个区域已被入住,(至少有一个人在) ECOTECT 作为代替将会执行一种计算,在这种情况下,这个区的室温会消耗外部的不同月份设定的舒适的环境。这种情况与图 5-121 十分相似。

你在区域管理对话框中为每个地域设定操作次数来限制对一天的特别期数的计算。

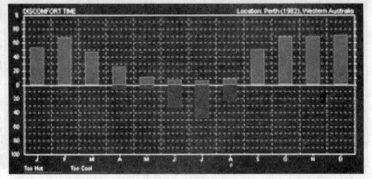

图 5-121

1) comfort 运算法则

当运行此计算程序的时候,你能选择 comfort zone 在一年的每天之中的计算方式(图 5-122)。

2) Flat Comfort Bands

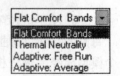

图 5-122

这种方法使用设在每个区内的上和下的舒适温度调节组。如果室温高于最高值或低于最低值那就被认为是极不舒适的。我通常用保守的温度范围18~28度在一个稍热的天气下，在稍冷的时候则是20~26度，你必须自己对自己的环境作测试。

(3) 热中性

Thermal Neutrality (T_n) 参考空气温度，一般说来，是以人为样本，既不感觉热的又不感觉冷的温度。这温度受两个平均的年度气候和季节的变动影响。

实验已经发现 T_n 与户外的平均干球温度有重要的关系，可用下列表示：

$$T_n = 17.6 + 0.31 T_{ave}$$

每个人对环境的回应不是一样的，可以对温度范围做一个"大部分"人们感觉舒服的指定。每月平均下来，一个舒适区域的宽度大概在 ±1.75 左右。

(4) 适合的方法

自适应模型增加了一些人类的模型在里面，它们声称，一旦温度环境产生不舒适，人类的行为就会发生变化，就可以记录下来，比如说脱衣服，降低活跃性，打开窗户等等。这种模型的主要功能就是增加使人类感觉舒适的条件。尤其在自然通风的建筑物里，当居住者有较大的控制室内温度的能力的时候。

由于自适应模型在很大程度上依靠人类的行为，所以它经常需要大量的数据调查温度的舒适度以及户内户外的条件。Humphreys & Nicol（1998）给出方程式根据月平均温度来计算户内舒适温度，如下所示：自由运行的建筑物：

$$T_c = 11.9 + 0.534 T_{ave}$$

受热或受冷建筑物：

$$T_c = 23.9 + 0.295 (T_{ave} - 22) \exp\{[-(T_{ave} - 22)/33.941]^2\}$$

未知系统（所有建筑物的平均）：

$$T_c = 24.2 + 0.43 (T_{ave} - 22) \exp\{-[(T_{ave} - 22)/28.284]^2\}$$

当在一栋装有空调的大厦里，只有自由的运行和平均的选项可以在目录中得到，而舒适程度无法计算，可以通过计算暖气和冷气负荷来代替。

(5) 计算数据

对于 v5.20 你能计算重要和不重要的值（图5-123）。

1) 度小时数

Degree hour discomfort values 是指在舒适程度级别之外的小时数。因此，如果一个地域在它的较低舒适度下面以4度过1小时（或任何一条动态的上面讨论过的级别），那么其总数的就为4度时。

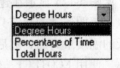

图 5-123

2) 百分比的时间

对比度小时值，这里只是计算区域超出舒适级的时间数，显示为百分比形式。

3) 小时总数

这是区域在舒适级之外的每个小时的简单计数。

5.3.7 年度温度分配

不同于每日的温度曲线图，只是对建筑物简单印象的表现，而可以使用一个分配曲线图来表示整个一年以来统计范围的内在温度或热负荷。

5 结果分析

年度温度分配曲线图表示一年以来特别的内在或外部的温度遇到的小时的数字。水平的轴表示温度,垂直的轴表示小时。这些曲线图清楚地表示一栋建筑物是否比外面空气条件热一些或冷一些。

外部空气分布线在图中以蓝虚线表示,不同区域分布由不同颜色表示。当前选择的区域的温度线用实线表示。在图中,红色代表太热,即高于舒适温度,蓝色代表太冷,即低于舒适温度。

如图 5-124 所示,当前的区域(淡紫色线所示)最高点达到 32℃ 的温度而中心最低点达到 10℃。它用去了将近 1400 个小时在 20℃ 而仅有 1150 个小时在 18℃。可以看出它比户外温度较热,但它比户外更长时间的停留在舒适温度上。三个较短的区域线,显示了它们的运行时间(在区域管理对话框中设置),小于 24 个小时,从早上 8:00 到下午 6:00。

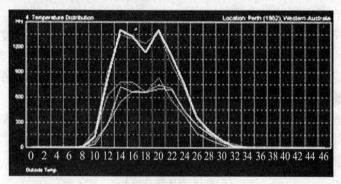

图 5-124

5.3.8 年度负荷分配

热负荷分配曲线图与温度分配有相当大的区别。在这些,负荷由颜色并且二个轴垂直显示一天的小时数和水平显示一年的月数。负荷以每小时为单位进行计算然后总数以月为单位显示。由此可以看到一天的最大和最小负荷发生在何时同样也可以看出一年的最大和最小负荷发生在何时。

图 5-125 显示在建筑物上的热传导。我们可以看到在 2pm 和 8pm 之间到达高点,表明通常的热滞只有 2~3 小时。通常,大量的玻璃使得建筑物在中午达到一天的温度最高点,然后,比较大型的复杂建筑物通常会滞后达到温度最高点。

使用 ECOTECT,你能隔离每个类型负荷的分配:

(1) 透过建筑物传导负荷(sQc)

这种负荷只是指因为在内部与外部之间气温差值所得到的。即使是这样,那也是不可能分清楚传导和间接太阳光负荷的。计算机分析可以做到,而且如果你经常需要分清这两种不同形式的负荷用不同方法的情况下是很重要的。比如,高传导负荷必须使用电阻与电容,或者你可以简单的在表面刷上白漆来阻挡间接太阳负荷。

(2) 经过不透明物体的间接太阳的负荷(sQss)

这是由于不透明物体的外部表面暴露在太阳辐射下所产生的增益。太阳辐射增加物体外部的表面温度从而导致热流传导。如早先所描述,将其与那些直接

5.3 热性能

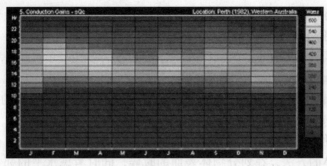

图 5-125

的传导增益相区别几乎是不可能的，然而当你能非常不同地处理他们的时候，一部计算机是非常有用的。

（3）经过透明的窗户传导太阳的增益（太阳的 – sQsg）

这些负荷是由于太阳放射线经过窗口，空的或其他的透明/半透明的表面而产生的。值得注意的是 Admittance method 不经过窗户和在个别的内在表面追踪这些增益。它只是视它们为一个空间负荷（相对于一个建筑物的负荷）并通过每个区域中的材料散播和分发热量。

（4）通风和渗入增益（sQv）

这是由于空气的运动导致热量透过建筑物的裂缝和开口渗透，如窗户、空洞等等，由于每个区域的渗入率很容易获得，通风和渗入总是集中在一起分析。

（5）来自光、人和仪器的内在负荷（sQi）

这些负荷大多是比以天气为基础的负荷更加趋于常数和更加可预见性。然而，当使用许多不同的进度表和物体活动的时候，你能时常在较大的建筑物中以相当复杂的负荷作为结束。

（6）邻接地域之间的热流在区域之间的负荷（sQz）

Interzonal 增益起因于在区域之间的温度差异而产生的热流。这种流动产生于来自温度不同的区域而表面是毗连的区域。

5.3.9 输出到 EnergyPlus

5.20 版包括更新的输出设备 EnergyPlus 的最新 1.1.1 版。EnergyPlus 由美国在 Lawrence Berkeley 发展国立实验室的环境部门建立。详情见 http：//www..energyplus.gov/。

根据接口，ECOTECT 以 EnergyPlus 的图解式的格式提供一个简单的和易用机制用来设计和产生建筑物几何型体。这包括 customisable 材料，建筑数据，一个正在运行的 IDF 文件的基本操作时间表和基本的 infrastructure。

为了输出到 EnergyPlus，使用主应用框的输出管理器的 ENERGYPLUS 按钮（图 5-126）。

按输出品模型数据按钮产生你的 EnergyPlus 文件。你在每一段中的操作将在第一时间以文件名的形式保存起来。这一个文件将会是 IDF 文件，而且该文件

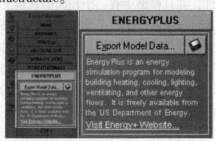

图 5-126

5 结果分析

还会决定所有在你分析期间产生的临时和输出文件放置于何处。

一旦你将 EP-Launch.exe 定位了，就可以自动输出 IDF 文件了。并且可以对你的分析进行编辑和运算了。

Modelling Contraints

成功输出一个模型到 EnergyPlus，这里有一些建立模型必要地约束：

（1）EnergyPlus 不支持四个面的物体

关于自动将复杂物体表面分成小方框，已经有了不少的方法。然而，没有一种全面的具体的方法，在划分物体表面的时候，同时考虑水平的邻接和垂直的邻接。所以，你可以在 ECOTECT 中将模型最大弹性的划分表面和邻接区域，在 EnergyPlus 中你只能手动操作。

（2）毗连的表面不能够重叠超过其他一个物体

有了 ECOTECT 模型，任何表面可以以任何方式重叠任何其他数量的表面。ECOTECT 可以计算出邻接物体的邻接域，却不需要知道它具体的形状，只需要知道表面，然而，ESP-r 却需要知道所有暴露在外的和不暴露在外的表面的情况，并且，与其相邻的表面数也只能是一个。

这些表明要添加新模型来取代重叠部分，如图 5-128 所示。我们正在试图使其能够自动的工作。当然，所有的工具都需要精确的几何模型，并且机器对于复杂物体经常表现的非常笨。

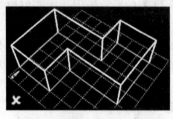
图 5-127

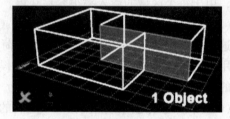
图 5-128

（3）所有构成材料的层必须被完全定义

ESP-r 与 ECOTECT 使用的热材料是不同的。相反地，它产生来自组成材料的个别层详细的热流系数和回应因素。如果你的模型任何的材料没有这些细节，它将会产生一个错误信息，而且输出失败。为了定义层，见元素库对话框的层定位键。

这里有一个这种规则的例子，当你输出到 Radiance，当你创建一个 IDF 材料文件，并且模型中有一个相同的材料文件 ECOTECT 就会将该文件包括进去。这样你就可以手动产生一个文件比如：*DoubleBrickCavity.idf*，该文件包含了详细的材质信息，如果这时你的模型中有一个文件名也叫 *DoubleBrickCavity*，这样，该文件就会被代替。这些规则在时间表里也得到了应用。

（4）操作进度表以一个星期为单位

在 ECOTECT 中，时间可以表示一年中的任何一天，然而，在 EnergyPlus 中时间是这样划分的，首先，将一年分成 52 个星期，成为周刻度表，然后在将周刻度表划分为日刻度表，日刻度表中划分具体的小时。简单来说，当一个新的模式增加到时间编辑器中的时候，它会自动的分出十二个轮廓，这样就产生了日刻度表，然后周刻度表，形成一年中 52 个周刻度表（图 5-129 和图 5-130）。

图 5-129　　　　　　　　　　　图 5-130

使用 IDF 编辑器生成一个复杂的时间表相对来说容易一些，一旦你有了基本的时间数据，你应该考虑将其生成周刻度表，这样你就可以将它应用到不同年份。

一旦你有一个复杂刻度文件需要重新生成，你可以将 IDF 文件中的内容拷到你自己的文件中去，如果文件在 ECOTECT 中的相同目录下（或者在相同的材质输出目录下），并且有着相同的名字，这样，ECOTECT 就会用它代替自己的刻度表文件并成生最后的 idf 文件。

5.3.10　输出到 HTB2

ECOTECT 的 5.0 版包括 HTB2 的输出设备。它的目的是模拟建筑物的能源和环境表现的一般用途。它以简单的有限的不同热为基础，多使用在研究、教学和设计环境里面。较多的细节见 http：//www.cf.ac.uk/archi/research/envlab/htb2_1.html。

为了输出到 HTB2，使用主申请窗口输出管理面板的 HTB2 按钮（图 5-131）。

图 5-131

按输出品模型数据按钮产生你的 HTB2 的文件。你在每一段中所做的东西要在第一的时间内保存。这一个文件将会是 CFG 文件而且将会决定所有的相关联的文件所放置的目录。

一旦你选择一个输出文件，文件转变对话框的 HTB2 定位键将会显示。它允许你控制一些输出设定，其中之一是自动地运行 HTB2View 的选项。它是一个允许你用手编辑所有的各种不同的 HTB2 文件，唤起运行工具，然后产生的曲线图的输出数据（图 5-132）。

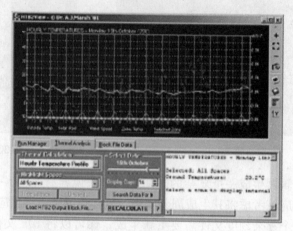

图 5-132

你第一次选择该选项时 ECOTECT 要求你设定它。HTB2View 在 ECOTECT 安装目录中可以找到，而且如果有的话，应该建立指向你的 HTB2 的安装目录。

Modelling Contraints

HTB2 不设许多限制在模型的真实建筑物上，任何关于热的正确的 ECOTECT 模型应该成功地输出到 HTB2。然而，因为它是一个 Fortran program，而且它所有的排列按规定尺寸制作，所以在模型里面有在个别元素的数字上的一些限制。

（1）窗户物体的数字限制

标准的 HTB 版本只能存储 100 个阴影面，使得整个模型最多只能有一百扇窗户。同时你还可以人工编辑 HTB2，就能重新使用在同一个方向的同一个窗户阴影面。基础的阴影模式对每一个窗户又是独特的。你可以试着合并同一扇墙的几个独立的窗户到一个大窗户上，当然你的操作受限制于模型的复杂程度。

（2）地板物体吸收太阳放射线的默认值

HTB2 需要你将每个窗户关联到太阳直接辐射的物体上，但 ECOTECT 默认将窗口关联到与之相连的地板上，如果 ECOTECT 不能找到一个关联的物体，它会选择一个另外区域的物体，并产生一个警告。

（3）所有构成材料的层必须要被完全定义

ESP-r 跟 ECOTECT 不是用同一个材料的热模型。它可以从单个层面的详细信息中产生自己的热流系数和反应因子，这些则组成了原料。如果任何一个你用在你模型中的原料没有这个说明的话，那就会产生一个错误的信息而且输出也会失败。详细信息请看 Element Library 对话框。

5.3.11 输出到 ESP-r

5.20 版现在包括 ESP-r 的输出设备。ESP-r 由 Strathclyde 的大学的 ESRU 发展，详情见 http：//www.esru.strath.ac.uk/program/ESP-r.htm。

使用在主程序的 Export Manager 面板的 ESP-r 按钮，输出 ESP-r（图 5-133）。

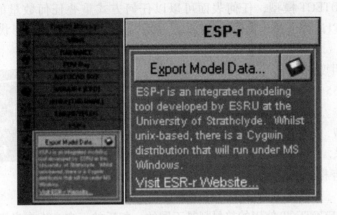

图 5-133

按输出模型数据按钮产生你的 ESP-r 的文件。你在每一段中所做的东西要在第一的时间内保存，这一个文件类型是 CFG 文件而且将会决定所有的相关联的文件所放置的目录。

此刻 ESP-r 只在一个 Unix 系统的机器上或装有 Cygmin 的 MS Windows 环境下如同 Unix 程序那样运行。

一旦经过转换，你就能够直接地装载它们到 ESP-r。具体如图 5-134 所示。

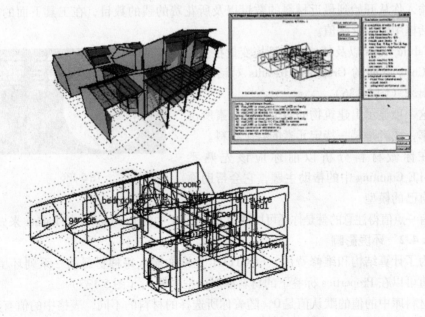

图 5-134

Modelling Contraints

为了成功地输出一个模型到 ESP-r，其中必不可少的若干限制你是一定要知道的。

（1）毗连的表面不能够重叠超过其他一个物体

有了 ECOTECT 模型，任何表面可以以任何方式重叠任何数量的其他表面。ECOTECT 可以计算出邻接物体的邻接域，却不需要知道它具体的形状，只需要知道表面。

这些表明要添加新模型来取代重叠部分，如图 5-135 所示。我们正在试图使其能够自动地工作。当然，所有的工具都需要精确的几何模型，并且机器对于复杂物体经常表现得非常笨。

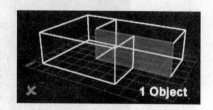

图 5-135

（2）所有构成材料的层必须要被完全定义

ESP-r 与 ECOTECT 使用的热材料是不同的。相反的，它产生来自组成材料的个别层详细的热流系数和反应因素。如果你的模型任何的材料没有这些细节，它将会产生一个错误信息，而且输出失败。为了定义层，见元素库对话框的层定位键。

5.4 花费和环境的影响

5.4.1 构造成本

Fabric Costs 是指你所建立的模型所花费的总的资金。为了得出这一结果，你必须输入你从开始到最近材料的数量以及所花费的钱的数目，在工具下面的材料库对话框中输入这些值。

Fabric Costs 以及其他一些环境变量在 Material Costs 下面的 Graphical Results 对话框中显示出来（图 5-136）。

这一项显示出建筑物的各个相关元素所占的比率，或者是某一特定元素的各个材料。

在你做材料分析以前你应该先熟悉 DOUBLE Counting 中的帮助主题，它会帮助你创建自己的模型。

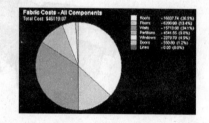

图 5-136

有一点值得注意的就是你还可以使用 ECOTECT 中的 Environmental Impact 来显示。

5.4.2 环境影响

为了计算结构和维修费用，ECOTECT 允许你输入每种材料的一系列环境值，这些值可以在 Properties 标签下的材料库对话框中输入（图 5-137）。

材料库中的值的默认值是 0，随着你所选择的材料的不同，表格中的值有着很大程度上的不同。越来越多的不同地方的用户反映，希望 ECOTECT 能够增加一些环境变量来反映一些不同材料。

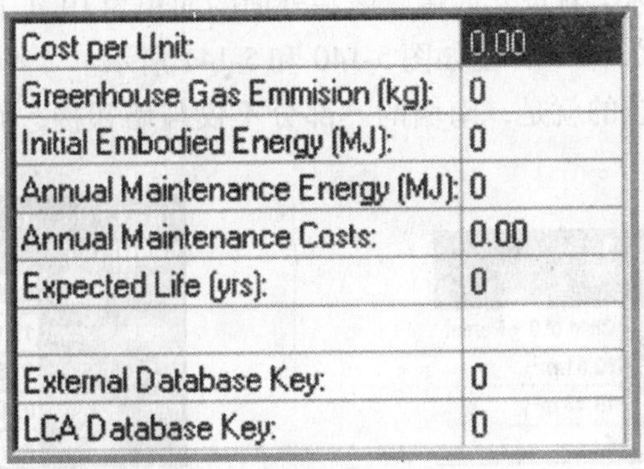

Cost per Unit: 0.00
Greenhouse Gas Emmision (kg): 0
Initial Embodied Energy (MJ): 0
Annual Maintenance Energy (MJ): 0
Annual Maintenance Costs: 0.00
Expected Life (yrs): 0
External Database Key: 0
LCA Database Key: 0

图 5-137

（1）温室效应气体的发散

是指材料所散发出来的二氧化碳或者是含有二氧化碳的混合物，通常以千克为单位。

（2）初始能量

是指包括采矿、加工、制造原料在内的所有能量，有一些能量值只是加工过程中的能量值参考不同的模型最后得出的结果也不一样。

（3）年度维修能量

是指每年用于修复和加强单位数量的材料所需要的能量，这些不包括操作所需要的能量，操作中所消耗的能量将被加到资源消耗量中去。

这些环境的值以及 fabric costs 将被显示在 Material Costs 标签下的绘画结果对话框中（图 5-138）。

5.4.3 双重计算

出于热和几何学计算的考虑，ECOTECT 需要所有的分区几何上完整（详情可以见 Thermal Modelling）。这就意味着相邻的区域至少有一部分与其他区域重叠。我们可以参考一下下面的例子，大块头的北面与小块头的南面重叠，如果没有经过特殊地处理，只是将每个分区的表面简单相加，将会导致重叠部分被计数两次。

Greenhouse Gas - All Components
Roofs
Floors
Walls
Partitions
Windows
Doors
Lines

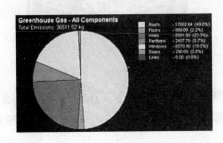

图 5-138

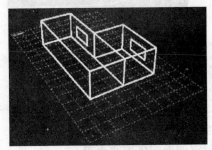

图 5-139

ECOTECT 需要自动的决定邻接地区间的材料、热流和声音的传送。这些在 Inter-Zonal Adjacencies 中设置。由成本计算，每个相邻的区域提供一半的材料成本，几何学选项中的信息就是你所要的。如果你先选择大物体在 Zone 1，则小物体选择在 Zone 2，你会看见北面墙曝露在外面的面积为 19.47m²，相反，南面墙曝露在外面的面积为 0.00m²，正如图 5-140 和 5-141 所示。

有一点值得注意的就是，南墙的一部分不仅与墙邻接，而且与一个子门连接（表示为 AdjChildren）。

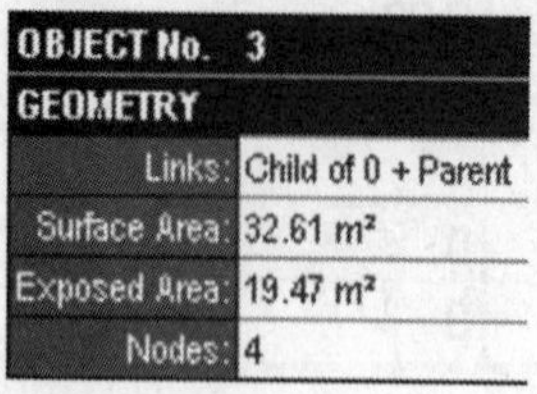

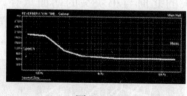

大的北面墙
图 5-140

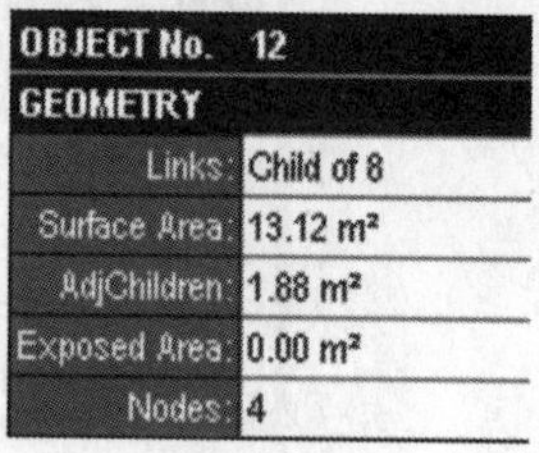

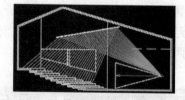

小的南面墙
图 5-141

5.5 声学分析

概述

ECOTECT V5 提供若干听觉分析选项，来自简单的统计反响时期的范围直到复杂的粒子分析和射线追踪技术。

（1）统计反响

使用测定体积和物质的数据以决定在倍频带的反射时间。RT 不是声音反应的惟一客观方法，然而它在许多工程中，常常仅作为数量的评估（图 5-142）。

（2）连接的声射线

这是简单的交互式追踪光线的技术（图 5-143）。一旦显示，来源位置或房间几何学的任何变化自动地更新被喷雾的光线，使听觉反射体的设计相当简单和有良好的互动性。

图 5-142

图 5-143

（3）粒子光线分析

使用这些特征在你封闭的房间内产生声射线和粒子——在真正的时间或在鼠标的控制下观察它们的繁殖（图 5-144）。和那些面被打击或反射一样，你也能随时在每点能看到延迟或水平。

（4）听觉的回应

这一项分析使用现有的光线或一组随机产生的光线路径在空间里面决定反响时间，平均自由行程和空间内平均的吸收（图 5-145）。对于在任一个礼堂里，决定空间反射次数的范围，这个分析是至关重要的。

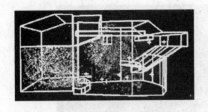 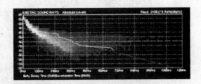

图 5-144　　　　　　　　　　　图 5-145

为了得到模拟区域声和热分析的信息，查看热量模拟帮助主题。

5.5.1　统计的反射

模型中材料的声音反射系数已经被合适地定义了，任何一个区域内的一系列频率的反射次数可以被确定了。吸收系数设置在材料库对话框的声学表格中，RT值的结果在绘画结果对话框的反射次数表格中被计算（图 5-146）。

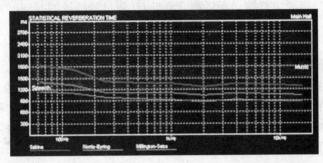

图 5-146

空间的统计分析只考虑测定体积的和物质的数据决定反响时间，反响时间是重要的听觉回应的客观衡量。然而，它不是惟一的，它是一个重要的早期指示器，在许多工程中时常被用于惟一的数量值，甚至被专业的声响家使用。

（1）声音的增强和衰减

当一个声源在一个房间里面开始产生声音的时候，在某一个点被测量的声音强度会由于直达声的到来突然增强，还将要持续的增强，由于间接反射的原因。最后，将会达到一个平衡，被房间表面吸收的声音能量等于被声源辐射的能量。这是因为大部分的建筑材料的吸收和声音强度是成比例的，随着声音的增加，吸收的也越多。

如果声源突然被切断了，任何一点的声音强度不会突然消失，但是随着间接声场开始消失和反射体的减弱，声音强度会慢慢变弱。衰退的比率是房间形状的功能和吸收剂材料的数量/位置。衰退在高度吸收的房间里不会持续很久，但在一个大的反射房间里，可以持续很长的时间（图 5-147）。

声音能量的逐渐衰退是因反射体和吸收率与声音强度比率关系的结果，它是随时间呈指数变化。如果一个衰退回响区域的声压水平（在分贝中）被制成与时间成反比关系的图表，获得的反射曲线通常是直的，尽管精确的形式依赖许多因素，包括声音频谱和房间的形状。

5 结果分析

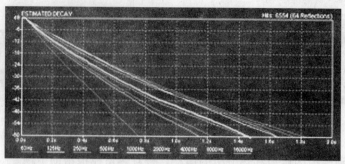

图 5-147

（2）反射时间

在 1895，W. C. 中萨宾在这一个区域中实行相当多量的研究并且获得吸收材料的数量和反射时间的数量与礼堂的体积之间的经验关系。如萨宾定义，RT 是在一个房间内，当声源突然被切断后声音降低 60 分贝所持续的时间。

$$RT = \frac{(0.161V)}{A}$$

V 是指密室的体积，A 是指总的吸收量。

A 是计算作为表面区域的总面积和密室内使用的每个材料的吸收系数的乘积。

任何材料的吸收系数，像当初萨宾定义的那样，是被材料吸收和被一个等效面积窗户吸收的比率。因此一个好的吸收材料可能有吸收系数 1 和一个吸收单元 1sabine，它可能相当于 $1m^2$ 开放窗户的吸声能力。

使用这个简单的公式，和 ECOTECT 的内在表面的区域知识和被用的所有材料的吸收系数，一个房间的反射时间在设计的任何一个阶段可以被很快的计算出来。

（3）最佳混响时期

这个公式是特别有用的，因为它开始引入一些更加有效房间的音量为特殊的反响时期。标准建筑材料有一个吸收特性，为特殊目的的适宜 RT 量的范围也是知道的，那么就可以决定房间量和渴望的 RT。图 5-148 显示了这个关系，它是基于没有专门声学材料的标准的建筑结构。

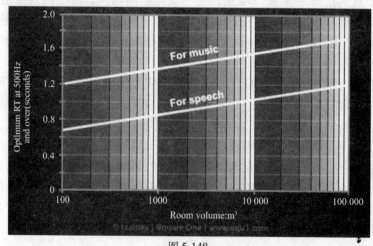

图 5-148

从这个比例，和在一个礼堂中每个观众增加吸收量的事实，房间的体积能在每人 m^3 被指定，这在设计的开始阶段是一个非常有用的数字。

(4) 提高萨宾等式的精确度

对于吸收材料分布状态相同的回响房间，萨宾的公式为预期的行为给出了一个很好的指示。这是因为萨宾假设声音的消退是逐渐地和平稳地，一个情形下要求在房间空间内具有纯的、散射的、没有大的变化的声场。随着房间内吸收的增加，由公式获得的结果也变得不精确了。在一个完全死气沉沉的房间（无回音）里，边界的吸收系数是1.0，反响时期应该明显的是0.0，萨宾人的公式造成有限的 RT。

几个不同的步骤已经被用做得到等式，这些等式给出了反射时间的值。从无反射的房间里。这些，诺里斯 – Eyring 的公式之一，随着反射的越来越少，假定一个间歇的衰退。这给出下面的公式。

$$RT = \frac{(0.161V)}{\sum - si \ln(1-ai)}$$

Si 是 ith 材料的表面积，ai 是实际的吸收系数。

重要注释：

这个公式指出，高吸收的材料比起在影响反射时间中被预期的更加有效。举例来说，当真实的吸收系数超过 0.63，有效的吸收系数超过 1。

(5) 统计公式的有效性

我们可以清楚地看到，到目前为止，所有的等式描述的都是自然界中统计学的知识，完全忽视了房间的几何知识（它的形状，吸收材料的位置，反射体的使用等）。因此，它们能接近指示反射时间，但不能用做预测一个房间内任何不规则的东西，就像可辨别的回音、声影区等等。因此你需要一个详细的几何分析。

5.5.2 几何声学

5.0 版本见到相当复杂的几何声学分析路线的回返，这些从光线，粒子嵌板和连接的声音射线存取项目在计算菜单中。

(1) 基本假设

因为用所有的计算机模型，一些声学现象的简化已经被做了。在 ECOTECT 中，为所有的几何学的听觉计算支撑的假设是：

所有的合成物房间表面能被转为一系列的成份平面的多角形的表面；

繁殖波包含直线传播的小的声音量子或能源的小包；

以这形式声音能源被当作一个能源功能，意谓能源可能被总计；

这也意味着波现象，就像不存在定相和干涉一样；

表面的声音吸收系数不依赖于入射角度。

因此，在它的几何学声学功能中，ECOTECT 所产生的声射线在模型空间的四周镜面反射，模型空间通过空气吸收和被分割物体的表面吸收而损失能量。ECOTECT 中，几何声学功能的主要目的是反射体和反射表面的正确的设计，没有表面散布的计算只被认为是镜子的成份是最重要的。然而，一个专业的听觉分析工具普遍的被 Square One 发展，Square One 包含散射系数和衍射效应，然而，设计者的需要远远大于 ECOTECT 中提供的功能。

（2）声线的概念

如果假设一个房间的尺寸比起波长来说是足够的大，那么在光学加工中声波可能考虑和光线有许多相同的方法（图 5-149）。这种情况经常发生在建筑声学中，尤其在大的礼堂中。依据光的类推，声音射线从硬墙面的反射和反射规则是一致的，例如：入射线、反射线和平面法线都取决于相同的平面，而且入射角等于反射角。同样地，曲面上易于发生的声射线要么被聚焦（因为凹面），要么被发散（因为凸面）。

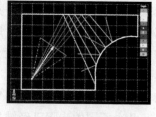

图 5-149

声音射线的概念和声音射线路径的几何研究在大房间和礼堂的设计中起了重要的作用，能够使麻烦的回声和颤动效应在设计的初级阶段被发现和处理。同样，许多封闭房间的尺寸相对于声音波长来说意味着几何声学对在 500Hz 左右和以上的频率是有效的。

ECOTECT 为和 63HZ 一样低的频率显示反射时间，因为这些或者由直接统计方法产生，插入用几何学得到的信息到统计方法中去。

（3）使用几何声学

统计方法在设计的最早阶段是很有用的，然而，它们预测声音错误的能力上是非常有限的，这是因为大部分的错误来自封闭房间的几何学。在设计的最初阶段，在制图板上的几何分析很容易正确。随着设计的发展，越来越多的几何信息变的可用的，所以为什么不用呢？建筑师和建筑设计者需要决定不仅需要多少吸收体，而且是什么类型的吸收体和最好的安放位置，这是反射声线的考虑很有用的地方。

归因于几何的错误

下列各项是一些比较通常的可归于房间几何学的错误。

假造回音：当最初的信号一个强烈的反射能清楚地被收听者辨别的时候发生。这只不过是看房间的内部和检查可能的声音路径，这些路径离开一系列大而高的反射面。

1）尖桩篱栅回音：这来源于均匀的空间的反射路径，就像阶梯教室的排和被压缩的纤维栅栏的均匀的空间的曲面。仰赖台阶的数量和路径不同，当被一个冲动的声源撞击的时候，这样的平面可以产生一定的震动声音。如果 d 是连续 2 个台阶的距离，那么震动的频率是 Fpfe = [c/ (2d)]，c 是声音在空气中的传播速度。

2）震动回波：当声源和接受器处在一对平行的坚固的表面的时候发生。由声源发射的一部分声音可能在两个发射面之间被捕捉到，而且会前后地震荡，衰退得十分缓慢。收听者将会感觉这如"摆动"噪声。如果墙之间的距离的 d，那么震动的频率就会发散。

3）盲点：这些发生在远离反射面的位置，而且它们接受声音仅仅在它经过一个吸收面以后。例如，在逐渐倾斜的戏院或电影院的后部，声音必须经过观众、天花板的反射被阳台封锁。

4）反射体和吸收体的放置：通过分析声线的路径，很容易决定什么地方需要加强（以反射体的形式），什么地方需要减弱（以吸收体的形式）。考虑到某人以每秒 8 个音节的速度说，每个音节轮流大约 125ms 完成。因此，如果第一个音节的清楚反射到达中途经过了第二个（甚至第三个），收听者不能容易地辨别讲话。

事实上，Haas 的工作展示了为了加强直接的语音，大多数的反射声音应该在 50ms 内到达。这就意味着当直接和间接声音的距离差在 17 米（340×0.05）时，声音是可以被加强的，但是当距离达到 43 米（340×0.125）时，反射就变得有害了。

这样，可能设计反射体使整个反射区域的反射路径最小，安置吸收体将最远的反射体的作用降到最小。ECOTECT 使用这些基本的信息显示或者声音的真实水平，或者指出它的具有颜色译码的潜能。

5.5.3 连接的声学射线

在一个密室里的喷雾式声射线是声学设计的一个重要的部分（图 5-150）。如果你有几何权利，你实际上在声音吸收体的数量和安放位置上有机动性。在一个围护结构周围的喷雾式射线是修整墙壁和其他表面以达到最好反射效果的很重要的方式。

为了得到交互式的喷雾式射线，在你的模型中你至少需要一个喇叭。然后你可以用计算菜单中链接的声射线选项来调用喷雾式射线对话框，你能用 Modify > Assign As > Sound Source 菜单选项指定一个特殊的喇叭作为声源。

(1) 移动声源

这种方法的光线在来源点和来源矢量的方向中集中的一个圆形的磁盘片中被喷射。两者有角分配和磁盘片的旋转能在对话框中被设置，像光线的密度一样。每当一个物体在模型中被移动或编辑，包括来源，被喷射的光线自动地被更新。因此，声源可以到处移动或者通过反复地试验来旋转反射体，直到发现最佳的角度。

像图 5-151 显示的那样，你实际上可以选中特殊的面板作为声音反射体以聚焦它们的效果。这些可以在 the Rays & Particles 面板中，或者在主菜单 Modify > Assign As > Acoustic Reflector 中完成。

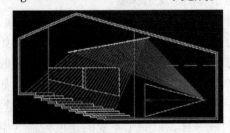

图 5-150

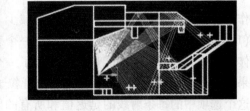

图 5-151

5 结果分析

(2) 移动反射体

因为射线是直接和模型几何联系在一起的，如果你轻轻地移动一下反射体，那么它就会交互式地更新射线路径，如图 5-152 所示。

5.5.4 光线和微粒分析

分析围护结构里的声射线是声学礼堂几何设计的一个重要的部分（图 5-153）。如果你有几何权利，你实际上在声音吸收体的数量和安放位置上有机动性，在一个围护结构周围的喷雾式射线是修整墙壁和其他表面以达到最好反射效果的很重要的方式。

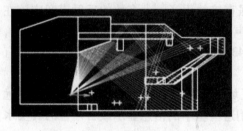

图 5-152　　　　　　　　　　　　　　图 5-153

为了产生声射线，你至少需要一个可见的喇叭在你的模型中。如果你有几个声源，你可以用 Modify 菜单中的 Assign As > Sound Source 选项来明确的标定一个作为声源，用 Rays & Particles 面板仅仅是设置和显示射线和粒子。

(1) 显示选项

如果你可以用几种不同的方法产生射线，而且能达到一定的反射深度（达到一个任意的 1024 跳的最大值），你最后很快地看到一团不可辨别的东西。ECOTECT 因此提供了一个大范围的显示选项，允许你从产生的射线中收集最大的信息。很显然，不是所有的显示选项都适合所有的情形，所以你应该熟悉这些可利用的设置，为了使它们适合你的需要。

在 Rays and Particles 面板中设置的有 ECOTECT 的 5 个主要的射线显示方式，前 3 个是静态显示，同时后面 2 个是用鼠标或滑动器动态的或有动力控制的，除此之外，你能选择显示颜色编码或者原文的信息（图 5-154）。

(2) 颜色/数字显示

当显示光线或粒子的时候，你能为计算它们的合理的水平和延迟，和三个不同的编码颜色系统选择二个不同的方法。每组中的前 2 个直接的叙述，作为一个不同的颜色，第三个编码颜色选项简单的显示每一个反射深度。

第一个选项是计算绝对的声音水平（图 5-155），通过媒体和反射模型表面，作为传播的结果，声音的水平实际上减少了。每一条射线由一个统一的声源开始（1.0 给一个 0 分贝的分贝水平）。每一个表面反射，随着射线的传播，空气吸收体的作用减少了射线的能量。这导致了一个消极的声音水平或者声音的减少。如果射线真的被假设为有声源放出的声音粒子，那么几何的散布不会减少它的能量。这个选项中的每条射线的延迟值和所有的射线一样，以一个不变的速度传播（空气是 20℃时，默认为 343.7m/s）。

5.5 声学分析

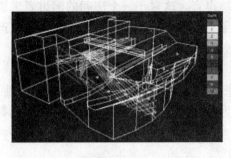

图 5-154

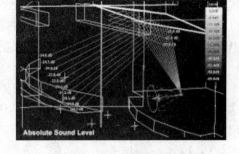

图 5-155

第二个选项是计算水平和相对于直接声音的延迟。这种情况下，传播射线的值被比做水平和直接声音达到同一点的延迟，在这种情况下，另一个直接从声源发出的声音射线到达当前的射线位置。因为这是声音能量的一个直接的比较相对延迟是射线传播时间减去直接射线到达时间。这些值为每个反射感觉到的效果给出了一个更加现实的想法，随着周围射线的反射，它的水平相对于周围直接声音的反射有实际的增加，它的水平事实上相对于直接声音也增加了。

（3）有用的和有害的反射

为了显示每条射线的效果，一个相对于直接声音颜色-编码系统被用于显示当前传播时间内每条射线可察觉的作用。当现在的光线位置与直接的声音相较，这些颜色以比较的水平和声音的延迟为基础。下面的图表显示了与在 ECOTECT 使用的不同颜色相符的水平和延迟。

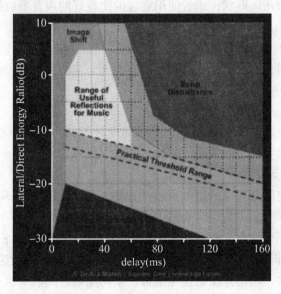

图 5-156

1）指导

如果直接声音的反射在几毫秒之内到达，而且达到一个较高的水平（>25dB），那么听觉机制将不能分辨这2种声音。这意谓它将会实际上影响声音的被感觉的定向性，有效地创造一个半帧移动。这是一个问题，例如，反射体经

5 结果分析

常直接地用在管弦乐队上以有效的"上升"声音。这对于一个房间的演讲者来说可能是个问题，因为焦点都聚集在演讲者身上。然而，人类相当能适应，所以产生了这么多的射线，带来了一个有意义的效果。

2）有用的：

如果反射体晚到达，声音将它和原来声音相结合，同时不会影响方向性，这将有效的增加被感觉的声音水平。因为它增加能听度，所以在演讲时是有用的。

3）边界：

有一个开端，它的综合开始的很长，而且声波的个体成分开始结合。这个开端随着声音类型的变化而变化。对于演讲，连续音节的正确区别对理解是必要的地方，比较的延迟超过这发生是大约50ms。对于音乐，当它们差不多同时开始的时候，许多器具的个别节点变的比较好，相对的延迟大约是80ms。

乐团表现了演讲和音乐开始之间的边界区域。在一个音乐礼堂中，橘色边缘光线很好。在一个演讲厅或会议房间中，边缘光线为减少的可理解性指出潜能。

4）回音：

当反射十分延迟但仍是一个相对较高的水平，那么它能从直接声音中很明显的辨别出来，表现出一个很讨厌的回音，这通常只发生在当回音抵达和反射衰退的普通水平比起来相对隔绝的位置。如果许多高声级的回音同时到达，那么将会很明显的增加反射水平。任一种方式都会降低原声的能见度。这个波段的反射应该通过改变房间的几何形状，或者使用放置的比较好的声音吸收体来避免。

5）反响：

在某一水平下，反射变成周围反响的一部分。在这一水平，它们不会对原声的察觉有很大作用，但决定了房间中的空间感觉。极限水平持续下跌，超出上面图表的范围。

6）伪装：

在一个相对更低的声音水平下，反射完全被直接声音和其他反射所掩盖了，这样的反射没有在空间中形成任何问题。

5.5.5 声音反应

该分析选项使用几何学的听觉射线决定围护结构的听觉回应方面，这些计算在绘图结果对话框中的声音反应表格中执行。

如果你已经产生使用光线和粒子嵌板的一组听觉的射线了，你能使用现有的光线/粒子方法分析光线的3D立体路径和它的听觉衰退。你能选择用随机产生的射线分析围护结构，用估计反射选项来估计平均反射时间。

（1）现有射线/粒子

把听觉的衰退和射线的3D反射路径关联起来，是任何听觉围护结构设计的一个很有力的工具。在这个分析中，你可以在衰退曲线的周围简单地点击并拖动鼠标来选择最近的射线。如果你正在显示模型中的射线/粒子，当前被选择的射线的路径也在模型中被绘制了。

5.5 声学分析

通过简单的拖动鼠标来寻找那些衰退的非常快的或者非常慢的射线，可能很快地识别模型中高吸收或低吸收的区域。它们的反射序列的任何共通性是潜在的听觉问题好的指示。

在这种分析方法中，有 2 种明显的方法来显示衰退，像绝对的和相对的声音水平一样。查看声学射线帮助主题，可以得到二者更多差别的信息。在两种方法中，水平和任何光线的延迟在任何的特别时间沿着垂直者的水平轴和水平用和延迟的一个 2D 曲线图表现点。由于大量的射线，它可能显示图表中不同部分的点，这些图表在通过产生一个频率分配的射线设置里出现。发生的比率然后被比较强烈颜色显示。

在不同时间，围护结构的不同部分建立了一个反射率范围的图片。从这时起，一条最好的适宜线能被应用。在图 5-157 的图表中，红线表现了超过 60 分贝的适宜，而蓝线仅仅计算超过起初的 10 分贝。在每一时刻给定水平的射线的相关数量的增量以颜色的强度来显示。颜色越明亮，次数/衰退发生的越多。

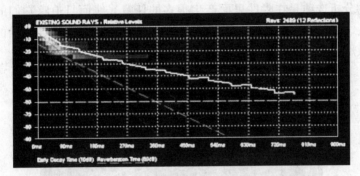

图 5-157

相同的信息可以随意地被显示，作为绝对的声音水平。在这个例子中，分布状态以黄色的变化强度来显示（图 5-158）。

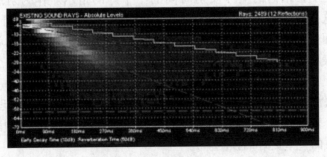

图 5-158

（2）连接衰退率到几何路径

ECOTECT 的听觉曲线图的一个非常重要的特征就是你能在分析曲线图上点击单个的射线，而且在 3D 模型中可以看到它们全部的反射路径。这使你很容易地辨别射线衰退的模型，或是很快，或是很慢。为了显示一条射线，在现有的射线/粒子曲线图中单击鼠标左键，拖动它直到想得到的射线被找到（图 5-159）。

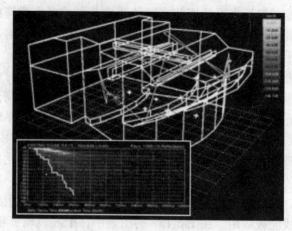

图 5-159

（3）衰退的估计

另外的分析选项是在附件里面产生很多的任意光线而且追踪它们的衰退（图5-160）。从这时起，平均衰退曲线可以从每一个频率波段得到。显示的曲线只是简单地转换所有衰退曲线平均的能量。

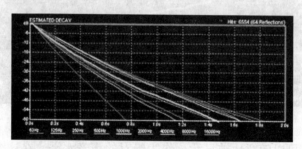

图 5-160

这给出了围护结构的实际反射时间的一个好的指示。作为射线自动辨别的统计方法，这是更精确的，比起那些无关紧要的参数，它在统计上更加有意义。如果一个表面是大的，而且暴露的很多，那么射线击中它的机会就比一个小的而且隐藏的表面大的多。在一个真正的围护结构中，这类似于每个表面的影响程度。

统计方法没法区别空间中声学意义的表面，因为它们不重视物理几何。然而，通过储存每个表面的打击数和它的吸收系数，随机射线产生方法的副产品是空间全部声音吸收的一个更好的预测。

连同平均自由路径长度，这个数据可以返回到在 Statistical Reverberation 计算中使用的统计反射时间公式，为围护结构产生出一个反射次数的交替设置。一旦完成，你能选择显示 Reverberation Time 图表，可以直接地比较统计计算。

重要注释：

很明显地，反射的数量越多，计算的时间越长。因此，需要去优化评价计算的精确度而不花费太多的时间。然而，细节的计算对于使用的反射的数目而言是十分敏感的。

5.5 声学分析

计算结果显示衰退了30或60个分贝。如果你只选择少数的反射，在它们停止被追踪之前，多数的光线将不会按照指定数量衰退。一些光线将会，然而这些只将会是一些沿着最大的吸收路径的传播，或者通过撞击最大数量或最大吸收的表面。这意味着衰退曲线的底部仅仅是来自一小部分相关的射线，在围护结构中，它们全部是按最大吸收路径传播。

因此，ECOTECT很快的计算以决定空间中大多数声音射线要按照指定数量的衰退所需要的最好数量的反射。然后它在对话框中更新反射数量，开始估计衰退时间。如果你已经得到了时间，那么最好通过更多的反射增加反射值以确保更加精确的值。

6 模型的基本原理

6.1 简单房屋的建模

6.1.1 建立一个新的模型

第一步,建立新的空白文件,并确定恰当的工作网格(图6-2)。

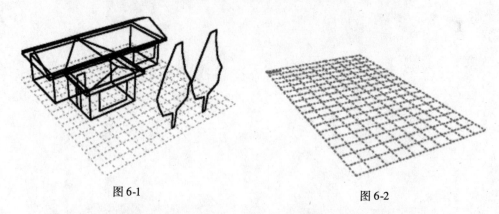

图6-1　　　　　　　　　　　　图6-2

(1) 从 File 菜单中选择 new 选项(或者点击 按钮)。

这一步骤清理原模型记忆和导入缺省的材料数据。

(2) 在 view 菜单中选择 Perspective 选项(或者点击 F8 键)。

此操作将视图转换为 3D 视图网格。如果你的视图不能显示为类似上述插图的视图,只需要在绘图区适当地拖拉右键鼠标改变视图,直到适合为止。使用 Shift 键和 Control 键,并结合持续按住右键,分别执行放大和平移视图的命令。

(3) 在 View 菜单中选择 Fit Grid to Model 选项(或者使用 FitGrid 按钮)。

如果模型中没有物体,就会显示默认的网格设置。反之,这样操作可以调整网格,使模型中的物体可以充满整个网格。

(4) 在 View 菜单中选择 Grid Settings 选项(或者在主工具栏中使用 Model Settings 按钮,并选择 Grid tab),可以修改网格设置(图6-3)。

这样会出现 Model Setting 对话框,允许您随意的设置所需的网格参数。在这个教程中我们只需修改数值使之大概符合下图的情况即可。

(5) 在 File 菜单中选择 User Preferences 选项,然后选择 Cursor Snap 选项(或者只需要在 Options 工具栏点击 按钮,在选项中选择 Settings)。

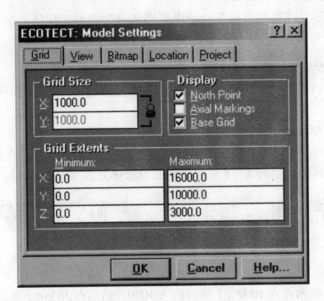

图 6-3

这样设定适当的捕捉选项。下面的对话框所显示的捕捉选项是值得推荐的。通过使用选项工具栏中的捕捉按钮（或者它们对应的快捷键），可以在建立或者修改模型的过程中，随意地修改捕捉设置。（如图 6-4 所示）

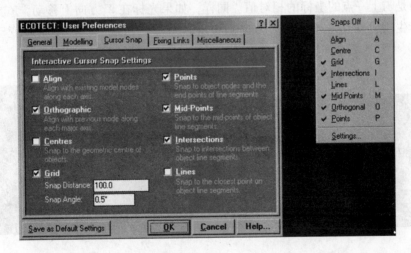

图 6-4

通过使用在程序窗口左侧底部的 Snaps Status 面板，也可以实现对当前捕捉命令的设置。字母为黑色表示捕捉打开，白色为关闭。鼠标左键单击字母便可以关闭或打开相应的捕捉设置。

6.1.2 增加第一个工作区

下一步为建立建筑的第一部分的模型建立一个新的工作区。这个部分仅仅是一个简单的方盒子。

（1）在 Draw 菜单中选择 Zone 选项（或者点击 按钮）。

这样就可以在新工作区从一个地面物体拉伸出一个由墙和天花板组成的模型。

（2）将光标移动至画图区上方。

这个窗格显示了光标在视图中的 X 方向和 Y 方向上的坐标。在视图中移动光标，窗格中光标所在点的 X、Y 和 Z 的坐标就会随之改变（图 6-5）。

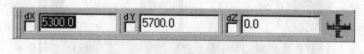

图 6-5

（3）在 X 框内输入 1000，Y 框内输入 1000，然后点击 Enter 键。

这样就在工作区开始绘制工作，第一点的绝对坐标为（1000，1000，0）（图 6-6）。

（4）在画图区中移动光标。

在画图区中移动光标，你便会发现输入栏中的 X、Y 和 Z 的数值不断改变，反映的是与上一点的坐标的相对值。同样，如果光标在 X 方向上移动，X 方向输入栏产生相应变动，如果在 Y 方向上移动，则 Y 方向输入栏产生相应变动（图 6-7）。

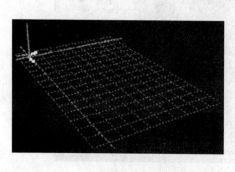

图 6-6

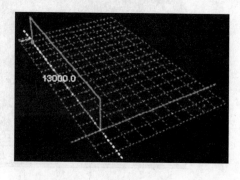

图 6-7

你也可以注意到 X 和 Y 轴方向可以被捕捉，并且高亮显示（如果 Orthographic 捕捉先前已经打开）。这样可以更快，更容易地形成直角物体。

最后，你可以看到在最新被输入的线段中央，该线的长度值被显示（如果 ECOTECT 的默认值是被这样设定的）。这种设置可以使作图更精确，但如果不希望其显示，可以在 User Preferences 对话框中关闭 Modelling 按钮。您只需要使 Display Interactive Distances 选项处于非选择状态就可以了。

（5）在 X 方向移动光标一定距离，数值输入为 13000，点击 Enter 键（图 6-8）。

这样使用缺省的挤压高度产生工作区的第一片墙。挤压高度可以在 User Preferences 对话框中修改，或者在墙生成之后也可以被修改（在之后的说明中将会解释）。

（6）在 Y 方向移动光标一定距离，数值输入为 5000，点击 Enter 键（图 6-9）。

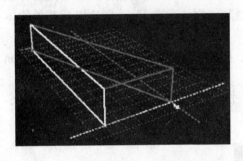
图 6-8

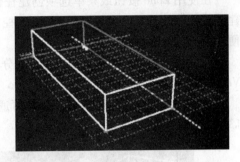
图 6-9

这样创建工作区的第二片墙。

（7）在 -X 方向移动光标一定距离，数值输入为 13000，点击 Enter 键（图 6-10）。

这样创建工作区的第三片墙。

注意你不必在数值 13000 之前键入负号以使其在 X 反方向上移动，它会在鼠标指向的方向上移动 13000。

（8）在键盘上点击 Esc 键（或者在视图中起始点点击右键出现 Context 菜单，选择 Escape）。

这样完成第一个工作区的创建，并出现 Rename Zone 对话框。

此时对该工作区命名。然后在工作区列表中添加一个新工作区。在创建新的工作区过程中使用键盘或 Context 菜单，该菜单将会出现（图 6-11）。

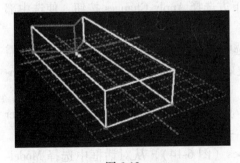
图 6-10

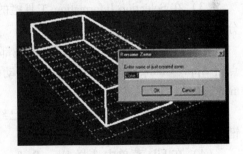
图 6-11

6.1.3 调整工作区高度

下一步为改变工作区的高度，该高度在创建过程中自动默认值为 2400mm（在 User Preferences 对话框中设定数值）。这一创建默认高度在创建物体过程中可随时修改其高度数值。

307

（1）使用选择按钮 ▶（已经被设置），选择工作区中的 Floor 部分。

如果在选择指定部分时有困难，可使用键盘中的 Spacebar 键选择邻近物体或者点击鼠标左键拖拉邻近物体选择。

选中的物体显示为黄色（如图 6-12 所示）或线型变粗。在 User Preferences 对话框中修改或在选中物体中的 Selection Highlight 修改，或改变其颜色。

在使用 Zone 按钮或菜单选项创建任何工作区的 Floor 元素时，Floor 是拉伸创建其他物体的基础。同样可认为 Floor 控制其他物体，在 Floor 创建以后其他物体便可以比较容易地编辑。

（2）在恰当视图中，选中 Floor 部分，从 Selection Information 中选择 Extrusion Vector 栏改变 Z 方向数值。

此操作既可以直接输入数值，也可通过拖拉出现的小箭头完成操作（如图 6-13 所示）。

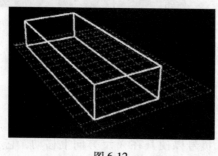
图 6-12

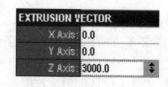
图 6-13

此操作改变工作区的拉伸高度。

在 ECOTECT 输入栏中，在注解正确的情况下，可对其进行任何尺寸的输入。（如果查找输入更多信息，可进入 ECOTECT 的 User Interface 中寻找 help 文件寻求帮助。）

例如，输入 2000+1000 然后点击 Enter 键，在输入栏的数值将会变为 3000。

（3）在 Selection Information 工具栏的下方选择 Apply Changes 按钮，使选中部分按照设置变化。

在 Selection Information 工具栏的底部选中 Automatically Apply Changes，就无需点击 Apply Changes 按钮，设置将会自动生效。此操作同样适用于 Material Assignments 工具栏。

如果 Automatically Apply Changes 已经勾选，只需改变一个数值然后点击 Enter 键使其生效即可。

（4）在 File 菜单中选择 User Preferences（图 6-14），从对话框中选择 Modelling，永久的改变随后工作区的高度（或者在主菜单中点击 ▇ 按钮，然后选择 Modelling）。

在 Default Zone Height 框输入新数值 3000。此操作确保以后所有创建的工作区高度为 3m。输入新数值后点击 OK 键。

6.1 简单房屋的建模

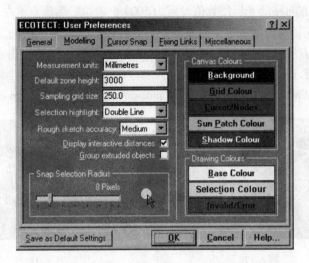

图 6-14

6.1.4 增加一个次工作区

下一步为创建北边的工作区。在创建过程中，以其中一个点为北墙的中心。这一次，我们要更多的在画图区中操作，并使用物体捕捉确保模型的准确性。

（1）在 Draw 菜单中选择 Zone 选项（或者使用 按钮）。

此操作为创建一个新工作区物体做准备。

（2）在画图区中移动光标，使其选中 Zone 1 的北面中心点。

在网格角处你可以通过箭头辨别北面。

捕捉会根据合适的捕捉类型显示对应的一个小字母（图 6-15）。移动鼠标直到光标上显示一个小 M 出现，然后点击鼠标左键，选中该点。

如果小 M 没有出现，则说明中点捕捉没有设置。进行这个设置的方法是（仍旧在命令状态）：在 Options 工具栏中点击 Snaps 按钮，确保 Mid Points 已经选中或在键盘上点击 M 键。

（3）在 X 方向移动光标，然后键入 5000（不要点击 Enter 键）。

注意： 在视图中移动光标键入 5000 以后，光标在 X 坐标的正向或反向受制约的移动 5000 个单位，同样光标在 X 方向上移动捕捉，此时这样是因为直角捕捉仍然打开（图 6-16）。

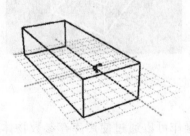

图 6-15

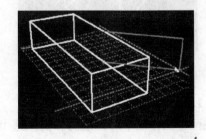

图 6-16

309

（4）在 X 方向移动光标使数值设定为 5000 个单位，然后点击左键（图 6-17）。使用鼠标左键点击即可选中需要的点，然后移动鼠标选中下一点。

（5）在 Y 方向移动光标使数值设定为 4000 个单位，然后点击左键。该操作创建工作区的第二片墙。

（6）在 Options 工具栏中使用 Snaps pull-down 菜单，设定 Align 捕捉（图 6-18）。

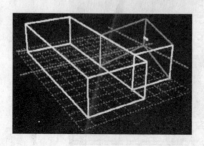 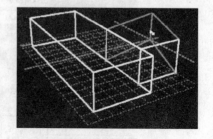

图 6-17　　　　　　　　　　图 6-18

此操作我们将使用 Align 捕捉完成新工作区剩余两片墙。

设定 Align 捕捉，移动光标直到 X 方向有小 XY 出现为止。这表明在 X 轴和 Y 轴上光标和其他点设定为一排。如果只设定 X 方向，则只出现小 X（同样在 Y 和 Z 轴）。

（7）在 X 轴上最后一个点和 Y 轴上第一个点被光标确定，在视图中点击鼠标左键（图 6-19）。

此操作创建工作区的第三片墙，在使用 Align 扑捉可显示直角 Zone。

（8）点击键盘中的 Esc 键（或在视图中点击右键，出现 Context 菜单并选择 Escape）。

此操作完成第二个工作区的创建（图 6-20），并显示 Rename Zone 对话框。键入适当的名字并点击 OK 按钮。

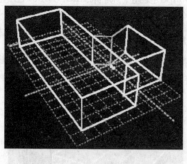 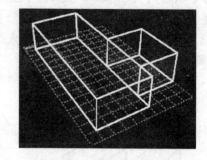

图 6-19　　　　　　　　　　图 6-20

6.1.5　增加窗和门

在两个工作区中加一组门和窗。这个操作可以通过使用库存参数物体或使用鼠标。在该使用手册中我们只需使用库存参数方法。

（1）首先点击作图区的空白处，确保不选中任何物体（或在 Select 菜单中选择 None）。该操作确保不给所有选中的墙添加窗户。

（2）使用按钮选中 Zone 2 中最北边的片墙（图6-21）。

注意：光标接近物体时，光标变化说明该物体可被选中。如果选中物体有困难，则在物体附近使用键盘中的 Spacebar 键选中物体。

（3）选中墙后点击键盘中的 Insert 键插入一个子物体（在此为一个窗户，图6-22）。

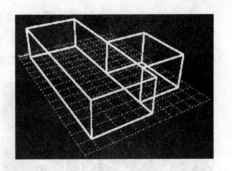

图 6-21

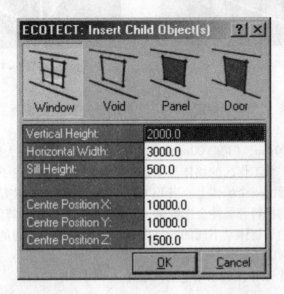

图 6-22

（4）在对话框中选择窗户按钮，输入如上图所示的数值。

对任何子物体，均是精确的点插入母物体之中的。这些数值在 Insert Child Object 对话框中列出，可以被修改。

ECOTECT 将使你不会将子物体插入到母物体之外。因此，如果输入 ECOTECT 的数值超出范围，ECOTECT 将会移动子物体直到合适为止。

完成输入数值后点击 OK 键结果如图 6-23 所示。

（5）在墙上插入窗户后，在键盘上可使用 X、Y 和 Z 键移动窗户。

在窗户移动中，它将在母物体内移动。注意确保窗户移出墙体。此操作为一个你能随意的移动物体的练习，以及物体间的关系。重新定位窗户到中心，或是越接近越好。

当使用拖动键（X、Y、Z）时，你每次拖动的数值在 Options 工具栏中的 Cursor Snap/Nudge Value 输入栏中修改。缺省输入的数值为 100.0 100mm，但该数值可被设置为任何数值，通过输入框然后点击键盘中的 Enter 键，或点击右边的 Up/Down 箭头设置。

若要反向拖动物体，则在点击 X、Y 和 Z 键的同时点击 Shift 键。

(6) 在 Zone 1 的正北面墙上插入窗户。

窗户高度设置为 1500mm、宽度 3000mm、窗台高 1000mm。如果输入的窗户为墙中心，则需要在 X 反方向上移动窗户直到类似图 6-24 为止。

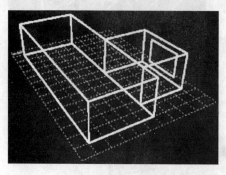 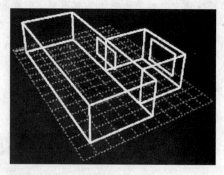

图 6-23　　　　　　　　　　　　图 6-24

(7) 在自物体列表中选择门，使用插入窗户的方法在两个工作区之间添加门（图 6-25）。

确定门高 2100mm、门宽 900mm，位置为靠近 Zone 2 西墙大约 1000mm。

在靠近另外一个工作区的墙体当添加一个窗户，门或空白子物体时，必须将子物体添加到邻近的一个墙体上。当 ECOTECT 计算区域间的连结部位时，那些与其他区域的物体的材料和属性会影响热、光、空气和声音的计算值。

这和面板上的子物体是不同的，当面板指定一个墙的不同的材料类型，则只会影响到它所包含的工作区。

(8) 在第二个工作区的东墙上输入最后一个门（图 6-26）。

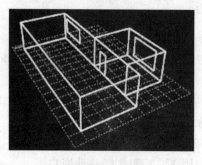 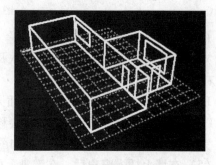

图 6-25　　　　　　　　　　　　图 6-26

6.1.6　获得一个斜屋顶

下一步，在物体上加入 600mm 高的屋顶。

(1) 在 Draw 菜单中选择 Pitched 屋顶 （或使用按钮）。

在 ECOTECT 中进行此操作，首先需要在视图中使用光标输入一个基准平面（允许在原先平面基础上编辑）。在视图右边同样会显示 Parametric Objects 操作菜单。

在此步操作中需要在框中输入数值，或拉伸/调整相关的基准平面。在此例子中将拉伸相关的基准平面。

（2）在第一个工作区的顶角点击左键，然后点击对角，拉伸第一个基准平面（图6-27）。

（3）如图6-28结束基准平面操作。

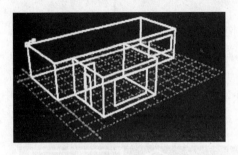

图6-27

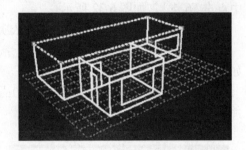

图6-28

当点捕捉选中角之后（在光标中会显示一个小P，如果不能选中点则使用Options工具栏中的Snaps按钮），点击鼠标左键选择该点。

（4）在视图右边的Parametric Objects对话框中选择细部（图6-29）。

在此重要操作是在Roof Type中选择Gable，Ridge Axis中选择X-axis，并且将Eaves Depth设置为600mm。

（5）在工具栏下方点击Create New Object按钮完成屋顶的创建（图6-30）。

创建的屋顶高为600mm。在第一个屋顶的基础上创建第二个屋顶，将Ridge Axis改变为Y-axis，方向与第一个屋顶相反（图6-31）。

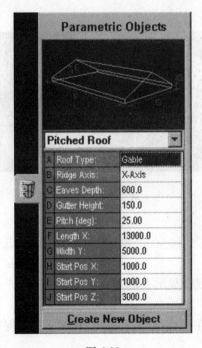

图6-29

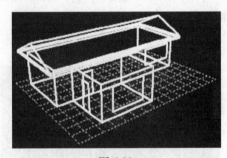

图6-30

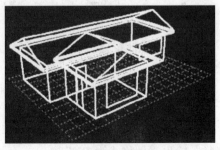

图6-31

注意在创建两个屋顶时，它们并不完全相交。

（6）进入 Node Mode，使第二个屋顶能够编辑，并修改它。在 Select 菜单中选择 Nodes 选项（或在键盘中点击 F3 键）。

进入 Node Mode 后需要从侧面观察模型，在 View 菜单中选择 Side（或在键盘中点击 F6 键），如图 6-32 所示。

（7）在第二个屋顶的侧视图中，依次拖拉选中的各个点。

选中左下角的结点，在 Y 反方向上拖拉结点时其与第一个屋顶的边缘相重合，如图 6-33 所示。

使用精确捕捉，数值设置为 100mm，如不能设置则在 Options 工具栏中选择。

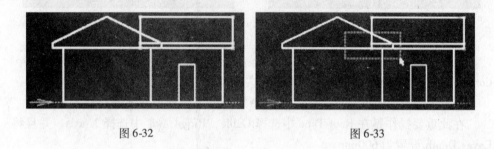

图 6-32　　　　　　　　　　图 6-33

（8）排列底部结点，在左侧选择最顶部的结点，在 Y 方向上移动它们使其与第一个屋顶的顶点相齐（图 6-34）。

（9）在 View 菜单中选择 Perspective 使视图回到透视图中（或点击键盘中的 F8 键），如图 6-35 所示。

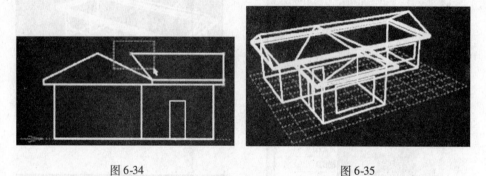

图 6-34　　　　　　　　　　图 6-35

在透视视图中，旋转物体检查创建的物体。点击鼠标左键拖拉光标进行此操作。

在 Display 菜单中选择 Rough Sketch 使视图显示 Rough Sketch 模式。

6.1.7　导入 DXF 文件

（1）在 File 菜单中选择 Import 选项，在对话框中选择 ECOTECT 文件保存的路径，输出文件格式为 DXF。

需要在保存文件格式中选择 AutoCAD DXF。

(2) 此时显示转换格式对话框。

设置如图 6-36 时，点击 OK 按钮。

(3) 在模型旁边增加两棵树，并且使新物体在网格中。

导入树后，将其选中并在 Selection Information 对话框中选择 Object，检查其是否在区域外部（图 6-37）。

如果不能进行操作，选中所有物体，点击 Zone 输入盒子，然后在其出现后点击 Options 按钮，此时在列表中选择 Select Zone...。

(4) Select Zone 对话框会显示模型中的所有工作区，选择外部区域然后点击 OK，物体将会存在于工作区外部。

外部物体，例如树，不能被放在热工作区域内，这一点很重要。如果外部物体被放入热计算区域内，它们将会改变计算结果。因为增加的表面区域，例如树，会增加太阳能吸收导致影响计算结果。

(5) 最后点击 Shift + X 键使树在 X 反方向移动，使模型类似图 6-38 为止。

图 6-36

图 6-37

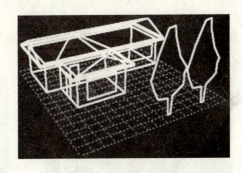

图 6-38

6.2 教室

6.2.1 用交互式的尺寸度量法创建工作区

第一步,确保你在新的空白文件中开始工作,这样你可以建立第一个工作区(图 6-39)。

(1) 从 file 菜单中选择 new 选项(或者点击 按钮)。

这一步骤清理原模型记忆和导入缺省的材料数据。

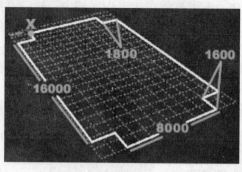

图 6-39

(2) 从(0, 0, 0)开始标记点为 X,创建一个如上图的 zone。

在 Modelling 工具栏中使用 Create Zone,在 Cursor Input 中输入第一个点的坐标。然后按照给出的尺寸点出各点。

如果不能确定怎样进行此操作并且未做 Simple House 的练习,请先了解上述过程。如果已经练习了第一个事例或感觉试验性强,当进入一个创建模型的命令时 Cursor Input 就出现在工具栏的上方。当轴的文本框接收到输入中心时,将鼠标朝你想要移动的方向移动并输入一个值。这将锁定那个轴,意味着现在可以在另外的轴上拖动鼠标和输入值。要接收一个点,在图纸中点击鼠标左键或点击 Enter 键。将以图 6-40 的形式结束。

(3) 点击 Escape 键完成 zone 的创建。

到达最后一个点,完成创建 Zone 的创建后,在 Rename Zone 对话框中输入合适的 Zone 名称(图 6-41)。

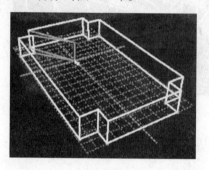

图 6-40

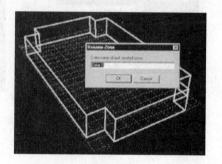

图 6-41

(4) 选择并删除现存的 Ceiling，使其能够被任意的 Ceiling 和 Roof 代替（图 6-42）。

键盘中的 Spacebar 键会帮助在比邻物体间旋转。

(5) 使用创建 Line 工具在地面和屋顶的中心创建一条线（图 6-43）。

检查捕捉设置，确定已经设置了 Mid Point 捕捉。在准备创建屋顶或天花板时，需要确保此线准确捕捉中心。

两点已经输入后，点击键盘中的 Escape 键完成需要。

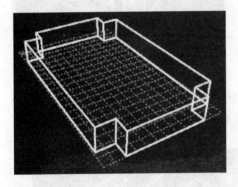
图 6-42

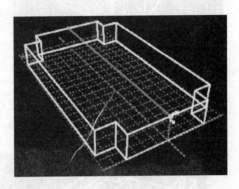
图 6-43

(6) 在侧视图中，选中线然后使用 Move 工具（Transform 工具栏），使线在 Z 方向上移动 1100mm（图 6-44）。

点击 F7 键进入侧视图，然后点击 Move 按钮，移动鼠标选中顶部的某一端。点击鼠标左键开始移动线，托拉鼠标，在 Z 方向上移动 1100，最后再次点击鼠标左键确定位置。

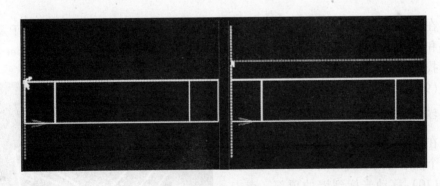
图 6-44

(7) 移动线之后，点击 F8 键回到透视图。添加四个面作为屋顶（图 6-45）。

使用 Create Plane ◇ 按钮，捕捉存在的图形并创建两个平的和两个斜的面。尽量使用 F2 键重复命令（图 6-46）。

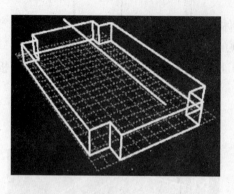
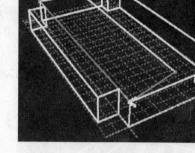

图 6-45　　　　　　　　　　　图 6-46

完成创建后,选中原先的线并从视图中删除。

(8) 在 Rough Sketch mode (Display 菜单) 中观察视图 (图 6-47)。

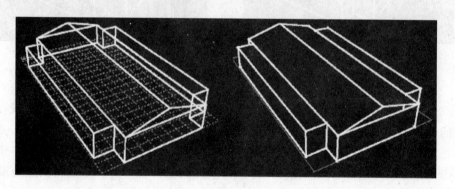

图 6-47

在 Zone 的任何一头均可以看到一个三角形的洞,需要修补这些洞。对于要进行热和声学计算的 Zones,空间闭合十分重要 (在 ECOTECT 的 Layers & Zones 中可以找到更多的解释)。

(9) 选择 Zone 边缘的墙元素,然后选择添加 Node 按钮。

在墙的顶部加入一个点,使墙面变为 5 个点来封闭墙洞 (图 6-48)。

(10) 移动光标到墙的顶部,点击右键。

新点附加后,将其移动到屋脊正确的位置,完成后点击左键 (图 6-49)。

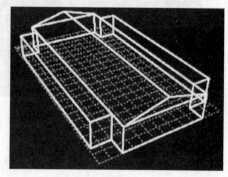

图 6-48

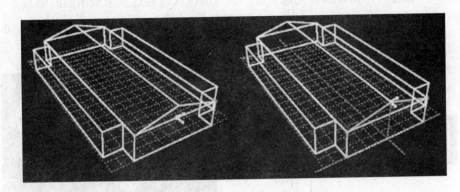

图 6-49

然后同样的方法操作 Zone 的另一部分,使其看起来对称(图 6-50)。

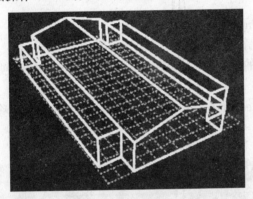

图 6-50

6.2.2 建立窗子

使用光标,在 zone 中添加窗户。简单方法是设立一些建筑定位线。

(1) 首先在 Classroom 最南边的墙上创建一条线,然后沿 Z 轴向上移动 700mm(最简单方法是使用键盘中的 Z 键)。

使用 Nudge 键,(X, Y, Z) 移动的数量是由在 Options 工具栏的 Cursor Snap/Nudge Value 输入框 100.0 中设定。

然后复制并粘贴(Ctrl + C 然后 Ctrl + V),移动复制的线在 Z 方向上移动 1200mm。

如图 6-51 所示,这些线为窗的控制线。

(2) 在先前的定位线之间创建垂直线,然后使用 X 键在 X 反方向上移动 750mm(点击 F7 后视图如图 6-52)。

创建一条复制的垂直线(Ctrl + C 然

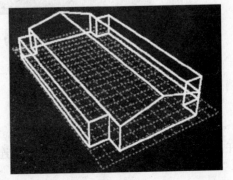

图 6-51

后 Ctrl + V），在 X 正方向拖移 2000mm。

（3）创建窗户物体前首先选中窗户插入的位置（在这里为最南面的墙）。

从 Modelling 工具栏中选择 Window 田 按钮，使用创建的线扑捉，插入如下的窗户（图 6-53）。

 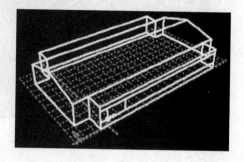

图 6-52　　　　　　　　　　　　　　图 6-53

点击 Escape 键完成创建窗户。

（4）在创建复制窗户前，删除四条定位线。

（5）选择创建的窗户，在 Edit 菜单中选择 Duplicate 选项，创建四个复制的窗户。

在 Duplicate Selection 对话框中，X 偏移输入 2500，Y 偏移和 Z 偏移设置为 0（图 6-54）。

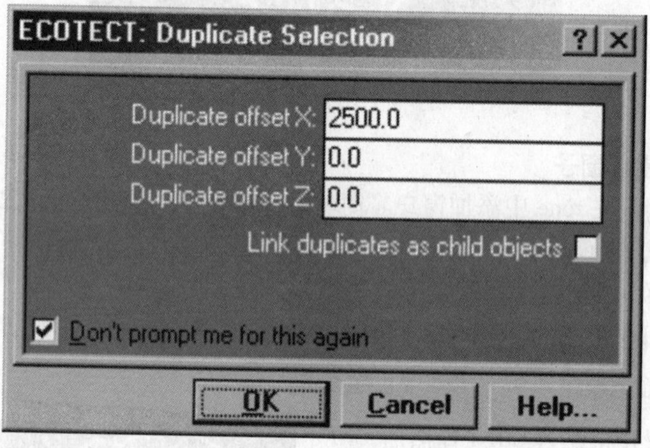

图 6-54

选中 Don't prompt me again，然后点击 OK 键。在键盘中连续点击 Ctrl + D，在墙上创建六个窗户（图 6-55）。

6.2.3　复制（转换）子物体

在最北边墙上创建类似的六个窗户。首先将六个存在的窗户从原来墙上分解开，然后复制到北边墙上，然后将窗户连接到对面墙上。

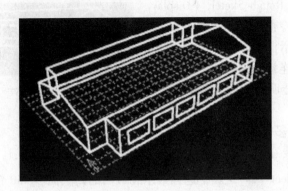

图 6-55

在没有分解的情况下转换窗户（在此情况下复制），窗户将不能从墙上移出。因为在连接得物体中，子物体实际上是包含在母物体之中。

重新将存在的窗户连接到墙上也很重要。如果不进行此操作，窗户将会在墙表面，而不在里面。结果导致不能使光和热穿过窗户。

（1）点击 Unlink Objects ◎◎ 按钮，或者从 Edit 菜单中选择 Unlink Objects，使窗从墙上分解开。

点击 Shift 选中多个物体，或 Control 键重新移动物体。在光标的右下角将会出现一个小的 + 或 − 号。

（2）分解六个窗户后，在 Modelling 工具栏中选择移动 Move ✥ 按钮。

确保操作为复制物体而不是移动，在 Options 工具栏中选中 Apply to Copy ☑ Apply to Copy，扑捉最南边墙角点，点击右键开始复制。

六个窗户已经和光标连接（图 6-56）。

在相一致的北边墙角点再次点击左键，完成复制。点击 Escape 键取消命令（在其他地方仍需复制物体，但在此例子中不再需要）。

（3）将复制的窗户重新和墙连接。

在 Edit 菜单中选择 Link Objects 或者在键盘中点击 Ctrl + K，将复制的六个窗户和北墙重新连接。同样操作另外的六个窗户和墙。

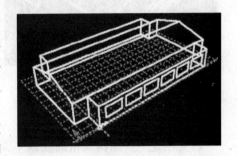

图 6-56

如果选择物体有困难，选择 Shift 或 Control 可增加或减去选择物体，结合 Spacebar 键可循环选择邻近物体。

（4）最后，检查并确保窗户连接准确。有以下两种方法：

方法一：选中一个窗户，在 Select 菜单中选择 Parent，然后选择母物体。如果操作后没有母物体选择，则不能进行连接。

可以用同样方法选择墙物体，然后从 Select 菜单中选择 Child。

方法二：在 Rough Sketch（Display 菜单）模型中，检查模型。如图 6-57 所示，如果窗户显示洞口，则说明已经连接；反之则没有连接。这种方法只适用于子物体定义为透明材质或 0.2（20%）的较大透明度。

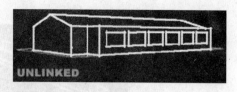

图 6-57

6.2.4 插入多样的门

现在，你需要在四个不同的物体上精确的插入四个相同的门。

（1）使用 Select 工具，选择最东和最西的四个面。Shift 键帮助多次选择，Spacebar 帮助选择物体。Shift 键用来添加到选择中，Spacebar 用来确定选择的元素。

选择物体的另外方法是在每个墙中选择拖拉（最好在平面视图中，F5 键），在选择过程中点击 Shift 可增加选择。

注意：在用拖拉框选择物体时，如果从左向右框选，线框接触的物体即被选中，如果从右向左框选，在线框内的物体被选中。它在图纸中由红色实线或红色虚线的选择框各自显示出来（图 6-58）。

（2）选中四个墙，在键盘中点击 Insert 键插入子物体。

在对话框中选择 Door 按钮，Height 输入 2100mm，Width 输入 900mm。默认插入点（例如：墙体中心插入）。完成输入后点击 OK 按钮，结果如图 6-59 所示。

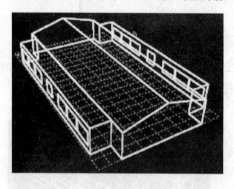

图 6-58

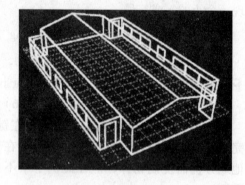

图 6-59

6.2.5 在屋脊上插天窗

首先创建一些结构线帮助在顶平面上绘制天窗，方法与在此说明书中的创建窗户相同。天窗类似于窗户，不同之处在于位于不同的物体之中。

（1）首先沿屋脊绘制一条线（图 6-60）。

（2）下一步，使用 Move 工具，将线向屋顶下移动 1000mm。

最容易的方法是选择显得端点作为移动的基点，然后在 Cursor Input 工具栏中点击 Cartesian Coordinates 按钮转换（它现在应该看起来像这样 ）。一旦要进行这一步，在图纸中从屋顶线向下移动光标知道捕捉到屋顶面末端的中间点。在光标捕捉情况下，输入需要的距离 1000。在 Cursor Input 工具栏中可以明显看到，输入 1000 后光标会严格移动 1000mm。

仍然使用光标捕捉选中屋顶线中点，点击右键将线最后定位，如图 6-61 所示。

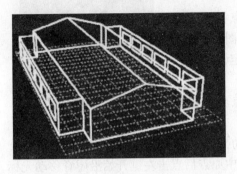
图 6-60

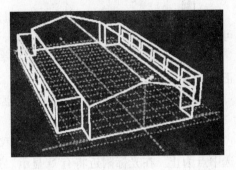
图 6-61

从笛卡尔坐标移到极坐标是为了将先以一个位置的角度移动一具体的距离（屋顶的线），使用笛卡尔坐标是没法做到的，因为它只允许在 X、Y 和 Z 轴上移动距离。通过极坐标，很容易设定到基准点的相关距离，来自于屋顶线的角度已经捕获到它的几何图形中了。

（3）在屋顶下复制定位线距离屋顶 500mm。

最容易得方法如上操作，但此时确保勾选 Apply to Copy 项。

（4）最后在先前定位线之间创建两条线，将线向屋顶的中心移动 1000mm。

移动两条线最好方法是使用键盘中的 X 键（和 Shift X 键）拖动。

定位线应类似于图 6-62。

（5）定位线确定后，绘制天窗。

使用 Window 工具绘制第一个天窗，确保首先选中屋顶（母物体）并且捕捉定位线。

（6）完成操作后删除定位线结果如图 6-63 所示。

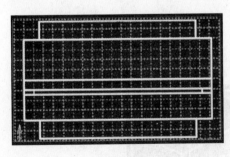
图 6-62

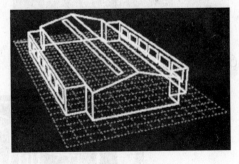
图 6-63

6.2.6 镜像子物体

使用镜像方法在另外的屋顶复制一个天窗。

（1）首先将选中天窗物体，在键盘中点击 Ctrl + U 将天窗从母物体（屋顶）中分解出来。

在镜像之前如果没有将物体分解，则天窗不能在母物体中移动。

(2) 从 Modelling 工具栏中选择 Mirror 工具（Transform pull-right 中）。

Mirror 工具选中后在视图中将显示原点符号［尽可能指向建筑物（0，0，0）点的左角，见图 6-64］。

Mirror 工具中原点很必要，它可以判定镜像是否正确。

(3) 在开始镜像天窗之前，移动原点至屋脊的一点。

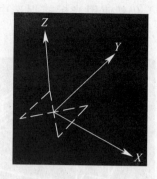

图 6-64

此操作（在镜像中仍需此操作）移动光标直到选中点为止。在光标附近将有 O 显示。选中原点后点击左键开始沿屋脊移动光标，选中另一点后点击左键完成移动。最后，开始镜像前确保 Apply to Copy 已钩选。

(4) 既然原点在正确的位置（要做一个原来的附件），移动光标到屋顶的边缘的另一端，点击鼠标一次，就开始镜像命令（图 6-65）。

(5) 要完成镜像，在屋顶的边缘的线上的某处点击鼠标一次（这可能与你开始镜像命令的点是同一点）。此时点击键盘中的 Escape 键确保镜像操作未进行。

(6) 最后需要将两个天窗分别重新与物体结合。

选择天窗和屋顶并点击 Ctrl + K，同样方法结合另外两个物体。完成的模型如图 6-66 所示。

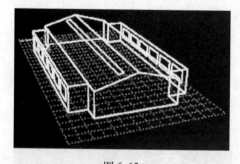

图 6-65

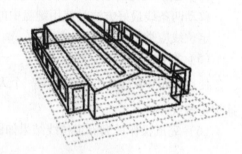

图 6-66

6.3 会堂

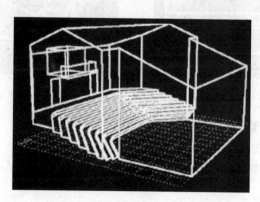

图 6-67

6.3.1 使用 Construction Lines 建立模型

第一步，在一个独立的区域内使用 construction lines 绘制新图形。

（1）在 File 菜单中选择 New 选项（或点击 New ![按钮] 按钮）。

此操作清除模型记录和错误数据。

（2）在试图的右边选择 Zone Management（图 6-68）。点击右上角工具栏，使用 Panel visible 并创建一个新 Zone 命名为 Construction Lines。

给这个空间白色以外的其他颜色，并确保用粗体正文标出 Current Zone（双击一个空间的名字使之成为 Current Zone，单击这个空间的样本颜色来显示 Colour pallete）。

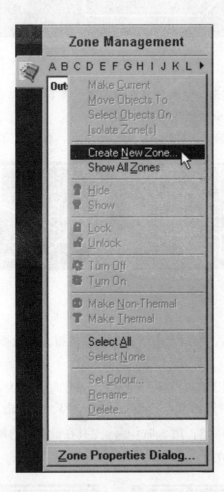

图 6-68

（3）在图表下方，从坐标（0，0，0）开始绘制下图并用 X 标出，用所显示的尺寸建立外型（图 6-69）。

用 Create Line ![工具] 工具，用 Cursor Input 工具栏输入第一组完整的坐标，然后朝需要的方向移动鼠标和输入必要的距离来确定连续的节点。在 Drawing Canvas

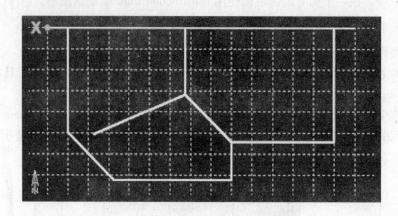

图 6-69

的范围内点击鼠标左键来接受每个节点的安置（图 6-70）。

用上面给出的 Segment 创建 Construction lines。

（4）如图 6-71 所示，选择 Single line segment，在 Y 正方向 Offset 此线 800mm。

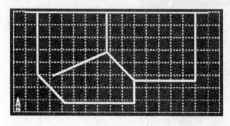 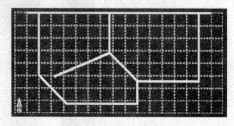

图 6-70　　　　　　　　　　　　　图 6-71

这将成为通道。

（5）如下所示的线，然后点击增加点 按扭，在选择的顶部线中点插入一个新点，如图 6-72 所示。

这个被选的线被用于在礼堂座位的轮廓，添加结点是为了创建座位的通道。

（6）从选择菜单中选出节点种类（或键入 F3，或双击 Selected object）进入 Node Mode 在 Node Mode 里，用 Select 工具在最上面的两个节点周围拖动一个 Box 以便被选择（图 6-73）。

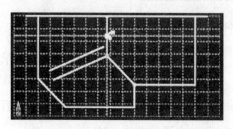 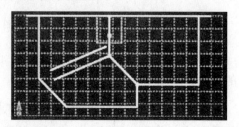

图 6-72　　　　　　　　　　　　　图 6-73

(7) 依旧使用 Select 工具,在选择的节点的底部移动光标直至 出现在光标的边上。

然后单击左键,把节点附在光标上将使你可以编辑它的位置。移动节点到 offset line 的结尾,点击左键来接受新的位置(图 6-74)。

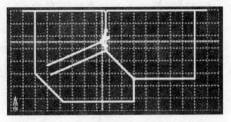

图 6-74

(8) 在同一条线上的顶端的节点,并沿顶上的线段直线垂直移动它。

输入与前面节点等值的 X 的数值就能很容易完成了,在 Selection Information 画板的 Geometry 点击 Apply Changes 图标应用该值(图 6-75)。

这条线就成了座位中第一排的位置。

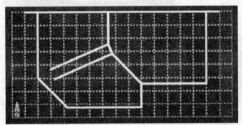

图 6-75

(9) 为这条 Aisle line 另一个结尾的 line 做一条拷贝线。

使用 Move 工具(确定用 Option 工具栏核对 Apply to Copy)现在用鼠标左键单击中间的节点(Central nodes),现在迅速用个别 Aisle line 点击使其接受新的位置(图 6-76)。

(10) 在新线上顶端的节点,并沿顶上的线段直线垂直移动它(这次是输入相同的 Y 坐标值),结果如图 6-77 所示。

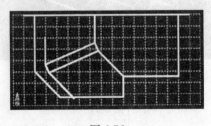

图 6-76

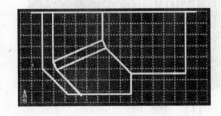

图 6-77

(11) 选择前后两种 Seating lines(座位外型)并在 Modify 菜单选 Morph Between 选项。

这个函数所形成的所有被用于创建座位每一排的临时 lines。在 Morph 对话框里输入 8,然后单击 OK 按钮(图 6-78)。

(12) 最后在 scene 选择所有的 Objects，用 Mirror 工具对外型作一个关于 Top line segment 镜像的拷贝，关于 Top line segment。

你需要用 top line segment 把 Origin 调整到 line up。把光标移动到 Origin 的正上方，直到出现一个小 O，然后左点一次移动它（图 6-79）。

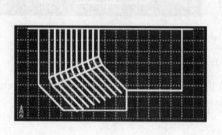
图 6-78

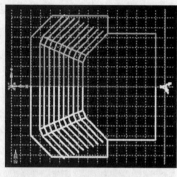
图 6-79

Construction lines 就被完成了。

6.3.2 创建剧场工作区

我们现在为 Auditorium 创建内围护结构，这将包括我们刚才创建好的 Construction lines 和其他，并使用切削平面。

(1) 首先选择 Zone 工具，沿外线创建剧场工作区（确保捕捉到点），如图 6-80 所示。

当完成之后，单击 Escape 键给剧场工作区重新命名为 Auditorium。

现在用透视图方法浏览制图（图 6-81）。

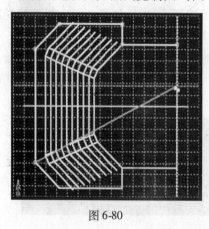
图 6-80

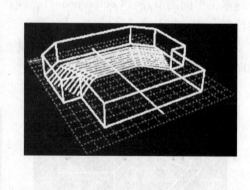
图 6-81

(2) 选择 New zone 中的 Floor element，在 Selection Information 工具栏的 Extrusions Vector 中改变 Z 值为 8000，并选中 Apply the changes（图 6-82）。

(3) 使用 Line 工具，创建图 6-83 的三条线。

第一条线在 Stage 后面墙的中间高度，第二条线在中间并位于 Audience area 正上方的 Wall segment 的顶端，第三条在 Seating 座位后面的墙的中间高度处。

6.3 会 堂

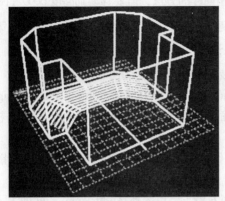

图 6-82

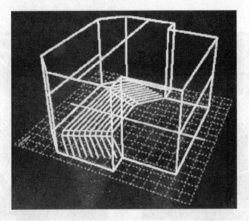

图 6-83

第一条和第三条的高度应该改到 5000，选第一条线，单击 F3 进入 Node Mode，然后选择所有对象的节点。

在 Selection Information 的 Geometry 里，把 Z 值改到 5000，并应用这个变化值，这就改变了节点和整条线，在 Z 轴上上升了 5000mm（图 6-84）。

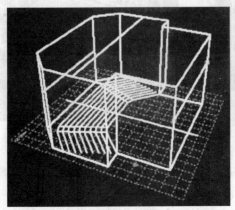

图 6-84

在 Auditorium 的后面的第三条线用同样的方法，但要移动到高度 6000（图6-85）。

（4）现在用 Plane ⬧ 工具画两个平面，第一个在刚才画的第一和第三条的终点周围，第二个要在刚才画的第二和第三条线的终点周围。

这些将和切削平面一样被用做装饰和礼堂的顶（图 6-86）。

（5）在视图中点击右键显示 pull-right 菜单并选择 Cutting Plane-Assign 选项，或在 Modify 菜单里选择其中的一个面并把它指定为 Cutting Plane。有必要核对切割面的垂面是否指着正确的方向。

点 F7 进入侧视图，如果垂面是倒的，点 Ctrl + R 倒转它，这样它就指向上了。被整理过的对象就出现在箭头的边上了（图 6-87）。

（6）点击 F8 回到轴测视图（图 6-88），并选择 Auditorium zone 的 Floor object（如果选择正确的选项有困难，使用空格键在选项中锁定）现在从 Select 里选择 Children 菜单选项。

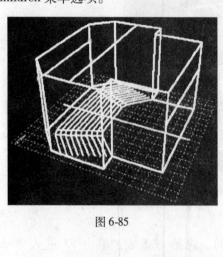
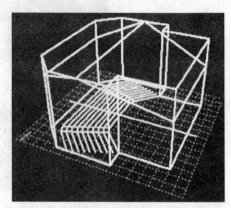

图 6-85　　　　　　　　　　　　　图 6-86

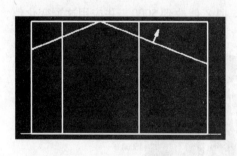
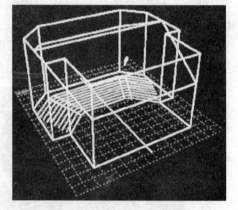

图 6-87　　　　　　　　　　　　　图 6-88

现在从 Modify 菜单里选 Trim Selection，或者从 Drawing Canvas 的菜单的 Pull-right 菜单选择所有我们将应用到切削平面的子物体。

（7）重复上一步，此时选择定义另外一个有坡度的面作为 Cutting Plane（图 6-89）。

(8) 现在礼堂的天花板就被整理过了，删除用于切割工作区的两个面，和用高度标准的三条线一样好，见图 6-90。

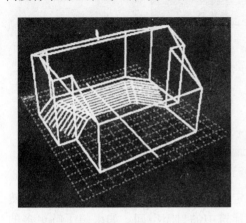
图 6-89

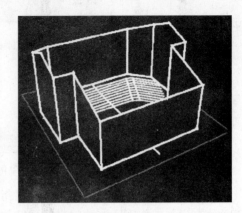
图 6-90

试着用 Rough Sketch 模式浏览（Display 菜单），直到看到工作区不再有 Ciling 为止。

用两个面描述墙的顶端，两个方向的倾斜，这样工作区就是一个不全封闭的空间了，如图 6-91 所示。

确定 current zone 被设定为 Auditorium 工作区，两个新天花板面必须成为工作区的可计算部分。

这样观众区的基本大概外型就完成了（图 6-92）。

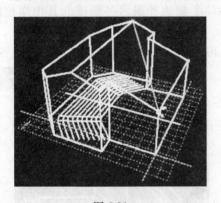
图 6-91

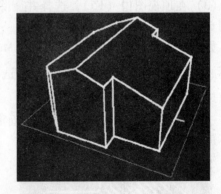
图 6-92

6.3.3 建立排列的座位

在这一节，我们将快速地形成阶梯型的座位排列，为了完成这个任务，我们将使用 Morph Between 命令调整一系列的模型要求。然而，精确的设计剧场需要考虑到座位线上能充分地看到舞台。如果要看详细的设计交叉式座位的指导，可以查看指导列的声学章节中的"设计倾斜的观众厅座位"部分。

（1）创建一个新工作区命名为 Seating，并给它白色以外的别的颜色，同样确定这个新工作区被设置成 Current Zone，如在对话框上面的指示（图 6-93）。

6 模型的基本原理

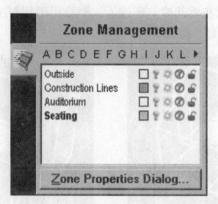

图 6-93

如果在模型中不运行热计算，可以指定不同类型的物体为不同的工作区。然而总体来说，工作区应该被用来描述一栋建筑中的封闭空间。如果想了解更多的关于有效应用工作区的信息，可以阅读帮助文件中 Concepts 章节的 Layers and Zones 部分。

这个情况下我们将创建一个分开的 Seating 工作区。当制作几何模型时，这种方式使制作更加简单（可以打开或关闭工作区），但我们将不得不在后续工作中移动所有的 Seating 物体进入听众席工作区。另外这个空间的体积不能被准确的计算出来（这就是给一个模型执行解析的重要性）。

（2）在 Edit 菜单里选用 Ungroup 或敲键盘上的 Shift + Ctrl + U，为 Seating 选择一组 Morphed lines 并分开它们。

（3）在顶视图中（F5），选择并删除除了前边和最后各两排的其他座位线，如图 6-94 所示。

如果你觉得用 Select 工具拖动选择 Multiple objects 有困难的话，试试按住 Shift 键不放同时使用 Select 工具添加简单的选项当选项可以被添加的时候一个 号会出现在光标的旁边。

这些线在 Tutorial 的第一部分用于确定正确的轮廓和准确的排间距，此时，它们不再被需要（图 6-95）。

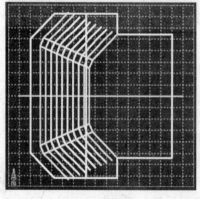
图 6-94

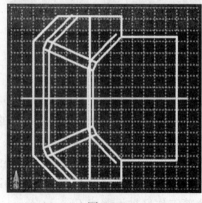
图 6-95

(4) 回到 Perspective 视图（F8），并像切削平面一样指定墙元素。这次我们将使用切削平面来延长物体。此时无需核对切削平面的方向（图 6-96）。

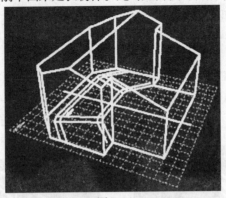

图 6-96

(5) 现在选择座位线（和切削平面在中线的同一端）并在 Drawing Canvas 的右拉菜单里选出 Extend Selection 选项（图 6-97）。

注意： 超出切削平面的拉伸的线将被修整，而其他线将被拉伸。

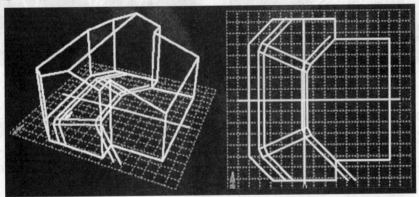

图 6-97

在座位线的另一端也这样做（图 6-98）。

(6) 使用 Plane 工具按照如下的顺序在每排上创建面（图 6-99）。

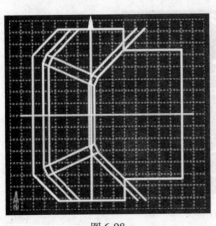

图 6-98

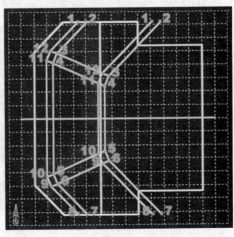

图 6-99

当变化平面物体的时候，节点的规律是很重要的。这是因为变化法则使用对应的节点索引来在两个选项中算出节点的联系。

在转换过程中，如果结果如图 6-100 所示，原因是由于两物体的节点不协调。从指导的 Advanced Modelling Techniques 部分中寻找 Object Morphing，可以获得更详细的信息。

（7）在透视图（F8）中，移动前面的座位平面，高度高于地面 200mm，并把后部的座位平面移到 1800mm 高度（图 6-101）。

最简单的做法是，设定 Nudge 值为 200 并按 Z 键在 Z 方向上提升每个对象。

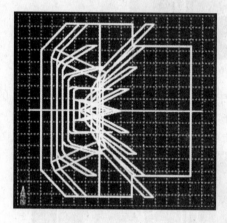 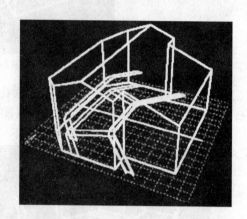

图 6-100　　　　　　　　　　　图 6-101

为了给微移物体提供方便，画图区底部的状态栏显示从第一次微移开始后的总变化（图 6-102，当另一个命令被选择，此值会恢复为 0）

图 6-102

（8）选择两个座位平面并在 Z 轴负方向上移动 200mm（在 Selection Information 面板的 Extrusion Vector 选项里），如图 6-103 所示。

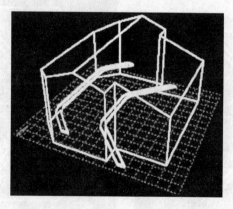

图 6-103

6.3 会　堂

那些垂直的元素将被当作每排座位间的竖板。

现在可以在 Zone Management 里关掉 Construction Lines 工作区了，可以使之更容易地看到模型里的重要元素。

（9）现在座位排有了高度，我们需要将除了前排和后排之外的其他部分删除，因为其他的高度元素是不需要的。

在两边，选择每排后五个和底部一个的平面（假设 Cap Extrusions 选项打开），敲击 Delete 键删除这些物体，结果如图 6-104。

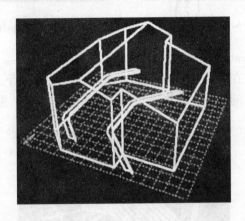

图 6-104

现在我们可以启动变形。

（10）在前后两排选择两个相应的物体，在 Modify 菜单里选择 Morph Between 选项。当 Morph 对话框出现的时候，键入 7 并点 OK（图 6-105）。

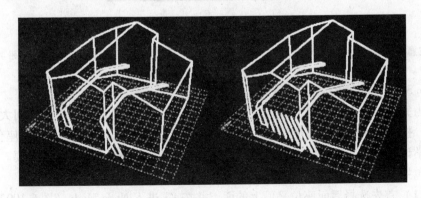

图 6-105

现在选择两排之间的每对元素，并进行 7 个中间步骤的变换，直到每个排元素完成如下的状态。用 F2 键重复上一个命令（图 6-106）。

最后一步是修整超出观众席的部分。

（11）选择向南或向北的任一小墙，并把它指定为切削平面（图6-107）。

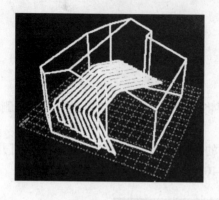 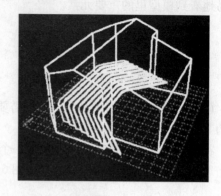

图6-106　　　　　　　　　　　图6-107

然后选择所有 Seating zone 并应用 Trim Selection 工具。

最简单的方法是在 Zone Management 面板里的工作区名字上点鼠标右键，在一个工作区里选择所有的物体，并选择 Select Object On 选项结果如图6-108 所示。

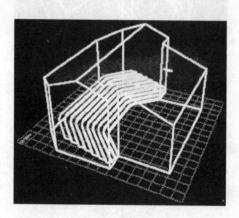

图6-108

注意：座位排的两边要修整。原因是一个指定的剪切面可能变成很大的物体，并沿其面无限延伸。

6.3.4　修改观众席的体积

为完成观众席的几何造型，观众席的地板大小需要受它上面座位空间大小的限制。换句话说，观众席工作区的地板不允许穿过座位下。如果地板留在座位下，则声学计算将不准确。原因是例如当确定声学反射时间时，体积非常重要。此体积中包括了在座位下面的不正确部分。

（1）首先选择后面座位平面上的面，并按 F3 进入 Node Mode（图6-109）。

（2）进入顶视图中（F5），选择一个观众席后面接挨着的 Nodes 并在 Select 工具转换它（　　图标应该出现）直到捕捉到后墙上最近的点（图6-110）。

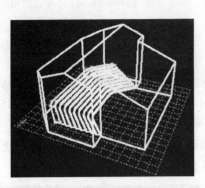

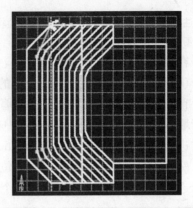

图 6-109　　　　　　　　　　　图 6-110

（3）重复最后一步直到除了两个中间节点外的所有节点与观众席背部连在一起（图 6-111）。

（4）选中间的两个节点，然后在 Standard 工具栏点 Delete Node 按钮，或者点 Delete 键（图 6-112）。

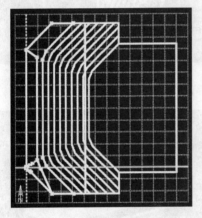

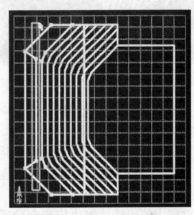

图 6-111　　　　　　　　　　　图 6-112

这样做会删掉这两个点，使平面紧接着后墙的边缘，如图 6-113 所示。

（5）回到透视图，并查看一下刚作好的调整（图 6-114）。

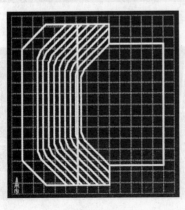

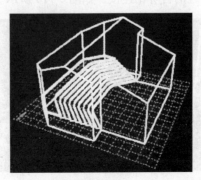

图 6-113　　　　　　　　　　　图 6-114

6　模型的基本原理

注意：此时平面虽然节点在其边缘且在平面上，但有高度（1800mm 高）。原因是由于是在顶视图操作的，最初高度仍然被保留。

在透视图中操作步骤 2 和 3，检查几个图形。

（6）下一步编辑地板平面上边的节点，使其节点跟随前排的边缘。

首先选择地板⊗元素，使其从墙中分解出来（否则在编辑地板时将会编辑墙，由于墙是附着于地板的）。从 Edit 中选择 Unlink Objects 进行此操作（图 6-115）。

进入 help 文件中的 Object Relationships 部分可以获得更多信息。

然后按照步骤 2 的说明，沿座位前排调整各节点并删除多余的节点。此操作可在透视视图中进行，节点均在一个水平面上（图 6-116）。

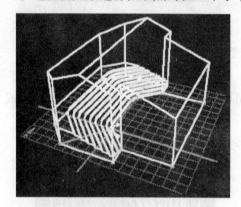
图 6-115

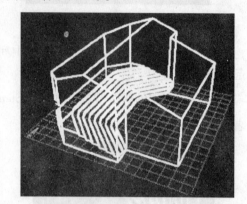
图 6-116

（7）下一步需要调整同地板平面和座位衔接并相切割的墙体。

对于后面三段墙来说，意味着将基础节点抬高 1800mm，使其在后排座位线上（图 6-117）。

对巨大的边墙，侧边轮廓台阶需要添加节点完成。

选择墙，使用 Add Node ⟋ 工具在每排的连接处添加节点。移动节点使其与最近的台阶相连接，如图 6-118 所示。

图 6-117

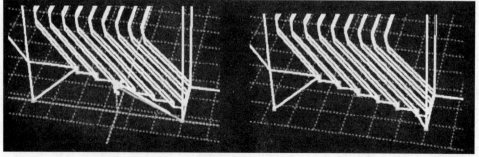
图 6-118

同样在北墙或南墙进行此操作（图 6-119 和 6-120）。

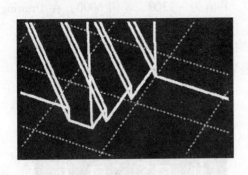

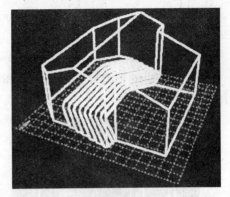

图 6-119

图 6-120

在观众席的另外一边重复此修改操作。

完成操作后，从前、后视图中观察，模型如图 6-121 所示。

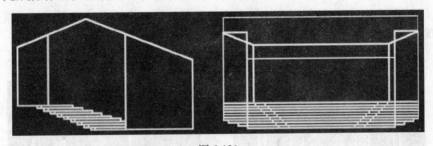

图 6-121

（8）最后一步，在观众席的后部添加两个门。选择最后边墙体，在键盘中点击 Insert 键，选择 Door 按钮并设置高 2100mm 和宽 1000mm。

在 Y 方向移动门 2500mm（使用 工具），然后关于观众席中心线镜像门，出现两个出口（图 6-122）。

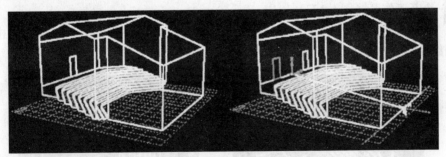

图 6-122

6.3.5 创建控制室

第一部分是观众席的控制室，在观众席的后墙上创建一个洞。几何图形将添加到上面。

（1）点击进入侧视图（F6），点击 Add tool 工具并点后面的墙的顶端开始输入一个节点（图 6-123）。

在 Curor Input 工具栏设定 X 值 2000，Y 值为 –1300，Z 值 6000，在 Drawing Canvas 上点左键接受新结点的位置。

注意所有结点的插入值采用在 Cursor Input 工具栏中的绝对值输入。

（2）用 Align 把光标和门的顶部和最后一个节点排成一条直线，并输入下一个新节点（图 6-124）。

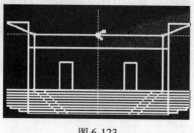 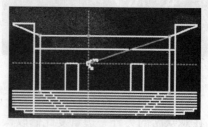

图 6-123　　　　　　　　　　　图 6-124

（3）在 y 轴 1300 的相同距离输入在门顶部的第三个结点（确保捕捉网格距离为 100 时，此操作可以很容易进行），结果见图 6-125。

（4）最后的节点可以很简单的应用 Align 捕捉来插入（图 6-126）。

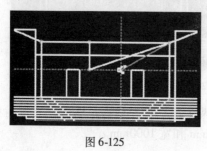 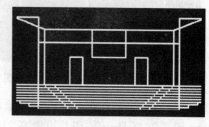

图 6-125　　　　　　　　　　　图 6-126

（5）使用 Create Zone 工具并打开 Point 捕捉，在后面墙的洞的最低处启动一个新工作区（图 6-127）。

（6）在顶视图中（F5），在 X 的负轴方向移动光标并输入 2000。然后点击左键接受 Node 位置（图 6-128）。

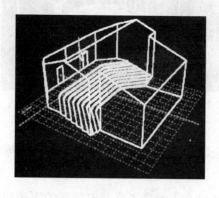 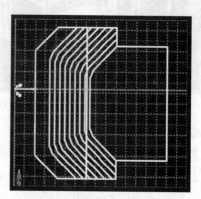

图 6-127　　　　　　　　　　　图 6-128

(7) 在 Y 轴的负方向上移动光标,并标上 2600,然后点左键接受 Node 位置(图 6-129)。

(8) 在 X 轴的正半轴上移动光标,并标出 2000 点左键接受 Node 位置,或使用 Point snap(图 6-130)。

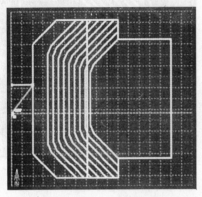

图 6-129

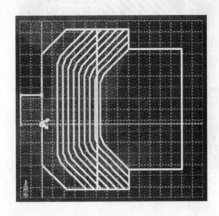

图 6-130

(9) 在 Y 的负方向上移动光标,标出 500,点击左键接受节点位置。

下一个截面是楼座空间突出的部分(图 6-131)。

(10) 在 X 的正方向上移动光标,标出 750 并点左键盘来接受节点位置(图 6-132)。

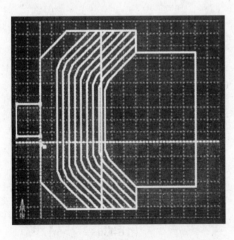

图 6-131

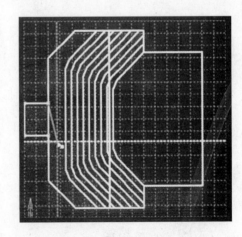

图 6-132

(11) 在 Y 的正方向上移动光标,在标出 3600 并点鼠标左键盘,接受节点位置(图 6-133)。

(12) 在 X 负方向移动光标,标出 750,点鼠标左键接受节点位置。

完成了类似图 6-134 的操作后,点击 Escape 键结束工作区,并退出 Rename Zone 对话框。

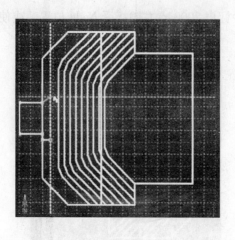 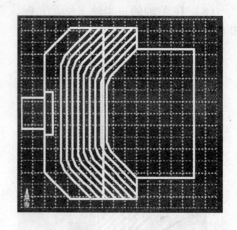

图 6-133　　　　　　　　　图 6-134

（13）只选择刚创建的 Floor。

在 Selection Info 面板的 Extrusion Vector 对话框中，在 Z 方向上给该工作区一个新高度 2090mm。点击 Apply Changes 按钮，应用此变量图 6-135。

（14）在新工作区里选择所有的物体，并在 Edit 菜单里选出 Unlink Objects 项。将此工作区与其他的分解，此时编辑就不会影响到其他工作区（图 6-136）。

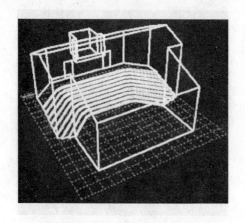 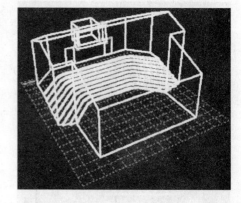

图 6-135　　　　　　　　　图 6-136

选择组成楼座部分的 5 个元素，并点 F3 进入 Node Mode。

（15）在侧视图中，选择所有节点绘制一个 Box（图 6-137）。

（16）按住 Shift+Z 不放，并把节点往下移动 1300，这样它们就形成走廊周围的护栏（图 6-138）。

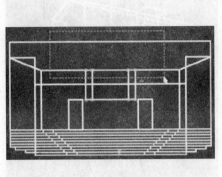

图 6-137　　　　　　　　　　图 6-138

（17）按住 F4 来分开 Current zone，然后点 Zoom Fit Grid 工具 ![icon]（图 6-139）。当你放大控制室的显示比例后，选择下面的窗格，并删除它们。

这些要素需要被删除，因为它们与部分后面墙上重叠的部分是不必要的。

（18）选择 Ceiling 要素并点 F3 键进入 Node Mode，现在选择悬于走廊之上的 4 个节点并删除它们（图 6-140）。

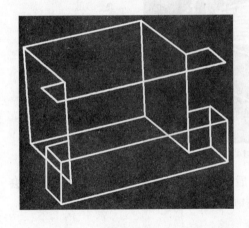 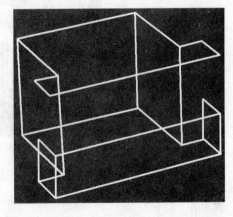

图 6-139　　　　　　　　　　图 6-140

控制室便完成了，如图 6-141 所示。

（19）在点一下 F4 键显示所有的 Zones，然后点 Zoom Fit Grid ![icon] 工具。最后将所有物体移动到观众席工作区（除辅助线外），如图 6-142 所示。

为了完成这个步骤，选择除辅助线外的其他物体（你可以试着锁住辅助线工作区来避免误点到它们），然后在 Selection Info 对话框中点击工作区输入框并选择右边的箭头 ![arrow]。

此时显示一个列表。从表中选择 Select Zone 项，然后在 Select Zone 中选择观众席工作区并点击 OK 键。

所有选中的物体将附属于观众席工作区。

6 模型的基本原理

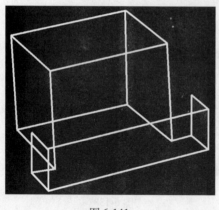

图 6-141

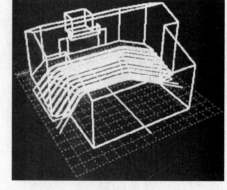

图 6-142

（20）有必要将物体附属到观众席工作区，以便空间完整，有利于声学计算。

从 Calculate 菜单中选择 Zone Volumes 选项进行测试。ECOTECT 将计算空间内辐射的光线（图 6-143）。

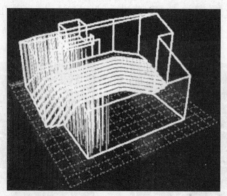

图 6-143

只要测量方法与本书的内容一致，最后检测的空间体积刚好 $1000m^3$。这将会在 Selection Info 对话框的 Geometric Data 中显示出来。

7 高级模型

7.1 导入 CAD 图

7.1.1 简介

虽然 ECOTECT 有自己做模型的方式，但是我们也可以从其他的 CAD 系统中导入诸如 DXF 或 3DS 的文件。将几何图形导入 ECOTECT 之中，并且希望软件在不需要其他额外辅助的条件下，在 ECOTECT 中能识别出这些几何图形是不现实的。与其他的 CAD 系统不同的是，ECOTECT 需要将几何图形理解为一个建筑物。这是能得出正确分析的惟一方式。因此决定何时输入几何图形，尤其是在具体的任务中做出决定是十分重要的。

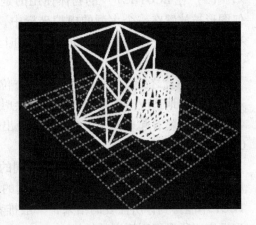

图 7-1

引入几何图形的最好方式是首先得清楚你想要在 ECOTECT 中做什么事情，其次去想什么样的导入方式能有效地达成目标。举个例子，在 AutoCAD 中建立整个建筑物的几何图形，然后希望它在 ECOTECT 中能被正确地读入并且运行，到最后得出正确的热性能的分析是十分浪费时间的。热性能的分析只需要建筑物在空间工作区中非常简单的表现。关于这些的更多介绍，请参阅 ECOTECT 的帮助文档的热性能分析章节。

（1）为热学分析引入模型

因为热学的分析对几何图形的需求（关于分区和首要/代理的材料）是很具有自身特点的，它被推荐在 ECOTECT 中去建立 3D 立体几何图形，而反对从其他的程序中引入一个完整的 3D CAD 的模型。然而，使用现有的 2D 图画在 ECOTECT 中进行追踪也是非常有用的。这将涉及到下面的 2D 模型引入的章节。

（2）为阳光和照明系统引入模型

阳光和照明系统地分析需要更详细的 3D 立体图形来精确的执行。在这个分析中，ECOTECT 对于建筑物的了解要求的比对热分析要少一些，因此输入完整的 3D 立体几何学是十分合理的。正确地叙述所有表面的材料，使得其能够准确地考虑对光的反射和吸收是十分重要的。这将涉及到下面的 3D 立体图形的引入章节。

7 高级模型

（3）为声学系统引入模型

类似于热分析，声学分析需要准确的空间和物质的参数。因此，像热学的分析那样，推荐引入的 2D 图形在 ECOTECT 中被追踪。这将涉及到以下 2D 图形的引入的章节。

7.1.2 要点识记

（1）DXF 文件适用于 2D 图形和非常简单的固体，但是不适用于不完整的 3D 立体或 ACIS 几何图形。

（2）3DS 文件对 3D 立体几何图形非常适用，但是不适用于 2D 几何图形。

（3）在 ECOTECT 中的物体使用的是真实世界的坐标。如果正在被输入的几何图形被放置在一个大型的虚拟坐标中，ECOTECT 将会在替换/看几何图形方面有很大的困难。也就是说，在一个方向上正确的选择和拖拽。视角将引起反方向上的视线移动。

（4）除此之外，如果几何图形的方位坐标非常大的话，可能会造成 ECOTECT 不能够正确地适应于网格视图。这将会时常造成在遥远之处或者一个大格子中非常小的物体就看起来消失了。为了避免出现这种情况，一般推荐你接近于（0, 0, 0）去定位图形。

（5）记住 DXF 和 3D 文件对于不同的 CAD 系统可以被写成不同的形式是十分重要的，因此不同的系统和对系统不同的设定会产生不同的输出结果。如果 ECOTECT 不能得到你所需要的结果，一般推荐在你的 CAD 包中选择所有的项目，因为设定不同会得到不同的结果。

7.1.3 导入 2D 图形-DXF 文件

ECOTECT 将不会读取块或参考的实体。因此在输出保存为如一个 DXF 格式文件前，我们需要将块和组内的实体分开。

ECOTECT 对于在 UCS 中改变去创建实体也不是很方便。通过改变 UCS 产生的实体可能需要输入对准和定方位。

如果从 AutoCAD 输出，在指令输入中键入 dxfout，弹出对话框后在 SaveAs 选项中选择 DXF 文件格式，然后单击 Options（选项）按钮，在弹出的对话框中选择 DXF Options（DXF 选项）选项卡，然后确定 Select Objects（选择对象）被选择。只输出所画的图形实体是十分重要的，否则 DXF 文件将会包含所有的线风格的选项和多余的层。

为了输入一个 DXF 文件，从 File 菜单的项目中选择 Import。

从 ECOTECT 被安装目录底下的 Tutorial Files 文件夹中选择 2D Drawing.dxf 文件。你将会需要确定，你需要确认你所选择的文件的后缀是 dxf 文件。

在选择后会弹出图 7-2 的对话框允许你进行一些设定。

当你导入 2D 图形的时候，一般推荐你选择 CREATE ALL OBJECTS AS CONSTRUCTION LINES 这个选项。

这将会确定封闭的 DXF 多义线没被解释成额外的地板平面，使模型和地板面分开并将影响分析的结果。这个选项将给 DXF 文件中所有的实体分配它们默认的材料值。

7.1 导入 CAD 图

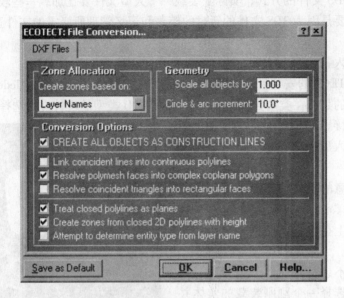

图 7-2

单击 OK 按钮，将得到类似于图 7-3 的图形。

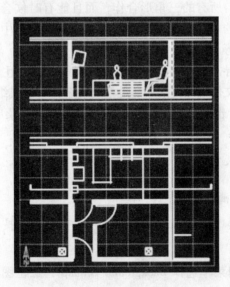

图 7-3

对于关于对话框不同选项的作用，请参阅 ECOTECT 帮忙文档的 DXF 导入的说明。

开始追踪 2D 图形，将被输入的线的工作区锁定是十分有用的，通过这样去改变输入的几何图形。

7.1.4 导入 3D 图形 – 3DS 文件

对于非常大型的和复杂的 3DS 文件（>1M）的，推荐在输出时分成许多独立的文件。ECOTECT 能够一次性地处理非常复杂的几何图形。但是，鉴于 ECO-

TECT 处理 3DS 文件的方式，实际上装载一个大型文件要比加载一些较小的文件时间长。这主要是因为 3DS 文件的暂时的储藏和记忆管理所必需的文件正在被 ECOTECT 解释。

为了输入一个 3DS 文件，选择 File 菜单选项中的 Import 选项。

在 ECOTECT 的安装目录下的 Tutorial Files 文件夹中选择 3D Model. 3ds 文件。你需要确定的是，在类型目录的文件选择中有 3D 类型的文件进行选择。

没有直接导入 3DS 文件的选项，因此实体在导入后马上在画布上显示出来（图 7-4）。

需要注意的是几何图形都被划分成了三角图形。这是 3DS 文件的一个特性，而且发生在当 CAD 系统输出为几何图形的时候。

如果你不想将几何图形划分为三角图形的话，选择一个刚刚装载的实体并且从 Modify 修正菜单选择合并为一致的三角形项目。

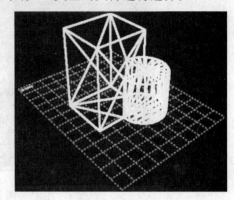

图 7-4

这个功能不可能与所有的三角形合作，而且能有时候会受到一些几何图形的困扰，象前面所创建的基础平面的模型一样。在这些例证中可以适当地手动改正一些所产生的几何图形。

你也可能注意到导入的几何图形也可以被聚集成一个组。

因为大多数 3DS 文件的几何图形都是相当复杂，所以成组的几何图形十分便于管理。为了分散物体，击中 Shift + Ctrl + U 或选择 Edit 编辑菜单中的 Ungroup 项目。

7.2 背景位图

7.2.1 载入一个背景位图

从（File）文件菜单选择 New 选项，或在主工作栏上按新建文件的按钮（图 7-5）。

(1) 从 View 视图菜单选择 Background Bitmap 背景位图项目，或者模型设定会话框中按 Bitmap tab 位图定位键。在样板的设定框的位图定位键将会被显示。从这里我们可以装载一个图像文件而且修正它的特性。

(2) 按 Load Bitmap 导入位图文件按钮。

一个标准的基于 Windows 的导入文件对话框出现。找到 ECOTECT 安装目录下的 Tutorials 文件夹。双击 House Plan. bmp 图片进行导入操作。

(3) ECOTECT 回到位图设定界面。按 OK 退出对话框然后返回作图界面。

(4) 如果样板的视野被设定成透视，你的画布可能显示为和图 7-6 相似的一个东西。

7.2 背景位图

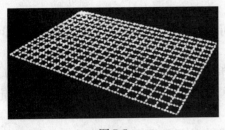

图7-5

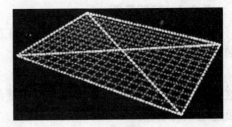

图7-6

在设置为透视的视野中看一个图像是不可能的,因此代替图像的一个拥有二条对角线穿越的盒子被显示出来。如果需要从平面视图看图像,可以从 View 菜单选择或敲击键盘上的 F5。

在继续学习下一个部分之前,你最好多找一些图形用上面的不同显示模式(应用 Model Settings Dialog 对话框)学习一下。

通常反转是黑色的作图区的最好选择。

7.2.2 计数位图

为了确定输入位图的正确大小,图像的一个区域需要是标准的。它需要一个已知真实尺寸的一个部分。在这一个例证中我们将要使用车库的北方墙壁,它需要 6000 毫米的间距(如图 7-7 所示)。

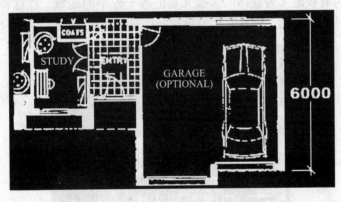

图7-7

(1) 使用尺寸工具 ,测量车库的北方墙壁。为了得到一个正确的测量,使用(Zoom Window)放大按钮 来放大图像。测量数据在选择信息面板中被显示。

(2) 在模型设定控制框中 返回到位图。

在 Measured Distance 输入框中输入一个距离的参数,然后在 Real Distance 输入框中输入 6000。在你继续下一步操作之前请确信你已经按了 Apply 按钮。

(3) 可以运用组合键 Ctrl + F 或点击 Fit Grid 按钮来返回画布界面。

这将会按新的图形尺寸来调整格子的大小。

(4) 检查新的图形大小,再检查尺寸车库的北方墙壁,距离现在应该是 6000。

7.2.3 追踪位图

被扫描图像将会在周长的周围和在房间之间表示出墙壁厚度。这将导致的问题是"该从墙的哪边开始追踪"。

在许多的情形下,你将会追踪中心在单一墙面或在地域之间来进行热计算。这个中心给受外部情况影响和内在墙壁的区域之间的最靠近的近似值,同时确定毗连地域的墙壁。

对于比较复杂的照明和阴影模型,用准确的几何图形来描述是十分必要的,你可能希望能追踪两边的墙壁,或者仅仅只是希望追踪内部或外部的墙体来表达出墙的进深。

如果为热工计算模型,如何把建筑物分为适当的地域也是十分重要的。

我们可以通过这个特殊的房屋规划的例子来说明如何正确的对热区域进行正确的标注。

在进行热分析时,有许多需要注意的规则,如下:

(1) 一个热的地域被表示成为一个闭合的区域,在这个闭合的区域里面空气自由地流通,并且内部热工状况相对地一致。在大部分的情形下,能够有门可以关上的房间一般被分为一个独立的区域。

(2) 在一个较大空间的不同区域,有时候温度变化较大。在这种情况下,空间能被区分为有被定义为虚体的邻接元素的若干较小的地域。在这种方式下,热气流自由在区域间流动,但是它们的热性能要逐个地进行分析(图7-8)。

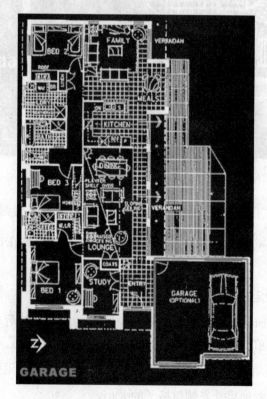

图7-8

（3）同时，如商店房间，厕所和走廊这些毗邻的区域时常可以组合成为一个大的区域空间。因为我们很少对每个这样独立空间的精确温度感兴趣，但是它们之间的热缓冲是十分重要的。

如果使用 ECOTECT 仅仅是用来做阴影和光的计算的话，地域的区分就变得不是那么重要了，而且可以使用层来分开物体和功能。但是，热和听觉的计算需要以上规则为基础去进行特定的分区。

如果已经为模型决定了需求（热的/照明/图像/声学），那么我们就可以开始追踪图像。

使用地域 Zone 工具 扩大对于建筑物来说的第一个地域和开始作图。

推荐首先适当地设定默认地域拉伸的高度（在 User Preferences 对话框中选择 Modelling 定位键），而且网格可以设定到 100mm。用 100mm 的格子确定尺寸是适当的值。

对于更多的在 ECOTECT 中做模型的介绍，请参阅 Simple House。

7.3 物体变形

7.3.1 变形如何进行

只有当二个物体同时被选择的时候，指令 Morph Between 才会被激活。这样便可以在二个物体之间产生规定数目的变种图形。

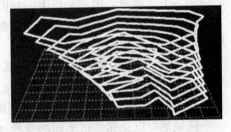

图 7-9

Morph Facets 指令与变种类似之处在于，它们都在二个物体之间产生与图形外表相类似的变形。

变形物体不一定要有顶点的相同数字，然而比较顶点是很重要的，如图 7-10 所示。

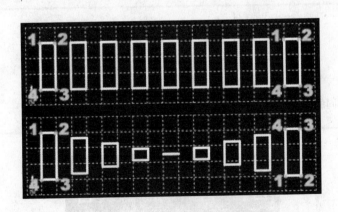

7 高级模型

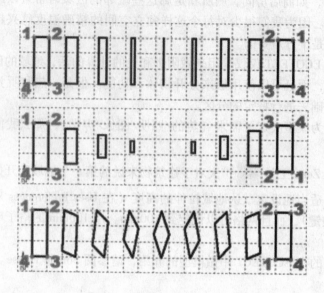

图 7-10

从上面的例子中我们可以看出，即使最初的物体相同，我们也可以得到不同的结果。不同结果的出现是因为节点的排序出现（物体节点被产生的次序）。

如果当变形的时候产生了一个意想不到的结果，通常它是因为物体的节点次序而产生这种结果。

7.3.2 一些不同类型的变形尝试...

在安装目录下找到 Tutorial 文件夹，打开其中的文件 Morphing.eco。

（1）这个文件包含又有 9 个不同的区，每个不同的区域又包含两个物体。每一个区域都可以让你尝试不同的变种（图 7-11）。

（2）进行一个变形（由于在每次被显示的只有一个区），选择区上的所有物体，从 Modify 修正菜单选择 Morph Between menu 选项。

在变形对话框中键入过渡物体的数字 7，单击 Ok 按钮。

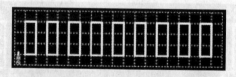

变形 1：相同的次序，相同的高度...

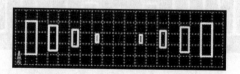

变形 2：类似于变形 1，但是与另一个物体在各自方向上对称...

7.3 物体变形

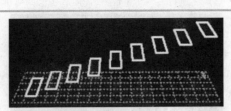

变形 3：相同的次序，不同的高度…

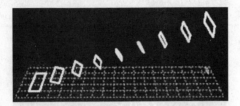

变形 4：类似于变形 3，但是与一个物体有 90 度…

变形 5：相同的次序，弥补…

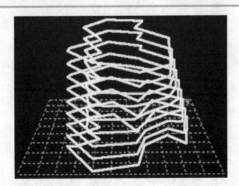

变形 6：相同的次序，不同的形状，不同的节点数字…

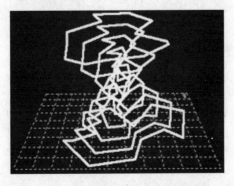

变形 7：类似于变形 6，但是对一个物体引起扭动的效果…

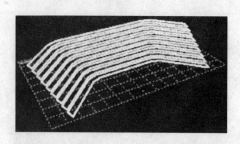

变形 8：相同的次序，不同的高度，调整了之后进行描绘...

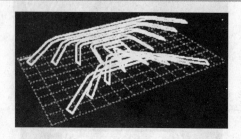

变形 9：类似于变形 8，但是由于一个不同的次序...

图 7-11

8 太阳光分析

8.1 内部太阳光透射

8.1.1 显示阴影

这是一个简要地介绍,解释了在具体的物体上如何显示影子(和反射的过程),在这里是用来表明在一个空间中太阳渗透的作用。

(1)在 ECOTECT 所在目录中的介绍文件中打开 Sun penetration. eco(图 8-2)。

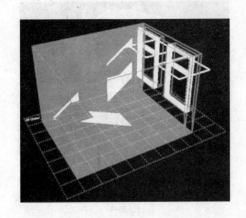

图 8-1

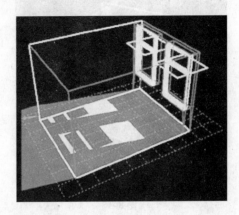

图 8-2

在这个模型中有五个工作区,一个是房间的,其他的属于不同的窗户元素。

(2)这个模型用来精确的表明进入空间的太阳光透射,包括前面墙的厚度。但它不是一个用于热和光分析的恰当的模型,因为对于不同的元素种类已被划分成入不同的工作区。

默认设置是阴影投在地平面上($z=0$)。

可以把阴影设定投在标识为被覆盖的具体的物体上,这将在下一部分中介绍。

ECOTECT 有一个总的阴影和太阳斑纹颜色,可在模拟标识下的用户参考中设定。

在一个模型中能够为不同的工作区设定具体的阴影和反射颜色,这对于突出一个模型的不同部分是有用的,在区域管理对话框中完成这个工作。

8.1.2 显示内部阴影

要显示内部的阴影,需要把一些墙表示成被遮蔽的物体。这样告诉 ECOTECT 只把阴影显示在具体的物体上而不是水平面上。

（1）使用图标为 ▶ 的选择工具，选择工作区 1 的地板和西面的墙，如图 8-3 所示。

按下 Shift 键添加第二个物体到选择设定处，如果一开始不能选择你需要的物体，使用 Space 工具条（即使当按下 Shift 键时）圈定物体，这些物体享有相同的线分割部分。

（2）同样，对于两个选定的物体

从修改菜单转到指定为子菜单并选择遮蔽表面；

或用鼠标右击图纸，进入指定为子菜单并选择遮蔽表面；

或从阴影设定控制面板的 Tag Object（s）As 部分的中间处点击遮蔽按钮。

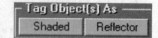

将出现一个与图 8-4 相似的图。

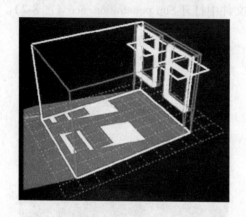

图 8-3

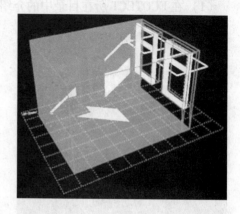

图 8-4

（3）因为阴影显现在地板和墙上，可循环更替数据和时间来显示一年的不同时间里窗户和影子的作用。

这通过日期/时间工具条很容易做到（图 8-5）。

图 8-5

或通过键盘输入一个具体的值（记住这是一个 24 小时的时钟）；

或用鼠标点击上下移箭头，以 15 分钟的间隔调整时间和各周的日期；

或当各个输入框有相应值时，使用键盘的 Page Up/Page Down 键。结合以上的方法，使用 Shift 键进行较大增量地调整；使用 Control 键进行较小增量地调整；使用 Home 键跳转到日期/月份/年的开始；使用 End 键跳转到日期/月份/年的末尾。

8.1.3 显示反射

要显示内部反射，不许把一些物体标识成反射体。在这种情况下物体是组成光架的水平面。因为反射将发生在天花板和墙上，需要改变为遮蔽的物体。

（1）使用图标为 ▶ 的选择工具，选择天花板和西面的墙的工作区 1，如图 8-6 所示。可能需要使用 Shift 键和空间工具条。

（2）接着选择四个光架物体，如图 8-7 所示。

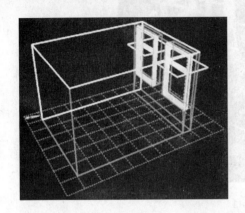

图 8-6　　　　　　　　　　　图 8-7

（3）同样，对于四个选定的物体

从修改菜单转到指定为子菜单并选择 Solar Reflector；

或用鼠标点击图纸，进入指定为子菜单并选择 Solar Reflector；

或从阴影设定控制面板的 Tag Object（s）As 部分的中间处点击 Reflector 按钮（图 8-8）。

图 8-8

将出现一个与（图 8-9）相似的图：

阴影和反射都显示时，有些混乱，所以要暂时关闭阴影。

（4）在 Shadow Settings 面板上的 Shadow Display 中选择 Show Reflections Only 选项（如图 8-10）。

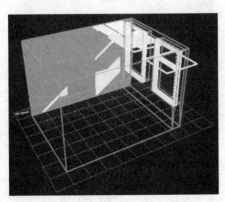

图 8-9　　　　　　　　　　　图 8-10

将看到图 8-11。

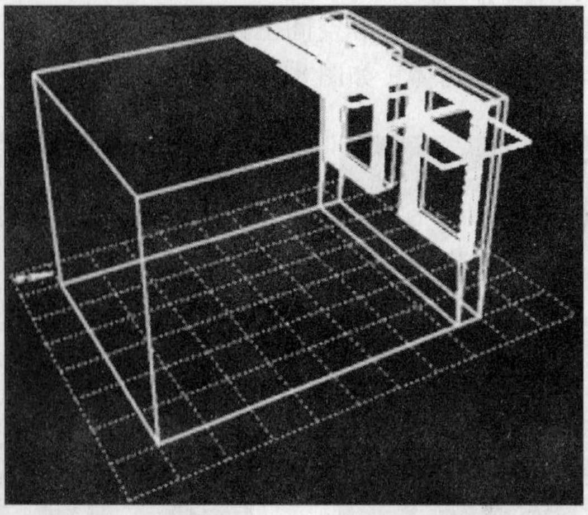

图 8-11

对于这个图,可以改变一年中的日期来得出反射进入空间的深度。

你可能希望通过改变反射的角度使反射最大化,同时使太阳直射最小。

8.2 优化阴影设计

8.2.1 插入窗户(图 8-12)

在这个说明中你将进行设计或优选阴影设置的不同类型的过程。

(1)在主 ECOTECT 所在目录中的介绍文件中打开 Shading Design.eco(图 8-13)。

在模型中只有两个工作区,一个称为墙,一个是缺省的外工作区。

(2)首先要在墙中插入一扇窗。

要完成这个操作,选择墙元素,在键盘上点击 Insert 键打开 Object Library(或者 Add Child)对话框(图 8-14)。

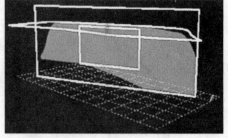

图 8-12

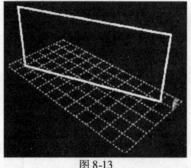

图 8-13

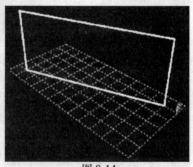

图 8-14

选择窗户项并输入与下面所示相似的值。在这里我们希望窗户设置在墙的中间，因此插入位置应如图 8-15 所示。

当为窗户输完尺度后点击 OK 按钮结果见图 8-16。

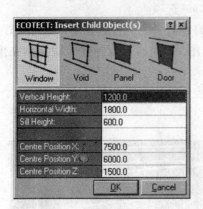

图 8-15

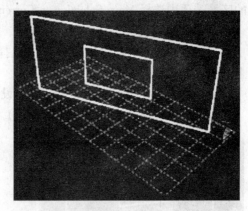

图 8-16

8.2.2 设计一个优化阴影

（1）在已经打开的窗口中，转到 Calculate 菜单，右拉 Shading and Shadows 项，选择 Design Shading Device（图 8-17）。

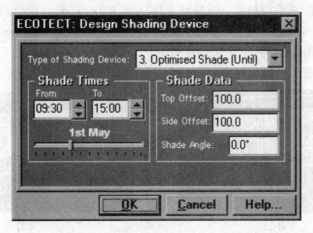

图 8-17

（2）从类型选择框中选择 Optimised Shade（Until）

像上面所示输入时间和阴影值。

当你完成输入之后，点击 OK 按钮，如图 8-18。

一般地，当创建一个阴影，装置中的一个或两个点可能会稍微超出平面，这意味着这些点将以无效的物体颜色（红色）出现。要将此纠正，只需简单的选定阴影，按后从编辑菜单中选择固定链接项（Ctrl + L）。

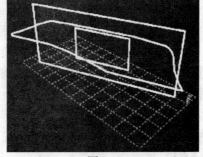

图 8-18

（3）无论什么时候你在 ECOTECT 中创建一个阴影装置，最好确保其存在于外工作区，虽然这不是必需的，但如果要进行热分析这将是必须的，因为要进行太阳光的直射计算。因此，选择阴影装置，使外工作区作为当前的工作区，从右拉的区域选项中选择 Move Selection to Current Zone 选项。

（4）既然阴影已经创建并在外工作区，最好检查一下设计装置是否运行良好。从视图菜单进入右拉 Recall View 并选择视图 2。这样可以更好地观察落在窗户上的影子（图 8-19）。

（5）现在或者从显示菜单还是从阴影设定控制面板将阴影显示出来。你将发现阴影落在水平面上（图 8-20）。

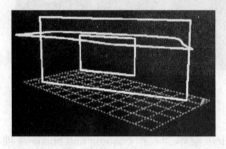 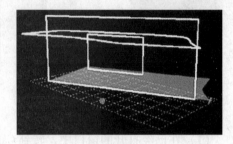

图 8-19　　　　　　　　　　　　图 8-20

（6）当阴影显示在墙上，选择墙物体（图 8-21）；或者在绘图面板点击鼠标进入 Assign As 子菜单，选择 Shaded Surface；或者从 Shadow Settings 从控制面板的底部的 Assign As 选项中点击 Shaded 按钮。

（7）现在要轮换确定时间和日期来保证阴影按要求的那样显示（图 8-22）。

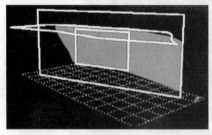 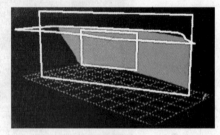

图 8-21　　　　　　　　　　　　图 8-22

要注意的是优化设计阴影功能的目的是得到对环境的特定的精确要求的阴影范围。

8.2.3　设计其他种类的阴影

你现在可能想创建一些阴影的不同类型。

在创建其他任何阴影之前，重要的是要删掉前面的阴影，或把它移到已关闭的工作区里。

按照上面已列出的相同过程，选择不同种类的阴影和一些不同的时间或日期（图 8-23）。

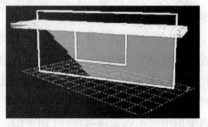

图 8-23

8.3 完全阴影和位置分析

8.3.1 载入遮阳模型

第一步是载入一个包含一些建筑的模型文件。我们将使用如上所示的模型来观察黄色显示的空位置的完全阴影。这将包含一个托儿中心,所以我们前面的位置分析将观察早晨工作区域的最佳区域。因为早晨的衰退是从上午的10:00到10:45,在冬天月份的这个期间要求它的位置已接近直射太阳光。

(1)在你的 ECOTECT 主目录的 Tutorial Files 目录中打开 Overshadowing.eco(图8-25)。

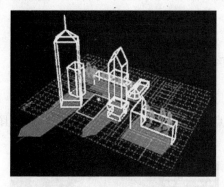
图 8-24

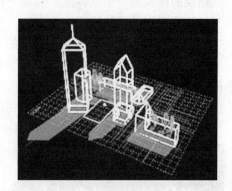
图 8-25

在这个模型中有很多工作区,代表多种建筑和位置的特征。

(2)从显示菜单中选择阴影项

这将显示整个位置的阴影并打开图纸右边的阴影设定控制图标。

这里显示的是在西澳大利亚的佩斯的4月1日12:00pm的阴影,这是模型中最后保存的设定。

8.3.2 设定日期和时间

在日期/时间工具栏中,把时间改为10:15,日期改为7月21日(在南半球的冬季的中期)。

可以使用 Spin 按钮或点击 Either text box 使用页上翻/页下翻键(图8-26)。可使用两种方法按下 Shift 或 Control 键调整增量值(1,15或60分钟)。

图 8-26

阴影每修改一次就会产生一个变化,将得到下面的图(图8-27)。

这将给出我们所需区域的一些说明。我们可以轮换改变一个范围的日期和时间来获得下一步如何进行的更好方式,或者使用一个太阳光路径图来把一整年的完全阴影显示在一张图中。

8 太阳光分析

图 8-27

8.3.3 显示一个太阳光路径图

错误的样式是一个立体图。参考主帮助菜单，可获得关于每种太阳光路径图和怎样阅读它们的详细描述。

（1）用鼠标点击选择黄色位置里的小点物体

小物体将如图 8-28 的小"星号"所显示的一样，确保那是被选择的惟一物体。

（2）从计算菜单中选择太阳光路径图...选项。

将显示一个太阳光路径图，它给出该点的太阳光路径和完全阴影，这与图 8-29 所示的图非常相似。

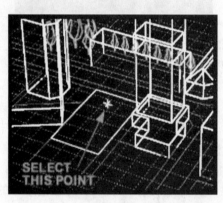

图 8-28

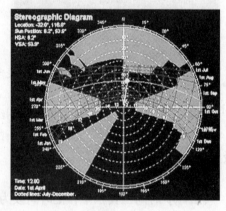

图 8-29

这表明这一点从五月到八月的上午 10:00 之前到下午的 12:00 之后是处于阴影中。因此把它放在北边的位置中间是不恰当的。

（3）太阳光路径图仍然显示时，在左工具栏中选择转换 按钮，接着在所显示的右拉菜中选择移动 项。

（4）从视图工具栏中选择放大窗口 ，围绕黄色位置拖动一个放大框。

你可使用 Shift 和 Control 键当按下鼠标右键来完成同样的视图。基本上，你想获得一个如上面第一点所示的类似的一个视图。

（5）点击绘图纸并把选择点拖到位置的东边（图 8-30）。

首先点击哪里无关紧要，只要你朝正确的方向拖动并随着你的移动观察被选

8.3 完全阴影和位置分析

中的点。例如你可能想点击屏幕上的一个空区域，如下面所示 Pt 1，按后拖至 Pt 2 的右边。注意 Cyan 线表明处于正交抓取，你仅仅是正向 X 轴拖动。

当你点击 Pt 2，太阳光路径图将出现（图 8-31）。

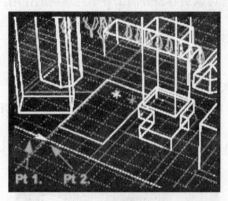

图 8-30

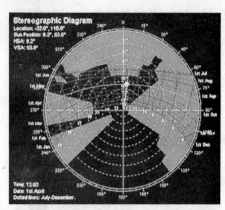

图 8-31

因为它显示简要的太阳光透射的开口，而且在时间要求范围内——上午 10 点到 11 点，这是比较好的。这将它分割得非常细，虽然它可能是在那些时间中接收太阳光的位置中的惟一区域。你可以通过简单地四周移动选择点到其他位置和检查所得到的完全阴影图来检查是否是这种情况。

8.3.4 与阴影配合

当太阳光路径图显示出来时，你可用它来与模型中显示的阴影配合。做这些时，你可能希望重新改变对话框的大小，这样在主应用窗口中能看见它和模型，如图 8-32 所示。

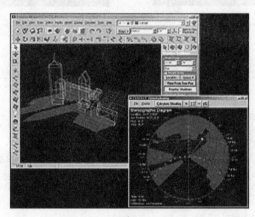

图 8-32

（1）如果已把阴影关闭来选择点，在主应用窗口的显示菜单中选择阴影项，保持太阳光路径图对话框显示。

（2）在太阳光路径图中点击并拖动鼠标左键。

随着鼠标的移动，时间和日期将会改变。当释放鼠标左键，图纸中的阴影将修改新的时间和日期。当你拖动时如果按下 Control 键，阴影将会交互式的修改。

当你要找出实际上是那些建筑在特定时间形成完全阴影时,太阳光路径图和物理阴影自荐的直接联系会很有用,特别是在一个非常复杂的环境中。作为一个小的额外的实践,你可以打开区域管理对话框,为不同的区域选择不同的阴影颜色,以在这个区域里继续你的学习。通过这种方法你可以更容易分离出各个建筑物的作用。

8.4 创建一个连接的栅板

8.4.1 载入连接阴影装置模型(图8-33)

在这个介绍中将创建一个连接的水平栅板的设定过程,介绍一些在 ECOTECT 中更有用的物体连接作用。

(1)在 ECOTECT 主目录的介绍文件目录中打开连接阴影 Device.eco 文件(图8-34)。

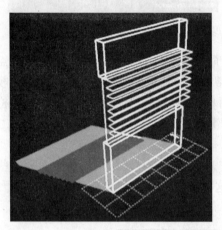
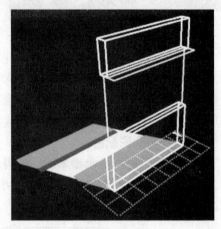

图 8-33　　　　　　　　　　　　　　　图 8-34

在这个模型中有三个区域,缺省的外工作区,栅板,墙和窗户。栅板区也有一个阴影颜色突出地将它的阴影在黑色中显示为绿色。其他的所有区域使用缺省的阴影颜色。

(2)要显示阴影,从显示主菜单中选择阴影项。

8.4.2 复制栅板

(1)要创建一个栅板的设置,首先选择一个绿色的水平栅板。

你可以点击或者拖动物体本身来完成。

要复制物体,在编辑菜单中选择复制项。

这将显示图8-35 的对话框。

(2)改变那些上面所示的复制偏移值,确保检查了作为子物体连接复件选项。这将在第一个栅板的设置下面 200mm 处形成一个新的栅板设置。

(3)重复六次创建图8-36 所示的一系列栅板。你可使用 Ctrl + D 快捷键而用不着每次都要进入菜单。如果你检查 Don't prompt me for this again 选项,Ctrl + D 快捷键将不会显示这个对话框,但是会使用最后设定的值。可使用菜单命令重新显示对话框。

8.4 创建一个连接的栅板

图 8-35

8.4.3 操作栅板

（1）下一步是双击原来的栅板顶部进入节点模型（图8-37）。

也可以选定物体使用 F3 键进入这个模型。每个物体的角显示 4 个红点。

当显示时，选择离墙最远的两个点。也可以先点击一个点，然后按下 Shift 键选定第二个点来完成这个步骤。

（2）编辑原来的图调整所有的物体，被称作母物体。完成这个步骤后，使用 Z 键上下移所选点。

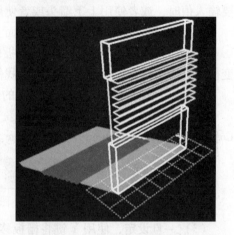

图 8-36

将点下移，保持按下 Shift 键并按 Z 键几次。当移动时，没修改的 X，Y 和 Z 键将选定的物体在相关的轴上移动。Shift 修改键将选定的物体朝每个轴的负向移动。

也可以简单地同时选择所有的栅板物体的最远点，连接允许你应用更复杂的转换，如对单个物体的旋转、度量，使它们反射在每个连接的子物体上（图8-38）。

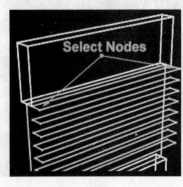

图 8-37

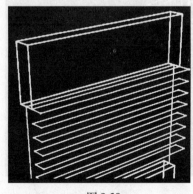

图 8-38

8.4.4 选择一个截止日期

（1）当你完成移动后，确保由栅板顶点回到水平面。下一步是设定你想要锁定的内部太阳透射的日期和时间。

因为这个模型处在南半球（纬度 –32°），要用这些栅板来提供一年的保护作用，我们必须选择太阳在天空中最低的时间。这最可能发生在冬至——在这种情况的六月 21 日。用日期/时间工具栏选择六月 21 日下午 12：00（图 8-39）。

图 8-39

当你改变日期/时间时，你应注意到影子也相应改变。当这些控制项的任何项要输入值时，或者使用上下箭头或者使用 UP/Down 键。

可旋转模型视图来同时看清在地面上的栅板和太阳透射。

为了防止太阳透射，或者改变栅板的角度，或扩展栅板直到所有的太阳路径变模糊。为了保存尽可能多的视图，我们要首先确定栅板需要有多深。

（2）我们需要控制深度的更精确的度，所以我们需要改变捕获的长度。

这需要在选择工具栏中改变捕获的长度。如果你使用上、下拉按钮，用 Control 键把增量从 100mm 减少到 10mm。Shift 键把增量变为 1000mm（图 8-40）。

图 8-40

（3）一旦设定，使用 Y 键将栅板移出直到太阳路径完全隐藏（图 8-41）。

在这里大多数设计者会停下来，认为遮阳现在已被设计了。但是，在冬季一天的其他时间里太阳会在空中很低的位置并处于一个非常不同的角度。

（4）例如要测试你所设计的阴影的作用，可把时间改为 15：30。

如果再将试图旋转来显示阴影，将出现于如图 8-42 所示的图形。

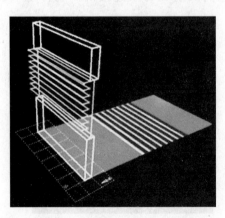

图 8-41

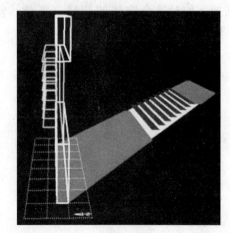

图 8-42

先按需要确定一些截止时间,特别是对于朝向东或西的开口。这里需要垂直的安定面,更新的阴影设计途径就变得重要起来。

作为一个练习,你可能希望改变窗口的方向为偏北25°,设计一个完全和安全的阴影装置,一些自然光仍然能进入。通过模型菜单的日期/时间/位置...对话框可设定方向,如图 8-43 所示。

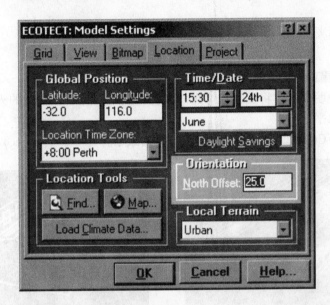

图 8-43

9 灯光设计

9.1 内部灯光计算

9.1.1 建立分析栅格

在这个说明中,你将要分析灯光的状况,然后设计一个合适的人造灯以弥补较低的灯光水平。

(1)在 ECOTECT 安装目录的说明文件目录中打开 Classroom.eco(图9-2)。

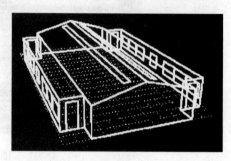

图 9-1　　　　　　　　　　　　图 9-2

在这个模型中,有2个工作区,一个叫 Classroom,另外一个是外部工作区。
(2)在计算灯光水平之前,需要建立分析栅格。
在 Analysis Grid 控制面板中,点击 Analysis Grid Settings 按钮(图9-3)。

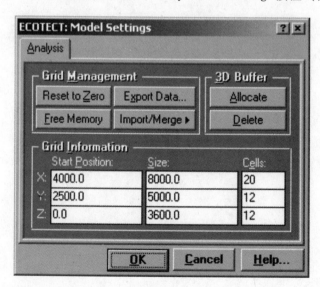

图 9-3

9.1 内部灯光计算

上面的对话框被显示了。按上面的显示输入值,确保 X 和 Y 栅格的值与上图是一样的(20 和 12),然后点 OK。

注意到在分析栅格面板中的栅格位置选择中,Z 的偏移量是 600mm(图 9-4)。

这是灯光计算可接受的标准的工作平台高度。当然,你可以上下移动栅格以满足你的需要。如果地板面是在地平线上,$Z=0$。在一个空间内调整高度将会影响计算的灯光水平。

(3) 为了显示分析栅格,选择地面物体,然后点击 Fit Over Selection 按钮(图 9-5)。

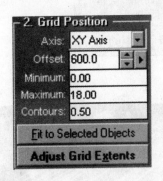

图 9-4

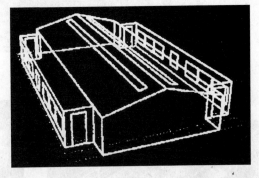

图 9-5

这个按钮延伸格子仅仅在物体的范围之下。它也隐藏一些不在物体的延伸范围里的格子。

在移动和计算灯光水平之前,确保合适的设置分析栅格是很重要的。如果在计算执行以后,格子以任何方式改变了,那么这些值将会丢失。

栅格的边界不完全在几何学的表面,这一点也很重要。如果这种情况发生了,那么 ECOTECT 决定栅格上的一个点在墙的哪一面将是很困难的,结果将会十分奇怪,比如墙壁会发出明亮的光(例如:从天空中)。

9.1.2 计算灯光水平

(1) 为了计算灯光水平,在控制面板的低部的 Calculate section 中选择 Lighting Levels 选项(图 9-6)。

然后点击按钮,显示图 9-7 的对话框。

输入和上面相似的值。你也许想设置精确度以提高计算过程(虽然它也会有一定程度不精确),然后点击 OK。

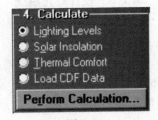

图 9-6

上述的设定是纬度 -31.9°,这时一个最不理想的设定。最差的情形被定义在冬天的一个多云的天气。这时天空照明度大约 8500lux。如果你的地点是在不同的位置,可以直接键入你说知道的设计天空的值,或者用 Calculate Design Sky 选项。

(2) ECOTECT 开始计算值(图 9-8)。这时也许可以来杯茶……

9 灯光设计

一旦计算完成，可以试着改变显示设置，结果如 9-9 所示。上面的栅格用 Shade Grid Squares 和 Show Contour Lines 显示。

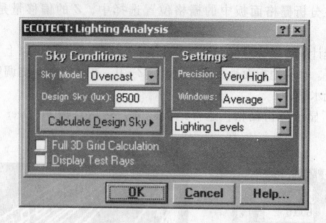

图 9-7

图 9-8

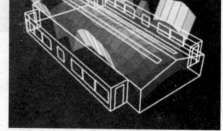

图 9-9

也可以调整最小的和最大的刻度值和等高线值以调整等高线增量。为应用这些设置，点击 Enter 键。你也可以用其他的显示选项进行实验，像 Show Values in 3D 选项。

9.1.3 设计灯光系统

一旦自然光的范围被建立后，那么可能设计一个人造光系统以增强日光和在晚上的时候照亮空间。

（1）在移动前，要考虑的第一件事是自然光系统。用 300lux 的最小的设计要求，它可能分离这 2 个天窗，因为在房间的中间，大约可达到 700lux 的照度。

临时隐藏分析栅格（在 Analysis Grid 面板中，不点击 Display Analysis Grid 按钮），选择其中一个天窗。移动点，使它距离房间的中间有 500mm，结果如图 9-10 所示。（最容易的方法是移动到相反的结束角落）。

另一个天窗也同样这么做。

（2）一旦这些做完，你可以重新计算灯光水平，看看效果（图 9-11）。

9.1 内部灯光计算

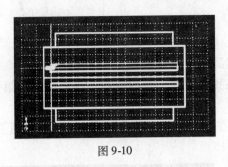
图 9-10

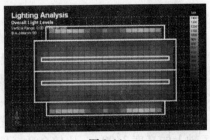
图 9-11

在房间的中心稍微地分开天窗以提供更加一致的照度水平，而且减少沿着需要的人造照明的边缘的区域。

很显然，额外的灯光是必需的，沿着倾斜和平坦屋顶的连接处。同时，为了夜间的操作，也需要沿着房屋的中间提供一个条形照明。

边界的 2 排光线可以用一个单一的转换，而中间的要单独被转换，因为在白天它通常不必要。房间的角落有一点黑，然而，如果这些区域要被使用（这是不太可能的），那么分配的光是更合适的。

9.1.4 增加电灯

（1）简单的点击 按钮，就可以为模型增加电灯，然后在模型中点击一个点。

在这种情况下，这最好在平面视图中去做（图 9-12）。当你能拖动光线的方向时，我们想让它直接的指向下面。为了作到这些，当你放置了第一点后点击 Escape。

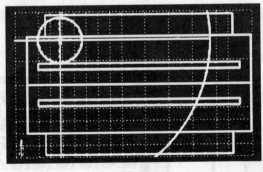
图 9-12

（2）当你放置了一个灯之后，你需要升高 Z 坐标轴的高度，因为 Z 轴的默认值是 0。

确定你选择了灯泡，然后点击键盘上的 Z 键以在 Z 轴方向上升高灯泡的高度（图 9-13）。

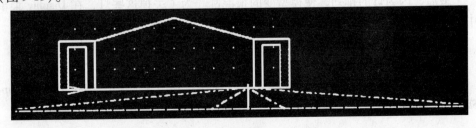
图 9-13

移动灯泡直到 $Z = 2400$mm。

（3）当你合适的嵌入一个灯泡时，反映它关于房间的中部（图9-14）。
确保 Apply to Copy 是被选中，而且起源也在正确的位置。

（4）现在你已经有了2排灯了，现在我们需要的是为中间一排灯而增加第一盏灯。

通过复制一盏现有的灯，然后把它放在 Y 和 Z 轴上，这就很容易的被做到了。在 Z 轴上的高度 3400mm 比较合适（图9-15）。

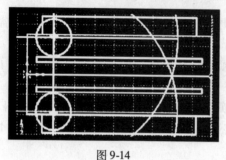

图9-14　　　　　　　　　　　　图9-15

（5）现在我们有了前3盏灯，我们在 X 轴方向上排列他们，中间间隔 2000mm，形成3排。

最容易的做法是使用物体转换面板（Modify > Transform > Numeric 或者用快捷键 Ctrl + T）。

确定这3个灯被选择，然后键入和左边线性排列组的值相似的值（图9-16）。

（6）当键入后，点击 Create Array 按钮。

最终会产生3排灯（图9-17）。

 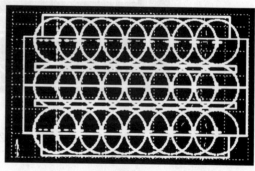

图9-16　　　　　　　　　　　　图9-17

最后，因为灯的排列，使模型变的很混乱。为了关掉这些灯，在 Display 菜单中选择 Element Detail，然后选择 None。

9.1.5 指定灯类型

下一步是为灯指定正确的道具。

（1）首先确定所有的灯被选择，然后选择材料分配面板，选择 *FluoroLamp-StripUnit* 材料。然后在面板的底部点击 Apply changes 按钮（图9-18）。

9.1 内部灯光计算

图 9-18

（2）现在重新计算空间中灯光水平。

当计算后，通过在 Grid Settings 中选择 Electric Light Levels 选项，你应该通过选择仅显示电灯的效果（图9-19）。

计算结果应该和图 9-20 相似。

图 9-19

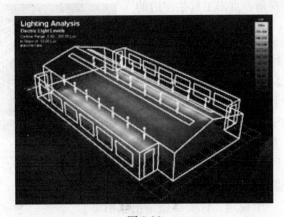

图 9-20

你将会注意到总的灯光水平（日光加电灯）超过了 300Lux，然而单个电灯不能达到这个效果。因此我们需要增加更加多的电灯或者使用更亮的光源。

现阶段，你可能希望用其他型号的灯来试验，或者增加额外的灯来在房间中达到平均 300Lux 的水平。

和 ECOTECT 中其他型号的物体一样，灯光的属性被分配给灯光的材料所定义。将来，这个指南将要应付灯的输出功率或者载入从厂商那里获得的 IES 数据。

373

9.2 输出辐射率

9.2.1 辐射率的截面连接

在这个说明中,你将要学习如何输出一个文件到 RADIANCE Synthetic Imaging 软件,和产生真实的灯光水平。辐射率不是用 ECOTECT 安装的,它是来自伯克利劳伦斯实验室的一个公用软件。你需要从伯克利那或者下载或者安装这个免费辐射率软件,或者购买 ADELINE 包去完成这个说明。

在你的主 ECOTECT 安装向导的说明文件目录中打开 Classroom.eco(图9-22)。

图 9-21

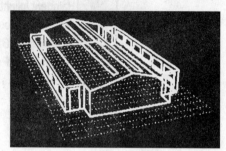

图 9-22

这个模型中只有2个工作区,一个是教室,另一个是外部工作区。

9.2.2 建立一个视角

首先我们要建立一个视角,为了看见房间的内部。

为了产生一个视角,点击工具拦左边的按钮。为定位相机的基本点,用 Control 键在 Z 轴上上下移动指针,然后拖动它到指定的位置。注意不要安置它在墙上,地板上,或者天花板上,或者是一个平坦的表面上。当你放置了第一个点后,ECOTECT 将会提示第二个。简单的拖动 look at' 节点到房间的另一端,如图9-23所示。

图 9-23

9.2.3 输出辐射率

一旦你建立了一个视角,你要准备输出辐射率。

(1)为了产生一个辐射率图像,在文件菜单中选择 Export 项目,然后把文件的类型改为 Radiance Scene 文件。

基本上辐射率不能很好的处理长的文件名。一些成分可以,但象 PFILT 和 PCOMB 就不行了。总是保存你的 Radiance scene 文件在一个非常简单的目录结构中(就象 C:\temp\rad\run1 或者其他的)。从不使用空间的名字或者使用超过8个字符的长名字。有时它们将会工作,大部分的时间不工作。

当你选择了文件名后,图9-24 的对话框就会出现了。

(2)确保你的设置和上面的一样,然后点 OK。

9.2 输出辐射率

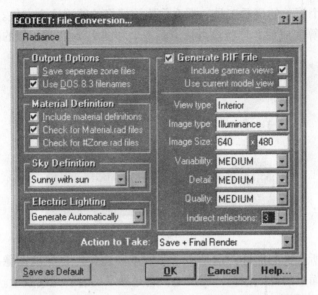

图 9-24

你现在应该可以看到一个 DOS 命令提示符和一列命令行数据出现（图 9-25）。辐射率可以自动运行，需要一段时间。然而，它会周期性的显示计算情况。

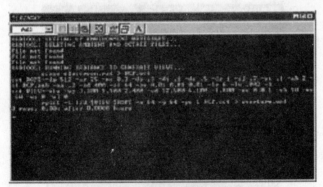

图 9-25

如果你没有看到 DOS 提示行，那可能是你没有选择对话框底部的 Save + Final Render 选项。如果你不断的看到一个对话框让你查找辐射率应用文件 RAD.EXE，那么可能这是第一次在你机器上运行，ECOTECT 没有找到辐射率目录。简单的安置到你所安装的辐射率文件，然后输入 Bin 目录，选择 RAD.EXE 文件。你会看到 DOS 提示行。

如果 DOS 提示行出现后，然后立刻消失了，那么你可能陷入麻烦了。我们已经用辐射率测试了 Classroom.eco 文件，所以可以肯定这是一个安装问题。你可以试着选择 Save + Invoke RadTool 选项，然后在设置对话框的完成选项中设置暂停，试着找出原因所在，然而，当你得到一些关于设立辐射率问题的询问是，你将可能在 Square One 论坛中找到你所需要的信息。

通过点击设置对话框中的 Help，你可以得到很全面的帮助。

辐射率是一个高精确的，快速灯光分析的很高效的工具，然而它有一点不稳定。同时你可以用 ECOTECT 忽略许多数据条目和命令行，然而，如果你不仅仅是想用它作为一个简单的显示工具,那么你应该好好的阅读这个文件。

(3)当计算完成后,你应该可以看到一个和图 9-26 非常相似的图像。

图 9-26

象对话框所选择的那样,这是一个照明度图像,不是亮度图像。这意味着它不是显示每个面上的光线数量,相反地,它是显示反射的光线数量。

9.2.4 产生等高线/假彩色图像

真正的好处是你可以直接从这个图像中产生假彩色和等高线照明图(图 9-27)。为了作到这些,从 Winlmage 中选择 False-colour 或者 Iso Contour。

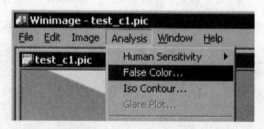

图 9-27

然后将会显示图 9-28 的对话框。

图 9-28

9.3 辐射材料

确定你在 Quantity 中选择了 IIIuminance，键入最大值 4000Lux 以设置大小。如果你选择了 False-colour，那么按 OK 将会显示图 9-29。

图 9-29

你可以从文件菜单中选择 Save As 选项，那么你就可以保存这个图像作为报告中的一个位图，然后设置窗口位图的文件类型。

9.3 辐射材料

9.3.1 用更复杂的辐射率材料

这是一个比较短的说明，关于在 ECOTECT 中如何使用更复杂的辐射率材料。你应该已经输出到辐射率，以确定辐射率在你机子上正确的被设置，你可以成功的从你的模型中输出一个 Scene 文件（图 9-30）。

在你的主 ECOTECT 安装目录的说明文件夹中打开 Radiance-Materials.eco 文件（图 9-31）。

在这个模型中，有 3 个工作区，一个叫 Room，一个叫 Box，还有一个默认是外部工作区。中间是一个带有相机和一个盒子的简易的房子。实质上，这个盒子就是我们想换原材料的物体。它应该已经被集合了，所以你只需要点击一个物体就可以选择所有的。

图 9-30

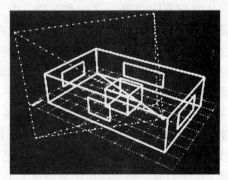

图 9-31

9.3.2 排列基本模型

首先，输出模型到辐射率，看看这个盒子当前用的是什么材料。

盒子应该分配材料'LightBlue'。你可以用主应用窗口的输出控制面板，或者在文件菜单的 Export 条目来输出辐射率。

任何一个方法都应该提示一个文件名来保存 Scene 文件-简单地选择例如 C:\Temp\Test.rif，记住这个问题，辐射率有时有长文件名。

然后你应该可以看到辐射率输出对话框，确定所有天空都被选择了，而且设置为 Final Render，就象如图 9-32 所示。

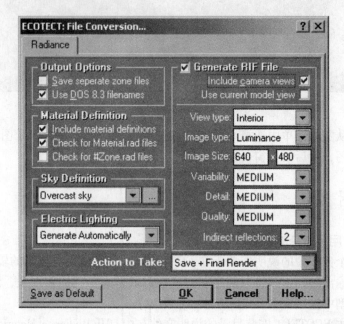

图 9-32

将会产生图 9-33 一样的图像。

9.3.3 定义更复杂的原材料

（1）确定你已经在参数对话框中设置了默认的输出材料目录。

当 ECOTECT 输出了一些文件，为了匹配原材料文件，它可以设置成在当地模型目录中查看，也可以在全体共享目录中查看。在文件菜单中简单的选择用户参数项目（图 9-34）。

图 9-33

你可以建立一个你自己的输出材料目录，然后放置 ECOTECT 到那里，如果需要用许多的你自己的材料，然而，这个说明可能已经用了"WoodGrain.rad"和"BrickRough.rad"文件，这些可能都已经安装在默认材料文件夹下面。如果你改变了这个目录，那么简单的复制这 2 个文件到你现在使用的区域中去。

（2）选择盒子，然后指定"BrickRough"材料。

9.3 辐射材料

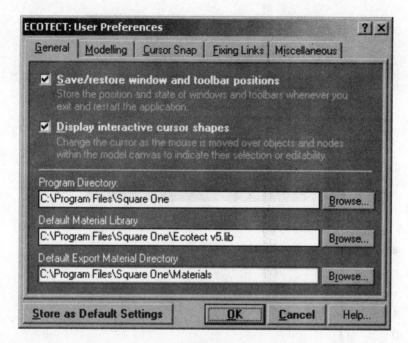

图 9-34

象以前提及的那样，盒子已经被聚集，所以你只需要选择一个就可以选择全部的物体。一旦被选择，打开主应用程序窗口右边的 Material Assignments 控制面板，然后选择 BrickRough 材料，如图 9-35 所示。

（3）当你再一次的想你第一步做的那样输出模型到辐射率，这是确保"Check for Material. rad file"条目被选上。

在 Material Definition 组的 Radiance Export 对话框中，这个条目可以找到（图 9-36）。

选择 ECOTECT 的指令选项来选择ECOTECT模型中相同的目录，或者在模型中具有相同名字文件的输出材料目录。我们已经指定了盒子

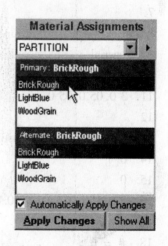

图 9-35

"BrickRough"，所以 ECOTECT 需要寻找一个叫"BrickRough. rad"的文件。. rad 是辐射率文件的后缀，你要输出到 VRML 时，它回寻找"BrickRough. wrl"，等等。

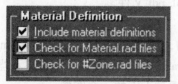

图 9-36

最后你应该看到和图 9-37 差不多的图像

如果你在检查有 ECOTECT 建立的 Radiance scene 文件，你应该发现，因为 RrickRough 材料的定义，它已经取代下面的代码了。

9 灯光设计

图 9-37

1. # < = = [C:\Program Files\Square One\Materials\BrickRough.rad]
2.
3. void texfunc BrickRough_ m1
4. 4 Xp Yp Zp brick1.cal
5. 0
6. 6 .020 .040 .230 .115 -0.7 0.7
7.
8. BrickRough_ m1 texfunc BrickRough_ m2
9. 6 xwrink ywrink zwrink wrinkle.cal -s 0.1
10. 0
11. 3 0.05 0.05 0.15
12.
13. BrickRough_ m2 plastic BrickRough
14. 0
15. 0
16. 5 0.150.075.012 0 0.2
17.
18. # = = >

它已经直接的插入"BrickRough.rad"文件的内容到 Scene 文件。你会注意到文件的定义以"BrickRough"结束。因此，即使文件系统可以识别出"brickrough"材料，但是辐射率仍然会失败，因此原材料定义区分大小写。

代码内部文件包含相关的辐射率说明。为了得到更多的信息，查看你的辐射率目录里的指南文件夹的 RadianceReferenceManual.pdf 文件。

9.3.4 用不同的值做实验

（1）当作一个简单的练习来重做你刚才做的，尽力分配给盒子 WoodGrain 材料。执行和上面相同的步骤，这次选择"WoodGrain"材料，仅仅是为了显示当你有了原料库，那会是很简单的。最后你应该可以看到下面的一个图像：

9.3 辐射材料

图9-38

（2）如果你感觉是实验性的，保存 ECOTECT 模型到你的主目录中去（如果你在图书馆或者办公室的机子上），然后复制 WoodGrain.rad 文件到这个目录下。在文字编辑器中像记事本一样打开当地的"WoodGrain.rad"文件。

这个文件应该象下面那样。

你所改变的数字不用担心用红色强调了。例如，在第二行中后面有 s 的数字只是随机功能的规模。底部的数字被描绘成红色，绿色，和蓝色等基本材料颜色。

1. void brightfunc WoodGrain_ b1
2. 4 dirt dirt.cal − s 0.008
3. 0
4. 1 0.15
5.
6. WoodGrain_ b1 brightfunc WoodGrain_ b2
7. 4 zgrain woodpat.cal − s 0.016
8. 0
9. 1 0.55
10.
11. WoodGrain_b2 texfunc WoodGrain_tex
12. 6 xgrain_dx ygrain_dx zgrain_dx woodtex.cal − s 0.01
13. 0
14. 1 0.075
15.
16. WoodGrain_ tex plastic WoodGrain
17. 0
18. 0
19. 5 0.35 0.3 0.15 0.005 0.025

目的是让你得到一个感觉这是多么的简单用不同的参数来实现不同的效果。如果你陷入困境，那么不用担心，当你需要重新开始的时候，你可以恢复到开始状态。

10 热的性能介绍

10.1 运行热量模型

第一步是运行一个包含一个简单房子的模型文件。为了学习怎么样修建这个模型,在行动之前你要先尝试完成 Simple House 章节。

(1) 在你的主 ECOTECT 安装目录的说明文件地址栏中打开 Thermal Intro.eco

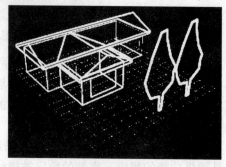

图 10-1

在这个简单的模型中,有三个工作区,房间北部、南部和天花板空间。我们想要分析所有的三个工作区,因此我们必须确保它们都处在能进行热工计算的工作区——意味着它们都在一个全封闭的空间。

(2) 为了决定热工作区,在主窗口的右边显示区域管理面板(图10-2)。每个工作区的图像显示它的当前状态,可以是以下选项:隐藏/显示、开/关、锁定/非锁定、计算热工/不计算热工和它的颜色,如下图所示。红色 t 说明每个区域是在热工计算内的。如果一些工作区在你的模型中设为非热工区,左击热指示器把它打开。

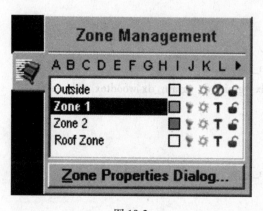

图 10-2

为了更清楚的绘制一些热量图表,每个区域被分配了一个不同的颜色。如果你在使用 Simple House 说明模型,你可能想指定简单的颜色到这 3 个工作区,以便你可以按照这个指南中完成剩下的内容。

10.2 计算内部温度

(1) 从计算菜单中，选择热性能条目。

在执行热工计算之前，一些准备工作需要做以决定内部连接。这些以 ADJ 和 SHD 文件储藏在磁盘中，和模型有相同的名字。如果模型的几何体型改变了，ECOTECT 会提示你用图 10-3 的信息盒重新计算。

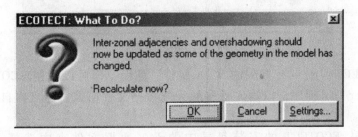

图 10-3

(2) 点击 OK 以重新计算内部区域的连接。

在这个计算中，连续区域的物体将要被强调，一些点也要显示出来（图 10-4）。这些点说明了物体是相互交叠的，在一个不同的区域，在一个内部的连接。ECOTECT 用这个结果值来决定区域之间不同温度的热流和在入射辐射计算中的每小时的遮蔽情况。

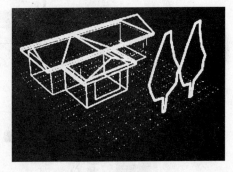

图 10-4

当这些计算完成时，一个空白图表就会显示，如图 10-5 所示。

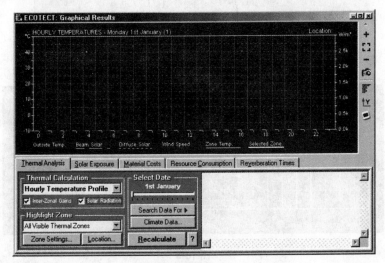

图 10-5

（3）选择重新计算按钮。

ECOTECT 将要发现没有每小时的气候数据被载入，显示的是图 10-6 的信息框。选择 OK 以显示文件选择对话框。

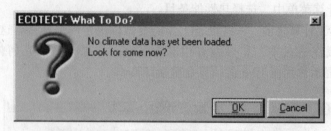

图 10-6

ECOTECT 只附带有有限的 WEA 文件，然而，你可以使用 ECOTECT 中的 The Weather Tool 程序，以输入更多的天气数据文件格式，建立你自己的 WEA 文件。

（4）从 ECOTECT 的安装目录中的天气数据文件夹中选择"Australia-PerthWA–1.WEA"气候数据（图10-7）。

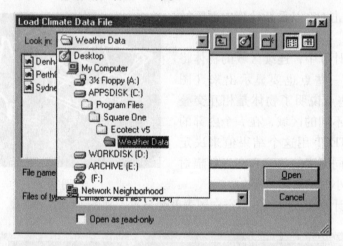

图 10-7

（5）显示的图表现在应该看起来和图 10-8 非常相似：

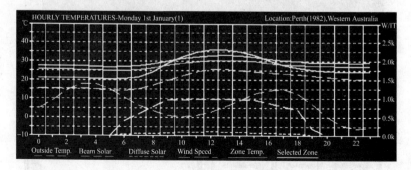

图 10-8

这个图表显示了每个区域内当前数据下每小时的温度。点和虚线描绘了那天的气象数据，同时实有色线显示了内部环境温度。

(6) 为了改变计算温度的数据，把日期改到4月1号（图10-9）。

图10-9

如果你的电脑足够快，你可以在拖动的时候按住控制键，那么他就会自动地更新图表。滑动的大小意味着你可能不能直接拖到4月1号。如果不能，那么简单地拖到很接近的一天，然后用左右箭头来选择正确日期。

(7) 为了加强区域1，在对话框的增强区域选项中选择它。

选择区域的温度以一个双宽度线显示图10-10。在图表中，红的和蓝的斜坡显示了什么时候区域的温度在合适的范围之上或之下。你可以在区域管理对话框为每个区域设置合适的边界值。

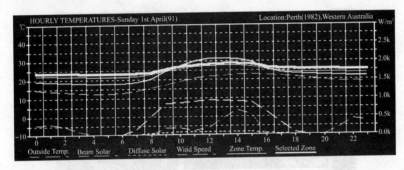

图10-10

这个图表显示了区域1中内部环境温度达到了30度，同时室外的最高值是23度。我们需要真正的捕捉到额外的温度来自哪里。

(8) 为了显示所有不同热源的贡献，在热量计算选项中选择 Hourly Heat Gains/Losses，然后选择重新计算按钮。

图10-11显示了一天中每个小时每个热源之间相关的影响，包括如果一个混合的空调系统或者蒸发系统在这个区域中使用，会导致的总负荷的增加。

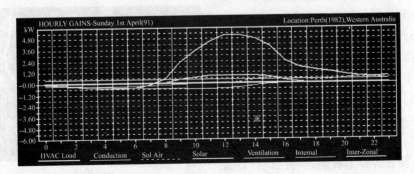

图10-11

努力地探索为什么一个工作区会这样将是十分的有效的。例如，这个特殊曲线显示了区域1的主要负荷实际上是内部区域的负载。如果你看这个模型，它很可能是来自房顶区域，暗示了2个中间的天花板不是绝对绝缘的。

10.3 模型中的材料

为设法减少区域1中的地区间热量增长，我们将把天花板材料从石灰天花板改变为隔热石灰天花板，看看这有什么效果。

（1）关闭图形结果对话框或点击主要应用窗口使其到最前面。
（2）点击材料分配控制栏并从元素类型列表中选择天花板（第2步如下）。
（3）选择显示主要材料列表中的石灰天花板（第3步如下）。
（4）点击材料选项按钮并选定主要材料菜单条目选择（第4步如下）。
选中模型中把石灰天花板当作主要材料分配的所有对象图10-12。

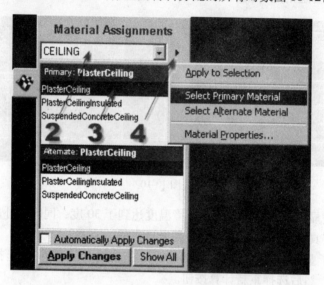

图10-12

四个对象包括两个地板工作区的天花板和两个房顶基部，如图10-13所示。

我们现在需要改变这些对象的主要材料分配为隔热石灰天花板。

（5）仍然选中四个对象，点击主要材料列表中的隔热石灰天花板材料（第5步如下）。
（6）选择控制面板底部的申请改变按钮（图10-14）（第6步如下）。
（7）点回到图形结果对话框，如果你不能在屏幕上看到，再次选择计算菜单中的热性能条目。

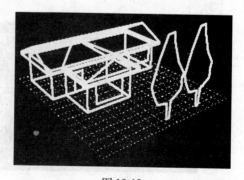

图10-13

（8）选择重新计算按钮。

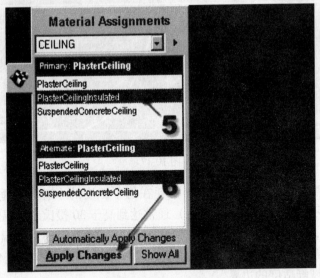

图 10-14

因为几何形状不能该改变，只有材料分配地区间邻接不需要重新完成所以图形应该迅速更新为如图 10-15 所示。

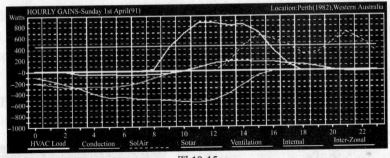

图 10-15

天花板的绝热效果已经将区域间峰值从接近 5000 瓦特降低为低于 200 瓦特。如果你感兴趣，下一步可以遮蔽北面的窗户来减少直接的太阳能获取，然后通过遮蔽东面和西面的窗户来固定直接的太阳能获取，或使用一种有色外部油漆，但那是作为以后一段时间你探究的实践。

10.4　统计性分析

除一年中特殊几天的温度和负荷之外，常常使用统计性分析来分析一个建筑的热性能。这个菜单显示了区域达到特定温度和平均日耗电获取的方法。

（1）选择对话框中的热学计算部分中的温度分配并点击重新计算（图 10-16）。

经过一段计算时间后，将显示如图 10-17 图形。

图 10-16

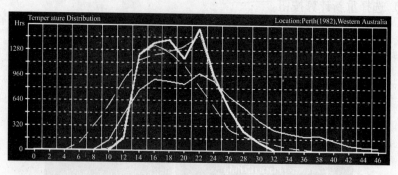

图 10-17

这显示为温度沿底部横轴而每年消耗在每个温度的小时数沿垂直纵轴方向。该特殊图形显示了房顶区域（粉红色）通常达到高于 30 摄氏度的温度并偶尔达到 44~46 摄氏度之高。区域 1（浅绿色）一般情况下比外面的空气温度（深蓝色）要高，但是通常降到 14 摄氏度并且有时低到 12 摄氏度。再次，蓝色和红色曲线表示了被选区域舒适度的边界。

对于设定区域 1 的最低温度发生在深夜或很早的早晨这是合理的。因为居住者通常在该时间段正在睡觉，有贴身窗帘的窗帘盒起到了减少窗户的传导损耗的作用。

设法达到一些在冬天深夜的内部加热以避免居住者依赖热源这很重要。一种方法是使用墙上的暴露的热聚合块来储存热和太阳辐射。如果热聚合块足够厚，热从其中通过所花费的时间可以达到 7 个小时（热延迟）。这表示太阳落下，不再照射外面表面 7 个小时后，内表面开始变暖。

我们现在想要检查是否这会发生在区域 1 中，假定外部墙壁有热聚合快。

（2）从对话框中的热学计算部分中选择结构获取并点击重新计算（图 10-18）。

经过一段计算时间后，将显示图 10-19 的图形。这个图形表现了每个月的平均每天的值，水平轴代表月份，垂直轴代表每天的小时。每个方格的颜色表示平均得热或损失。

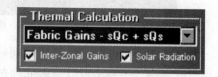

图 10-18

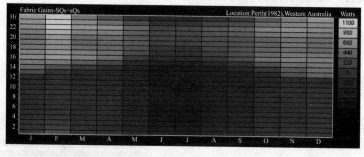

图 10-19

这显示了从建筑结构中的得热，归功于外部温度和入射辐射的共同作用，冬天主要发生在从 6pm 到 11pm。也同样表示夏天获取发生在从 2pm 到午夜。这主要是因为夏天太阳升起得更早并有更多时间来加热东面的墙壁。因此在东面夏季的遮阳是必需的，但是不能影响冬季早上的得热。

另一个重要的热源，相当于我们早期完成的地区间热获取。

（3）从对话框中的热学计算部分选择地区间热获取并点击重新计算。

这将显示一个如图 10-20 图形，但现在显示的是一年中地区间得热发生的情况。

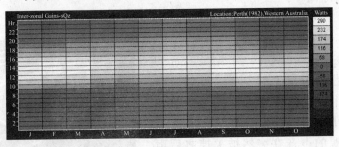

图 10-20

该图形表示了地区间得热发生在可能最坏的时间下，夏季的正午。我们应该真正采取措施来减少它。假定我们已经使天花板绝热，下一步选项可能会使用一个不同的房顶材料。

（4）使用与我们改变天花板材料时相同的技术，把房顶材料分配从金属板改为粘土瓦屋顶。

注意每个房顶段集合在一起的，所以选择一个房顶对象时会选中它们全部——包括绝热石灰天花板基部。你可以取消每个房顶组或使用我们以前使用过的相同的"选择主要材料"选择方法。

（5）点击回到图形结果对话框并选择重新计算。

黏土瓦屋顶的效果将明显地减少夏季正午工作区间的热获取，同时维持冬季正午有用的热量。

你可以用这个方法隔离每个热源流。如图 10-21 所示，目标通过选择和测试不同材料来逐渐改善每个区域的性能甚至不同的计划结构。

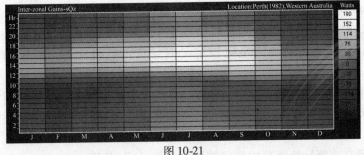

图 10-21

不幸的是，对热学设计来说并没有必须遵守的规则来保证正确的结果。总有一些设计的方面使你不能完全控制，比如气候，可用材料和建筑使用。你可以使用 ECOTECT 中的热分析功能使你能控制的部分得到最好的利用。

11 声学分析

11.1 混响时间

11.1.1 统计性反射

正如在 Square One 网站的 Sound Behaviour 主题中所讨论的一样，反射时间（RT）是一个空间的声学性能的最简单和最普遍使用的目标量度标准。它定义为一个稳定声源的声音在突然被关掉之后声音级别衰减 60dB 所需的时间，并以秒度量。

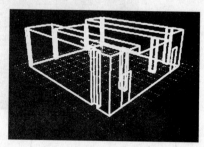

图 11-1

反射时间基本上是一个材料内部体积空间的有利于声音吸收系数的比率。最快捷的计算方法是只需通过表面区域加权每种材料——被认为是统计性反射时间。这种方法不考虑一个空间的实际几何形状，只考虑其中的材料和一个全面的波形系数。然而，它通常是一个很好的预报器并广泛应用。

一个方法实际上是追踪空间内几千条随机发射的声学射线并加权每个表面的射线交叉数。这种方法通常产生统计方法的不同结果因为它更多的关注声学意义的表面而忽略了实际上声音不能到达那些表面。

由于通常与这些事物相关，真实房间的性能可能某种程度上处在这两个极端之间。在该指南中我们将看到计算和修改一些材料的内部空间。该指南假定你已经至少浏览了介绍性的指南并且相当熟悉 ECOTECT 界面。

11.1.2 装载实例模型

（1）首先从主要的 ECOTECT 安装目录下的指南文件夹中的打开 ReverberationTime.eco 模型。

我们对在这里感兴趣的地域叫做主空间。你将会注意到它是一个完全的温热地域，意味它的封套完全地被定义而且位面或表面不以任何方式在空间之外设计。

这个地域用具体的墙壁，部分暴露具体的天花板和木材来表现一个小的演示房间——包括具体的地板切成厚板。惟一的真正吸收声音的来自房间中的长条板墙壁。

（2）现在选择计算菜单中的"统计性反射……"条目。

这将会促使你计算内部邻接。当它允许 ECOTECT 提前处理你的模型的时候，这是一个必需的步骤，检查位面方程，表面区域而且找寻地域之间的邻接。提示应该图 11-2 中各项显示：

11.1 混响时间

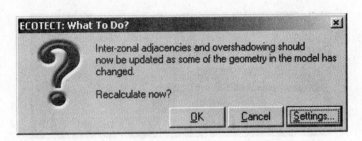

图 11-2

通常这种计算非常快，然而阴影分析得比较慢。因为我们不打算使用这一个模型作热分析，我们只需关掉阴影计算。

（3）点击提示中的设置按钮。

这将显示在内部空间的邻接对话框图 11-3。我们基本上需要选择那没有阴影准确性选择的选项，如下图所示。

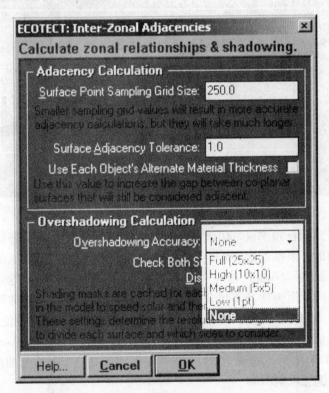

图 11-3

（4）选择 None 以后，点击 OK 按钮。

这将显示图解式的结果对话框（图 11-4）。你将立刻注意到在曲线图下面的设定区段，地域的体积已经在 333.6m³ 被计算而且它已经被分配 35 个布料覆盖的位子，当前占 80%。

从这数据中，分析演讲和音乐的反射时间被计算。这被显示为一条正在运行的曲线图的全宽浅蓝色图形。

11 声学分析

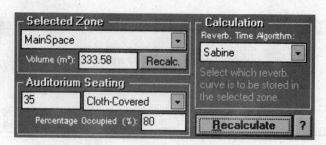

图 11-4

主空间的反射时间曲线图为 9 条曲线每一条表现为耳朵的听觉范围（图 11-5）。彩色线为表现统计性计算的三个不同的方程，指示为 Sabine，Millington-Sette 和 Norris-Eyring（查看声音行为主题获取更多细节）。折叠线，在该情况下蓝色的 Sabine，表现结果将被储存在区域反射时间排列里面的方程。

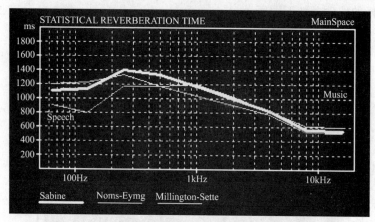

图 11-5

你将注意到话音频率（500Hz～4kHz）的反射频率在上面很好识别话音，比较靠近到上面的界限推荐为音乐。较长的反射时间值也偏向于较低的频率。记录工程师会涉及到如"boomy"的一个房间或有许多"底部终端"。这本来不可能是如话音的一个问题因为话音不包含太多低频，然而记录材料如录像机可能有，因此我们应该真正知道在我们认定它是一个问题之前这些材料多常被使用。

然而，在话音频率被推荐的反射时间对于话音大约为 0.7～0.8sec 然而房间现在在有 1.2～1.4sec 的这些频率的反射时间，几乎是话音反射时间的两倍。

11.1.3 调整反射时间

我们可以调整任何空间的反射时间通过简单改变它的任何表面的指定材料，通过观察第一个实验，我们将要处理被指定的运行房间的中心降低的天花板的区域材料。

（1）点击主要申请窗口，并选择下面的红色标注的三个对象（图 11-6）。

你将会注意到它们当前被分配 PlywoodPanel 材料。为了比较，我们将分配它们为 SuspendedAbsorber 并看到反射时间图形产生了什么变化。

（2）一旦那三个对象被选中，点击材料分配面板中的 SuspendedAbsorber 材料并点击位于面板底部的应用按钮（图 11-7）。

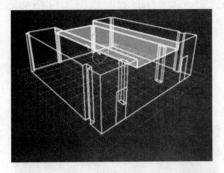

图 11-6

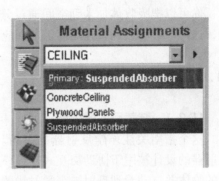

图 11-7

有两种非常不同的材料。Plywood-Panel 相对坚硬但没有明显的块状。因此它允许较低的频率笔直地通过完成在天花板里创造被附着封闭空间。中频率高频率被反射回来到相对小的吸收空间。SuspendedAbsorber材料另一方面重要用于在其中高的包含厚的纤维材料对中高频率的吸收，比较动画显示如下（图 11-8）。

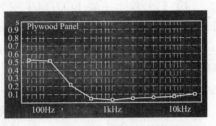

图 11-8

你可以通过双击材料分配面板中的材料来显示对话框元素属性看到这些曲线图形，然后选择声学数据栏。

（3）然后回到图形结果对话框并点击重新计算按钮。

这应该显示图 11-9 的图形。

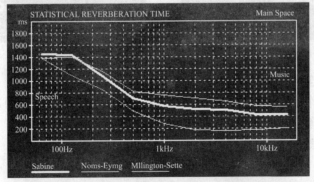

图 11-9

正如你能看见的，这已经明显减少中频率的反射时间，基本上话音频带——也许有点多因为现在略低于被推荐的反射时间下的具有该体积的空间。不幸地是声学设计从不照这样削减或干裂。可能空间的潜在占据者会稍微偏爱'干裂'。

11.1.4 简单练习

作为一个简单的练习，你应该试着减少空间的低频率反射时间。确有吸收低频率声音的少许材料。然而，ECOTECT 帮助文件包含广泛范围不同的材料和吸收体吸收系数的目录。存取这一目录，只需打开元素属性对话框而点击帮助按钮，或依次运行帮助文件 Modelling > Material Assignments > Material Data 页面。

你可以把吸收体加入到空间通过分配它到一个现有的表面或增加可移动的分割，这可以移动或调整控制全部的回应。

11.2 设计声学反射器

11.2.1 装载反射器模型

这个指南关注声学反射器的分析。反射器的设计被用于协助交互式操纵模型的物体并自动看到反射被声学射线的效果。

（1）打开位于主要 ECOTECT 安装目录下的指南文件目录中的 SimpleTheatre.eco 文件（图11-11）。这个模型中有的三个区域，在区域以外的默认值，主要大厅几何形状和台阶上的扬声器。

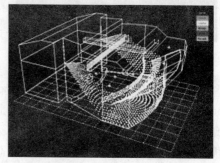

图 11-10

（2）为了解声学摄像，我们想要看到来自前面的视图模型（图11-12）。选择来自视图菜单中的"前面"或按 F7 功能键完成该工作。

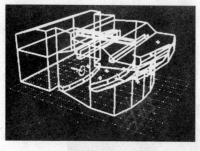

图 11-11

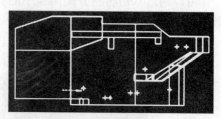

图 11-12

11.2.2 连接声学散射

它们被叫作连接射线因为它们被"连接"到当前声源和附件的几何图形。

（1）从计算菜单中选择"连接声学射线…"条目。

这将显示图 11-13 对话框。

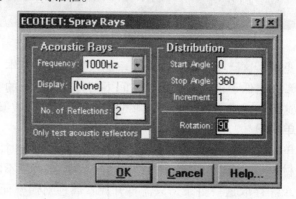

图 11-13

因为我们正在看前面的视图，最重要的事物是确定旋转设定为 90 度。这在一个垂直的磁盘片的周围分配射线除此之外，你能看到射线将会被在以 1 度增量的完整 360 度周围散射并带有 2 条散射。

一旦你满意在你的对话框中的值将与上方显示的相同，选择 OK 按钮。一系列的射线将在剧场内被显示如图 11-14 所示。

散射的射线不决定如何反射器的工作特性。我们真正需要限制我们射向感兴趣的物体的声线。

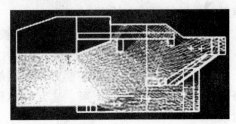

图 11-14

11.2.3 标注声学反射

（1）为了附着如声学反射器的特定物体，我们需要选择它们。使用拖拽选择，点击和拖拽一个如图 11-15 所示的选择矩形。

这将只选择天花板对象。你将小心地选择一小块而不包括你不想要的对象，因此你将有可能这样尝试许多次。

我们下一步想要添加主反射器到台阶上。添加到当前选择设置，只需按住 Shift 键并点击如图 11-16 图像中的选择反射器显示。

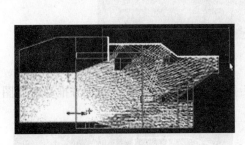   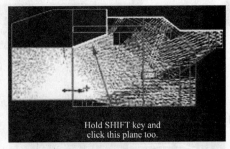

图 11-15   图 11-16

（2）给一个被选对象标注为声学反射器，选择修改菜单中的分配 > 声学反射器条目（图 11-17）。

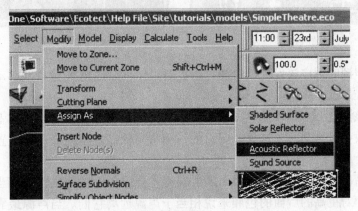

图 11-17

11 声学分析

你也可以使用射线 & 微粒面板中的以群组标注对象来完成这个工作。

11.2.4 限制声学反射

(1) 限制最近标注表面的反射，再次选择计算菜单中的链接声学射线条目来重新显示发射射线对话框。

(2) 确保惟一测试声学反射器选项被检查，如图 11-18 所示并选择 OK 按钮。现在应该刷新屏幕后只显示关闭反射后的标注对象的射线（图 11-19）。

测试仍然产生的 360 度全方位的射线，然而只有第一次击中反射器的射线将被进一步测试并记录下来。这允许你移动声源到你想的任何地方并自动更新射线。

(3) 为证明这个，通过点击选择按钮来选择台阶上的声源。

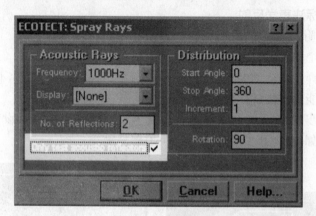

图 11-18

(4) 确保这是被选中的惟一对象然后按住 Shift 键和 X 键来向左方推动它（图 11-20）。

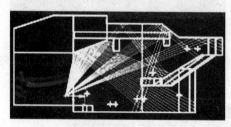

图 11-19

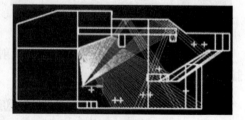

图 11-20

推动声源时你应该发现反射会自动更新。你可以使用 X 键自动移动声源向右退回。

你应该注意到声源移动时覆盖的反射器提供给较低位置的观众和上面栅栏区域明显的改变。这是一个迹象表明它的作用将与依靠把不同扬声器放置到台上有明显不同。

很多情况下这将不合需要因为反射器将主要服务于较低位置观众当声源靠近舞台前面而对更高的后面的包厢来说相当于声源远离它们。当声源最靠近舞台前面时，较低位置的观众是最不需要反射器的因为他们最靠近声源本身。

因此显然反射器需要进行一些优化。

（5）就像你可以通过移动声源来更新射线一样，你也可以通过移动反射器来更新射线。

描述反射器的最适合位置和角度（主要因为这被用于在线实践）已经超出了该指南的范围，然而你可以通过选择主反射器并向下推动它来很快的研究。你也可以使用在模型指南中学到的交互式转换技术来旋转它并向后推回一点。立刻显示图11-21。

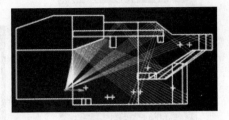

图 11-21

在这个舞台你可能想要研究位面中的射线反射器的作用而不是一个垂直横截面中的。你可以很简单地完成这个通过输入节点模式并改变声源矢量方向（拖拽箭头到你想要指向的点）。这会很有用，然而连接射线只能给你一个所发生的截面视图。

如果你想要更多更全面的视图有关3D中的反射器效果，使用ECOTECT中的声学射线和微粒特性。

11.2.5 喷雾式声学微粒

声学射线和微粒同时提供了大量的分析潜力，集中在舞台上的主反射器的作用方面。

（1）第一步是确保只有主反射器被选中并标注为惟一的声学反射器（图11-22）。

（2）确保射线和微粒面板可视化在控制面板选项右侧。通过点击 栏。

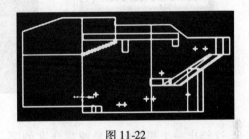

图 11-22

如先前提及的，你可以和在主菜单中一样在射线和微粒面板中分配对象为声学反射器。如此，只需点击反射器按钮（图11-23）。

（3）下一步是产生朝向反射器的射线。确保产生射线组中的设置与如下显示的相同，然后点击产生射线按钮来完成该工作（图11-24）。

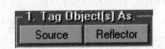

图 11-23

（4）基于当前显示设置，射线将在模型屏幕中显示。

把它们当作被激活微粒来观察，选择显示设置组中的激活射线辐射按钮并立刻按住下方激活组中的运行按钮。这应该显示与图11-25相似的一些图像：

你可以通过在激活组中设置一个不同帧的增量值来加快或减慢激活速度，这取决于你的计算机速度。查看主帮助文件下的用户界面>面板选项中的射线和微粒主题获取更多信息关于这些设置和微粒颜色译码的意义。

我们真正感兴趣的是这个反射器作用于场景中其他对象的覆盖效果。

图 11-24

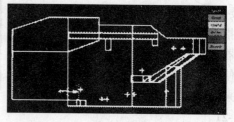
图 11-25

11.2.6 显示反射器覆盖

（1）选择显示设置组中的反射器覆盖单选按钮（图 11-26）。
这将显示指定表面下的所有的首发反射点，如图 11-27 所示。

图 11-26

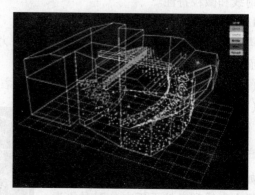
图 11-27

这给出一个很好的迹象或观众席的哪一部分接收到首发反射，然而射线的随机性并不清楚表示相关的分配。我们可以通过均匀分布射线克服这个困难。

（2）产生均匀分布射线，改变那些，立刻显示如图 11-28 的产生射线设置。

注意为使反射器覆盖，事实上我们只需一个反射反弹。然而，我们使用一个合适的 1 度增量使我们不需要天花板上的 16 个反射器。我们可能想要看到反射方向所以我们将选择 4 个反弹。

同样的，正如我们不再关注分配模式中的反射器，我们需要确保惟一的反射器测试选项被检测为限制第一次反弹标注的反射器。

当你点击产生射线按钮时，一段短暂的计算时间过后你将看到如图 11-29 所示分配：

射线的均匀分配清晰地显示了声音能量在其传播下的任何分布。每条射线表示为相等角度，所以能量分布直接等效于每个表面上的入射线的密度。这种情况下平面反射器产生一个相对平滑的分配。

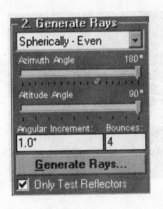

图 11-28

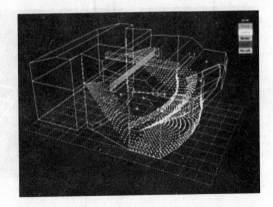

图 11-29

如果你对此感兴趣，你现在可以移动声源或反射器。因为射线和微粒的产生需要一些时间，当任何时候你希望显示出改动后的效果时，你将手动选择产生射线按钮。

11.3 设计倾斜的观众座位

11.3.1 创建建筑排列

在这个指南中你将完成创建一个简单的倾斜观众座位区域的过程。

（1）打开位于主 ECOTECT 安装目录下的指南文件中的 Raked Seating.eco（图 11-31）。

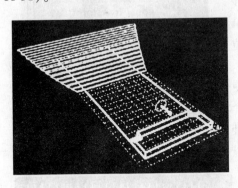

图 11-30

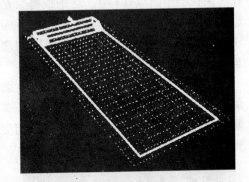

图 11-31

这个模型中有三个区域：观众席、建筑排列、默认的外部区域。

（2）首先我们需要在中部的舞台前面创建一个垂直的建筑排列（大约 5000mm 高），如图 11-32 所示。

确保建筑排列区域是当前的。然后使用排列工具，使位于舞台基础前面的中部。点击左键来插入第一个节点，然后按住 Control 键（强迫指针只到 Z 轴）拖拽鼠标向上直到达到 5000 左右的高度。

11 声学分析

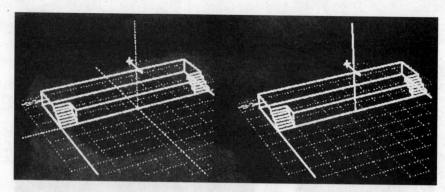

图 11-32

再次点击左键来接收第二个节点,然后敲击 Escape 键完成排列。

(3) 现在我们有第一条垂直的建筑排列,我们可以把它们排列到 X 轴方向,以一个 1000mm 左右的间隔作为每排座位之间的距离。

这样做最简单的方法是使用 Object Transformation 面板(图 11-33)。

确保垂直排列被选中,然后输入左图所示的相似值。一旦输入,点击 Apply 按钮。最后排应该生成 17 条垂直线的排列(图 11-34)。

(4) 然后在声源的开始位置和第 10 排底部之间绘制一条线(图 11-35)。这最好在前面视图中完成(F7)。这条线将会是我们的等视界角度的基础。我们使用后面第 10 排作为倾斜的开始点,因为前面的座位总是具有很好的视界。

(5) 现在,扩展的排列仅被创建来使最后面的垂直排列相交(图 11-36)。选择两个排列,然后从修改菜单中选择两相交排列的条目。

图 11-33

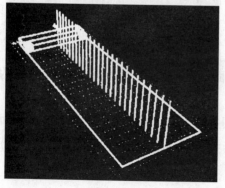

图 11-34

图 11-35

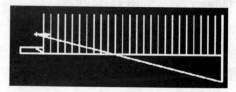

图 11-36

（6）最后你需要旋转排列角度 1 度相对于扬声器点（图 11-37）。一种最简单的方法来完成这个工作是：选择排列，然后选择对象转换面板。从面板中的转换类型下拉条目中选择旋转—轴，输入一个 Y 方向的 1 度和大约 20 的数量，然后点击创建排列按钮。

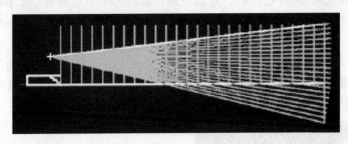

图 11-37

11.3.2 开始座位剖面

（1）下一步是放大两个排列设置之间的交叉点的第一设置，并从它们的交叉处开始追踪一个新的排列（图 11-38）。确保设置了交叉点，观众席为当前状态。因为这条线是座位剖面的开端，它需要在一个区域之上而不是建筑排列。

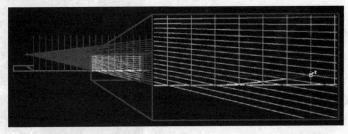

图 11-38

（2）延伸这条线通过每个垂直线，所有路径到观众席的后排（图 11-39）。

（3）缩小（Ctrl + F）并关闭建筑排列区域。座位剖面应该看起来与图 11-40 所示的相似。

11.3.3 创建水平台阶

（1）放大座位剖面上的第一个凸出节点，双击线（节点模式）并选择第一个凸出节点。如果该节点高度低于 100mm 它需要向下移动到 $Z = 0$，因为它不够高来形成一个完整的台阶（图 11-41）。

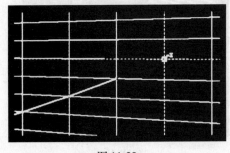

图 11-39

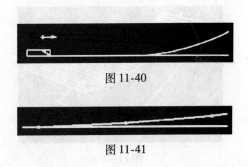

图 11-40

图 11-41

11 声学分析

最简单的方法是，输入 0 到选择信息面板的 Z 位置，然后点击面板底部的 Apply Changes 按钮。

（2）移动到下一个节点上，仍然是节点模式，选择添加节点  按钮。折线打开（更适合大部分其他折线），点击左键在最后一个节点和第一个节点之间的线段。排列新节点在 X、Y 轴中（如图 11-42 所示），并再次点击左键来接受新的节点位置。

（3）继续添加和排列新的节点，直到整个座位剖面从曲线修改为阶梯形。最后的曲线应该看起来如图 11-43 所示。给最后的阶梯设定步长，你将有可能会在稍后的走廊中添加阶梯模型。

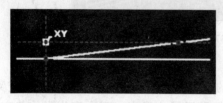

图 11-42

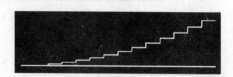

图 11-43

（4）开始下一部分之前，双击透视图中的阶梯。

如果你的排列看起来如图 11-44 图显示，你将需要把同轴的旧节点替换成新节点。此外，最简单的方法是选择节点并使用选择信息面板，并输入 4500 在 Y 位置输入框，就像你在这个部分的第一步中所做一样。记住点击面板底部的 Apply Changes 按钮。

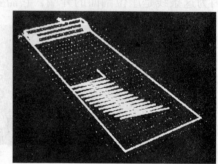

图 11-44

11.3.4 延伸出一条线

现在我们已经创建了阶梯，我们需要延伸它们到观众席的全部宽度。

（1）在仍然被选中的对象模式下的排列中，在选择信息面板的 Y 发射矢量框中键入 9000。然后点击面板底部的 Apply Changes 按钮（图 11-45）。

（2）在被选中的原始对象中（对所有凸出位面来说是父对象），使用移动  工具来移动座位使它沿地板平面边缘排列（图 11-46）。

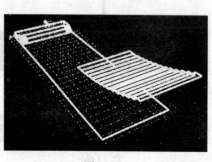

图 11-45

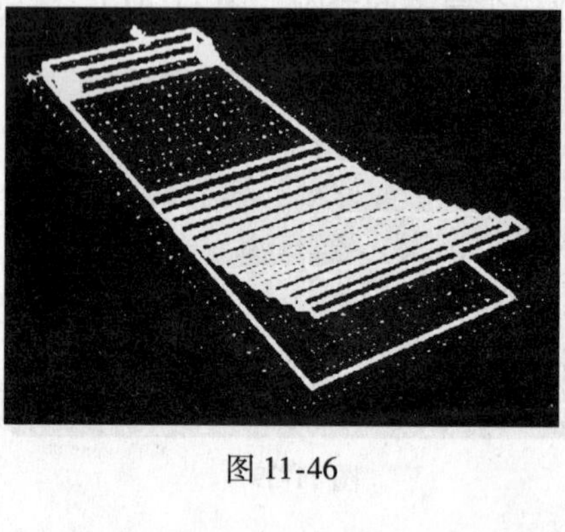

图 11-46

11.3.5 剪切和修整座位

拥有一个矩形的座位区域也许并不令人满意。在该情况下你可以使用一个切削平面以你想要的任意方式来修整/延伸座位。例如，我们将对舞台剪切一个角度。

（1）在俯视图中，以大约 20 度的角度从声源点到座位后方拖拽一个隔离物（图 11-47）。

（2）分配隔离物作为一个切削面（Ctrl + Q）。一个小箭头应该出现在对象中心（图 11-48）。取消选定隔离物改为选择所有座位位面。

一旦座位被选定，按住 Ctrl + E 来延伸被选的切削平面（图 11-49）。

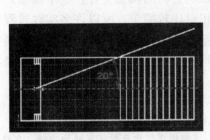

图 11-47

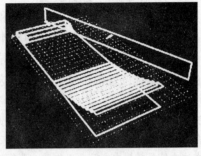

图 11-48

（3）一个侧面被延伸后，需要对另一边完成同样的工作。

对中心镜像现有的切削面，或者以 −20 度创建一个新的平面。然后重复第二步，然后完成删除一个/两个隔离物对象。最后的座位应该看起来如下图 11-50 所示。

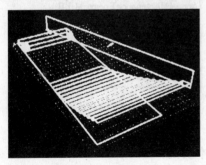

图 11-49

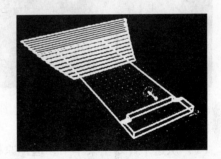

图 11-50

12 综合分析

12.1 成本和环境影响

12.1.1 下载成本分析模型

第一步是下载一个包含一些成本和环境影响资料的模型文件。这个模型是基于简易房子的说明。因为原材料的成本输出相对比较简单，所以许多实践过程能很容易地利用这些资料。另一方面，导致温室效应的气体和蕴涵的能量的资料很难被找到，而且位置很特殊。将来，这些资料将会很有用，因为设计计划和经济成本一样重要。

注意：在这个例子中所用的成本和环境资料仅仅用于示范的目的，它是不精确的。

在你的 ECOTECT 安装目录中，从说明文件目录中打开 Cost Analysi.eco。

在这个简易模型中有三个工作区，北部的房间、南部的房间和天花板区域的空地。在这个材料属性对话框（图 12-2）中，模型中的大部分材料已经被指定了成本和环境影响价格。

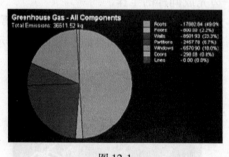

图 12-1   图 12-2

12.1.2 计划的材料成本

（1）从这个计划主菜单中，选择原料成本项目。

在成本分析执行之前，模型中一些预处理工作要做，以决定内部区域的联系。这些已经存储到磁盘后缀为 .ADJ 的文件中，名字和模型的名字一样。如果模型的几何结构被改变，ECOTECT 将提示你用随后的信息重新计算（图 12-3）。

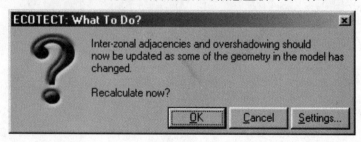

图 12-3

（2）点击 OK，重新计算内部区域的联系。

在这个计算中，连续区域的物体将要突出显示，小数点也要显示出来。这些小数点表明在一个不同的区域中，在内部区域的连接处，一个物体和另一个相互重叠。ECOTECT 用这随后的价格以确定每个区域中原材料如何分配（图 12-4）。

当这些计算完成之后，一个空白图表就会如图 12-5 所示显示出来。

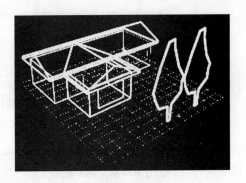

图 12-4

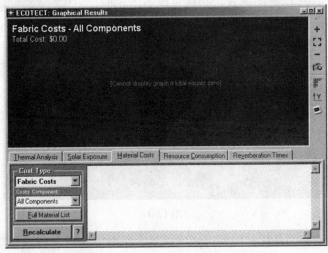

图 12-5

（3）点击 Recalculate

建筑物的成本图如图 12-6 所示。

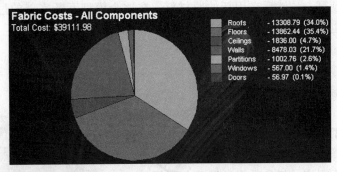

图 12-6

这个圆形统计表显示了所有成分的总成本和每个建筑元素的相对成本。

（4）点击 Full Material List ，显示单个材料的总体情况。

同时，图表没有改变，文本列表现在将要显示这个模型中所用的所有材料，连同相关的一系列成本，如下图 12-7 所示。

12 综合分析

图 12-7

12.1.3 考虑环境的影响

从 Cost Type 下拉菜单中选择 Greenhouse Gas（图 12-8），然后点击 Recalculate 按钮。

其他相关的能量和温室条目也可以选择。

这显示了如图 12-9 的图表，和建筑成本图相似，但是不同的比例表明了它们不同的作用。

图 12-8

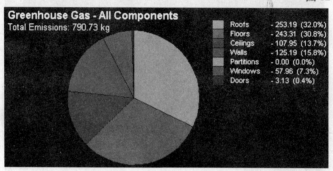

图 12-9

这个说明的目的是让你能够迅速掌握这个工具。你可能将要更新原料库的成本数据以反映当地的情况。起初这听起来可能让人畏惧。如果正常使用，一般用的原材料不会超过 20 种。在概念设计阶段，你很少会详细地说明地板砖和表面抛光工作。因此，这样更容易用一套普通的、已用过的原材料——这样至少确保了你能够接近预算——然后在用新的原材料，在这个模型不断完善的过程中，它们准确的成本也就确定了。

12.2 转换气象数据

12.2.1 说明

ECOTECT 中的所有分类中包含一个气象工具的译本，一个允许你分析和转换用于许多分析程序的气象数据的纲要。

然而，不幸的是，准确而全面的气象数据通常很难获得。甚至从气象部门购买的电子版也是不完善的，而且格式是陌生奇怪的。为了解决这个问题，气象工具能够识别很大范围的文件格式，甚至让你自

图 12-10

已去匹配任何可能的 ASCII 文件格式。一列自动识别的格式如下所示：
- TMY Climate Data（TMY）

- TMY2 Climate Data（TM2）

- TRNSYS TMY Variant（TRY）

- Aus. BOM Hourly Data（LST）

- CSIRO Weather Data（DAT）

- NatHERS Climate Data

- ASHRAE WYEC2 Data

- The Weather Tool v1.10

因为在 ECOTECT 中，气象资料对分析程序来说十分有用，所以你需要一年中每小时的气象资料。这不是每个月或者每天的平均，而是每小时真实的记录。这些数据要求包括：空气温度、相对湿度、全球太阳直射、水平扩散的太阳辐射、风速。

只是描述而不是实质的气象数据包括：风向、多云、降雨量。

地方气象数据的主要来源通常来自当地政府的气象站或者最近的飞机场。我们已经试着在 square one 的站点上提供资料，但是它不可能收集所有主要的居民中心的气象数据，更别提一些小的城镇。如果你需要转换你的数据，这个说明将指导你使用这 2 种不同格式的数据。

12.2.2 输入固定格式的数据

固定格式的数据引用这样的文件，在文件中，每一行中数据的特殊部分放在特殊的专栏。这些格式通常是格式翻译语言用过的。在这些文件中，专栏谈到了每一行的特征，而且每一个领域的长度是固定的。

在这个说明中，我们将要使用一些固定格式的 ASCII 数据作为例子，气象工具不能自动识别这些数据。你需要将这些说明文件要调入到 ECOTECT 安装目录中去，然而你也可以通过 clicking here 获得它们作为一个档案文件。

（1）开始，在调入到 ECOTECT 安装目录中的说明文件中打开 Weather Data Fixed。

Format ReadMe.txt 文件。你能在记事本中做这些，或者简单地在 Windows 资源管理器中双击它。

你通常会得到一个像图 12-11 的文本文件，它包括一些通常的气象数据以用来说明这些文件的价值和他们的单位。

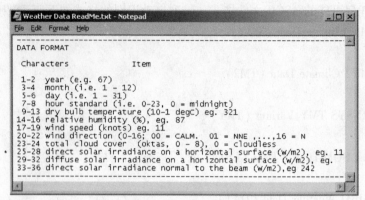

图 12-11

（2）文件仍然打开，运行气象工具。

（3）点击 Open 按钮。

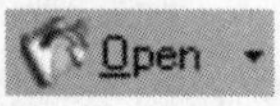

在打开的数据文件对话框中，把文件类型转换成固定格式的气象文件，然后在你的 ECOTECT 中操作说明文件目录，打开 Weather Data Fixed Format.dat 文件。将会呈现如图 12-12 的对话框。

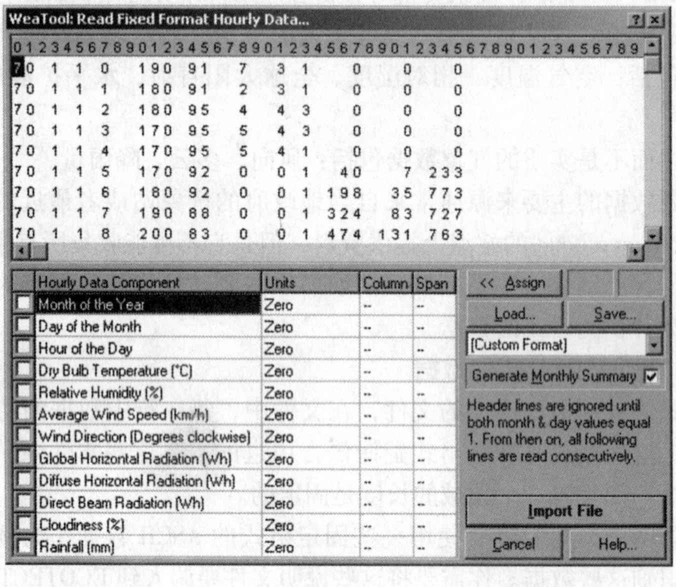

图 12-12

选择固定格式的气象文件是因为数据的格式是被一组固定的专栏决定的。也就是说，每个价值将要在一个固定的专栏中开始（无论这些数据是否已经全部完成）。

（4）上面显示的对话框已经打开，你现在需要仔细检查每一组的价值，详细说明它们是什么和它们的单位。

这就是 Weather Data Fixed Format ReadMe.txt 文件的来源，你需要说明它们每一组的值域是什么。

（5）以月份开始，确保检验栏已经被做标记，然后在上面的表格中单击并拖动它通过 2 和 3 专栏。

因为气象工具中的专栏是以 0 开始而不是 1, 所以在描述中你必须要从字符索引中减 1。你也应该注意当你松开鼠标按钮时整个第二和第三个专栏变的很突出了。保持它们被选中,敲击 Assign 按钮,将第二、三纵列赋值到月份栏。每一个连续的数据部分做同样的工作。

(6) 你可以看到在文件中第一个月的值是"1",然后你要在单位专栏中左击,选择"Start at1"选项(图 12-13)。

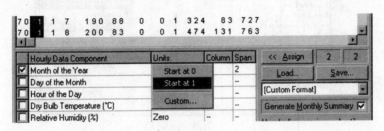

图 12-13

(7) 当你得到干球温度计的温度时,你将会注意到文本文件上标明温度是从 9 到 13,但是这里的数据值只有 10 到 12。

数据经常会出现细微的差错或者不一致。如果这种情况出现你需要训练一些判断力以决定哪一个是正确的(这可能包括几个重要的尝试)。

在这个实例中我们选择 10 到 12 专栏。

(8) 一旦这些专栏被分配,那么指定正确的单位是十分重要的。

在这个实例中干球温度计的值有 3 个组成部分,"Readme.txt"文件指出他们的单位是℃。因为天气工具使用 SI 单位,所以摄氏温度是可以的。我们仅仅需要通过一个小数点来降低它的值。既然这样,你能总是断定气象工具将要转换成什么单位,因为每一个部分它们都会挨着名字写的。

(9) 为了改变干球温度计的数值范围,左击干球温度计温度旁边的单元格子。然后在列表中选择自定义选项。

在这自定义单位转换对话框中,键入 0.1(图 12-14)。

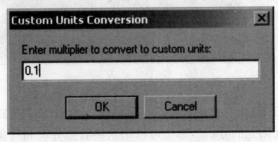

图 12-14

干球温度计温度的清单必须乘以 0.1,否则会导致 19℃ 相当于 190℃。

(10) 基于"Weather Data Fixed Format ReadMe.txt"文件的信息,继续为每一个数据成分指定专栏。

对话框最终应该看起来和图 12-15 相似。

12 综合分析

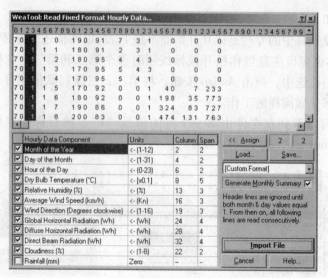

图 12-15

你可能会注意到在这组数据中没有降雨量的成分。当在数据中一个特殊的成分不存在时,那么你需要确定它的复选框是否被勾上了。

(11) 一旦所有的专栏和单元都已经被定义,点击输入文件按钮。

一旦输入,在左边面板的左部选择 Hourly Data 按钮。然后将会显示和图12-16相似的东西。

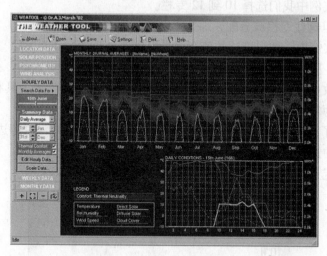

图 12-16

你现在可以以 WEA 文件格式保存这些数据,然后装载到 ECOTECT,用作你的模型的热量和太阳光的分析。你也可以用这些数据分析和气象工具的可视化特征去获得一个关于将会是一个什么样的气候真正理解。

12.2.3 输入单独值数据

分开的数值文件包含着很多数据。这些数据个体在每一列由一个特殊的符号分开。这个符号可以是一个逗号、一个空格、一个分号或是一个制表符。由此,字段长度可以任意变换而不影响文件的可读性。这要求一个实质上不同的输入格式来固定格式化数据。

作为一个例子,我们将导入 Meteonorm 软件中的数据。这个软件可以被瑞士 METEOTEST 所利用的。这是一个商业软件,包含了一个全世界气象数据的巨大数据库。从这个数据库我们可以插入任意地点的平均数据。

12.2.4 输入边界标准数据到气象工具中

(1) 第一步是设置一个边界标准,用你自定义的格式输入每小时的输出量。

除非你承认边界标准,否则关于怎么做这些的一个正确的描述将是毫无意义的。如果你拥有这个软件,那么在格式菜单中如果使用输出格式和选择定义的用户将是很显而易见的。这将会显示图 12-17 对话框。

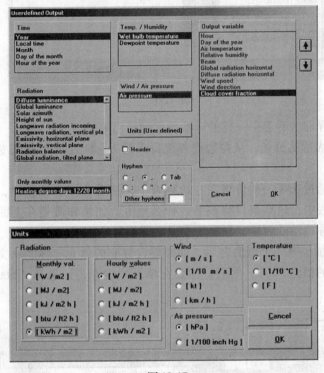

图 12-17

主要的一点是,在你输入之前,你需要知道每一个数据域和单位在什么地方。同时,你也可以反复做实验,它通常可以回朔到原始数据源,并获得现行的数据格式。在这个例子中我们使用边界标准,所以你能清晰的看到原始资料格式的来源。

如果你正在使用边界标准,设立如上所示输出格式和用户定义单位,然后每小时产生并保存已有数据。一些实例输出包含在 ECOTECT 说明文件夹中作为"Meteonorm.dat"。

(2) 运行气象工具然后点击 open 按钮。

在打开的对话框中,为单独数据文件设置文件类型,然后在 ECOTECT 说明文件夹中选择"Meteonorm.dat"文件,然后显示如图 12-18 的对话框。

12 综合分析

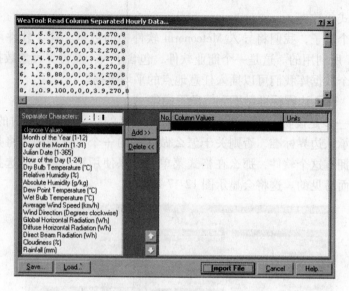

图 12-18

你需要选择那些看起来一样的未检验你的输出单元。

（3）从列表的头开始，从左边列表把每天的 1~24 小时都拖入专栏价格列表中去。

你也可以通过选择一些价格在左边列表中，然后选择 Add 按钮，拖动到可以让你看到在列表中，这些条目将被插入什么地方。如果你希望在上面写价格代替插入，那么当你拖动的时候，只要简单地掌握控制键就可。

（4）当添加了第一个价值之后，你需要设置它的单元。你能从文件中看到第一个小时被赋的值是"1"。然后，你要在单元栏中左击，选择"Start at1"选项（图 12-19）。

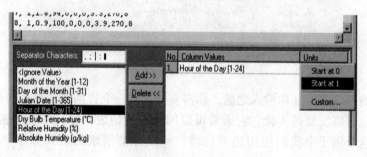

图 12-19

（5）继续拖动和设置单元，直到你的对话框如图 12-20 所示。注意全球辐射值是被忽略的。如果你不放在这个区域中，那么将会扩散到全球，风速也要扩散。

另外一个问题是所使用离析器特性的性质，特征排列被显示，意味着区域可以通过一个逗号，一个分号，一条竖线，一个冒号，一个制表格（像一个支柱）和一个间隔（在正文中是不见的，但是在最后存在）在我们的算例中用 ";" 作为分割符隔断。

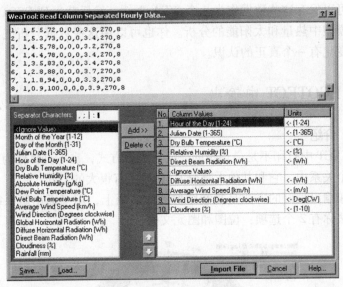

图 12-20

然而，如果你的数据包含冒号在你的时间值中，考虑到 2 个分离的区域，你可能不需要这些价值，于是你可以简单地在对话框的分离器特性编辑器中删除冒号特征。

（6）按上面添加和排序这些区域，稍后可以保存这些设置。

为此，在对话框的右下方选择保存按钮，然后在文件中选择你自己的使用者目录。保存出现的对话框，然后建立一个新的文件叫做"Weather Data Tutorial.ccf"，或者任意一个你觉得合适的名字。

（7）一旦保存后，在对话框底部选择输入文件按钮以输入数据。

如果你在主应用程序窗口的左边选择了 HOURLY DATA 按钮，你将会看到和图 12-21 很相似的东西。

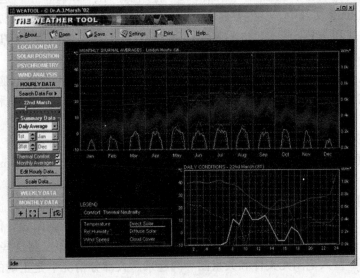

图 12-21

你现在可以保存这些数据作为一个 WEA 文件,然后载入到 ECOTECT 中,以便用于你的模型中热量和太阳能的分析。你也可以用这些数据分析气象,以便对未来的天气变化有一个真正的认识。

12.3 从 ECOTECT 中输出

12.3.1 介绍

从 ECOTECT 中打印不是最理想的完成输出的方式,也不打算作为产生输出的方式。在这个关系中,它和其他大部分 CAD 程序有很大的不同。

完成打印输出最好的方法是复制图像到剪贴板上,用桌面出版系统软件来打印。这种方法你有 2 个选项:位图和图元文件。

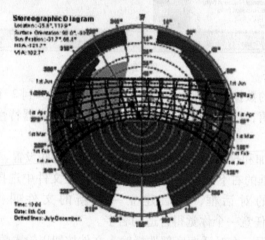

图 12-22

(1) 位图

位图是光栅(像素或基点)绘图的又一种叫法。在 Windows 下,这些作为特色被保存在 BMP 文件中。其他普通的位图格式包括 PC 格式、图像标记文件格式、图形转换格式和 JPEG 格式。这不是专门和 ECOTECT 相关,因为 ECOTECT 直接把位图保存在剪贴板上,再转换成应用程序,而不是保存为文件。

对于从 ECOTECT 中保存位图来说,最重要的是它们没有一个比电脑屏幕更好的解决方式。因为位图的保存是从 72 点每英寸的屏幕中获取的。在这种方式下,屏幕的点数越高,通过位图保存的信息就越多。

ECOTECT 的位图对出版来说是非常有好处,因为它们可以保存成电子文档,如网页、PDF 文件等。但是如果你希望得到良好的打印质量,metafiles 是首选。

(2) 图元文件

一个图元文件就是一个命令的列表,可以来回播放以用来画图表。作为特色,图元文件是拖动实体的命令,这些实体由线、多边形、正文和控制这些实体类型命令组成。一些人把图元文件和矢量图等同起来、大部分情况下是正确的。但是,严格的讲,一个图元文件可以包含任意混合的矢量和光栅图形。对我们的情况而言，我们把图元文件当作是一种矢量图。

图元文件是一种很好的从 ECOTECT 中输出的方式，原因如下：

因为他们是矢量的，它们可以被伸展和测量而不失去性质；

打印质量很好；

几乎所有基于应用程序的 Windows 都可以识别它们。

12.3.2 储存位图

（1）为了输出位图，在 ECOTECT 中的制图探讨中，点击 Copy View 图表 （或敲击 Ctrl + B 键）

如果你使用图标，那么一个小的菜单将会出现图 12-23。选择位图选项。

图 12-23

当前显示的位图现在被复制到剪贴板上了。现在有可能把它粘贴到另一个桌面出版程序中去。

（2）努力把位图粘贴到一个空白的 Word 文档中去。

打开 Word 之后，敲击 Ctrl + V 键，粘贴图元文件。这个图像看起来和从 ECOTECT 中的当前显示是一样的，但是没有环境菜单条等。

（3）通过点击并拖动图像的角部扶手来拉伸物体。

你应该注意到当你的图像变得很大时，图像的质量也变差。如果你想打印一个很大的位图，那么质量可能会很差。

12.3.3 存储图元文件

（1）为了输出图元文件，在 ECOTECT 中的制图中（或者任何图表/分析窗口中），点击 Copy View 图表 （或敲击 Ctrl + M 键）

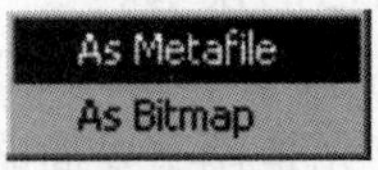

如果你使用图标，那么一个小的菜单将会出现（图 12-24），选择图元文件选项。

当前显示的图元文件现在被复制到剪贴板上了，现在可以把，粘贴到另一个桌面出版程序中去。

图 12-24

（2）把图元文件粘贴到一个空白的 Word 文档中去。

打开 word 之后，敲击 Ctrl + V 键，粘贴图元文件。你将会注意到这个图像实际上是黑线在一个白的背景上面。这是因为 ECOTECT 已经设定好了，当你准备打印时，会在白色上面打印黑的。

（3）通过点击并拖动图像的角部扶手来拉伸物体。

你将会注意到即使你把图像做的很大，这个图像的质量也不会像位图一样迅速变差。

13 建筑的光、热环境模拟实例

13.1 ECOTECT 对光环境的模拟实例

下面，我们应用 ECOTECT 软件对某建筑的光环境进行模拟。以此来看看这个软件的运用过程，并由此对该建筑的光环境进行评估，并提出改进意见。这次模拟的建筑是某研究所的办公大楼，局部最高5层。我们知道，对于办公环境来说，最关键的就是光环境的质量。这对工作效率、职工情绪等都有很大影响。不理想的光环境甚至会阻碍办公室的使用。

13.1.1 建立模型

如图13-1是该建筑的设计方案图，这个方案图仅从建筑设计的角度来考虑，未进行热工评估。也没有进行详细的内部设备布置。这套数字模型的制作来源于建筑设计软件 AUTOCAD、3DMAX，所以此时的模型还不能作为 ECOTECT 使用的模型。虽然 ECOTECT 可以导入上述两个软件的模型文件，但是当模型量很大的时候，常会产生无法修复的错误，这可能是软件之间的接口不完全匹配所致。再者，用 CAD 和 3DMAX 绘制的建筑模型很难达到 ECOTECT 所要求的完全封闭的要求。所以，最好还是以 CAD 绘制的平面图为基础在 ECOTECT 中建立自己的模型。

应用 ECOTECT 建立模型与在 3DMAX 中有类似之处。但是有两点需要注意。首先是模型要简略，将一些对分析不起太大作用的建筑构件要概括的表现，甚至可以省略。否则，太复杂的构件反而会降低软件的运行效率，大大降低分析的速度。尤其在模型特别大，构造特别复杂的情况下，细小的构件往往会使模型出错。其次，模型又要有一定的精确性，主要的构件和方案形式要表现清楚，不然评估的结果就没有意义了。而且为了后续研究的需要，建立模型的时候要将每个构件所在的区域、材质、构件分类整理清楚。比如窗玻璃在 3DMAX 中建模的时候只要建一个薄薄的立方体就可以了，但是在 ECOTECT 中还要将其在材质面板中设置为玻璃，并设置玻璃材质，不然在模拟计算中计算软件就不会将其作为窗玻璃。

在以上的原则上，建立模型可以按这样的步骤进行。首先，从 CAD 中导入建筑的平面图，并单独放入一个工作区。然后将这个工作区锁定，运用捕捉和画墙命令在平面图的基础上建模，按由大到小，由粗到细的原则逐步加入窗、门等构件。每建完一层平面就放入一个工作区。最后加入柱、薄屋顶等附属构件，完成全图。具体的做法就不在这里赘述了，建模完成后的图见图13-2。

 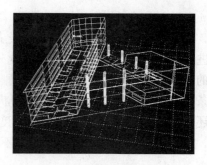

图 13-1　　　　　　　　　　图 13-2

13.1.2　光环境分析

在数字模型建立以后，就可以着手进行光的分析了。第一步就是确定分析区。我们选模型中南向的 2 楼区作为分析对象。这样就避开了一楼接地，顶楼屋顶辐射等意外热工环境的影响。然后在"网格分析"中生成分析网格。注意要将网格升离缺省的地面高度，提到 3 米 9 高的 2 层楼面。可以按 F5 键转成平面图，按 F6、F7 键转成立面图，在这几个键之间转换来确定好网格的位置（如图 13-3、13-4 所示）。X 轴、Y 轴的网格因子保持在 20、12 个单位。Z 轴的网格偏移在 600 毫米，这是一般工作面的高度，由此将分析聚焦在工作面的高度。这时我们看到网格并不是刚好适合平面形状，这是因为平面形式本身不规则，还有异形边缘。我们可以用 "Fit to Selected Objects" 按钮来调整，但是要注意调整结束后要恢复前述步骤。

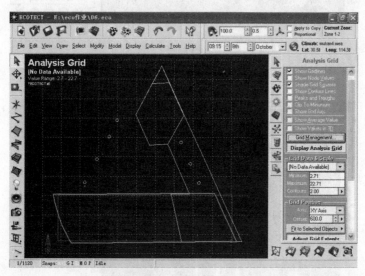

图 13-3

第二步就是开始设置计算所需的初始条件。首先要调出本地区的气候资料。ECOTECT 只带有一部分地区的气候资料，但是可以调用外部的气象文件。我们导入的是武汉的气候资料。这只需要按 "Set Current Time and/or Location——Select Weather File" 键，并指出外部文件路径即可（如图 13-5 所示）。然后需要完成设计初始条件的选择。在 "Calculate" 栏中选 "Lighting Levels" 项，然后按 "Perform Calculation"按钮。这时会弹出"Lighting Analysis"选项栏。一般来说,晴天时,不论照度或天空亮度分布的变化都很大,而且在很多情况下也不允许直射阳光进入室内,以免妨碍视觉工作。此外,在设计时只考虑天空扩散光,即全云天时的情况,如已能满足视觉要求,则在晴天,照度更高,可进一步改善视觉工作条件。所以,我们在"天空照度状态"中选多云天,照度值为8500Lux。此外还可以在计算精度、窗扇整洁程度、是否生成3维示意图等选项中选择。当然,不同的选择计算的时间是大不一样的,因此需要平衡选择,如图13-6所示。

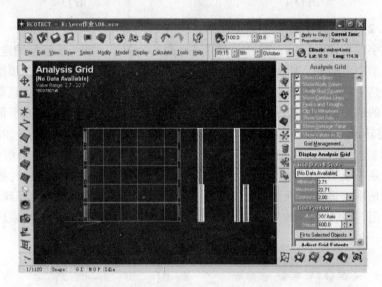

图 13-4

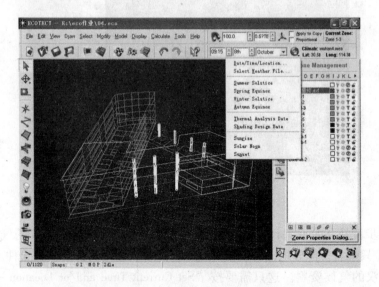

图 13-5

13.1 ECOTECT 对光环境的模拟实例

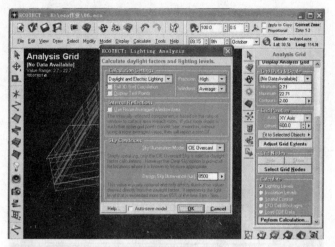

图 13-6

第三步开始计算。计算时间一般比较长，完成后如图所示。当然还可以转成如图 13-7 的平面形式看得更为清晰。

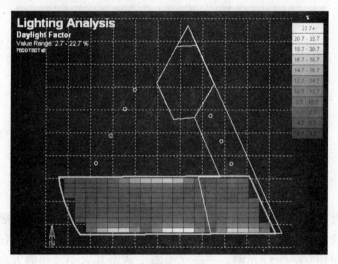

图 13-7

可以看到，只有沿窗的部分照度比较好，这是因为此时的采光系数在 2.71 到 22.71 之间，比较高。考虑到这个模型比较大，几个玻璃窗都可以算得上巨型、中间没有做房间分隔、外部又没做遮阳设施，因此实际的得光量要远低于模拟结果。再根据我国的办公室天然光照度最低要求值在 100 到 250Lux 之间。我们可以大致确定，模型的天然受光量应该在 250～350Lux 之间。由此算出采光系数在 2.9 到 4.1 之间。把这两个值输入采光系数极值框，就可以得到图 13-8 的情形。这时可以看到，几乎整个工作区都符合照度要求，但是照度分布不是很均匀，沿窗部分的照度还有些太高，需要设置遮阳设施。在这种情况下，就不需要为白天的照明情况设置辅助灯光了。我们还可以应用"Grid Setting"栏中的选项获得各种的显示效果。比如"Shade Grid Squares"栏是显示照度颜色色块。"Show Contour Lines"栏是显示类似等高线的颜色分界轮廓线（如图 13-9 所示）。

13 建筑的光、热环境模拟实例

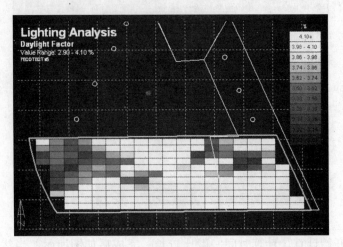

图 13-8

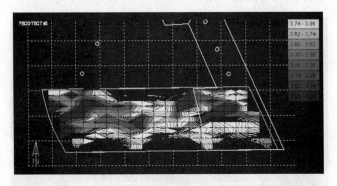

图 13-9

第四步进行灯光照明设计。在上一步的分析中我们已经知道该建筑不需在白天考虑灯光的设置问题，只需考虑夜间的灯光照明。首先选择界面右侧的"建立灯光源"按钮建立一个灯光源。并在立面图中调整其大小、照射方向、位置、高度，使其位于二层工作区的右侧（如图 13-10 所示）。在材质选项栏中选择灯光的类型为 FluoroLampStripUnit。按 CTRL + T 键，将此灯光源复制多个，并按 2 米半的间距横向排列（如图 13-11 所示）。我们可以双击这个灯材质，得到如图 13-12 的图表。可以看到这个灯的照度是 1300Lux。

重新计算光环境，此时要在"Grid Data & Scale"中选择"Electric Light Levels"选项，只考虑灯光源的影响。最后结果如图 13-13 所示。一般来说，人工照明的情况下，办公室的照度取 100 到 200Lux 之间。由此标准去分析结果可知，只有如图 13-13 所示的灯光带附近才达到要求。这是因为该模型面积比较大，该灯光源无法凭一列灯就覆盖整个区域。因此我们用 CTRL + T 命令再次复制出 4 排灯（如图 14），然后进行重新计算（此时灯光带的辅助线影响较大，可用"DisplayElement-Detail-None"选项取消），计算结果如图 13-15 所示。

13.1 ECOTECT 对光环境的模拟实例

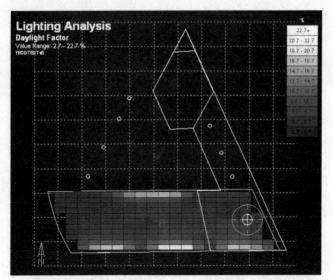

图 13-10

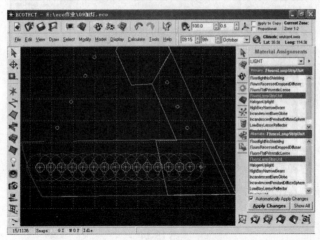

图 13-11

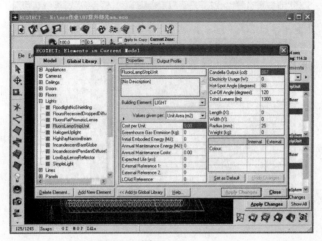

图 13-12

13 建筑的光、热环境模拟实例

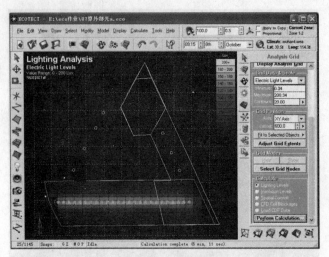

图 13-13

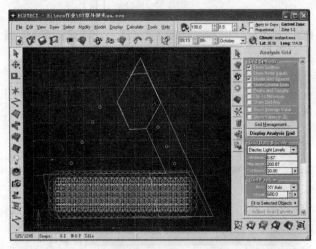

图 13-14

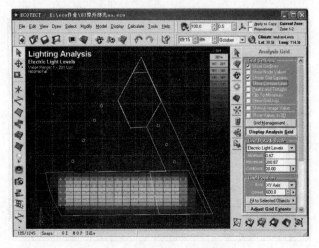

图 13-15

此时，该工作区的绝大部分都已经符合照度要求，部分区域因为离灯光源太远，还是比较暗，可以采取再额外补灯光源的方式加以解决。此外，我们还可以运用换灯光源材质等办法调整设计。甚至可以根据灯具厂家提供的反映灯具性能的 IES 文件生成和更改灯光源的设置。在这里试举一例，我们将灯光源换成"IncandescentPendantDiffuseSphere"，其照度值为 900Lux，并按横向 3 米间距，竖向 6 米间距布置 3 排灯光源。计算结果如图 13-16 所示。可以看到，这种灯光源照度较低，但也能满足要求，只是照度分布较不均匀。

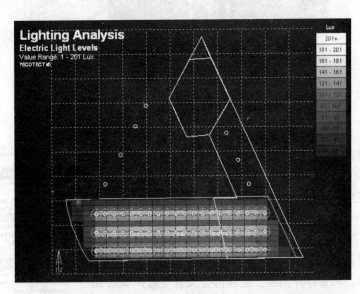

图 13-16

13.2　ECOTECT 软件的建筑热工分析

下面，我们应用 ECOTECT 软件对某建筑的热工环境进行模拟。我们知道，对于办公环境来说，最关键的问题之一就是热工环境的质量。这对工作效率、职工情绪等都有很大影响。不理想的热工环境甚至会阻碍办公室的使用。而且对于热工的设计还涉及到能源的应用问题。好的设计能在很大程度上节约能源，而不合理的设计则相反。关于这栋建筑的模型建立如前所述，我们把重点放在模拟的过程上。

图 13-17，是模型建立好后的情况。每个楼层都分门别类的放入一个工作区。在开始进行热工计算前，我们要进行一些初始条件的设置。首先是调入气候文件，可以调用外部的气象文件。我们导入的是武汉的气候资料。这只需要按"Set Current Time and/or Location——Select Weather File"键，并指出外部文件路径即可。然后我们要选择合适的热工分析区。我们选左侧楼的 3 至 5 层及右部相连的 2 层。同时考虑了顶楼有太阳辐射、相邻楼层有热量交换等热工因素。接着，要为每个建筑部位选择合适的材料。选中所有的窗扇，在材质选择栏将它们的主

13 建筑的光、热环境模拟实例

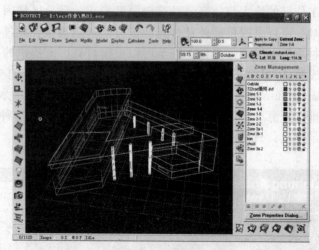

图 13-17

次材质都定义为"SingleGlazed_AlumFrame"（如图 13-18 所示）。同样的方法，将墙、楼板、天花板、屋顶都分别定义好材料。为便于后续的对比研究，首先我们选择一些非环保的建筑材料。最后，可以点"Calculate-Thermal Performance..."按钮开始计算。一般会跳出一个对话框说明工作区的连接和相互遮蔽已被更新，是否继续。点"OK"按钮就可以开始了。也可以选择"Settings"按钮进入选择项，调整计算精度、连接部位设置等选择项（如图 13-19 所示）。计算时间也依据这些选择而长短各异，一般来说，计算越精确，所需的时间也愈多。

计算完成后会自动跳出如图 13-20 的图表，这个图表就是我们热工分析的基础。该表反映了在特定时间下每个测量工作区每小时的温度值。其中横轴是时刻刻度，竖轴是温度刻度。而其中的蓝色虚线是外部温度，

图 13-18

黄粗虚线是横波太阳光，黄细虚线是散射太阳光，绿色虚线是风速，各色实线对应各工作区的温度变化。我们可以在"highlight Zone"选项栏中选择各个工作区，则上表中的对应实线会被相应的加粗。而出现的红蓝偏色显示该温度是否符合设计的温度舒适值。还可以在"Select Date"中选择日期。我们来看工作区 1~4 的情况（即左侧楼房的第 4 层）。如图 13-21 所示，日期选择 1 月 23 日，可以看到此时室内温度在 5~10 度之间，中午温度全天最高，高于其他时间 1~2 度，室外温度相应时刻一般低 1~2 度，基本低于设计的舒适度（18~26 度）。而如果在 8 月 23 日，我们看到室外温度在 22~36 度之间变化，以中午时段温度最高。而室内温度稳定在 31~32 度

图 13-19

左右，凌晨和夜间温度高于室外，而白天则低于室外 3～5 度（如图 13-22 所示）。这也符合武汉地区夏热冬冷，夜间闷热实际情况。

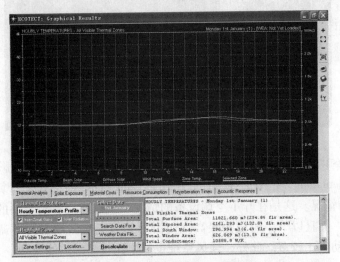

图 13-20

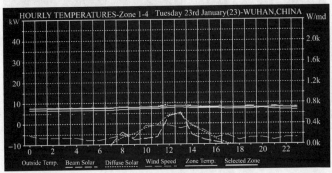

图 13-21

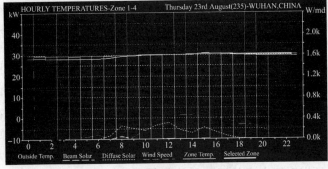

图 13-22

当然，我们也可以看到其他的一些数据。比如通过右侧竖轴我们可以看到 8 月 23 日的太阳辐射、风速等。而在右下角，有该工作区的平均温度、总面积、日照面积、南窗面积、总窗面积、导热系数、响应因子等重要数据的显示。而在左下角的"Zone Settings"按钮上，可以设置工作区的各项参数。比如，我们给这个区装上空调系统时，得到的温度图如图 13-23 所示，此时的室内温度显示为 26 度。

13 建筑的光、热环境模拟实例

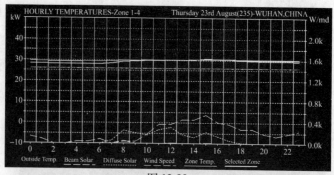

图 13-23

知道了室内外的温差还不够,我们要进一步调查热量流动的影响因素。在"Thermal Calculation"栏中选择"Hourly Heat Gains/Losses"。重新计算后得到如图 13-24 所示的情况。这是在开了空调设备的情况,所以我们看到主要的热量流动来自空调系统,而且以下午时段为最高。而由于其他工作区没有开空调,所以区域间的热量流动也比较多。此外,通风系统也产生比较多的热能流动,尤其在下午。

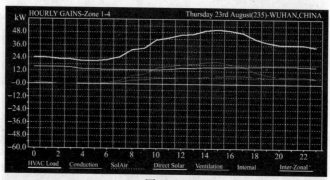

图 13-24

我们在刚才的研究中已注意到无论在任何时段,这栋建筑的保温隔热效果并不好。这是因为在最开始的时候我们只是定义了非保温的材料。现在我们来换一换建筑构件材料。我们将墙的材料由"BrickConcBlockPlaster"统一换成"DoubleBrickCavityPlaster",将窗玻璃由"SingleGlazed_AlumFrame"换成"DoubleGlazed_lowE_AlumFrame",将天花板由"SuspendedConcreteCelling"换成"Plaster_Insulation_Suspended"。然后回到热量显示图表,进行重新计算。这时可以看到如图 13-25,区域间热交换由原来的接近 15kW 降到 3kW 左右。但是我们在重新计算了各时刻温度情况后发现,此时的室内外温差仍然不大,由此可见,好的保温材料能使这栋楼的区域间热交换大大减小,但是可能是由于开窗面积太大,又暂时未作遮阳措施,所以对于室内外温差仍然起不到足够的调节作用。所以说,环保节能不是一件简单的工作,也不是改变一两种建筑构件的材料就可以完成的,需要多方面的节能措施一起综合作用,才能达到目的。

作为补充,在分析完特定日期下建筑的温度指标和热工指标后,我们再进行统计学的分析。对一栋建筑在一年内热工性能的统计分析、评价是非常重要的。这意味着要展示分析区常要达到的温度和平均每日所获得的热能或热能损失。

13.2 ECOTECT 软件的建筑热工分析

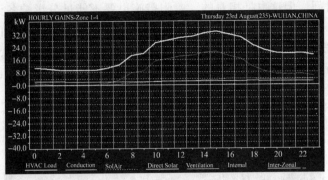

图 13-25

我们在"Thermal Calculation"选择栏中选择"Temperature Distribution",再进行重新计算,计算结果如图 13-26 所示。从这张图上可以看到,横轴表示温度,竖轴表示该温度一年中所占用的小时数。该建筑的温度范围从 2 度到 34 度,大部分分布较均匀。最高小时数为 30 度,共 1019 小时,占总数的 11.6%。在舒适温度范围(18~26 度)内的小时数为 2977 小时,占总数的 34%。这说明在不借助空调系统的情况下,该建筑全年有三分之二的时间处于不舒适的状态。同时可以注意到,还有一千多小时的时间是处于 10 度以下的极低温度,最低温度只有 2 度。在这样的环境下是很难开展工作的。最后,可以看到顶楼区(绿实线)的情况还比较良好,但总体上仍比室外的温度(南虚线)高。

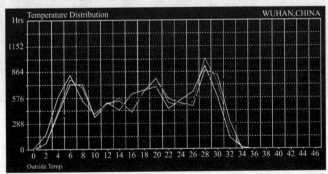

图 13-26

接着,再来看热能的流动情况,我们知道一般的建筑维护结构,以砖石、混凝土等材料为主。在外界温度高、辐射强的时候会吸收一定的热量,而在夜间,则会缓慢地放出这部分热量来。这样的特性能够利用来节约能源。不同的材料,存储热能的能力是不同的。我们选择顶层的分析区作为分析对象,在"Thermal Calculation"选择栏中选择"Fabric Gains – sQc + sQs",然后重新计算,得到的结果如图 13-27。从图中可以看到,在冬季,虽然房屋结构绝大多数仍处于吸热状态,但是在夜间和早晨,吸收热量仅为白天的一半多。这样可以有效节省夜间能源消耗。但是在夏季,放出热量状态一般由下午两点左右一直持续到凌晨,使夜间的温度迟迟降不下来。这是由于在夏季,太阳辐射比较强,持续时间也较长,所以结构吸收的热量较多。因此需要增加遮阳措施,减少结构对热能的吸收,缩短夜间放热时间。但这也是相对的,遮阳措施也要不能过分影响冬天建筑结构对热能的吸收。另一个重要的热量来源来自分析区间的热量流动。我们在"Thermal Calculation"选择栏中选择"Inter-Zonal Gains-sQz",然后重新计算,得到的结果如图13-28。可以看到在顶层,冬季要从别的楼层吸收一定的热量,而在夏季则要放出一定热量,尤其是午间。

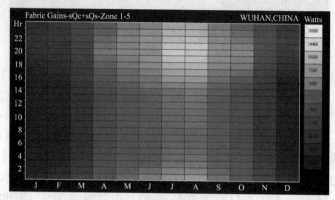

图 13-27

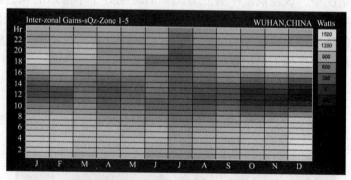

图 13-28

现在,我们将屋顶的材料由"ConcreteRoof_Asphalt"变为"MetalDeck"。再从"Thermal Calculation"选择栏中分别选择"Fabric Gains-sQc + sQs"和"Inter-Zonal Gains – sQz",并重新计算,得到图13-29、13-30。

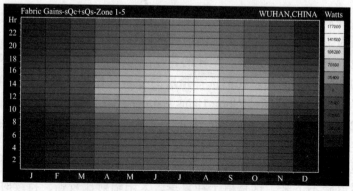

图 13-29

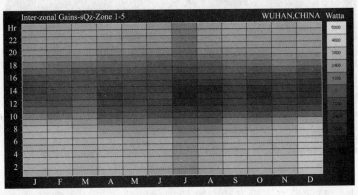

图 13-30

可以看到在这种屋顶下，储热能力非常差，在最热的夏季中午时段却要放出 177000W 的热量。而原来的屋顶放热量为 18000W，而且在傍晚时段。而在冬季也是中午放热，夜间吸热。不符合要求。

此外，ECOTECT 还有其他很多功能，比如在有空调的情况下，每月的取暖制冷负荷（如图 13-31 所示）、日均太阳辐射（如图 13-32 所示）、每日能源消费（如图 13-33 所示）等选择项。在这里就不一一详述了。

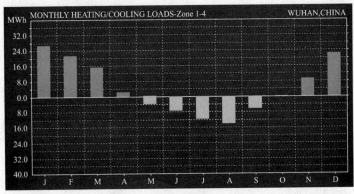

图 13-31

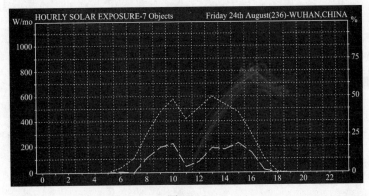

图 13-32

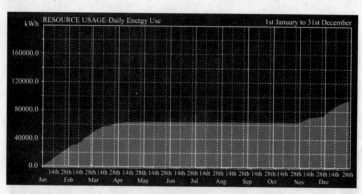

图 13-33

遗憾的是，目前没有一种又快又准的现成的热工设计准则可供使用，只有在实践中不断总结，并利用 ECOTECT 不断的实验、设计、证明，才能克服各种意想不到的情况和因素，设计出令人满意的热工环境。

参 考 文 献

1 Jan Remund and Stefan Kuns. METEONORM Global meteorojogical database for solar energy and applied climatology. Bern：Meteotest, Fabrikstrasse 14, 1997

2 中国建筑业协会建筑节能专业委员会 编著. 建筑节能技术. 北京：中国计划出版社，1996

3 郎四维等.《夏热冬冷地区居住建筑节能设计标准》简介. 建筑节能，36 期：7~16.

4 涂逢祥.《夏热冬冷地区居住建筑节能设计标准》编制背景. 建筑节能，36 期：17~25.

5 Tregenza, P. R. , Measured and Calculated Frequency Distributions of Daylight Illuminance *Lighting Research and Technology* 18

6 British Standards Institution. Code of Practice for Daylighting. *British Standard BS* 8206：*Part*2（1992）

7 Building Research Establishment. Estimating Daylight in Bulidings：Part 2 *BRE Digest* 310, Building Research Establishment（1986）

8 Littlefair, P. J. . Inter-reflection Calculations：Improving Convergence. *Lighting Research and Technology*23（4）175~177（1991）

9 Seshadri, T. N. . Equations of Sky Component with a CIE Standard Overcast Sky *Proc. India Academy of Sciences* Paper 57A 233~242（1960）

10 Sharples, S, Page. J. K. and Souster；G. G. , Modelling the Daylight Levels Produced in Rectangular, Side-lit Rooms by Vertical Windows Containing Clear or Body-tin-ted Glazing *Department of Building Science*, University of Sheffield（1981）

11 Tregenza, P. R. . Modification of the Split-flux Formulae for Mean Daylight Factor and Internal Reflected Component with Large External Obstructions, *Lighting Research and Technology* 21（3）125~128（1989）

12 Ng, E. . A Simplified Daylighting Design Tool for High-Density Urban Residential Buildings *Department of Architecture*, *Chinese University of Hong Kong*, *China*（*Draft Nov*00, *Revised May*01, Accepted for Publication-International Journal of Lighting Research & Technology）